房屋市政工程施工安全较大及以上事故分析

（2018 年）

住房和城乡建设部工程质量安全监管司
住建部科技委工程质量安全专业委员会　组织编写

中国建筑工业出版社

图书在版编目（CIP）数据

房屋市政工程施工安全较大及以上事故分析. 2018年/住房和城乡建设部工程质量安全监管司，住建部科技委工程质量安全专业委员会组织编写. —北京：中国建筑工业出版社，2019.12
ISBN 978-7-112-13748-0

Ⅰ.①房… Ⅱ.①住… ②住… Ⅲ.①房屋-市政工程-工程事故-事故分析-中国 Ⅳ.①TU990.05

中国版本图书馆 CIP 数据核字（2019）第 281570 号

责任编辑：李　璇　牛　松　张国友
责任校对：焦　乐

房屋市政工程施工安全较大及以上事故分析（2018年）

住房和城乡建设部工程质量安全监管司
住建部科技委工程质量安全专业委员会　组织编写

*

中国建筑工业出版社出版、发行（北京海淀三里河路9号）
各地新华书店、建筑书店经销
北京科地亚盟排版公司制版
北京市密东印刷有限公司印刷

*

开本：787×960毫米　1/16　印张：23½　字数：469千字
2019年12月第一版　　2020年 5月第二次印刷
定价：**45.00**元
ISBN 978-7-112-13748-0
（35250）

前　言

党中央、国务院高度重视安全生产工作，习近平总书记多次作出重要指示批示。2019年1月，在省部级主要领导干部专题研讨班开班式上，习近平总书记指出，维护社会大局稳定，要切实落实保安全、护稳定各项措施，下大气力解决好人民群众切身利益问题，全面做好安全生产等各方面工作，不断增加人民群众获得感、幸福感、安全感。2019年3月，江苏响水"3·21"特别重大爆炸事故发生后，习近平总书记立即作出重要指示，要求全力抢险救援，尽快查明事故原因，深刻汲取教训，严格落实安全生产责任制，确保人民群众生命和财产安全。习近平总书记关于安全生产的重要论述，是建筑施工安全工作的根本遵循和重要指导。各级住房和城乡建设主管部门和广大建筑施工企业要切实提高政治站位，深刻认识建筑施工安全工作的极端重要性，将建筑施工安全工作摆上重要议程、作为头等大事，全面落实企业主体责任和部门监管责任。

当前建筑施工安全形势依然严峻复杂，事故总量较大，群死群伤事故时有发生，与人民群众期望存在不小差距。《中共中央关于坚持和完善中国特色社会主义制度、推进国家治理体系和治理能力现代化若干重大问题的决定》提出，要"完善和落实安全生产责任和管理制度，建立公共安全隐患排查和安全预防控制体系"。建筑施工安全工作也必须坚持"治理"的理念、运用"治理"的手段，做到短期与长期有效结合、治标与治本同时兼顾，注重问题导向、精准施策。一是从治标入手，确保建筑施工安全形势稳定好转。加强危大工程安全管控，突出建筑起重机械、深基坑、高支模等分部分项工程以及城市轨道交通工程，严格落实专项施工方案管理制度。加强安全隐患排查治理，全面落实企业主体责任，建立常态化工作机制，完善台账管理制度，实现隐患全过程可追溯。对违法违规行为严罚重处，形成足够强大的威慑，让每个企业和人员都认识安全职责、理解安全职责、落实安全职责，真正做到心中有畏、脑中有危、手中有为、脚下有位。二是从治本入手，推进建筑施工安全长效机制建设。健全完善安全责任，既要覆盖到安全管理活动、也要覆盖到各项日常工作，既要覆盖到前端安全预防、也要覆盖到后端事故处理，既要覆盖到各职能部门、也要覆盖到各领导岗位。推进实施工程质量安全手册，不断完善施工现场管理体系，推动实现安全行为规范化、安全管理程序化、安全防护标准化。加强科技创新，推动大数据、BIM 技术、人工智能等高新技术在解决建筑施工安全问题中的运用，提升行业管理水平。

建筑施工安全工作任重道远，需要形成企业、社会、政府共建共治共享的格局，需要借助各方有识之士的聪明才智，需要积极培育和大力宣传安全文化。事故警示教育，有利于建筑施工人员熟知安全职责，内化于心、外化于行，是防范同类事故再次发生的重要方法。为促进全国建筑施工安全形势持续稳定好转，不断减少事故发生，我们组织编写了《房屋市政工程施工安全较大及以上事故分析（2018 年）》。本书收录了 2018 年发生的 22 起房屋市政工程施工安全较大及以上事故调查报告，并请业内专家逐起进行原因分析和经验教训总结，最后提出了起重机械、土方坍塌、中毒窒息、模架坍塌等主要类型事故的防范措施。希望藉由本书的出版，进一步推动各级住房和城乡建设主管部门和广大企业的建筑施工安全工作，并为建筑施工人员安全教育培训提供重要教材和学习资料，也为社会各界特别是相关专业院校和科研机构建筑施工安全研究提供参考。

感谢部科学技术委员会工程质量安全专业委员会有关专家和首都经济贸易大学建设安全研究中心在本书组织编写中给予的大力支持！

目　　录

1 安徽太和"1·21"施工升降机拆卸较大事故

调查报告

2018年1月21日15时32分左右，位于太和县大新镇的太和县河西李小洼安置区工程建设项目工地，在拆除施工升降机的过程中，发生一起高处坠落事故，造成3人死亡，直接经济损失344万元。

依据《中华人民共和国安全生产法》（以下简称《安全生产法》）、《生产安全事故报告和调查处理条例》等有关法律法规，阜阳市人民政府批准成立了太和县大新镇"2018·1·21"高处坠落事故调查组（以下简称事故调查组），由市安全监管局牵头，市公安局、市住房城乡建设委、市质监局、市总工会和太和县人民政府派员参加，全面负责事故调查工作。同时，邀请市监察委员会、市人民检察院派员参加事故调查工作。

事故调查组按照"四不放过"和"科学严谨、依法依规、实事求是、注重实效"的原则，通过实地勘察、调查取证、技术鉴定、查阅资料、询问相关人员、专家论证，查明了事故发生的经过、原因、人员伤亡和直接经济损失等情况，认定了事故性质和责任，提出了对有关责任人员和责任单位的处理意见，并针对事故原因及暴露出的问题，提出了事故防范措施。

经调查认定，太和县大新镇李小洼安置区施工现场"2018·1·21"较大起重机械拆除事故是一起生产安全责任事故。

一、基本情况

（一）建设项目基本情况

该项目名称为安徽省太和县河西李小洼安置区工程建设项目（以下简称"李小洼安置区项目"），位于太和县大新镇李小洼村，规划河西大道西侧，泰昌路东侧，泰南路南侧，团结西路北侧。建设工程性质：政府投资安置性高层住宅项目，建筑规模：总用地面积约118710m²，总建筑面积：354950m²，其中地下建筑面积 49850m²，包括 22 栋高层住宅、1 层地下车库、1 个幼儿园、1 个服务中心，以及配套商业等，合同建设安置工程量约 4.9118 亿元。太和县河西李小洼安置区项目一期工程在建 193754.94m²，事故发生时，工程主体结构、二次结构施工完成，门窗施工完成。建设单位：太和县重点工程管理局，施工总承包单位：中冶天工集团天津有限公司（以下简称"中冶天工天津公司"），监理单位：安徽省建科建设监理有限公司（以下简称"建科公司"）。计划开工日期：2016 年 10 月 19 日，计划竣工日期：2017 年 7 月 8 日，施工许可证编号：3412221511130101-SX-001，发证机关：阜阳市太和县住房和城乡建设局，发证日期：2017 年 3 月 13 日。

该建设项目实行施工总承包，依据《建设工程安全生产管理条例》第二十四条之规定，施工总承包单位中冶天工天津公司对施工现场的安全生产负总责。

2017 年 11 月 30 日，该建设项目工地在太和县住房和城乡建设局开展的建筑工地文明创建、环境管理、扬尘污染防治综合检查中被评定为不合格工地。太和县住房和城乡建设局以此下发《停工令》，责令中冶天工天津公司停止施工进行整改，未经复查不得擅自施工，至事故发生前，未同意该建设项目工地复工。

（二）施工、监理、建设、设备出租单位基本情况

施工总承包单位：中冶天工天津公司下设中冶天工集团天津有限公司太和县大新镇河西李小洼安置区项目经理部（以下简称"李小洼安置区项目部"），项目经理：陈文海，技术负责人：王龙，安全员：武保卫、安鹏、周靓。

监理单位：建科公司下设安徽省建科建设监理有限公司太和县河西李小洼安置区工程项目监理部（以下简称"李小洼安置区监理部"），总监理工程师：张再旺，总监理工程师代表：刘波。

建设单位：太和县重点工程管理局，驻项目代表：张峰、田盛（协助张峰工作）。

涉事施工升降机出租单位：太和县运来工程机械设备有限公司（以下简称"运来公司"）。2016 年 7 月 10 日，运来公司与中冶天工天津公司签订《施工机械设备租赁合同》和《施工机械设备租赁安全管理协议》，约定出租型号为 SC200/200 的施工升降机 22 台（实际出租 15 台），并负责施工升降机的日常维修保养。

（三）其他有关单位

安徽安泰建设工程有限公司（以下简称安泰公司），安全生产许可证许可范围：建筑施工，有效期至 2020 年 1 月 16 日。建筑业企业资质证书资质类别及等级：起重设备安装工程专业承包叁级，有效期至 2021 年 4 月 06 日。

（四）发生事故的施工工程基本情况

事故发生于李小洼安置区项目 12 号楼（层高为 18 层）施工升降机的拆卸过程中。施工升降机的安装、拆卸工程属于建筑工程危险性较大的分部分项工程，必须由具有相应资质的单位承担和具备特种作业操作资格的人员负责作业。

2016 年 7 月 30 日，运来公司法定代表人毛静持安泰公司《法人代表授权委托书》，以安泰公司的名义向中冶天工天津公司提交了《分包商准入申请表》，与中冶天工天津公司二分公司签订了《中冶集团供应商准入承诺书》。2016 年 8 月 1 日，毛静持安泰公司《法人代表授权委托书》，以安泰公司的名义与中冶天工天津公司签订了《施工升降机安装与拆卸合同》，使用印章的印文为"安徽安泰建设工程有限公司机械分公司"，二者在合同中约定："SC200/200 型施工升降机的安装与拆除地点位于安徽省阜阳市太和县大新镇李小洼村李小洼安置区工地现场，具体起始时间视本工程的实际情况确定，每台升降机的安装与拆除价格分别为 4000 元"。当天，毛静又以安泰公司的名义与中冶天工天津公司签订了《建设工程专业分包安全管理协议》。随后毛静承揽该建设项目施工升降机的安装与拆卸工程，并以安泰公司的名义提供本该由安装、拆卸单位签署、用印的一系列文件（例如《施工升降机安装（拆卸）工程专项施工方案》《施工升降机安拆方案报审表》《建筑施工起重机械（施工升降机）基础验收表》《施工电梯联合验收表》等）。

经调查核实，安泰公司对毛静以安泰公司名义承揽该建设项目施工升降机的安装与拆卸工程并不知情，安泰公司并未出具《法人代表授权委托书》。事故调查组委托阜阳市公安局刑事科学技术研究所对李小洼安置区项目部留存的《法人代表授权委托书》原件进行了鉴定，确认该《法人代表授权委托书》原件涉嫌伪造。

（五）发生事故的施工升降机基本情况

现场查看涉事施工升降机未发现产品标识或铭牌，李小洼安置区项目部设备备案存档资料显示，该设备为 SC200/200 型双吊笼施工升降机，制造许可证编号：TS 2437124—2015，制造监督检验证明：TS7 110076—2012，设备代码：48603712420120018，产品编号：120203，制造单位：济南北斗建筑工程机械有限公司，制造完成日期：2012 年 2 月 3 日，产权备案登记编号：S-皖 SC200/200-1202-120203-1309-52，产权备案登记日期：2013 年 9 月 12 日，在该建设项目备案的安装日期：2017 年 3 月 17 日（经查阅施工日志，实际安装日期早于此日期），验收日期：2017 年 3 月 20 日，李小洼安置区项目部使用登记日期：2017

年 4 月 11 日。

该施工升降机额定载重量为 2×2000kg；吊笼内部尺寸为长 3000mm、宽 1300mm、高 2400mm，单吊笼重 1500kg；标准节尺寸为 650mm×650mm× 1508mm，单标准节重 150kg；标准节安装拆卸装置的吊杆高为 4.0m，臂长 1.1m，额定载重量约为 200kg。

该设备吊笼外观锈蚀，并且表面油漆脱落严重。吊笼内操作界面状况差，控制装置线路散落，顶部检修运行装置破损。标准节主要受力结构有锈蚀现象，部分结构锈蚀严重。

（六）事发当天天气状况

据太和县气象部门提供的气象记录数据显示，1 月 21 日白天轻雾，能见度维持在 2km 左右。当日，气温较低，能见度较低，湿度较高，不利于高空室外作业。

二、事故发生经过、救援及善后处理情况

（一）事故发生经过及救援情况

2018 年 1 月 5 日，由于 12 号楼施工作业结束，李小洼安置区项目部向施工升降机出租单位法定代表人毛静下达《停工报告》，告知其 12 号楼施工升降机停止作业，毛静收到《停工报告》并签字。

2018 年 1 月 21 日 14 时左右，3 名施工升降机拆卸作业人员金亚辉、石槽、史念力驾驶车辆，到达李小洼安置区项目工地。李小洼安置区项目部门卫张典得在简单询问后，未得知 3 人真实意图、未要求登记即任其开车进入工地。张典得也未向李小洼安置区项目部有关负责人进行报告。于是在李小洼安置区项目部、监理部不知情的情况下，在没有专业技术人员进行技术交底和采取安全管理人员现场管理、监理人员旁站式监理等必要的措施下，该 3 名作业人员冒险、违规拆除 12 号楼施工升降机。当天下午 15 时 32 分左右，3 人违反操作规程，在连接施工升降机的第四标准节和第五标准节（从上往下数）螺栓的两颗螺母已被拆卸的情况下，将吊笼向上起升（3 人位于吊笼内，此时距地面有 18 层楼高），造成吊笼发生失稳、倾斜。3 人随同吊笼及顶部标准节一同坠落。

事故发生后，李小洼安置区项目部有关人员闻讯赶往现场，采取应急救援措施，拨打了 120 电话并保护现场。医护人员赶到后发现 3 名伤者已无生命特征，随即宣布 3 人死亡。

毛静接到项目部事故通报后，赶到现场，16 时 32 分拨打 110 报警，并在通知死者金亚辉的家人后逃匿。太和县大新派出所民警到现场后将相关人员带回派出所调查。

（二）人员伤亡和经济损失

此起事故共造成 3 人死亡。依据《企业职工伤亡事故经济损失统计标准》GB 6721—1986 等标准和规定统计，核定事故造成直接经济损失 344 万元。伤亡人员基本信息如下：

金亚辉，男，46 岁，安徽省太和县居民，长期与毛静合作从事施工升降机的安装与拆卸工作，经阜阳市住房城乡建设委查询，金亚辉未取得建筑起重机械安装与拆卸资格。在本起事故中因高处坠落死亡。

石槽，男，26 岁，安徽省太和县居民，证书类别：建筑起重机械安装拆卸工（施工升降机），有效日期：2014 年 12 月 18 日至 2020 年 12 月 18 日，经阜阳市住房城乡建设委查询，石槽在有效期内未申请复审（按照规定应每两年复审一次），因此视同其未取得建筑起重机械安装与拆卸资格。在本起事故中因高处坠落死亡。

史念力，男，48 岁，安徽省太和县居民，经阜阳市住房城乡建设委查询，史念力未取得建筑起重机械安装与拆卸资格。在本起事故中因高处坠落死亡。

（三）事故善后处理情况

事故发生后，因毛静逃匿，李小洼安置区项目部代与死者亲属达成协议，一次性垫付赔偿金人民币 329 万元，善后处理工作已基本结束。

三、事故原因和事故性质

（一）直接原因

金亚辉、石槽、史念力三人安全意识淡薄，未持有效证件上岗，不具备特种作业操作资格冒险作业，并且违反操作规程在连接施工升降机的第四标准节和第五标准节（从上往下数）螺栓的两颗螺母已被拆卸的情况下，将吊笼向上起升，造成吊笼发生失稳、倾斜，进而导致事故发生。

（二）间接原因

1. 毛静未经安泰公司授权，涉嫌伪造公司印章及《法人代表授权委托书》，在不具备资质的情况下非法承揽施工升降机安装与拆卸工程，未按规定履行安全生产管理职责，表现在：在拆卸前未按照安全技术标准及安装使用说明书等组织检查施工升降机及现场施工条件，未组织安全施工技术交底并签字确认，未将施工升降机拆卸工程专项施工方案、拆卸人员名单、拆卸时间等材料报李小洼安置区项目部和监理部进行审核，也未告知太和县住房和城乡建设局，未按照施工升降机拆卸工程专项施工方案及安全操作规程组织拆卸作业，进行拆卸作业时未安排专业技术人员、专职安全生产管理人员进行现场监督。

2. 李小洼安置区项目部安全生产主体责任落实不到位：项目负责人和项目部安全管理人员未依法履行安全生产管理职责；未建立健全安全管理制度，对施工工地封闭管理不到位，未严格履行封闭管理责任导致外来人员、车辆随意出入，未及时发现和制止无施工升降机拆卸资格的人员从事特种作业；在与毛静签订合同及合作时，未尽到谨慎审查投标人资质的义务，对毛静提供的所谓《法人代表授权委托书》不加审核，始终未与安泰公司联系以验证《法人代表授权委托书》和合同真伪，未发现《施工升降机安装与拆卸合同》乙方公司名称与乙方公司印文不符的问题，也未对安徽安泰建设工程有限公司机械分公司和安徽安泰建设工程有限公司机械设备分公司的资质进行审查，对施工升降机安装专项施工方案未进行严格审查；未落实安全生产教育培训和考核制度，未如实记录安全生产教育和培训的参加人员以及考核结果等情况，未对安装拆卸人员石槽、金亚辉等进行安全教育培训，且未按规定在施工升降机安装前对安装人员进行培训，对门卫安全教育培训不到位，未认真教育和督促从业人员严格执行本单位的安全生产规章制度和安全操作规程；未按照规定和合同约定落实"IFA 系统"（建筑施工现场关键岗位人员广域网考勤系统）考勤制度，也未采取签到、指纹打卡等考勤方式。

3. 李小洼安置区监理部落实建设工程安全生产监理责任不到位：对施工单位停工整改期间未严格落实封闭管理监督不到位；对12号楼建筑施工升降机机械使用备案及企业资质等相关资料审核不到位，对起重机械安装和拆卸未经监理单位审核和监督的行为持放任态度；对施工单位未及时整改建设主管部门下发的隐患整改通知却签署整改完毕意见管理不力，对施工单位开展安全生产教育培训和考核情况审查不到位；对监理日志未按规范记录监管不力，考勤制度落实不到位。

4. 太和县重点工程建设局未认真履行建设单位安全生产管理职责：对驻项目代表长期不参加监理例会监管不到位；对施工、监理单位未认真落实安全生产主体责任监管不到位，对项目经理和项目总监未按规定和合同约定落实"IFA 系统"考勤制度监管不到位。

5. 太和县住房和城乡建设局未认真履行行业主管部门安全监管职责，对本辖区建筑施工领域安全监管不到位：对李小洼安置区项目工地在停工整改期间施工、监理单位未落实安全生产主体责任监管不力；对上报的建设工程安全监督备案申请表未签字、盖章和签署意见，未及时关注学习、贯彻落实上级主管部门下发的涉及安全生产的相关文件，对上级主管部门下发的涉及安全生产的相关文件未及时进行部署安排；对建设工程的安全隐患排查治理未实行闭环管理，对辖区范围内建筑起重机械安装和拆卸未办理告知手续存在监管漏洞；对2011年以来由于部门内设科室发生变化导致本部门内设科室和下属机构安全生产工作职责分工不明确未采取有效措施。

（三）事故性质

经调查认定，太和县大新镇李小洼安置区施工现场"2018·1·21"较大起重机械拆除事故是一起生产安全责任事故。

四、对事故有关责任人员及责任单位的处理建议

（一）司法机关已采取措施的人员

毛静，运来公司法定代表人。未经安泰公司授权，涉嫌伪造公司印章及《法人代表授权委托书》，在不具备资质的情况下非法承揽施工升降机安装与拆卸工程，未按规定履行安全生产管理职责，进而导致事故的发生。并且毛静在事故发生后逃匿，其行为违反《建筑起重机械安全监督管理规定》第十条、第十二条第二、三、五项、第十三条，《安全生产法》第四十七条之规定，对此起事故的发生负有主要管理责任。因毛静涉嫌重大责任事故罪，太和县公安局于2018年1月21日决定立案侦查，3月1日决定对毛静予以刑事拘留，3月2日对毛静上网追逃。毛静未履行《安全生产法》规定的安全生产管理职责，且在事故发生后逃匿，依据《安全生产法》第九十一条、第一百零六条第一款之规定，建议移送司法机关追究其刑事责任，且自刑罚执行完毕之日起5年内，不得担任任何生产经营单位的主要负责人。对调查发现毛静涉嫌伪造公司印章、合同诈骗等情形，建议将有关证据线索移送司法机关一并追究其刑事责任。

（二）建议给予行政处罚的人员

1. 武保卫，李小洼安置区项目部安全负责人。安全生产管理工作不到位，对工地未进行封闭管理失察，未纠正门卫长期存在的放任外来人员、车辆未经登

记进出工地的问题；未落实安全生产教育培训和考核制度，未如实记录安全生产教育和培训的参加人员以及考核结果等情况，未对安装拆卸人员陈修明、金亚辉等进行安全教育培训，且未按规定在施工升降机安装前对安装人员进行培训，对门卫安全教育培训不到位，未认真教育和督促从业人员严格执行本单位的安全生产规章制度和安全操作规程；在现场监督施工升降机安装和拆卸工程时未认真核验实际作业人员身份与资格证件；记录施工日志不规范，未在记录人处签字。其行为违反《安全生产法》第二十二条第二、五项、第四十三条第一款之规定，对此起事故的发生负有重要管理责任。依据《安全生产法》第九十三条、第一百一十条之规定，建议由住建部门依法决定暂停或撤销武保卫与安全生产有关的资格。

2. 陈文海，李小洼安置区项目部项目经理。安全生产管理工作职责落实不到位，在授意有关人员签订《施工升降机安装与拆卸合同》及进行施工升降机安装和拆卸工程前未尽到谨慎审查安装和拆卸单位、安装和拆卸人员资质、资格的义务，致使不具有施工升降机安装和拆卸资质的单位承揽工程；督促、检查安全生产工作不到位，致使工地现场一直存在从事施工升降机安装和拆卸作业的实际到场人员不具有特种作业操作资格证、冒名顶替备案持证人员的严重问题，对项目部工作人员未严格履行施工工地封闭管理职责失察，未按有关规定和合同约定落实"IFA 系统"考勤制度，也未实施签到、指纹打卡等考勤方式，对项目部落实安全生产教育培训和考核制度不到位负领导责任。其行为违反《安全生产法》第十八条、《建设工程安全生产管理条例》第二十一条之规定，对此起事故的发生负有重要管理责任。依据《安全生产法》第九十一条、第九十二条第二项之规定，建议给予陈文海撤职处分，且自受处分之日起 5 年内不得担任任何生产经营单位负责人；并处上一年年收入百分之四十的罚款。

3. 刘波，李小洼安置区监理部总监理工程师代表。落实建设工程安全生产监理职责不到位，对施工单位停工整改期间未严格落实封闭管理监督不到位；对 12 号楼建筑施工升降机机械使用备案及企业资质等相关资料审核不到位，对起重机械安装和拆卸未经监理单位审核和监督的行为持放任态度；对施工单位未及时整改建设主管部门下发的隐患整改通知签署整改完毕意见；对施工单位开展安全生产教育培训和考核情况审查不到位，监理日志未按规范记录，考勤制度落实不到位等。其行为违反了《安全生产法》第二十二条第五项、第四十三条第一款、《建设工程安全生产管理条例》第十四条第一、二款和《安徽省建设工程安全生产管理办法》第二十三条第二、四、五、七项之规定，对此起事故的发生负有重要监理责任。依据《安全生产法》第九十三条、第一百一十条之规定，建议由住建部门依法决定暂停或撤销刘波与安全生产有关的资格。

4. 张再旺，李小洼安置区监理部总监理工程师。落实建设工程安全生产监理责任不到位，对施工单位停工整改期间未严格落实封闭管理监督不到位；对12号楼建筑施工升降机机械使用备案等相关资料审核不到位，对起重机械安装和拆卸未经监理单位审核和监督的行为持放任态度；对下属监理人员对施工单位未及时整改建设主管部门下发的隐患整改通知却签署整改完毕意见的情况失察；对监理人员记录监理日志不规范监督不到位，对考勤制度落实不到位。其行为违反了《安全生产法》第十八条、《建设工程安全生产管理条例》第十四条第一、二款和《安徽省建设工程安全生产管理办法》第二十三条第二、四项之规定，对此起事故的发生负有监理责任。依据《安全生产法》第九十一条、第九十二条第二项之规定，建议给予张再旺撤职处分，且自受处分之日起5年内不得担任任何生产经营单位负责人；并处上一年年收入百分之四十的罚款。

（三）建议给予党纪政纪处分和问责的人员

1. 张峰，太和县重点工程建设局驻李小洼安置区项目代表。长期不参加监理例会，对项目经理和项目总监未按规定和合同约定落实"IFA系统"考勤制度监管不到位，对监理未认真履职监管不到位，对此起事故的发生负有相应的管理责任。依据《安全生产领域违法违纪行为政纪处分暂行规定》第八条第五项之规定，建议给予张峰行政记过处分。

2. 苗玉勇，太和县重点工程建设局局长。对本部门人员长期不参加监理例会和未履行驻项目代表职责监管不到位，对此起事故的发生负有一定的领导责任。依据《中国共产党问责条例》第七条第二款第二项之规定，建议给予苗玉勇诫勉谈话。

3. 康修峰，太和县建设工程质量监督站质监员。负责建设工程质量监督管理工作，经调查，其实际上协助太和县住房和城乡建设局安全质量管理股开展了对建设工程的安全监管工作（对建设工程开展了安全检查，下发了建设工程安全隐患通知书），但工作开展不到位，对查出的建设工程安全隐患未实行闭环管理，对施工、监理单位未认真落实主体责任监管不力，对此起事故的发生负有相应的监管责任。依据《安全生产领域违法违纪行为政纪处分暂行规定》第八条第五项之规定，建议给予康修峰行政记过处分。

4. 王新华，太和县建设工程质量监督站总工程师。太和县建设工程质量监督站对建设工程划片区管理，王新华任其管辖片区监督组组长，负责建设工程质量监督管理工作。经调查，其实际上协助太和县住房和城乡建设局安全质量管理股开展了对建设工程的安全监管工作（对建设工程开展了安全检查，下发了建设工程安全隐患通知书），但工作开展不到位，对本组工作人员未认真履行安全监管职责监督不力，对此起事故的发生负有相应的监管责任。依据《安全生产领域违法违纪行为政纪处分暂行规定》第八条第五项之规定，建议给予王新华行政警告处分。

5. 阮胜难，太和县建设工程质量监督站站长。负责建设工程质量监督管理工作，经调查，太和县建设工程质量监督站实际上协助太和县住房和城乡建设局安全质量管理股开展了对建设工程的安全监管工作，但作为单位主要负责人，对本部门开展安全生产监管工作督促、领导不到位，对此起事故的发生负有一定的领导责任。建议责令阮胜难向太和县住房和城乡建设局做出深刻书面检查。

6. 阮传俊，太和县住房和城乡建设局安全质量管理股股长。未及时关注学习、贯彻落实上级主管部门下发的涉及安全生产方面的相关文件，履行建设工程施工安全生产监督检查职责不到位，对此起事故的发生负有监管责任。依据《安全生产领域违法违纪行为政纪处分暂行规定》第八条第五项之规定，建议给予阮传俊行政记过处分。

7. 陈若见，太和县住房和城乡建设局党组成员、副局长。对分管股室、二级机构开展安全生产监管工作督促、领导不到位。对此起事故的发生负有一定的领导责任，但因其从 2017 年 7 月才开始分管建筑管理股、安全质量管理股、建设工程质量监督站等工作，分管工作时间不长尚缺少经验，且在事故发生后积极采取措施督促本部门下属机构认真履行安全监管职责，建议责令陈若见向太和县人民政府做出深刻书面检查。

8. 廉伟，太和县住房和城乡建设局党组书记、局长。对本部门开展安全生产监管工作督促、领导不到位，2011 年以来由于部门内设科室发生变化导致本部门内设科室和下属机构安全生产工作职责分工不明确，对此其作为局党组书记长期未采取有效措施予以解决，致使对辖区范围内起重机械安装和拆卸未实行告知手续、安全监督备案相关资料审核不严格等问题存在监管漏洞，对上级主管部门下发的涉及安全生产的相关文件未及时进行部署安排，导致了太和县建筑施工领域安全秩序混乱，对此起事故的发生负有主要领导责任。依据《中国共产党纪律处分条例》第一百二十五条之规定，建议给予廉伟党内警告处分。

9. 刘翔飞，太和县人民政府副县长，分管住房和建设等方面工作。履行政府分管领导责任不到位，督促太和县住房和城乡建设局履行安全生产监督管理职责不力，对此起事故的发生负有一定的领导责任。建议责令刘翔飞向阜阳市人民政府做出深刻书面检查。

（四）建议给予行政处罚的单位

1. 太和县运来工程机械设备有限公司。因事故发生后毛静逃匿，公司关门停业，其他管理人员无法联系，建议待毛静归案后，由太和县安全生产监督管理局对该公司补充调查，并根据调查结论依法予以处罚，处理结果报阜阳市安全生产监督管理局备案。

2. 中冶天工集团天津有限公司太和县大新镇河西李小洼安置区项目经理部。安全生产主体责任落实不到位。其行为违反了《安全生产法》第四条、第十条第二款、第二十二条第二、五项、第二十五条第一、四款、第四十一条、第四十三条第一款、《建设工程安全生产管理条例》第二十一条第二款、第三十五条第一、三款和《建筑起重机械安全监督管理规定》第二十一条第三、四项之规定，对此起事故的发生负有管理责任。依据《安全生产法》第一百零九条第二项之规定，建议对李小洼安置区项目部处五十五万元的罚款。

3. 安徽省建科建设监理有限公司太和县河西李小洼安置区工程项目监理部。落实建设工程安全生产监理责任不到位。其行为违反了《建设工程安全生产管理条例》第十四条第一、二款和《安徽省建设工程安全生产管理办法》第二十三条第二、四、五、七项之规定，对此起事故的发生负有监理责任。依据《安全生产法》第一百零九条第二项之规定，建议对李小洼安置区监理部处五十万元的罚款。

（五）建议给予行政问责的单位

1. 太和县重点工程建设局。未认真履行建设单位安全生产管理职责，对此起事故的发生负有相应的管理责任。建议责令太和县重点工程建设局向太和县人民政府做出深刻书面检查。

2. 太和县住房和城乡建设局。未认真履行行业主管部门安全监管职责，对此起事故的发生负有监管责任。建议责令太和县住房和城乡建设局向太和县人民政府做出深刻书面检查。

（六）建议企业内部处理人员

张典得，李小洼安置区项目部门卫。未认真落实本岗位工作职责，未落实岗位安全交底内容，随意让外来人员、车辆在不明来意、未经登记的情况下出入工地，也未向上级报告。其行为违反《安全生产法》第五十四条、第五十五条之规定，对此起事故的发生负有一定的责任。建议责令李小洼安置区项目部按照内部管理制度给予张典得相应处理。

（七）建议免于追究责任人员

金亚辉、石槽、史念力，施工升降机拆卸作业工人。三人安全意识淡薄，冒险作业、违规操作，进而导致事故发生。三人的行为违反《安全生产法》第五十四条之规定，对此起事故的发生负有直接责任，鉴于三人在此起事故中已死亡，故建议免于追究其责任。

以上处理建议，对毛静的刑事责任追究，由太和县人民政府督促太和县公安局将其迅速追捕归案并依法处理；对施工总承包单位、监理单位及其主要负责人的行政处罚，由太和县安全生产监督管理局实施，行政处罚决定文书抄送阜阳市安全生产监督管理局备案；对施工总承包单位、监理单位其他人员的行政处罚，由阜阳市安全生产监督管理局移送阜阳市住房和城乡建设委员会落实，行政处罚决定文书抄送阜阳市安全生产监督管理局备案；对太和县有关人员的党纪政纪处分和行政问责，由中共太和县纪律检查委员会、太和县监察委员会实施，处理结果报送阜阳市监察委员会、抄送阜阳市安全生产监督管理局备案；有关单位和个人做出的书面检查，抄送阜阳市监察委员会、阜阳市安全生产监督管理局备案；施工总承包单位依据内部管理制度对有关人员进行处理，处理结果报送阜阳市安全生产监督管理局备案；对有关个人的市场禁入措施，由太和县市场监督管理局负责落实。

五、防范措施

1. 中冶天工集团天津有限公司太和县大新镇河西李小洼安置区项目经理部应当深刻吸取事故教训，全面落实建筑施工企业和从业人员安全生产主体责任，必须建立健全并严格贯彻实施安全生产责任制度、安全生产教育培训制度、安全生产规章制度和操作规程，必须具备《安全生产法》和有关法律、行政法规和国家标准或者行业标准规定的安全生产条件，要根据工程的特点组织制定安全施工措施，进一步强化施工现场安全管理，特别是针对危险性较大的分部分项工程，认真严格审核专项施工方案和现场作业人员特种作业资格，及时发现和消除安全事故隐患，严防类似事故的再次发生。

2. 安徽省建科建设监理有限公司太和县河西李小洼安置区工程项目监理部应当严格落实对建设工程安全生产管理的工程监理责任，要组织或参加各类安全检查活动，掌握施工现场安全生产动态，按照有关规定对施工单位重点安全管理事项严格进行检查、审查和监督，尤其是对建筑起重机械使用备案登记等相关材料要严格把关。并督促监理人员切实履行《建设工程安全生产管理条例》和《安徽省建设工程安全生产管理办法》中规定的监理安全生产责任，并依照有关法律、法规和工程建设强制性标准实施监理。

3. 太和县重点工程建设局要加大对施工、监理单位的安全检查频次和力度，按时参加监理例会，认真履行建设单位监管职责，对拒不履行职责的，要及时向建设行政主管部门报告；落实对建设工程项目经理和项目总监的"IFA 系统"考勤管理，不定期对单位驻地代表工作开展情况进行检查。

4. 太和县住房和城乡建设局要结合此次事故中暴露出的在监管工作中存在的问题，加大对本辖区建筑市场监管力度，深入开展风险管控和隐患排查治理工作，组织对建筑起重机械的专项检查，督促项目各方落实主体责任。加大对安全监督等需要备案的相关资料审核力度，完善本辖区建筑起重机械安装和拆卸告知程序并抓好落实，及时关注学习、贯彻落实上级涉及安全生产的相关文件精神，尽快明确本部门内设科室和下属机构的安全生产工作的职责分工，避免存在监管漏洞，严防此类事故的再次发生。

5. 阜阳市住房和城乡建设委员会要加强对下级住建部门的督促检查和业务指导，指导下级住建部门建立健全相关组织机构，解决安全生产工作职责分工不明确的问题，进一步完善文件传送程序，加大对下级住建部门落实文件精神情况的检查，督促下级住建部门按照要求及时将检查中发现的问题进行反馈并做好汇总工作，认真开展阜阳市建筑施工安全专项治理两年行动，履行行业主管部门的职责，全面提升建筑施工安全生产水平。

6. 太和县人民政府要认真吸取此起事故的惨痛教训，将建设工程安全工作纳入重要议事日程，进一步加强组织领导，认真抓好落实。深刻分析建筑施工事故特点和暴露出的问题，认真查找建设工程安全管理方面存在的薄弱环节和漏洞，解决政府监管方面存在的问题。进一步加大建设工程安全治理力度，督促行业主管部门切实落实监管责任，切实把保障人民群众生命财产安全放在首位，确保辖区内建筑施工领域安全。

专家分析

一、事故原因

（一）直接原因

1. 操作人员无证作业，不具备特种作业操作资格冒险作业。

2. 操作人员严重违反操作规程，在标准节连接螺栓的两颗螺母已被拆卸的

王凯晖

点评专家

住建部科学技术委员会工程质量安全专业委员会委员，北京建筑大学教师，长期从事建筑起重机械检验检测工作

情况下操作吊笼向上运行，造成事故发生。

（二）间接原因

1. 租赁公司在不具备资质的情况下非法承揽安装与拆卸工程，导致对施工升降机拆卸过程中的所有规定不能落实。

2. 该项目部安全生产主体责任落实不到位，未发现租赁公司在安装活动中的违规行为，在拆除工作前不履行《建筑起重机械安全监督管理规定》的职责，实际是"以包代管"放任租赁公司的违法、违规行为。

3. 监理公司对起重设备的监管不到位，在资料审查和现场作业的环节未能发现租赁公司的违规行为，对项目部的错误做法不能及时发现和纠正。

二、经验教训

本次事故发生在施工升降机的拆卸环节，直接原因是标准节连接螺栓失效（只有 2 个螺栓发挥应有的作用），3 名操作者中有 2 人无起重机械的安装资格，说明了现场管理的缺位。

施工升降机标准节连接螺栓有效性和可靠性问题的解决方法就是安装工作的规范与准确，根据说明书要求进行安装是基本原则。施工升降机在安装、使用中的各种载荷都需要通过有效连接的标准节进行传递，因此在《起重机设计规范》GB 3811—2008、《吊笼有垂直导向的人货两用施工升降机》GB 26557—2011 中，都对螺栓连接的设计原则和计算方式给出了明确的要求。

在本次事故中租赁公司伪造安装公司印章及《法人代表授权委托书》是故意行为，总承包单位和监理单位在获得相关资料后应当核实文字资料和企业的实际情况，也可以通过审核安装方案、安装方案交底、现场作业人员安全交底等情况对安装企业的技术水平、实际操作人员的资格和能力加以判别。

2　河南许昌"1·24"施工升降机拆卸较大事故

2018年1月24日14时47分许,许昌经济技术开发区塘坊李新家园1期5号楼在施工升降机拆除作业过程中发生事故,造成4人死亡,直接经济损失320万元。

事故发生后,市委市政府高度重视,立即启动事故应急预案,组织相关部门全力抢救伤员,积极做好善后工作。根据《生产安全事故报告和调查处理条例》(国务院令第493号)相关规定,1月24日,市政府成立许昌经济技术开发区"1·24"施工升降机拆除较大事故调查组(以下简称"事故调查组"),调查组由市政府安委会牵头,市安监局、市监察委、市公安局、市住建局、市质监局、总工会等单位人员参加,聘请河南省特种设备检测研究院许昌分院部分专家参与事故调查。

事故调查组坚持"科学严谨、依法依规、实事求是、注重实效"的原则,通过现场勘验、调查取证、专家论证和综合分析,查清了事故经过、原因和相关责任单位存在的问题,认定了事故性质,提出了对相关责任人的处理意见。现将有关情况报告如下:

一、基本情况

(一)塘坊李新家园项目概况

1. 项目总体概况。许昌经济技术开发区塘坊李新家园项目位于许昌市延安路以东、金龙街以南、秀水路以西、瑞昌路以北,占地面积5.5万 m²,是为解决开发区长村张街道办事处塘坊李社区拆迁群众安置问题而实施的棚户区(城中村)改造类项目。该项目2014年7月14日经开发区经济发展局立项批准,分两期建设。一期工程四栋建筑,分别为1号楼、2号楼、3号楼、5号楼,2015年1月实施了工程招标投标,2015年3月经开发区管委会同意开工建设,建设单位为许昌经济技术开发投资有限公司，施工单位为许昌中原建设（集团）有限公司，监理单位为许昌兴程工程管理有限公司。

该项目属 2014 年度市级城建重点项目，2015 年被河南省住建厅列入全省棚户区改造项目台账，2015 年底列入河南省财政厅 PPP 项目库，2016 年 4 月许昌市政府授权同意开发区管委会组织实施该 PPP 项目，2017 年 9 月完成招标事宜并签订 PPP 合同。开发区住房建设城市管理与环境保护局（以下简称开发区住建局）代表开发区管委会作为该项目的政府购买主体，承担行业监督管理职责；许昌经济技术开发投资有限公司作为承接主体，承担建设单位职责。2016 年 6 月 29 日，该项目办理了土地使用证，因涉及一、二期的整个小区的人防工程设计方案未完成，事故发生时，暂未办理建设工程规划许可证和建筑工程施工许可证。2017 年 8 月以来，由于大气污染防治等因素影响，该项目一直处于停工状态。2018 年 1 月 13 日，该项目复工建设。

2. 发生事故 5 号楼概况。5 号楼位于塘坊李新家园项目 1 期西南侧，建筑面积 7762.71m²，工程造价：1226.21 万元，剪力墙结构，地下 1 层，地上 18 层。事故发生时，已完成主体和内外粉刷施工。

（二）相关单位基本情况

1. 项目建设单位。许昌经济技术开发投资有限公司，公司地址：许昌经济技术开发区，法人代表：牛卫华，项目负责人：于冰。

2. 项目施工单位。许昌中原建设（集团）有限公司，公司地址：许昌市建安大道东段中原国际饭店 10 楼，资质等级：总承包壹级，持有安全生产许可证，法定代表人：王红军，总经理：雷乃清。项目经理：王志选，一级建造师，持有安全生产考核合格证书 B 证。项目施工安全员为丁书治、王俊才。

许昌中原建设（集团）有限公司塘坊李新家园 1 期项目中标后，项目部将该项目 3 号、5 号楼转包给无施工资质的自然人华锋承建。

3. 项目监理单位。许昌兴程工程管理有限公司，公司地址：许昌市襄城县台湾城凤凰路路北，法人代表：董红伟，资质等级：房屋建筑工程监理乙级、市政公用工程监理乙级。项目总监：姚秀红，总监代表：王吉纲，土建专业监理工程师：吴遂和。

4. 事故升降机检测单位。河南精工检测技术有限公司，公司地址：郑州市金水区经三路 56 号 2 号楼 1802 号，法定代表人：聂树朝，具有检测资质。

5. 事故升降机产权单位。许昌公义设备租赁有限公司，公司地址：许昌县河街乡曹庄社区，法定代表人：陈红丽，取得安全生产许可证。

(三) 事故相关人员情况

1. 李安民，男，襄城县范湖乡虎头李村段庄人，施工升降机拆除作业人员。
2. 李纪辉，男，建安区榆林乡井庄三组人，施工升降机拆除作业人员。
3. 李广伟，男，建安区榆林乡井庄四组人，施工升降机拆除作业人员。
4. 王小刚，男，建安区榆林乡菅庄四组人，施工升降机拆除作业人员。
5. 王占伟，男，住址为许昌市魏都区向阳路向阳花园小区，施工升降机拆除作业组织人员。
6. 华锋，男，住址为许昌市东城区建业森林半岛小区，5号楼实际投资承建人。
7. 刘小伟，男，住址为魏都区清虚街金质西湖花园小区，3号、5号楼现场负责人。
8. 徐红杰，男，住址为建安区八里营村六组，施工升降机安装虚假资料提供者。
9. 王志选，男，住址为东城区水木清华小区10号楼，塘坊李新家园项目经理。
10. 吴遂和，男，住址为魏都区金色家园小区，塘坊李新家园项目监理。

(四) 事故施工升降机基本情况

1. 设备及备案情况。事故设备 SC200/200 型施工升降机有左右对称2个吊笼，额定载重量为 2×2t，生产厂家：山东华夏集团有限公司，出厂日期：2011年4月，设备编号：S110046，出厂时各项证照齐全。

2011年3月20日，该设备由许昌市建安区榆林乡岳庄村村民岳战稳出资，原许昌大成实业有限公司职工胡玉芳经手购买，发票显示购买人为胡玉芳。胡玉芳将该设备挂靠在许昌公义设备租赁有限公司。2011年4月23日，胡玉芳将该设备在许昌市建设工程安全监督站办理了产权登记备案，备案编号：豫备KOS12070082。备案后，该设备由岳战稳自行管理使用，备案资料由岳战稳保管。

2. 安装、检测和维护情况。据项目部提供的资料显示，2016年4月20日，项目部向监理单位呈报了周口诚泰设备安装有限公司营业执照、安全生产许可证、安装方案、应急预案专项方案、安装拆卸工操作资格证书等5号楼施工升降机安装资料。上述资料系王占伟从徐红杰手中购买的虚假资料；应急预案专项方案编制人、审核人、审批人均为打印，无本人签字且日期为2016年4月30日；无安装合同、安全协议书。王占伟组织无安装拆卸工操作资格证书的人员进行了安装。2016 年 4 月 30 日，项目部向监理单位上报了施工升降机安装完毕的报验表。监理单位对安装单位资质、施工方案审查及安装完毕资料审查时间均为2016 年 5 月 3 日，报验审查时间错误明显。

2016 年 5 月 10 日，王占伟委托河南精工检测技术有限公司，对事故施工升降机进行了检测，检测结论为合格。初次安装检测后，王占伟等人对该施工升降机进行了加节和附着安装，共安装标准节 10 节，附着 1 道。加节和附着安装未按有关规定进行验收。

实际承建人华锋不能提供 5 号楼施工升降机检查维护保养记录，未向经济技术开发区住建局办理使用登记。

3. 拆除情况。2018 年 1 月 24 日，王占伟在没有依法取得建设主管部门颁发的相应资质和建筑施工企业安全生产许可证，没有制定专项施工方案，未签订拆除合同，未向经济技术开发区住建局进行告知的情况下，组织 4 名没有施工升降机安装拆卸工操作资格证书的人员，违规对该施工升降机进行拆除，作业过程中发生事故。

二、事故经过及救援情况

（一）事故经过

因项目进度要求，施工单位需要将 5 号楼升降机进行拆除，经岳战稳介绍，华锋联系了王占伟，2018 年 1 月 23 日上午，华锋与王占伟在塘坊李新家园 1 期项目部监理办公室商定了拆除 5 号楼升降机的相关事宜，项目总监代表王吉纲、土建专业监理工程师吴遂和均在现场。2018 年 1 月 24 日上午 9 时左右，王占伟组织李安民、李纪辉、李广伟、王小刚等 4 名没有施工升降机安装拆卸工操作资格证书的作业人员，违规进行拆除作业，施工方现场负责人刘小伟和监理吴遂和对拆除作业没有制止。14 时 47 分许，作业至该楼地上 17 层时，施工升降机部分导轨架及两侧吊笼突然倾翻坠落，4 名拆除作业人员随吊笼一起坠落，造成 4 人死亡。

（二）应急救援情况

1 月 24 日 14 时 48 分，许昌市中心医院接到出诊指令，立即安排医护人员赶往现场，15 时 00 分救护人员到达事故现场。

接事故报告后，许昌经济技术开发区立即启动应急预案，15 时 10 分，开发区党工委委员、管委会副主任李海波等赶到现场，并成立现场处置小组，组织住建、消防、公安、安监、卫生等部门进行紧急抢险救援。16 时 15 分开发区党工委书记王民生赶到现场，指挥开展救援工作。18 时左右，市政府副市长刘胜利、赵庚辰带领市有关部门主要领导赶赴现场，组织抢险救援。并于当晚 19 时 30 分，在开发区召集会议，传达市委、市政府主要领导批示、指示精神，对抢险救援、伤员救治、善后处理、信息舆情处置、事故调查工作做出明确部署。

三、事故原因分析及事故性质认定

（一）直接原因

经调查认定，事故的直接原因是：事故发生时，5 号楼施工升降机导轨架第 29 节和 30 节标准节连接处的 4 个连接螺栓，只有西侧 1 个螺栓有效连接，其余 3 个螺栓连接失效，无法受力。施工人员在未将已拆除的装载在西侧吊笼内的 4 节导轨架运至地面的情况下，违规拆除了第 7 道扶墙架。当东侧吊笼下降至第 27 节高度时，西侧吊笼在荷载的作用下，重心偏移，致使导轨架在 29 节与 30 节连接处折断，西侧吊笼连同 9 节导轨架（30～38 节）一起坠落，坠落高度距离地面约 54m。在西侧吊笼的冲击下，导轨架在 23 节与 24 节连接处第二次折断，东侧吊笼连同 6 节导轨节（24～29 节）一起坠落，坠落高度距离地面约 40.5m。

经公安机关现场勘查，排除人为破坏等因素。

（二）间接原因

1. 施工升降机拆除安装作业组织者王占伟，拆除时无起重设备安装（拆卸）工程专业承包资质，没有制定拆卸工程专项施工方案等资料报审报批，组织 4 名无安装拆卸工操作资格证书的人员进行拆除作业。安装时，使用伪造的周口诚泰设备安装有限公司资质、安装拆卸工特种作业资格证等材料报审报批，没有建立施工升降机安装档案，没有与使用单位签订安装合同及安全协议。加节和附着安装未按有关规定进行验收。

2. 塘坊李新家园 1 期 5 号楼实际承建者华锋，非法承建 5 号楼工程，安全管理混乱，违章行为严重。施工升降机拆除时，在没有拆卸合同及安全协议、没有拆卸方案等相关资料，没有向监理方和项目部报审的情况下，安排王占伟组织拆除。安装时，安排提供伪造资质材料的王占伟组织施工，没有签订安装合同和安全协议，没有对加节安装作业进行验收。施工升降机使用时，未向经济技术开发区住建局办理使用登记，没有指定专职设备管理人员进行现场监督检查，没有进行经常性和定期检查、维护和保养，没有检查维护保养记录，未发现施工升降机存在的安全隐患。

3. 塘坊李新家园1期项目部违法将3号、5号楼转包给华锋承建，没有认真落实安全生产责任制度、安全生产规章制度，对施工升降机安装拆除管理失职。拆除时，在没有拆除方案等报审资料的情况下，没有制止违规拆除行为。安装时，对虚假报审资料审查把关不严，对初次安装、加节安装、维护保养检查缺失，未发现施工升降机存在的安全隐患。安全审批申报资料签字混乱、时间错误明显、代签现象严重，安全管理人员不认真履行职责。

4. 塘坊李新家园1期项目总承包单位许昌中原建设（集团）有限公司默认3号、5号楼违法转包行为，没有认真履行安全生产主体责任。任命非本公司人员担任项目技术负责人，对项目部安全管理不力。没有发现5号楼升降机在安装、拆除、维护、保养、使用过程中存在的安全隐患和问题。

5. 项目监理单位许昌兴程工程管理有限公司没有认真履行监理职责。拆除时，在没有拆除方案等报审资料的情况下，没有制止违规拆除行为；安装时，对项目部报审的虚假资料审核把关不严，对施工升降机使用情况监督检查不力，没有发现事故升降机存在的安全隐患。

6. 检测单位河南精工检测技术有限公司在5号楼施工升降机安装检测时，没有认真审查该设备的报审资料，出具的检测报告有缺陷，报告中未显示该施工升降机备案证号，"超载保护装置"检验结论为"无此项"。

7. 设备租赁单位许昌公义设备租赁有限公司，未建立5号楼施工升降机技术档案，未对该设备进行管理。

8. 项目建设单位许昌经济技术开发投资有限公司对3号、5号楼违法转包行为失察，对工程复工把关不严。

9. 项目监管单位开发区住建局对施工单位报备的安全措施审查不严，对3号、5号楼违法转包行为失察，对5号楼施工升降机安装、拆除和日常维护保养监督检查不力。

10. 许昌市城乡规划局开发区分局对该项目在未办理《建设工程规划许可证》的情况下复工建设，没有有效制止。

11. 许昌经济技术开发区在塘坊李新家园项目1期工程未办理《建设工程规划许可证》和《建筑工程施工许可证》的情况下，要求该项目开工建设。

（三）事故性质

经调查认定，许昌经济技术开发区"1·24"施工升降机拆卸较大事故是一起生产安全责任事故。

四、对事故有关责任人员和单位的处理建议

（一）建议不再追究刑事责任人员

李安民、李纪辉、李广伟、王小刚 4 名施工人员无证违规拆除施工升降机，对事故发生负直接责任。鉴于上述 4 人在事故中死亡，建议不再追究刑事责任。

（二）司法机关已采取措施人员

1. 王占伟，男，施工升降机拆除作业组织者。2018 年 2 月 2 日因涉嫌重大责任事故罪被许昌市公安局开发区分局刑事拘留。2018 年 2 月 13 日被建安区检察机关以涉嫌重大责任事故罪批准逮捕。于 2018 年 2 月 14 日被许昌市公安局开发区分局执行逮捕。

2. 徐红杰，男，个体户。2018 年 3 月 17 日因涉嫌买卖国家机关证件罪被许昌市公安局开发区分局刑事拘留。2018 年 4 月 4 日被许昌市公安局开发区分局取保候审十二个月。

3. 刘小伟，男，施工现场管理人员。2018 年 3 月 28 日因涉嫌重大责任事故罪被许昌市公安局开发区分局刑事拘留。于 2018 年 3 月 31 日被许昌市公安局开发区分局取保候审十二个月。

4. 华锋，男，中共党员，塘坊李新家园 1 期项目 5 号楼实际承建人。2018 年 3 月 23 日因涉嫌重大责任事故罪被许昌市公安局开发区分局取保候审十二个月。

5. 王志选，男，中共党员，塘坊李新家园 1 期项目经理。2018 年 4 月 10 日因涉嫌重大责任事故罪被许昌市公安局开发区分局取保候审十二个月。

6. 吴遂和，男，塘坊李新家园 1 期项目 5 号楼土建专业监理工程师。2018 年 4 月 9 日因涉嫌重大责任事故罪被许昌市公安局开发区分局取保候审十二个月。

以上人员是中国共产党党员的，待司法机关做出处理后，再依据有关规定给予相应的党纪处分。

（三）对相关企业及其责任人员的处理建议

1. 市住建部门依法依规对许昌中原建设（集团）有限公司、许昌兴程工程管理有限公司、许昌公义设备租赁有限公司做出处理，并将处理结果于事故调查结案后 30 日内报送市监察委、市安委会。

2. 市质监部门依法依规对河南精工检测技术有限公司做出处理，并将处理结果于事故调查结案后 30 日内报送市监察委、市安委会。

3. 安监部门依法依规对许昌中原建设（集团）有限公司及其董事长王红军、许昌兴程工程管理有限公司及其负责人董红伟给予规定上限的行政处罚，处罚结果于事故调查结案后 30 日内报送市监察委、市安委会。

4. 市住建部门依法依规对许昌中原建设（集团）有限公司总经理雷乃清、副总经理楚新永、安全科长陈永军、塘坊李新家园 1 期 5 号楼项目经理王志选、安全员丁书治、王俊才的安全生产考核合格证做出处理，对许昌兴程工程管理有限公司塘坊李新家园 1 期 5 号楼总监姚秀红、总监代表王吉纲的执业资格做出处理，并将处理结果于事故调查结案后 30 日内报送市监察委、市安委会。

（四）对许昌经济技术开发区管委会及相关行政监管部门责任人员的处理建议

依据《行政机关公务员处分条例》第 14 条、第 20 条，《事业单位工作人员处分暂行规定》第 13 条、第 17 条，《安全生产领域违法违纪行为政纪处分暂行规定》第 3 条，《许昌市懒政怠政为官不为行为责任追究暂行办法》（许办〔2016〕29 号）第 2 条、第 3 条、第 6 条、第 9 条的规定，建议如下：

1. 于冰，男，中共预备党员，许昌经济技术开发区投资有限公司工作人员，借调至开发区住建局负责塘坊李新家园项目的日常管理，属于受委托从事公务人员，未及时发现和纠正制止施工单位和监理单位存在的违法违规问题，应负直接责任，建议给予其记过处分。

2. 刘飞，男，中共党员，许昌经济技术开发区智能装备与电梯产业园区管理办公室科员，借调至开发区住建局负责对辖区建筑施工项目的监管，属于受委托从事公务人员，不依法履行日常监管职责，施工安全监管不力，对施工工地存在的违法违规行为没有进行及时制止，应负直接责任，建议给予其记过处分。

3. 潘凯，男，中共党员，许昌经济技术开发区高新技术创业服务中心副主任，借调至开发区住建局负责对辖区建筑施工项目的监管，属于受委托从事公务人员，疏于管理，施工安全监管领导不力，对辖区建筑领域存在的违法违规行为失察，应负主要领导责任，建议给予其记过处分。

4. 杨世民，男，中共党员，许昌经济技术开发区住建局副局长，施工安全监管领导不力，对所属部门和人员履行安全管理职责情况指导检查不力，应负重要领导责任，建议给予其行政警告处分。

5. 王勇，男，民建会员，许昌市城乡规划局开发区分局副局长，履行日常监管职责不力，对该项目违规复工行为没有进行有效制止，应负直接责任，建议给予其诫勉谈话。

6.申保刚，男，中共党员，许昌经济技术开发区党工委委员、管委会副主任，对辖区建筑领域安全生产工作疏于管理，应负重要领导责任，建议给予其诫勉谈话。

7.蔚钟声，男，中共党员，许昌经济技术开发区党工委副书记、管委会副主任，建议做出深刻检查。

8.责成许昌经济技术开发区向许昌市政府做出深刻检查。

五、防范整改措施建议

1.建筑工程相关企业要切实履行安全生产主体责任。开发区投资有限公司作为建设单位要依法取得工程规划许可证、施工许可证，未经许可严禁复工建设；许昌中原建设（集团）有限公司要严格落实安全生产主体责任，加强对项目部的监督管理，严禁违法转包、以包代管，安全管理人员要依法严格履行职责，尤其要加强对起重机械设备安装、使用和拆除全过程管理，严禁使用无资质单位和人员施工作业；许昌兴程工程管理有限公司要严格履行现场安全监理职责，强化对起重机械设备安装、使用和拆除作业的审核把关、监督管理；设备租赁单位要建立健全设备技术档案，加强日常管理，严禁挂靠经营、挂而不管；设备检测单位要严格依规检测，严禁图形式走过场。

2.建设主管部门要依法强化监管。开发区建筑工程建设主管部门要严格落实安全生产监管责任，严厉打击未经许可擅自施工、非法转包、伪造资质和设备挂靠等违法违规行为，尤其要加强对起重机械设备等重大危险源的监督管理，严格落实住建部《关于进一步加强危险性较大的分部分项工程安全管理的通知》《关于印发起重机械、基坑工程等五项危险性较大的分部分项工程施工安全要点的通知》和河南省住建厅的相关要求，特别是方案编审、方案交底、方案实施、施工资质、特种作业人员持证上岗等环节要加大监督检查力度。要督促施工相关企业切实落实安全生产主体责任，坚持扬尘治理和安全监管两手抓、两手都要硬，对工程复工要严格按程序审批。

3.切实加强建设工程行政审批管理。要从源头抓起，对建设工程用地、规划、报建等行政许可事项，严格按照国家有关规定和要求办理，杜绝未批先建、违建不管的非法违法建设行为。国土、规划部门要进一步加强建设用地和工程规划管理，严格依法审批；建设部门要加强工程建设审批，严格报建程序，坚决杜绝未批先建现象；城管综合执法部门要加大巡查力度，严厉依法查处违法建设行为。

4. 严格落实安全生产属地管理责任。经济技术开发区管委会要深刻汲取事故教训，处理好民生问题和安全发展的关系，坚守发展决不能以牺牲安全为代价这一底线。坚持以人为本，严格落实安全生产属地管理责任，大力推进党政同责、一岗双责、齐抓共管、失职追责。要迅速组织开展建筑施工领域专项治理，立即纠正未批先建、非法转包、违章施工等违法行为。要严格落实工程复工审批制度，督促各有关部门加强监管执法，把想办好的民生问题在安全的前提下办快办好，以实际行动践行习近平新时代中国特色社会主义思想。

专家分析

一、事故原因

点评专家 王凯晖
住建部科学技术委员会工程质量安全专业委员会委员，北京建筑大学教师，长期从事建筑起重机械检验检测工作

（一）直接原因

1. 标准节连接处的 4 个连接螺栓，只有西侧 1 个螺栓有效连接，其余 3 个螺栓连接失效，导致一侧的吊笼下行后另一侧吊笼产生的弯矩超过了 1 个螺栓的承载能力。

2. 施工人员违反操作规程提前拆除了附墙架，造成顶部的标准节悬臂端过长，严重恶化了标准节的受力状态。

（二）间接原因

1. 施工升降机拆除作业组织者无起重设备安装（拆卸）工程专业承包资质且组织无作业资格的人员进行拆除作业，给本次事故的发生埋下了严重的安全隐患。

2. 施工项目部管理极为混乱，在明知拆除组织者无资质、无拆装合同、无技术方案，且未经过监理审批的情况下允许拆除作业，违反了《建筑起重机械安全监督管理规定》中对于安装、拆卸作业的全部管理规定。

3. 施工企业对该工程的违法转包行为直接导致了项目的管理混乱。

4. 监理公司在施工升降机的安装、拆卸过程中未尽到监理责任，实际上是为一系列违法、违规行为的发生提供了便利条件。

二、经验教训

本事故反映出施工现场的一个真实的状态：总承包企业寻找租赁公司，由租赁公司负责后续的一切手续和资料。该项目的整个安装环节在管理上处于混乱和失控状态，违反了《建筑起重机械安全监督管理规定》中对于起重机械安装的全部规定。

从事故报告中可以发现，事发当天上午9时左右开始拆除作业到下午14时47分发生事故，在5小时的过程中只完成了18层和17层的拆除工作，这种低下的工作能力却未能引起施工现场管理人员和现场实际监督者的注意，丧失了最后一次挽回的机会。

2018年1月份发生了两起施工升降机的较大事故，都是无证人员作业，都是假冒安装单位。这不仅反映了施工现场管理的问题，也提醒行业管理者针对起重机械安装、拆卸频繁时段，重大节假日放假前后等影响作业人员流动的时间需进行有针对性管理；对本地区安装、拆卸、顶升的作业人员培养和有资质企业的数量配备进行合理引导和规范。

3 广东广州 "1·25" 隧道坍塌较大事故

调查报告

2018年1月25日17时10分左右，广州市轨道交通21号线（10标）水西站-苏元站区间，左线盾构机带压开仓动火作业时，焊机电缆线短路引起火灾，3名仓内作业人员失联，施救过程中土仓压力急速下降，掌子面土体失稳，突发坍塌。事故造成3人死亡，直接经济损失1008.98万元。事故发生后，事故单位谎报称事故发生于2018年1月26日7时20分，事发地段作业过程中突发坍塌，造成3人被埋。

接到事故报告后，省委省政府、市委市政府高度重视，省委副书记、广州市委书记任学锋、市长温国辉、常务副市长陈志英先后做出重要指示批示：要求举一反三，深刻吸取教训，更严格落实安全生产责任制，确保安全措施管理有效，要严格施工单位管理，采取更严格的准入制度。省安监局、省住建厅有关负责同志、广州市马文田副市长第一时间赶赴事故现场指挥，指示要求全力抢救被困人员，查明事故原因，汲取教训，并举一反三，全面加强安全生产各项工作，严防类似事故再次发生。市住建委主任王宏伟、市安监局局长黄彪、广州地铁集团董事长丁建隆、黄埔区区长陈小华、常务副区长冼银崧等相关部门主要负责同志第一时间赶赴事故发生现场，全力部署参与救援工作，同时要求启动调查程序，迅速查明事故原因。

按照有关规定，2018年2月6日，广州市人民政府批准成立了由市安委办副主任、市安监局副局长周雪芳任组长，市公安局、市住建委、市安全监管局、市法制办、市总工会等有关人员参加的广州市黄埔区地铁21号线（10标段）"1·26"较大坍塌事故调查组（因事故单位谎报事故发生时间，经查实事故实际发生时间为1月25日后，更名为"广州市黄埔区中铁十四局集团隧道工程有限公司'1·25'较大坍塌事故调查组"，以下简称事故调查组），并聘请省内住建、盾构施工、岩土等方面的专家协助事故调查工作。

事故调查组坚持"四不放过"和"科学严谨、依法依规、实事求是、注重实效"的原则，通过现场勘察、调查取证、检测鉴定、专家论证、事故当事人的问询取证和有关原始资料的调查分析，查明了事故发生经过、原因、人员伤亡和直接经济损失情况，认定了事故性质和责任，提出了对相关责任人员和责任单位的处理建议，分析了事故暴露的突出问题和教训，提出了加强和改进工作的措施建议。

一、事故相关情况

（一）项目各方基本情况

广州市轨道交通 21 号线工程（10 标段）相关单位汇总　　　　表 3-1

工程名称	广州市轨道交通 21 号线［施工 10 标段］土建工程
工程地址	广州市黄埔区水西路
施工单位	中铁十四局集团隧道工程有限公司
换刀分包单位	广州穗岩土木科技股份有限公司
监理单位	广东至艺工程建设监理有限公司
勘察单位	广州中煤江南基础工程公司
监控测量单位	山东锦程测绘勘探规划设计有限公司
建设单位	广州地铁集团有限公司

1. 施工单位：项目中标单位为中国铁建中铁十四局集团有限公司（以下简称中铁十四局），该公司成立于 1986 年 10 月 12 日，注册地址为山东省济南市历下区奥体西路 2666 号铁建大厦 A 座，企业法定代表人为张挺军，公司类型为国有股份有限公司，为中国铁建股份有限公司下属企业。集团公司下辖一至五、隧道、大盾构、建筑、房桥、电气化、房地产、铁正检测、市政、海外 14 个子分公司。

2013 年 12 月中铁十四局中标"广州市轨道交通 21 号线工程［施工 10 标］土建工程"后，指定由下属专业子公司中铁十四局集团隧道工程有限公司（以下简称隧道公司，独立法人单位）组建项目部，并负责项目的施工。中铁十四局集团隧道工程有限公司，成立时间 2003 年 12 月 19 日；注册地址：济南市市中区二环南路兴隆山庄 29 号，企业类型为中央企业下属全资子公司；法定代表人：孙亮。隧道公司是以隧道及地下工程施工为主的专业化工程公司，具有隧道、机场码头、市政等多项一级施工总承包和专业承包资质。法定代表人孙亮兼任公司执行董事，主持公司生产经营全面工作，副总经理褚晓宏主持总经理工作，主持公司经理层工作，负责公司生产经营管理。

隧道公司于 2013 年 12 月设立了"广州市轨道交通 21 号线工程施工 10 标土建工程项目经理部"（非独立法人单位）。原项目经理为戴斌，自 2017 年 11 月起，隧道公司发文确认，戴斌调整岗位，由原项目副经理张旭兼任项目部经理职务，至事发时正在办理交接手续。

项目经理张旭主持项目施工生产安全全面工作；项目总工刘天祥负责项目施工方案、技术交底编制审查工作，并落实交底制度；盾构工区经理李克伟协助项目经理组织项目部管理工作，抓好盾构隧道工程施工安全、质量、进度等工作，负责盾构隧道工程的施工生产组织与管理；工程部长王帅：协助总工编制施工组织计划、技术方案、技术交底，做好施工进度统计；安全部长刘宁：协助安全总监抓好安全生产工作，负责进场工人的安全教育、培训工作，开展日常安全检查工作，并督促整改；左线隧道主管王辉负责左线隧道现场施工生产组织，负责技术管理；左线盾构机长刘强和董继岩负责左线盾构机操作；机电领班杨凯负责左线盾构机设备的维修保养工作；安全员刘梦谦负责盾构工区的安全管理工作及日常安全检查，并督促问题整改。

2. 劳务分包单位：广州穗岩土木科技股份有限公司（以下简称穗岩公司），注册地址：广州市白云区广州大道北怡新路 32 号首层 113 室，企业类型为股份有限公司（非上市、自然人投资或控股）。法定代表人：王欢；经营范围：铁路、道路、隧道和桥梁工程建筑施工；铁路工程建筑、公路工程建筑、市政公用工程施工；城市地铁隧道工程施工；建筑劳务分包；消防设施工程专业承包；消防设施工程设计与施工；对外承包工程业务。

穗岩公司于 2017 年 12 月 31 日与隧道公司签订了盾构区间带压换刀作业承包合同。公司驻施工项目负责人朱怀松，现场负责人朱纯全，有 14 个工人，分别是作业工人 12 人（包括朱纯光、朱中龙、石显生 3 人），操仓员 2 人（包括朱友生）。

3. 监理单位：广东至艺工程建设监理有限公司（以下简称至艺监理），注册地址：广州市越秀区共和西路 6 号，企业类型为有限责任公司（法人独资），法定代表人：胡军。具有房屋建筑监理甲级、铁道工程监理甲级资质。营业范围：房屋建筑工程、铁路工程、市政公用工程监理业务、工程招标代理，上述相关技术服务。与业主单位广州地铁集团于 2013 年 10 月签订监理服务合同，公司在广州设立了"广州市轨道交通 21 号线土建工程监理 10 标监理部"，并制定了监理工作方案。公司派驻施工现场项目总监为谷剑波，事发时现场监理为高小亮。

4. 建设单位：广州地铁集团有限公司（以下简称地铁集团），公司于 1992 年 11 月 21 日在广州市工商行政管理局登记成立。注册地址：广州市越秀区中山五路 219 号中旅商业城 16 楼；公司类型为有限责任公司（国有独资），法定代表人：丁建隆。地铁公司派驻事发标段的业主代表为王保磊，业务经理为张会东。

2013年11月，项目建设单位地铁集团以公开招投标方式确定广州市轨道交通21号线施工10标的总承包单位，该标段工程包括一站一暗挖区间一明挖区间，施工单位部分作业使用专业分包。项目设计单位是中国铁路设计集团有限公司；项目勘察单位是广州中煤江南基础工程公司；项目第三方监测单位是广东省重工建筑设计院有限公司。

（二）工程概况

1. 工程总体情况

广州市轨道交通21号线是为加强科学城及萝岗中心区、东部新城以及增强城市与广州市中心区的快速交通联系，带动高新技术业、先进制造业等功能带的发展，支持中新知识城起步区的建设和城市"东进"战略而进行建设的市政工程。21号线西起天河区，依次经过黄埔区、增城区，止于增城区荔城街增城广场，线路全长61.6km，其中地下线路长约40.1km，穿山隧道6.8km，地上线14.7km；共设17座车站，其中地下车站14座、高架车站3座；共有7座换乘站。

事故发生地的该线10标包括一站、一盾构区间、一明挖区间及出入场线，分别为：水西站、苏元站至水西站区间、明挖区间及水西站停车场出入场线。工程线路总长为3249m，工法涵盖明挖法、盖挖法、矿山法、盾构法及盾构空推法等。合同工期26个月，合同造价5.96亿。

2. 施工区间情况

盾构区间从水西站始发，向西南方向以曲线半径为600m的曲线经220kV迁岗变电站后转向南行进，沿水西路于保利香雪山小区处线路以曲线半径为700m的曲线转向西南行进，下穿广州市第二中学科学城校区停车场，经停车场前路边空地处区间中间风井和矿山法隧道施工竖井后，以曲线半径为600m的曲线向南，沿水西路行进到达苏元站吊出。区间隧道采用盾构法和矿山法+盾构空推施工，左线设计总长1988.422m（长链19.322m），右线设计总长1969.1m。盾构法隧道两线总长2069.3m，矿山法+盾构空推隧道两线总长1888.1m。

隧道为圆形隧道，最小曲线半径600m，最大坡度为15‰，隧顶覆土深度16.51～35.5m。管片外径6000mm、内径5400mm，管片厚300mm，管片宽度为1500mm。管片环向与纵向均采用M27螺栓连接。

区间地质复杂，孤石密集，导致盾构机的刀具遭受快速磨损，事故发生前进行了多次泥膜护壁带压开仓换刀工法作业。项目施工单位隧道公司将带压进仓换刀工作委托了分包队伍穗岩公司实施。

2017 年 3 月 28 日，左线隧道掘进至第 250 环（里程 ZDK18＋545.6）时，遭遇孤石，第一次带压开仓换刀。

至 2018 年 1 月 19 日，左线盾构掘进至第 579 环时（里程 ZDK18＋070）遭遇未探明孤石群，掘进参数异常，被迫第 12 次停机换刀。2018 年 1 月 21 日 13：00 开始本次停机换刀的第 1 仓次带压开仓换刀作业。

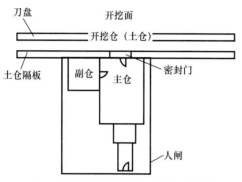

图 3-1　前盾与双室气闸位置示意图

3. 事故发生部位（前盾）的基本情况及作业程序

盾体主要包括前、中、尾盾三部分，而事故发生位置主要涉及前盾和双室气闸。前盾与双室气闸的相对位置如图 3-1 所示。

前盾和与之焊在一起的土仓隔板用来支撑刀盘驱动机构，同时使土仓与后面的工作空间相隔离，推力油缸的压力可通过土仓隔板作用到开挖面上，以起到支撑和稳定开挖面的作用。土仓隔板上在不同高度处安装有四个土压传感器，可以用来探测土仓中不同高度的泥土压力。

双室气闸装在前盾上，包括主仓和副仓两部分。当掘进过程中刀具磨损，换刀工作人员则通过双室气闸进入到土仓检查及更换刀具。在进入土仓时，为避免掌子面的坍塌，要在土仓中建立并保持与该地层深度土压力与水压力相平衡的气压。换刀人员首先从常压的操作环境下进入人闸主仓，关闭主副仓之间的隔离门，按照规定程序给主仓加压，直到压力和土仓相同时，打开主仓和土仓之间的压力平衡闸阀，使两边气体的压力处于平衡状态，便可以打开土仓仓门进入土仓。副仓主要供人员传送工具以及人员在作业过程中再进入人仓时使用，一般主副仓间隔离门是关闭的，但在该事故中正在土仓进行气刨动火作业，电缆线穿过了主、副仓及主、土仓间的隔离门，因此两道隔离门都是开启的。

（1）土仓

在盾构机掘进过程中，掘进工作面的稳定性是通过控制土仓的支护压力实现的，压力过大会造成地表隆起，而压力过小容易导致地表沉陷甚至坍塌。换刀人员要进入土仓须先排出土仓腔内的渣土或泥浆，然后向密封腔注入高黏度衡盾泥形成泥膜，最后注入压缩空气作用在泥膜上以平衡土压及水压。事故发生时，3 名换刀人员的主要工作任务就是在土仓内切割 17/18 号刀箱，属于在有限空间内带压动火作业，作业危险性大。

（2）人仓

人仓主室又名主仓，是与土仓、副仓通过密封门直接相连的仓室。主仓与常压的仓外有密封仓门，作业人员在仓内外压力相等时可直接由密封门进入主仓，而不必从副仓绕进主仓。现场发现主仓虽没像副仓那样燃烧痕迹遍布，但壁上也有斑斑点点的锈迹。主仓内安装了一台视频监控摄像头，可监控土仓密封门附近人员操作的状况，但该视频监控摄像机于事故发生的前一日即1月24日发生故障，并未及时维修，因此1月25日该视频通道无监控信息。

（3）副仓

副仓是与人仓、仓外通过密封门相连的仓室，日常作业中主要供人员放置工具以及于带压作业时传送工具。事发前，副仓储存有：木方、衣物、编织袋等。在本次事故中，副仓发生了火灾，火灾发生后，施工单位为了掩盖火灾事实，清理了火灾残骸，且用高压水做了清洗，但现场勘查可见仓内壁上火灾痕迹显著，副仓照明灯的玻璃灯罩由于高温烘烤发生整体碎裂，照明线绝缘层全部烧损，如图3-2、图3-3所示。

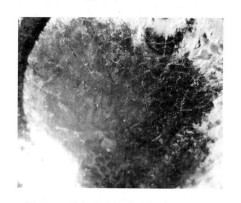
图3-2　副仓照明灯玻璃高温碎裂形态

图3-3　通往主仓外的照明线绝缘烧损

（4）刀盘

刀盘是装有滚刀、铲刀、刮刀且存在开孔形状尺寸不规则，开孔率约30%的框架式切削盘体，位于盾构机的最前部，用于切削土体。在盾构掘进过程中逐渐将泥土砂石削成碎块再排入土仓，因此巨大的孤石会严重磨损刀盘导致掘进受阻。

事故盾构机为日本小松产KOMATSU TM625PMM-18型盾构机，刀盘如图3-4所示。遇难人员本打算切割17/18号刀箱，位于一点半方位，属于双刃滚动刀具，由两片平行的刀刃组成，如图3-5所示。随着刀盘的旋转，盘形滚刀一面绕刀盘中心轴公转，同时绕自身轴线自转。滚刀在刀盘的推力、扭矩作用下，在掌子面上切出一系列的同心圆沟槽。当推力超过岩石的强度时，盘形滚刀刀尖下的岩石直接破碎，刀尖贯入岩石，形成压碎区和放射状裂纹；进一步加压，当滚刀间距满足一定条件时，相邻滚刀间岩石内裂纹延伸并相互贯通，形成岩石碎片而崩落，盘形滚刀完成一次破岩过程。

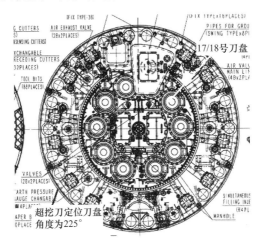

图 3-4　刀盘整体刀具布局

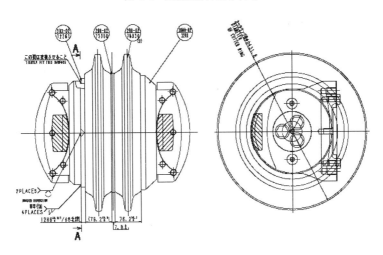

图 3-5　双刃滚刀结构图

（5）盾构机操作室

操作室位于盾中偏前部位，距人舱 10m 左右。操作室内的主监控界面显示了整台盾构机的相关参数，包括铰接系统、注浆系统、推进系统、螺旋输送机系统、主驱动系统、盾尾密封系统、油温及其他显示等，可实时监测到土仓内的压力、刀盘轴承温度、刀盘转速、油缸推力、螺旋输送机的转速等数据及曲线，以及故障历史记录。操作室内可通过内线电话以及对讲机与地面、操仓员、仓内作业人员进行实时通话，在紧急状态下急停盾构机的操作。同时在盾构机停机换刀作业过程中通过视频结合土仓气压变化等协助操仓员监控仓内作业。

（三）掌子面塌方体的地质状况及地表环境

本起事故的左线盾构机停机位置为 ZDK18＋070.3 即第 579 环，刀盘上部以及前部属于花岗岩残积土及全、强（土状）风化带广泛分布，地表及地下孤石发育，花岗岩全风化、强风化岩土层具遇水易软化、崩解特点，全风化岩土层遇水崩解的时间在 6 分钟左右。

（四）取样分析

在现场勘查的基础上，专家组分别对现场勘查过程中提取的火灾电缆样品、17/18 号刀圈、岩土中的有毒有害气体、地层水样等委托相关单位进行了检验与分析，为事故原因分析提供基本信息。排除了气体、水中毒等情形。

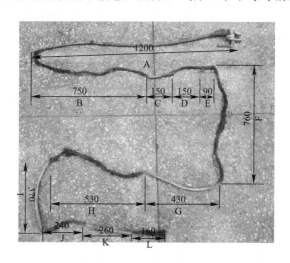

图 3-6　焊机电缆火灾物证

通过对焊机电缆取样进行宏观、微观、熔珠金相分析，结果表明焊机正极电缆（火线）在距副仓贯穿孔 1m 左右的 H 部位发生了一次短路和二次短路。一次短路首先引发了火灾，由于电缆绝缘烧损后焊机一直处于工作状态，紧接着发生了二次短路，继而引燃事发前存放在副仓内、事故后消失的木方、衣物、编织袋。

图 3-7 未烧损焊机电缆绝缘层受损状况

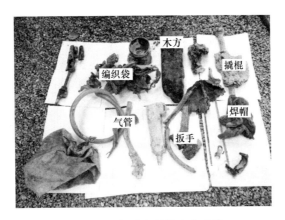

图 3-8 人闸副仓部分火灾残骸

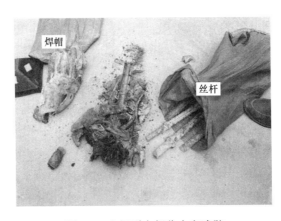

图 3-9 人闸副仓部分火灾残骸

（五）设备厂商及设备型号

设备名称：土压平衡盾构机，型号 TM625PMM-18，供货方：小松（中国）投资有限公司。小松（中国）投资有限公司主营工程机械、产业机械、物流机械，TBM、盾构机等地下工程机械等。

（六）隧道掘进盾构工法

本次事故发生在盾构掘进施工过程中。盾构工法是在近 10 年内引进国外相关技术逐步发展起来的隧道掘进工法。2012 年以前，国内外还没有统一的带压进仓国家标准或者国际标准。

2012 年，国家开始编制《盾构法开仓及气压作业技术规范》（广州地铁集团主编，2014 年 12 月 1 日实施），该规范中介绍了常压和气压（也叫"带压"）作业相关情况，其中第 5.3.7 条明确：气压作业环境下进行明火作业时，应制定专项方案，且应经过审批后方可进行。

2017 年 2 月 12 日，厦门市轨道交通 2 号线右线盾构现场发生一起事故。3 名工人带压进仓作业完毕在减压仓减压过程中，因仓内突然起火受伤，经送医院抢救无效死亡。施工单位是中铁十四局集团隧道工程有限公司，与本起事故的施工单位为同一单位。

二、事故发生经过及应急处置情况

（一）事故发生经过

1 月 25 日 14 时左右，带压开仓换刀作业的第 14 仓作业人员出仓后，向盾构机长反映：严重变形的 17/18 号刀箱仍未切割下来，在实施碳弧气刨切割过程中土仓排烟效果不良，然后与第 15 仓的带班人员进行了工作交接。

1 月 25 日 14 时 45 分左右第 15 仓的带压换刀作业由穗岩公司的朱中龙、石显生、朱纯光执行，他们进入左线盾构机前部，首先开始第 15 仓气压开仓前准备，具体工作任务是继续切割和维修 17/18 号刀箱。第 15 仓的操仓员是穗岩公司朱友生，盾构机长是隧道公司刘强。电焊机位于仓外，由仓内人员通过对讲机通知操仓员，操仓员再联系盾构机机长开、关电焊机电源及氧气瓶阀门。该作业所需工具、材料均由施工单位隧道公司提供，具体包括氧气瓶、电焊机、焊条、切割中空焊条、风动工具、压缩空气管、氧气管、焊把、割枪、气动扳手、气动打磨机等物品，进仓的物品和工具大多集中在副仓，压缩空气、氧气、焊机两条电源线均通过仓壁贯穿孔进入副仓，使用 2 层防水胶与仓壁之间密封连接。

上述 3 名工人在土仓切割 17/18 号刀箱作业的同时，隧道公司杨凯受李克伟安排带 1 名维修工人着手调试土仓 3 根主要排气管，目的是解决 14 仓人员提出的排烟差的问题。盾构机的排气管共有 6 根，这 6 根排气管，个别也可以作为注入管向土仓内加注衡盾泥。杨凯的维修组所调试的 3 根排气管分别是左边 9 点位、11 点位和右边 1 点位。在之前的操仓作业中，排气管位于左边 9 点位，当天准备把排气改到右边操作平台右上方的 1 点位。杨凯先是在排气管上接了长 5～6m 的软管，预防调试过程中泥水冲刷操仓员的工作平台，又通过调试安装在土仓隔板左、右两侧的注浆管以观察排气效果，前后调试了 1 个多小时，但排气效果改善不明显。随后刘强让杨凯停下来，杨凯就和工人到台车上休息。

1 月 25 日 17 时左右，操仓员朱友生通知仓内作业人员准备减压出仓，仓内人员回应收到。又过了几分钟，操仓员再次联系仓内人员但已没有应答，同时发现仓内排气中烟味较重。

1 月 25 日 17 时 10 分左右，操仓员朱友生看到气压表在 2.2～2.3bar 间持续约 30 秒的波动，此时，仓外可闻到烧焦的味道并看到从排气阀冒出黑灰色的烟。操仓员朱友生先后使用对讲机、手电筒并多次敲打仓壁，未能再与舱内人员取得任何联系。为了救人，操仓员朱友生便通知杨凯关闭进气管球阀、把排气管全部逐一打开进行极速泄压。同时让机长刘强关闭舱内电焊机电源并通知地面。关断电源后，人舱和操仓员操作平台的灯也熄灭了。

地面中控室 17 时 18 分左右接到电话通知后，隧道公司左线隧道主管王辉和盾构工区经理李克伟于泄压至零之前即赶到前盾。1 月 25 日 17 时 20 分左右，仓内气压经 10 分钟后从 2.0bar 降至 0.5bar。17 时 30 左右，李克伟和王辉赶到并带人打开人仓闸门，人仓内有浓烟溢出，温度较高，救援人员无法进入人仓内进行救援，李克伟等人通过打开进气阀、向人仓内用水管洒水、通风等措施降温排烟。

1 月 25 日 18 时 10 分左右，隧道公司盾构工区经理李克伟带几个工人用扳手拧开螺丝并踢开土仓闸门，李克伟进仓后，发现掌子面坍塌，3 名换刀工人被埋。

（二）企业应急处置情况

据事故调查组了解，火灾发生后，第一时间，操仓员朱友生及盾构机机长刘强为了尽快打开仓门进入土仓救人，采取了急速泄压的处置方式，经过 12 分钟左右的急速泄压土仓压力降为 0Bar，李克伟等人打开土仓门，进入土仓后，发现掌子面已坍塌，未在土仓内发现进仓换刀人员，刀盘前方 12 点部位上部有空洞,并伴有渗水及土块脱落,掌子面存在再次坍塌风险。2018年1月25日18时25分左右,李克伟通过电话让地面值班人员贾新奇向项目经理张旭汇报;18时30分左右,项目总工刘天祥在施工单位项目部会议室接到监控室值班员贾新奇当面汇报,并告知了同在开会的项目经理张旭;18时40分左右,张旭和项目总工刘天祥先后到达盾构监控室了解情况。经张旭、刘天祥与李克伟商量后,隧道公司考虑可能会引发次生灾害,决定立即撤出人员,关闭仓门,进行带压救援。

20时30分气压建仓,21时30分进仓实施救援,未发现被埋人员后于1月26日3时30分,救援人员减压出仓。随后准备第二次救援,但是救援人员了解情况后,因存在恐惧心理,不肯进仓,企业自主救援无法继续进行。

关于急速泄压的处置方式,经专家组论证:事发后,基于该事故中盾构机的设计,泄压是打开仓门的前提条件,当救援人员判定人仓内着火后,为尽快打开仓门救援,急速泄压进仓救人的处置方式并无明显不妥。

(三)事故单位谎报情况

项目负责人张旭、项目副经理兼盾构工区经理李克伟以及劳务队伍项目负责人朱怀松、现场负责人朱纯全等人接到事故报告后,并未按规定向建设单位和政府有关部门汇报,自行组织了现场应急处置。事发当晚1月25日19时30分左右,项目负责人张旭,电话向隧道公司法定代表人孙亮报告了事故情况,孙亮指示张旭立即启动应急预案,同时安排公司总经理褚晓宏、安全总监刘军、盾构部长刘玉江、事故发生地周边6个项目的负责人连夜赶往事故现场参与救援,自己立即从郑州乘机飞往广州。经查,孙亮的航班晚点至约1月26日4时30分落地广州白云机场,于1月26日7时30分左右出现在事故现场。

1月26日7时52分,隧道公司该项目负责人张旭在企业自行救援无望的情况下,才决定将事故上报业主单位和政府部门,但张旭为了不被追责,安排刘天祥撰写了一份虚假的事故基本情况报告。在这份事故基本情况报告中,事故发生时间谎报为1月26日7时20分,并且未如实报告事故发生的初步原因,隐瞒了带压动火作业、人仓副仓发生火灾等关键情节。张旭和刘天祥等人除了将这份虚构的情况报告报业主、政府相关部门外,还安排施工相关人员熟悉这份情况报告,以统一口径,对抗政府部门调查。

施工单位隧道公司法定代表人孙亮、总经理褚晓宏、项目经理张旭、项目总工刘天祥、现场监理员高小亮、劳务分包单位项目负责人朱怀松、现场负责人朱纯全等人均没按照有关规定向建设单位及政府有关监管部门如实上报事故信息,存在谎报事故的真实时间和原因的情形。

1月26日、27日,为了隐瞒事故的真实情况,孙亮、褚晓宏、刘玉江、张旭等人多次参与组织本单位人员、监理单位、分包单位及员工通过正式会议、专门交代、私人聊天等方式进行统一口径，对抗事故调查：一是形成事故报送通稿，将事故发生时间篡改为 2018 年 1 月 26 日 7 时 20 分。二是不提施工过程中有动火作业。三是顺延 15 仓虚构 16 仓、17 仓带压作业。四是清理副仓着火现场痕迹及物证。五是篡改伪造土仓顶部压力曲线图。六是对工地视频监控进行删除剪辑，格式化盾构机监控硬盘。七是伪造管理资料台账。

1 月 29 日，调查人员到办案点对事故中涉及的单位和个人进行问询，接受问询的人员和提供的资料均称事故是 2018 年 1 月 26 日 7 时 20 分左右发生。

2018 年 2 月 12 日，事故调查组接到匿名举报信，反映中铁十四局集团隧道工程有限公司迟报、瞒报事故的情况。事故调查组立即展开调查核实工作，在掌握一定证据的情况下，事故调查组于 3 月 14 日，再次进驻事故现场，进行调查核实。在事故调查组掌握充分证据后，相关单位仍未报告事故实情，3 月 16 日，公安机关介入，先后对项目经理张旭等 4 人采取强制措施。3 月 19 日，施工单位隧道公司递交事故情况报告，报告中称事故发生在 1 月 25 日。

在先期的事故调查中，监理单位（至艺监理）和分包单位（穗岩公司）有多人在施工单位（隧道公司）的组织下，直接参与事故谎报。建设单位（地铁集团）未能发现谎报事故情况。

（四）谎报情况核实经过

3 月 19 日，孙亮代表隧道公司向调查组提交《"1·26"广州市轨道交通 21 号线水西站—苏元站左线盾构区间盾构开仓作业事故说明》，说明事故是于 2018 年 1 月 25 日 17 时 10 分带压开仓修补刀箱使用气刨作业过程中发生的，承认为逃避责任追究，在明知事故实情而默认隐瞒真相对事故进行逐级报告的事实。

3 月 21 日，调查组再一次进驻办案点，有针对性地对有关人员进行再次问询，与专家组、火调专家一起多次下井到事故盾构机现场进行补勘，把参与篡改技术参数的人员分别从成都、厦门集中到事故发生地对土仓顶部压力曲线图进行复原，邀请广州市公安局网监专家把已被格式化的盾构机监控硬盘进行数据恢复。经过多次对证言证词、物证书证、电子数据的分析论证，逐步还原了事故的真相，确认了该起事故存在谎报的行为。

（五）相关部门应急处置情况

1. 事故信息接报及响应情况

1 月 26 日 7 时 52 分许，隧道公司项目部将事故情况上报业主及其他相关部门。

8 时 28 分，广州市应急管理办公室收到广州地铁集团报告，称 1 月 26 日 7

时 20 分，广州市轨道交通 21 号线 10 标水西至苏元区间左线（黄埔区）一盾构机在带压开仓换刀作业时，仓内掌子面发生塌方，有 3 名施工人员失联。

8 时 58 分，市安全监管局收到广州地铁集团信息快报，立即形成事故快报，报省安监局、市委总值班室、市府总值班室和黄彪局长。

1 月 26 日 9 时 55 分，市安全监管局黄彪局长、詹少卿副局长、罗传亮副局长、办公室李润培主任、二处辜祖德处长、应急指挥中心谢少敏副主任等相关人员先后到达事故现场。

2. 事故现场应急处置工作情况

在接报后，马文田副市长、省安监局、省应急办、市应急办、市住建委、市安监局、市国资委、市消防局、市安监站、黄埔区政府、广州地铁集团等部门负责同志第一时间赶赴事故现场开展应急救援处置工作，全力以赴争取救援。8 时 20 分左右地面巡视人员发现盾构停机位置上方路面多处漏气严重。立即准备对地面漏气点进行封堵，同时对地面漏气影响区域进行了临时围蔽隔离。10 时左右在政府各部门的配合下，全面封闭水西路路面交通，逐一检查漏气点，并进行封堵，同时向仓内加气保压，建立气压平衡后继续开仓救援。至 13 时 15 分左右，仓内压力能够稳定在 2.2bar，在对开仓人员进行了安全教育和技术交底后，进仓开展救援工作。至 20 时 22 分，救援人员在土仓清泥至盾构刀盘中部以下，倒运出 200 多袋渣土，仍未发现失联人员。鉴于开挖未发现失联人员，也无法探测到生命体征，继续开挖风险不可预测。为确保不发生次生灾害，在收集专家意见建议基础上，经研究决定尽快从地面采用冻结法对掌子面进行加固。

1 月 26 日 21 时 30 分左右，液氮冻结施工人员、设备到现场做准备。1 月 27 日 15 时，开始进行"刀盘冻结加固方案"的地面钻孔施工。2 月 2 日，完成全部地面钻孔。2 月 3 日，完成冻结管测试、连接管路、设备安装调试。2 月 4 日 9 时 30 分左右开始进行冻结施工。

2 月 8 日 20 时，经过 4 天时间的冻结后，经专家对冻结加固效果进行评估，专家通过对冻结加固方案及冻结测温数据变化分析，一致认为冻结加固效果已达到常压开仓条件要求，可以进行常压开仓。

2 月 8 日 21 时 30 分左右，组织救援队，进行连续开仓救援工作。

2 月 11 日 2 时 30 分左右，三具遇难者遗体全部运出井口吊至地面，全部救援工作完成。

2 月 11 日 2 时 30 分左右，黄埔区公安分局法医到达事故现场，对尸体进行尸检，3 时 11 分左右完成尸检工作。

3. 医疗救治和善后情况

事故发生后，隧道公司在 1 月 26 日 10 时许联系 3 名死者的家属，当天晚上

3 名死者的家属到广州。

善后工作组于 1 月 27 日上午向家属通报了事故情况，妥善处理了死者家属的安抚工作。

1 月 31 日，隧道公司与 3 名死者家属协商并签订了工亡补偿协议，足额支付了工亡补偿金。协议签订后，善后工作组劝留 8 名家属等待结果，以便后续遗体辨别、认领等工作。

2 月 11 日，在遇难者遗体火化后，隧道公司租用专车护送遇难者家属返乡。

4. 相关部门应急处置评估

政府相关部门在接到事故单位报告后，黄埔区委、区政府坚决贯彻省、市各级决策部署和指示批示要求，及时启动应急响应，市区应急、住建、安监、公安、消防、卫生等相关部门第一时间开展应急处置，现场救援处置措施得当，信息发布及时，善后工作有序，在事故应急处置中无次生灾害、无衍生事故、无疫情发生。

（六）人员伤亡和直接经济损失情况

1. 事故人员伤亡情况

据调查核实，事故共造成 3 人死亡，分别为：

（1）朱中龙，男，46 岁，湖北省阳新县人。

（2）朱纯光，男，45 岁，湖北省阳新县人。

（3）石显生，男，44 岁，湖北省阳新县人。

2. 直接经济损失情况

根据《企业职工伤亡事故经济损失统计标准》GB 6721—1986 有关规定统计，事故造成直接经济损失为 1008.98 万元。

（七）相关部门的履职情况

经事故调查组查明，该项目的行业监管部门是广州市住房和城乡建设委下属建设工程安全监督站，该项目工程监督员为杨娜、陈显豪，2017 年截至事故发生前，该站监督人员共抽查了该工程 6 次，发出 4 份责令整改通知书，2 份现场检查记录，进行了 6 项次的广东省建筑工程施工安全生产责任动态扣分。其中，监督员杨娜、陈显豪分别于 2017 年 3 月 8 日、5 月 11 日、8 月 4 日、9 月 8 日、10 月 23 日和 2018 年 1 月 3 日共计 6 次对该项目开展安全检查，下发了 4 份整改通知书，2 份现场检查记录，对下发的整改通知书，监督人员均督促施工单位项目部在一周内整改完毕，形成闭环管理。同时，针对安全违法违规行为，监督人员及时在诚信系统进行动态扣分管理，据此，广州市建设工程安全监督站按规定履行了日常监督巡查职责。事故发生后市住建委、市公安局、市安全监管局、市卫生局等部门迅速赶到现场进行处置，指导企业制定救援方案，妥善解决善后问题，政府相关部门认真履行了事故处理的相关职责。

三、事故原因及性质

（一）事故直接原因

事故调查组认定该起事故的原因为：作业工人在有限空间带压动火作业过程中，焊机电缆线绝缘破损短路引发人闸副仓火灾，引燃副仓堆放的可燃物，人闸主仓视频监控存在故障，未及时发现火灾苗头，人闸主仓、副仓无烟感温感消防监控系统，仓内人员缺乏消防安全与应急防护装备，无法实施有效自救，仓外作业人员极速泄压使衡盾泥泥膜失效，掌子面失稳坍塌将作业工人埋压。

（二）事故间接原因

1. 隧道公司项目部未有效排除焊机电缆线绝缘破损、安全设备及监控设施存在故障等安全隐患。调查发现隧道公司项目部存在焊机电缆线无人维护、视频监控系统1月24日损坏后未及时维修、土仓内4台土压传感器只有1台能维持工作等安全隐患。

2. 隧道公司项目部应急预案缺乏针对性、应急物资配备不足。虽然项目部制定了盾构作业专项应急预案，带压开仓换刀作业专项方案中也含有事故应急预案的内容，但所有预案内容均未能有效针对土仓动火作业、人闸火灾等情景编制，且从未组织针对人仓、土仓发生火灾的演练，导致应急预案流于形式，对实际发生的火灾事故未能采取有效的安全技术与安全管理措施加以预防和处置。仓内气刨动火作业，未对照技术规范中相关规定，配备仓内消防应急器材、人员防毒装备、应急呼吸防护装备。

3. 施工管理缺位，安全监理未依规定履职。至艺监理对盾构带压开仓检查换刀方案审核不认真，未能发现该方案中并未涉及换刀箱以及动火作业等高风险作业内容，未能及时督促施工单位项目部结合实际修订完善《盾构带压开仓检查换刀方案》，对危险性较大的分部分项工程带压换刀作业未按监理方案和规定安排专人旁站监督和填写旁站监理记录，安排未经监理业务培训的实习人员曹港从事监理员工作，未督促施工单位严格实行有限空间作业审批制度，未及时发现并督促排除换刀作业过程中的安全隐患。建设单位广州地铁集团未认真履行建设单位职责，对重点安全风险认识不足，对施工、监理单位疏于督促管理，未能有效督促施工、监理单位及时排除安全隐患。

4. 分包单位穗岩公司未履行安全管理责任。穗岩公司未按照分包合同和安全管理协议的约定，严格履行分包单位的安全管理职责，未严格按照安全标准和安全技术交底要求、特种作业规定、技术交底文件及安全交底文件施工，工作时未佩戴符合安全标准的劳动保护用品，也未制定安全教育和安全检查制度，进仓作业前未对参与人员进行培训。

5. 开仓检查换刀作业专项方案缺乏针对性且未及时更新。盾构带压开仓检查换刀作业属于危险性较大的分部分项工程，但隧道公司21号线10标项目经理部仅于2015年12月3日编制了《盾构带压开仓检查换刀方案》，该方案虽然按程序组织专家通过了评审，但对土仓内动火作业，刀具焊接、刀箱气刨切割等危险性大的动火作业内容并未提及，且该方案一直未结合实际修改完善。到2018年1月25日事发，左右两线进仓作业377仓次，土仓内进行了多次动火作业，但专项方案始终沿用初始版本，造成危险性极大的土仓内带压动火作业始终缺乏针对性的安全技术措施，施工、监理、建设等单位对这一隐患均未发现并排除。

6. 忽视安全技术说明，安全培训和技术交底流于形式。在作业过程中忽视了衡盾泥气压开仓施工法专利说明中关于泥膜稳定性的风险警示，缺乏预防掌子面坍塌事故的安全技术措施。依据规定带压作业时严禁仓外人员进行危及仓压稳定的操作，但事故发生当日3名工人在土仓作业期间，杨凯和另一个工人屡次调试排气管，试图改善排气效果，边气压作业边维修排气管的行为增加了扰动掌子面稳定性的因素。在盾构机操作说明书安全篇第15页明确提出有关开挖面内检查维修的安全注意事项，但隧道公司项目部以及穗岩公司对施工现场人员的安全培训和三级安全教育、安全技术交底内容均未围绕气刨作业等关键内容展开，也未涉及如何有效防范气刨作业导致火灾的内容。

7. 未深入开展安全警示教育，吸取同类事故的教训。隧道公司曾在2017年2月12日厦门轨道2号线海东区间右线盾构现场，带压换刀作业减压过程中发生过一起火灾，造成3人死亡。按照该事故调查报告要求，人闸应配备火灾探测与报警、视频监控、压力温度在线监测、人员火灾应急防护装备、仓内外人员遵章定期联络等方面的防范措施。但隧道公司仍未深入组织开展事故警示教育，未吸取事故教训和采取积极改进措施，以避免同类事故再次发生。

（三）事故性质

经调查认定，广州市黄埔区中铁十四局集团隧道工程有限公司"1·25"较大坍塌事故是一起生产安全责任事故。

四、对事故有关责任人员及责任单位的处理建议

（一）建议追究刑事责任（5人）

1. 张旭，男，47岁，中共党员，中铁十四局集团隧道工程有限公司广州市轨道交通 21 号线 10 标项目部执行经理，在项目部中实际承担项目经理工作职责，未能依法履行岗位安全生产管理职责，未严格落实项目部安全生产责任制，未能有效督促检查项目部安全生产工作，未能及时消除带压开仓动火作业存在的事故隐患，对事故发生负有管理责任，且在明知及时如实上报事故是项目部负责人法定职责的情况下，仍然在事故发生后谎报事故，组织并参与干扰、对抗事故调查，安排人员破坏事故现场，销毁有关证据资料，是谎报事故的主要责任人，因涉嫌刑事犯罪，于 2018 年 3 月 18 日被公安机关立案侦查，并采取强制措施，建议由公安机关依法追究其刑事责任。

2. 李克伟，男，33岁，中铁十四局集团隧道工程有限公司广州市轨道交通 21 号线 10 标项目部副经理兼盾构区经理，负责整个盾构区的日常管理工作，未能依法履行岗位安全生产管理职责，未抓好隧道盾构作业安全管理工作，对左线盾构机仓内带压动火作业存在安全隐患未采取有效措施消除，未能对违反施工和安全生产规定的行为予以纠正，对事故的发生负有直接管理责任。事故发生后，组织并参与干扰、对抗事故调查，安排人员破坏事故现场，销毁有关证据资料，是谎报事故的重要组织者。因涉嫌刑事犯罪，于 2018 年 3 月 18 日被公安机关立案侦查，并采取强制措施，建议由公安机关依法追究其刑事责任。

3. 朱纯全，男，43岁，广州穗岩土木科技股份有限公司驻广州市轨道交通 21 号线 10 标左线盾构机带压换刀作业现场负责人，未按规定做好对员工的班前安全教育，未督促员工按安全技术交底要求施工，未能有效排除焊机电缆线绝缘破损、员工未按规定穿戴防毒面具等防护用品等隐患，对事故的发生负有现场直接管理责任。事故发生后，组织并参与谎报事故，干扰、对抗事故调查。因涉嫌刑事犯罪，于 2018 年 3 月 18 日被公安机关立案侦查，并采取强制措施，建议由公安机关依法追究其刑事责任。

4. 朱怀松，男，29岁，中共党员，广州穗岩土木科技股份有限公司广州市轨道交通 21 号线 10 标项目部项目负责人，未履行岗位安全管理职责，未建立项目安全教育和安全检查制度，未组织每天检查安全状况，未能有效排除焊机电缆线绝缘破损、员工未按规定穿戴防毒面具等防护用品等隐患，对事故的发生负有重要管理责任。事故发生后，参与谎报事故，干扰、对抗事故调查，建议由公安

机关依法追究其刑事责任。

5. 高小亮，男，46岁，广东至艺工程建设监理有限公司监理员，事故发生时旁站监理工程师，未认真履行监理员职责，未对开仓动火作业全过程进行旁站，未及时发现和督促整改带压动火作业中存在的安全隐患，对事故负有主要监督责任。事故发生后，参与谎报事故，干扰、对抗事故调查。因涉嫌刑事犯罪，于2018年3月18日被公安机关立案侦查，并采取强制措施，建议由公安机关依法追究其刑事责任。待公安、司法机关做出处理后，建议市建设行政主管部门按照《建设工程安全生产管理条例》规定，做出相应处理。

（二）建议给予党纪、政纪处分人员（17人）

中铁十四局集团隧道工程有限公司广州市轨道交通21号线10标项目部（8人）

1. 刘天祥，男，36岁，中共党员，中铁十四局集团隧道工程有限公司广州市轨道交通21号线10标项目部项目总工，未履行项目安全技术管理职责，对项目换刀作业施工方案把关不严，危险性较大分部分项作业未按规定组织制定针对性的专项方案，换刀作业安全技术交底流于形式，未涉及动火作业内容，对未经审批即开展动火作业失管失察，对事故发生负有管理责任，事故发生后，参与谎报事故，干扰、对抗事故调查，建议给予行政撤职处分，由中铁十四局集团隧道工程有限公司党组织按权限给予其相应党内处分。

2. 李辉，男，30岁，中铁十四局集团隧道工程有限公司广州市轨道交通21号线10标项目部盾构工区技术主管，气压动火作业方案的编制者，未能编制有效的作业方案并监督实施，未能按规定组织施工工人开展有效安全技术交底，对事故发生负有管理责任，事故发生后，参与谎报事故，干扰、对抗事故调查，建议中铁十四局集团隧道工程有限公司依规定给予行政记大过处分。

3. 王辉，男，32岁，中铁十四局集团隧道工程有限公司广州市轨道交通21号线10标项目部事发左线盾构主管，事故发生时的地面值班领导，现场安全检查不到位，未能制止无审批动火作业、员工未按规定穿戴防毒面具进入人仓等违章行为，对事故发生负有管理责任，事故发生后，参与谎报事故，对抗事故调查，建议中铁十四局集团隧道工程有限公司依规定给予行政记大过处分。

4. 王帅，男，28岁，中共党员，中铁十四局集团隧道工程有限公司广州市轨道交通21号线10标项目部工程部长，作为项目工程部门负责人，未能对带压检查换刀作业方案进行修改完善，未能有效组织开仓作业人员按规定落实安全技术交底，疏于对施工过程中的安全管理，对事故发生负有管理责任，建议中铁十四局集团隧道工程有限公司依规定给予行政记过处分，由中铁十四局集团隧道工程有限公司党组织按权限给予其相应党内处分。

5. 刘宁，男，32岁，中铁十四局集团隧道工程有限公司广州市轨道交通21号线10标项目部安全部长，未有效履行岗位安全管理职责，未组织对进场工人开展有针对性的安全培训教育，未能有效排除安全隐患，对有限空间动火作业等重大风险未及时辨识排查，未能及时消除动火作业无审批、焊机电缆线绝缘破损、现场灭火器缺失、人员未佩戴防毒面具进入作业面等安全隐患，对事故发生负有管理责任，建议中铁十四局集团隧道工程有限公司依规定给予行政记过处分。

6. 刘强，男，29岁，中铁十四局集团隧道工程有限公司广州市轨道交通21号线10标项目部左线机长（盾构机操作员），事故发生时的当班机长，未有效履行现场安全管理职责，未认真组织作业人员进行安全技术交底，未组织排查焊机电缆线绝缘破损、现场灭火器缺失、人员未佩戴防毒面具进入作业面等隐患。事故发生后，在李克伟的安排下，带人毁灭火灾证据，破坏事故现场，对事故发生负有现场管理责任，建议中铁十四局集团隧道工程有限公司依规定给予行政记大过处分。

7. 杨凯，男，23岁，中共党员，中铁十四局集团隧道工程有限公司广州市轨道交通21号线10标项目部事发左线机修班组长，事故发生时其正在调试土仓排烟系统，未履行安全管理责任，未及时检查和排除人仓视频系统、土仓传感器等机械故障，对边调试排烟系统边作业负主要责任，建议中铁十四局集团隧道工程有限公司依规定给予行政记大过处分，由中铁十四局集团隧道工程有限公司党组织按权限给予其相应党内处分。

8. 刘孟谦，男，27岁，中铁十四局集团隧道工程有限公司广州市轨道交通21号线10标项目部安全员，现场安全生产检查不到位，未能及时排查带压开仓动火作业重大风险，消除动火作业无审批、焊机电缆线绝缘破损、现场灭火器缺失、人员未佩戴防毒面具等防护用品进入作业面等安全隐患，对事故发生负有现场管理责任，建议中铁十四局集团隧道工程有限公司依规定给予行政记过处分。

中铁十四局集团隧道工程有限公司（4人）

9. 孙亮，男，46岁，中共党员，中铁十四局集团隧道工程有限公司党委副书记，法定代表人，执行董事，是公司安全生产第一责任人，履行岗位安全生产管理职责不到位，未能有效落实安全生产责任制，未能有效督促检查广州市轨道交通21号线10标项目部的安全生产工作，及时消除项目部存在的安全事故隐患，致使项目部施工组织不严密，现场安全管理不到位，默许项目部谎报事故、隐瞒事故真实情况，对项目部毁灭现场证据的情况不加制止，对事故发生和谎报负有重要领导责任，建议中铁十四局有关方面按照国有企业干部职工管理权限给予其撤销党内职务、行政撤职处分，自受处分之日起五年内不得担任任何生产经营单位的主要负责人。

10. 褚晓宏，男，43岁，中共党员，中铁十四局集团隧道工程有限公司副总经理，主持总经理工作，履行安全生产管理职责不到位，未能有效督促检查广州市轨道交通21号线10标项目部的安全生产工作，作为隧道公司第一时间到达事故现场的公司最高领导，默许和参与项目部隐瞒事故真实情况，对项目部毁灭现场证据的情况不加制止，对事故发生和谎报负有重要领导责任，建议中铁十四局有关方面按照国有企业干部职工管理权限给予其撤销党内职务、行政撤职处分。

11. 刘军，男，35岁，中共党员，中铁十四局集团隧道工程有限公司安全总监，履行岗位安全生产管理职责不到位，未能有效组织开展对事发项目部安全生产的督促检查工作，致使该项目部存在现场安全管理不到位，隐患排查不彻底，对事故发生负有管理责任，对未有效组织公司认真吸取厦门事故教训，防范同类事故发生负有责任。建议由中铁十四局集团隧道工程有限公司给予行政记过处分，由中铁十四局集团隧道工程有限公司党组织按权限给予其相应党内处分。

12. 刘玉江，男，53岁，中共党员，中铁十四局集团隧道工程有限公司盾构设备管理部部长，未履行设备安全管理的职责，未能有效消除盾构设备安全隐患，事故发生后，在项目部人员的安排下，带领盾构机工程人员，篡改盾构机系统参数，为查清事故发生时间和事故真相带来较大阻力，对事故发生和谎报负有重要管理责任，建议中铁十四局集团隧道工程有限公司给予撤销党内职务、行政撤职处分。

中铁十四局集团有限公司（1人）

13. 马军，男，53岁，中共党员，中铁十四局集团有限公司副总经理兼华南区负责人，负责广东辖区内的市场开发和施工管理工作，未能及时发现并有效制止属下公司隐瞒事故实情，对隧道公司谎报事故的行为负有领导责任，建议由中国铁建股份有限公司依规定给予其党内严重警告、行政记过处分。

广东至艺工程建设监理有限公司（1人）

14. 谷剑波，男，46岁，广东至艺工程建设监理有限公司广州市轨道交通21号线10标项目总监，履行项目安全监理职责不到位，对监理小组人员管理不到位，未能有效组织开展对施工单位危险性较大分部分项工程开展旁站监督，对事故发生负有直接监督管理责任，建议广东至艺工程建设监理有限公司依规定与其解除劳动合同。

广州地铁集团有限公司（3人）

15. 王保磊，男，30岁，中共党员，广州市轨道交通21号线10标项目业主代表，未认真履行建设单位业主代表职责，对盾构设备安全技术特性和危险性较大分部分项目工程危险性认识不足，对施工、监理单位疏于督促管理，现场检查工作不到位，未能及时掌握项目施工安全情况，致使与事故相关的事故隐患未能及时发现，未能有效督促施工、监理单位及时排除安全隐患，对施工单位谎报事故失察，对事故发生负有现场管理责任，建议地铁集团依规定给予其党内严重警告、行政记过处分。

16. 张会东，男，42岁，广州市轨道交通21号线10标项目部业主方代表经理，王保磊的直接上级领导，对项目安全管理存在盲区，督促检查不到位，对事故发生负有管理责任，事故发生后，未能及时发现及掌握相关人员谎报、毁灭事故证据的行为，对施工单位谎报事故失察，建议地铁集团给予其行政警告处分。

17. 彭洪秋，男，45岁，中共党员，广州地铁集团土建二中心工程一部经理，作为地铁工程土建施工建设管理的直接责任部门和安全质量管理主体责任部门的主要领导，对参建单位安全生产监督管理不力，督促参建单位建立、落实安全生产保证措施不到位，对事故的发生负有领导责任，建议地铁集团给予其诫勉谈话。

（三）行政处罚及问责建议

1. 中铁十四局集团隧道工程有限公司履行安全生产主体责任不到位，未按规定对《盾构带压开仓检查换刀方案》进行修改完善，未落实有限空间作业审批制度，未对新工艺采取有效的安全防护措施，未能及时排除人仓监控等安全设备的机械故障，未按规定配备应急物资及装备，在维修排气管时未能停止作业，未能深刻吸取本单位同类事故教训落实整改措施，未按规定如实报告生产安全事故，违反《危险性较大的分部分项工程安全管理办法》第十四条第二款，《有限空间安全作业五条规定》第一条，《中华人民共和国安全生产法》第二十六条、第三十三条第二款、第三十八条、第八十条第二款，《生产安全事故应急预案管理办法》第三十八条，《安全生产事故隐患排查治理暂行规定》第十六条，《生产安全事故报告和调查处理条例》第三十三条，对事故发生和事故谎报负有责任。建议由市安全监管部门根据《中华人民共和国安全生产法》第一百零九条、《生产安全事故报告和调查处理条例》第三十六条等法律法规的规定，对隧道公司实施行政处罚，并由市住建部门依据《建筑市场信用管理暂行办法》作出相应处理。建议由市安全监管部门依据《生产安全事故报告和调查处理条例》第三十六条，对隧道公司负责人孙亮、诸晓宏及直接参与和组织修改盾构机系统参数的主管人员刘玉江、直接组织并参与谎报的其他直接责任人员刘天祥实施行政处罚。

2. 广东至艺工程建设监理有限公司施工现场监理缺位，风险管控措施不到位。安排未经监理业务培训的监理人员从事监理员工作，开仓作业时未按规定安排专人旁站监督和填写旁站监理记录，未督促施工单位严格实行作业审批制度；未能督促施工单位有效开展隐患排查，及时排除施工中的安全隐患。其行为违反了《危险性较大的分部分项工程安全管理办法》第十九条，《建设工程监理规范》2.0.9、5.2.11，《建设工程安全管理条例》第十四条第二款之规定，对事故发生负有责任。建议由市安全监管部门根据《中华人民共和国安全生产法》的规定，对广东至艺工程建设监理有限公司、法定代表人胡军实施行政处罚。同时，建议由市住建部门依据《建筑市场信用管理暂行办法》作出相应处理。

3. 广州穗岩土木科技股份科技有限公司未对进仓作业人员进行安全教育培训，未开展安全检查和隐患排查治理，未有效监督员工佩戴符合国家标准的劳动防护用品，违反了《中华人民共和国建筑法》第四十六条、《中华人民共和国安全生产法》第四十二条，对事故发生负有责任。建议由市安全监管部门根据《中华人民共和国安全生产法》等法律法规的规定，对广州穗岩土木科技股份科技有限公司、法定代表人王欢实施行政处罚。同时，建议由市住建部门依据《建筑市场信用管理暂行办法》做出相应处理。

4. 建议中铁十四局集团隧道工程有限公司向中铁十四局集团有限公司做出深刻检讨，中铁十四局集团有限公司向上级中国铁建股份有限公司做出检讨。

五、事故主要教训

（一）有关单位法律意识淡薄，谎报生产安全事故。事故发生后，施工单位隧道公司相关人员，采取非常规手段，销毁事故有关证据，清洗事故现场痕迹，篡改事故发生时间，隐瞒事故发生真相，试图逃避政府部门监管和责任追究，监理单位、分包单位默认、配合施工单位谎报事故，建设单位对事故谎报失察，给事故调查工作带来了很大的困难。但是，法网恢恢，疏而不漏，在事故发生后，就有人举报谎报事故情况，经调查组确认，事故真相得以还原，而且责任追究更为严厉，让试图侥幸的不法分子依法受到严惩。

（二）有关企业安全管理混乱，安全主体责任不落实。施工单位专项方案多年未更新，有限空间动火作业无审批，对分包单位失管失控；监理单位未落实旁站监督，安排未经监理业务培训的实习人员（曹港）人员从事监理员工作，分包单位未按合同履行安全管理责任，安全制度、技术交底内容不落实，正是企业主体责任不落实，导致安全事故隐患未能得到及时有效消除，最终演变成事故。

（三）忽视施工中的重点安全风险辨识管控。事故中盾构环节的带压换刀作业，在地质条件复杂的地段土压失衡坍塌的风险极高，属于有限空间、带压作业、动火作业等高风险并存的作业，危险源多而复杂，事故风险极高。对如此高风险的带压动火作业，施工单位既未编制有针对性的专项施工方案，也未采取有效措施加强管控，未对专业分包队伍严格管理，现场安全管理人员并未发现并有效排除焊机电缆绝缘破损隐患，未严格执行动火审批管理，未起到预防副仓火灾事故的应有作用。监理单位未履行旁站监督管理职责，未及时纠正施工单位的违章行为。

（四）安全设备存在故障，应急装备缺失。经查，盾构机人闸内监控、土压传感器等关键机械故障未得到及时修复，以至没有及时发现仓内事故苗头，人仓内关键应急装备如防毒面具、灭火器等缺失，造成人员第一时间无法完成自救。人员缺乏应急救援演练，不熟悉救援方法，火灾发生后急速泄压，导致掌子面失稳坍塌，人员被埋。

（五）人员安全意识淡薄，隐患排查不到位。相关人员漠视安全生产工作规定，在人仓内排气不通畅的情况下，带着故障边作业边维修，未有效排除焊机电缆线绝缘破损隐患，未落实有限空间动火作业审批手续，施工人员未严格遵守带压进仓作业规定，没有配备阻燃材质的劳动防护用品和呼吸保护器具，没有严格落实检查制度，没有对带压进仓作业的物品进行检查，使易燃的衣服、编织袋、木块存放在仓内。

六、事故防范措施建议

"1·25"较大事故暴露出我市轨道交通工程施工领域对新技术、新工艺推广应用中可能带来不可预见、不可知影响因素的预测、预警能力不足，对危险性较大分部分项工程施工关键工序的管理存在覆盖程度、管控深度不足，专业技术人员短缺等问题。随着我市轨道交通项目建设的进一步展开，未来短时间内还有大量盾构项目先后开工，市住建部门要落实"管行业必须管安全"的要求，采取有效措施，加强对我市轨道交通建设项目中重点环节、关键工序的风险管控，指导企业认真学习并严格落实住房和城乡建设部新修订的《危险性较大的分部分项工程安全管理规定》。

当前，全市安全生产任务十分繁重，各级各部门各单位要牢牢把握工程施工领域安全生产工作的特殊性和复杂性，认真领会习近平主席、李克强总理同志关于加强重点领域安全生产的重要批示精神，坚持以人民为中心的发展思想，牢固树立发展决不能以牺牲安全为代价的红线意识，认真贯彻执行省、市领导针对"1·25"较大事故的批示指示，结合我市安全生产工作实际，坚守红线意识，坚持安全发展，强化事故防范和风险管控，坚决遏制重特大事故发生，推动全市安全生产全面上水平，促进全市安全生产形势进一步稳定好转，为全市经济社会发展提供有力的安全保障。现就防范措施提出如下建议：

（一）加强党纪法制宣传教育，依法及时如实报告事故

隧道工程公司要认真执行《生产安全事故报告和调查处理条例》《生产安全事故应急预案管理办法》等法律法规要求，进一步建立完善本单位的事故预防、报告及处理制度，并将制度落到实处，发生事故后不得迟报、漏报，更不能瞒报或谎报。发生事故后，要及时启动应急预案，保证应急处置和抢险救援科学合理、快速有序，最大限度减少事故损失。

中铁十四局要针对事故谎报暴露的问题和事故教训，组织全体下属单位及员工开展一次安全警示教育和专题法制教育，深刻吸取事故教训，学习安全生产法律法规，杜绝同类事故再次发生，杜绝瞒报、谎报、迟报事故。中铁十四局党组要以此次事故谎报为契机，结合从严治党的方针，全面治理安全生产，加强党性修养教育，教育所属党员做一名对党忠诚老实，依法行事，爱岗敬业的好党员。

（二）统筹推动全面落实企业安全生产主体责任

中铁十四局及隧道公司要按照"党政同责、一岗双责、齐抓共管、失职追责"原则，树立安全发展理念，弘扬生命至上、安全第一的思想，完善安全生产责任制，落实企业安全生产主体责任，要按照近期下发的国务院安委办《关于全面加强企业全员安全生产责任制工作的通知》和省委办公厅和省政府办公厅《关于全面落实企业安全生产主体责任的通知》要求，依法依规督促企业建立健全全员安全生产责任制、做细做实岗位安全生产工作。一是要强化管理人员安全生产责任，纠正企业主要负责人红线意识不强，不会抓、不想抓和不用力、不用心抓安全生产的问题；二是要健全落实全员安全生产管理制度，推动企业结合实际建立完善并严格落实安委会制度、责任考核制度、例会制度、例检制度、岗位事故隐患排查治理制度、安全教育培训制度、外包工程管理制度、应急救援和信息报告制度等一系列责任制的落实，确保岗位安全责任落到实处；三是要着力提升企业安全生产管理人员履职能力，加强安全生产管理人员培训教育，提升履职责任心和业务工作能力；四是要认真抓好推动落实。

中铁十四局要深刻吸取事故教训，高度重视安全生产工作，进一步强化全员安全生产责任，加大考核奖惩力度，推进企业主体责任有效落实。加强全员安全教育培训，强化安全意识，提高安全技能和防范能力；建立施工现场事故隐患排查治理制度，完善事故隐患排查治理机制，及时消除施工现场事故隐患；加强对作业队伍的管理，杜绝员工违章行为，从作业层保障施工安全；加大人力物力财力投入，强化各项措施落实，夯实安全基础，全面提升施工现场管理水平，严防事故发生。

地铁集团要牵头设计单位、监理单位、施工单位在现有做法的基础上，制定具体的带压开仓换刀作业操作规程及有限空间带压动火作业操作规程：一是对开仓前安全条件的确认及进仓人员的检查要更加细化，对准备开仓作业位置地质、水文条件做明确要求；二是对开仓前验收和审批程序要更加明确，对人员进仓前条件核准工作进行详细说明，人员进仓携带物品进行严格检查；三是对进仓前各种相关设备准备情况做严格规定，对人员进入开挖仓内的作业流程进行细化；四是对带压动火作业作出具体明确的规范，电线电缆及时检查更新；五是作业人员出仓操作规程应进一步细化。

（三）强化盾构施工管理，加强重大安全风险点的安全管控工作

广州市地质条件复杂，轨道交通建设中大范围地应用盾构开挖技术，在当前技术人才和相应管理人才储备存在一定局限的条件下，重视各相关新技术设备的本质安全显得尤为重要。地铁集团和中铁十四局要加强安全技术投入，对盾构施工重点工序和关键环节的管理，坚持超前风险辨识评估，提前掌握风险，不断优化施工方案，明晰管理责任，配强施工资源，优选先进工艺，强化过程监控到位。气压进仓作业是一项高风险施工环节，必须引起高度重视，从风险辨识评估开始，到专项施工方案的编制论证审批、开仓作业点位置选择、不良地层预处理、作业前条件验收以及作业过程控制等方面，必须建立严格的工作程序和管理制度，明确工作内容和标准，明确主体责任和监督责任，上一环节不合格不得进入下一环节。

全市地铁施工单位，尤其是中铁十四局要加大盾构掘进关键技术工艺的学习力度，深入掌握泥水盾构机安全技术特性和操作要领；加强危险性较大分部分项工程管理，科学编制严格执行施工方案，具体到作业审批制度、关键节点施工前安全条件验收制度、重要工序验收当日当班必检制度和隐患排查制度等每一个相关环节都不放过。至艺监理要严格审查专项施工方案、严格督促现场和设备设施安全管理，督促各项防护监护安全措施的落实。业主单位广州地铁集团要切实加强对危险性较大的分部分项工程安全管理，特别是督促施工单位、监理单位对盾构掘进过程中涉及供电、通风、高压仓的设备设施和各相关施工工艺的安全条件加强监控和隐患排查整治，督促施工单位通过"技术换人"的方式，降低作业风险。

市住建部门要以此为鉴，督促相关单位加强对盾构工程中的重大安全风险点的安全管控，细化换刀作业注意事项，规范气压动火作业专项方案审批，并在适当的时候，向上级部门建议修订完善《盾构法开仓及气压作业技术规范》。

（四）加强安全设备管理，强化应急处置能力

广州市地铁建设、设计、施工、监理企业要制定和完善应急预案，细化各项预警与应急处置方案措施，不断提高对突发事件的应急处置能力。要针对盾构机带压进仓作业，编制专项应急预案，并经专家评审把关，对作业风险源进行分析并制定预防措施，建立应急救援组织机构及应急处置队伍，完善应急报告、应急响应流程，配置充足的应急物资和医疗保障。要结合专项应急预案的编制，进行实况应急演练，对进仓作业各项操作流程和高压环境下的各种突发状况进行模拟，检验应急预案的可操作性、提高应对突发事件的风险意识、增强突发事件应急反应能力。

地铁集团要不断提升应急救援专业化水平，建立盾构施工应急专业救援队伍，配备应急抢险装备，对进入我市地铁施工的盾构机实行严格的准入制度，未经检验合格的一律不得申请开工。

中铁十四局要强化设备安全管理工作，消防喷淋系统、人闸仓视频监控系统、作业环境有害气体实时检测系统等硬件设施的升级优化或增设。一是保留喷淋系统的固有功能，增设自动检测、启动装置，杜绝紧急状态下仓内人员不能及时启动喷淋系统的情况；二是增加人闸视频监控系统，通过耐高压摄像头捕捉视频，经控制主机将视频信号分配到各监视器，对作业及加、减压过程实施实时监控，提升风险发现及应急处置能力；三是配置作业环境有害气体实时检测系统，将作业环境中的气体持续通过气源管路连接至此系统，连续不间断掌握有害气体浓度，一旦超标，借助传感器反馈启动警报器发出报警信号，提升安全性能。

（五）注重安全知识培训，提升员工安全技能

隧道公司和穗岩公司要对从业人员进行安全生产教育和培训，保证从业人员具备必要的安全生产知识，熟悉有关的安全生产规章制度和安全操作规程，掌握本岗位的安全操作技能，了解事故应急处理措施，知悉自身在安全生产方面的权利和义务。要从落实主体责任的高度，加大盾构掘进关键技术工艺的学习力度，深入掌握土压平衡盾构机安全技术特性和操作要领，熟悉安全风险警示，履行用人单位职责，将被派遣劳动者纳入本单位从业人员统一管理，对被派遣劳动者进行岗位安全操作规程和安全操作技能的教育和培训。

地铁集团要坚持"管业务必须管安全、管生产经营必须管安全"要求，定期组织施工、监理等单位进行安全技能和知识培训，提高关键岗位、关键人员的安全技能，各企业负责人要与普通工人"同堂听课"。地铁施工项目，尤其是关键环节作业，地铁施工单位要推行企业负责人轮流带班制度，管理层要与一线员工

深入作业一线，了解一线作业场所的真实状况，督促员工遵守安全操作规程。把生产安全保障落实到每一个工地，每一个环节，每一个工人。

专家分析

一、事故原因

（一）直接原因

1. 作业人员在有限空间带压动火作业过程中，电焊机电缆线绝缘破损短路引发人闸副仓火灾，引燃副仓内堆放的可燃物。

2. 人闸主仓视频监控存在故障，未及时发现火灾苗头；仓内人员缺乏消防安全与应急防护装备，无法实施有效自救。

3. 仓外作业人员违规快速泄压使衡盾泥泥膜失效，盾构刀盘掌子面失稳、坍塌将作业工人埋压。

点评专家　韩学诠

住建部科学技术委员会城市轨道交通工程质量安全专家委员会专家，国家首批注册安全工程师，中国建筑业协会专家委员会委员，原中国中铁股份公司安质部副部长，教授级高级工程师，长期从事质量安全监管工作

（二）间接原因

1. 施工单位履行安全生产主体责任不到位，未按规定对《盾构带压开仓检查换刀方案》进行修改完善，方案缺乏针对性；未落实有限空间作业审批制度，对分包单位疏于管理；未有效排除焊机电缆线绝缘破损、安全设备及监控设施存在故障等安全隐患；应急预案缺乏针对性，未按规定配备应急物资及装备；未能深刻吸取本单位同类事故教训落实整改措施，安全培训和技术交底流于形式；未按规定如实报告生产安全事故，对事故发生和事故谎报负有责任。

2. 施工现场监理缺位，风险管控措施不到位。监理对盾构带压开仓检查换刀方案审核不认真，未能发现该方案中并未涉及换刀箱以及动火作业等高风险作业内容，未能及时督促施工单位项目部结合实际修订完善《盾构带压开仓检查换刀方案》，安排未经监理业务培训的监理人员从事监理员工作，开仓作业时未按规定安排专人旁站监督和填写旁站监理记录，未督促施工单位有效开展隐患排查治理，对事故发生负有责任。

3. 分包单位未按照分包合同和安全管理协议的约定，严格履行分包单位的安全管理职责，未严格按照安全标准和安全技术交底要求、特种作业规定、技术

交底文件及安全交底文件施工，工作时未佩戴符合安全标准的劳动保护用品，也未制定安全教育和安全检查制度，进仓作业前未对参与人员进行针对性交底。

二、经验教训

切实加强对盾构施工重要工序和关键环节的管理，坚持超前风险辨识评估，提前掌握风险，不断优化施工方案，明晰管理责任，配强施工资源，优选先进工艺，强化过程监控到位。

带压进仓作业是一项高风险施工环节，必须引起高度重视，从风险辨识评估开始，到专项施工方案的编制论证审批、开仓作业点位置选择、不良地层预处理、作业前条件验收以及作业过程控制等方面，必须建立严格的工作程序和管理制度，明确工作内容和标准，明确主体责任和监督责任。

制定具体的带压开仓换刀作业操作规程及有限空间带压动火作业操作规程：一是对开仓前安全条件的确认及进仓人员的检查要更加细化，对准备开仓作业位置地质、水文条件做明确要求；二是对开仓前验收和审批程序要更加明确，对人员进仓前条件核准工作进行详细说明，对人员进仓携带物品进行严格检查；三是对进仓前各种相关设备准备情况做严格规定，对人员进入开挖仓内的作业流程进行细化；四是对带压动火作业做出具体明确的规范，电线电缆及时检查更新；五是作业人员出仓操作规程应进一步细化；六是要分工序做好安全技术交底，细化交底内容，并确保落实到位。

结合专项应急预案进行应急演练，对进仓作业各项操作流程和高压环境下的各种突发状况进行模拟，检验应急预案的可操作性、提高应对突发事件的风险意识、增强突发事件应急反应能力；不断提升应急救援专业化水平，建立盾构施工应急专业救援队伍，配备应急抢险装备。

4　广西平果"1·26"沟槽坍塌较大事故

调查报告

2018年1月26日18时20分左右，平果县易地扶贫搬迁城西安置点规划道路工程在实施排污沟施工时，排污沟侧面土方发生塌方，造成3名作业人员死亡。

事故发生后，根据《中华人民共和国安全生产法》《生产安全事故报告和调查处理条例》（国务院第493号令）等有关法律法规的规定，市人民政府依法成立由市安监局牵头，市公安局、住建委、人社局、总工会和平果县人民政府等单位组成的平果县易地扶贫搬迁安置项目"1·26"较大坍塌事故联合调查组，并邀请市监察委派人参与，对这起事故进行联合调查。事故调查组聘请建筑工程领域有关专家组成专家组，参与事故调查。通过科学严谨、依法依规、实事求是、周密细致的现场勘察、调查取证和综合分析，事故调查组已经查明了事故发生的经过、原因、应急处置、人员伤亡情况和直接经济损失，认定了事故性质和责任，提出了对事故责任者的处理意见和事故防范及整改措施建议。现将有关情况报告如下：

一、基本情况

（一）事故相关单位基本情况

1. 项目业主单位情况。广西平果县城市建设投资有限责任公司为平果县易地扶贫搬迁城西安置点规划道路工程的业主单位。公司类型：有限责任公司（国有独资），住所：平果县马头镇铝城大道东段龙景世家第1栋25层2501号，法定代表人：黄涛，注册资本：35000万元，成立日期：2009年12月16日，营业期限：长期，经营范围：城市建设规划、市政设施建设、房地产开发、物业管理及市政公共设施管理及对外经营车辆租赁业务。公司设董事长1名，总经理1名，副总经理3名，下设综合部、融资部、投资部、资产运营部、项目管理部、工会等 8 个职能部门。

2. 项目施工单位情况。广西腾超建设工程有限公司为项目的施工单位。住所：广西百色市右江区江滨路 27 号-1 号二楼，法定代表人：黄克，注册资本：3000 万元，成立日期：2016 年 7 月 10 日，营业期限：长期，经营范围：建筑工程施工总承包、公路工程施工总承包、水利水电工程施工总承包、市政公用工程施工总承包等。公司持有《建筑业企业资质证书》，资质类别及等级：建筑工程施工总承包叁级、公路工程施工总承包叁级、市政公用工程施工总承包叁级。发证日期：2017 年 10 月 18 日，有效期：至 2022 年 10 月 18 日。公司持有《安全生产许可证》，许可范围：建筑施工，有效期：2017 年 11 月 16 日至 2020 年 11 月 16 日。

3. 项目勘察、设计及监理情况。平果县易地扶贫安置城西安置点的勘察单位为广西城乡勘察设计有限公司，资质等级为甲级，该项目于 2017 年 8 月 22 日开始组织开展地质勘察，9 月 20 日提交《平果县易地扶贫搬迁安置建设项目城西安置点岩土工程勘察报告》。2017 年 9 月 7 日，广西平果县城市建设投资有限责任公司与广西富民工程设计有限公司签订委托设计协议，由广西富民工程设计有限公司为项目开展初步设计、规划总平面设计并同步进行施工图设计。2017 年 12 月 13 日，项目完成设计单位招投标手续，中标单位为广西富盟工程设计有限公司，2017 年 12 月 26 日签订设计合同。因项目在实施过程中违规边施工边设计边完善手续，至发生事故时止，项目未委托监管单位进驻监理。

4. 施工队伍基本情况。平果县易地扶贫搬迁安置城西安置点规划道路工程的施工队伍由梁福坚（广西平果县铝城大道右五巷二里 5 号人）、黄荣京（平果县旧城镇局马村局龙屯 52 号人）二人组建，挂靠广西腾超建设工程有限公司承揽工程和组织施工。该施工队没有登记注册成立公司，没有施工资质，施工中未成立项目管理机构。施工队共有 30 余名民工，其中含 2 名管理人员，4 名技术人员，6 名挖掘机驾驶员。

（二）项目基本情况

1. 项目实施背景。平果县在"十三五"易地扶贫搬迁计划规模精准核实之前，已开工建设了城北安置点、海城圆梦新村、凤梧凤鸣新村。其中城北安置点，因前期准备工作周期过长和受雨季长的影响，动工建设时间较晚，加之该安置点多为 23 层的高楼层建筑，无法满足搬迁对象于 2017 年底搬迁入住的政策要求，为确保完成年度搬迁任务，实现搬迁户在 12 月底前顺利脱贫，平果县委、县人民政府研究决定，于 2017 年 8 月份开始启动城西安置点的规划建设，将原计划安置在城北点的308户调整到城西点安置。

2. 项目实施情况。城西安置点规划用地面积285.07亩，规划建设34栋层高为六层的住宅楼，工程总造价约3.6亿元人民币，总安置规模为2035户8290人。2016年8月25日，该项目取得平果县发展和改革局核发的《关于平果县易地搬迁安置建设项目建议书的批复》（平发改地区〔2016〕5号），同意该项目立项。由于工期紧，任务重，平果县委、县人民政府把项目分为13个标段实施，其中34栋住宅楼分4个标段，房建配套工程分4个标段，场地平整、规划道路、室外给水工程、配电工程、排污工程分别作为5个标段。13个标段中，规划道路工程总长1273.077m，包含排水、排污、混凝土路面、人行道及亮化等工程，工程造价1536万元人民币。2017年8月10日，广西大伟工程建设有限公司进场开展场地平整施工，2017年10月下旬完成场地平整工作。2017年10月底，业主单位与房建4个标段施工单位签订委托代建施工协议后，施工单位陆续进驻施工。施工过程中，项目边施工边完善各项前期相关手续。2017年11月上旬，规划道路工程施工队伍开始进场施工。至发生事故时止，城西安置点项目住宅建筑工程主体工程完成率已超过80%，装饰装修工程完成约30%，规划道路工程完成路基土石方开挖及40%左右道路埋设施工，附属配套工程、室外给水及配电工程尚未施工。

3. 项目手续办理情况。按照平果县委、县人民政府的要求，项目边施工边完善各项前期相关手续。2017年12月13日，项目完成设计招投标，中标单位是广西富盟工程设计有限公司，2017年12月26日签订设计合同。2017年12月3日，平果县召开平果县易地扶贫搬迁安置点建设工作推进会，明确要求平果县城市建设投资有限责任公司于12月19日前负责做好城西安置点招投标工作和完善相关手续。但直至事故发生，平果县城市建设投资有限责任公司未完成规划道路标段的项目招投标，未委托监理单位进驻，未办理质量安全监督登记，未办理建设工程规划许可证和施工许可证。

（三）事故工程挂靠情况

梁福坚、黄荣京二人组建施工队后，由于施工队不具备工程施工资质，经与广西腾超建设工程有限公司协商后，以广西腾超建设工程有限公司名义承揽城西安置点规划道路工程项目。工程挂靠后，根据工程进度情况，广西腾超建设工程有限公司向广西平果县城市建设投资有限责任公司提出工程进度款拨付申请。2017年12月19日和2018年1月5日，广西平果县城市建设投资有限责任公司分两次向广西腾超建设工程有限公司拨付工程进度款共计500万元人民币。两笔工程进度款到账后，广西腾超建设工程有限公司分17次将其中468万元人民币转给挂靠方。2018 年 1 月 19 日，在工程尚未完成招投标，施工合同尚未签订的情况下，广西腾超建设工程有限公司与广西平果县城市建设投资有限责任公司签订《平果县易地扶贫安置建设项目城西安置点项目建设补充协议》，明确广西腾超建设工程有限公司必须在 2018 年 1 月 31 日前完成规划道路的排水、排污管道埋设及土方回填及其压实，并完成全部路基施工。至事故发生时止，广西腾超建设工程有限公司未成立平果县易地扶贫安置城西安置点规划道路工程项目管理机构，未派出人员参与工程施工。据此，调查组认定事故项目施工属挂靠施工。

二、事故发生经过、应急救援和善后处理情况

（一）事故发生经过

2018 年 1 月 26 日 8 时，梁福坚、黄荣京组织 6 台挖掘机和黄梅金等 14 名民工开始对平果县易地扶贫城西安置点项目规划道路工程施工作业。当日主要工作内容是使用挖掘机开挖排污沟后，再由民工进入管沟实施沟底清理、检查井砌筑、排污管安装等工作。18 时 20 分左右，管沟侧面土方突然发生坍塌，将正在沟底清理浮土的黄梅金、潘海英、卢美甜等 3 名民工压埋。

（二）救援及现场处置情况

事故发生后，施工单位现场管理人员立即通知公安、消防、安监、120 急救中心等部门。自治区、市、县领导高度重视，纷纷做出批示，要求尽全力救治伤者，务必把损害降至最低。市人民政府及住建、安监等部门领导连夜赶赴现场指导开展事故救援及处置工作，相关部门到达现场后，立即对受困人员开展救援工作，同时组织安排对事故发生区域进行警戒，禁止人员进入危险区域，防止二次事故发生。18 时 50 分左右，经公安消防等部门的努力，黄梅金、潘海英、卢美甜等 3 名施工人员全部救出，但均处于昏迷状态。120 人员在现场组织抢救后，将伤者送往平果县人民医院进行救治。23 时左右，3 名伤者在县人民医院因抢救无效死亡。

（三）善后处理情况

平果县成立善后处理组，组织相关人员安抚死者家属，妥善处理事故善后工作，确保死者家属思想稳定。2018 年 1 月 27 日上午，梁福坚、黄荣京以广西腾超建设工程有限公司的名义与死者家属签订赔偿协议，支付赔偿款。1 月 28 日

下午，3 名遇难者遗体全部火化。

三、事故造成的人员伤亡和直接经济损失

（一）人员伤亡情况

1. 黄梅金，女，54 岁，平果县马头镇雅龙村雅朗屯人，在事故中死亡；
2. 潘海英，女，47 岁，平果县马头镇练沙村巴仲屯人，在事故中死亡；
3. 卢美甜，女，48 岁，平果县马头镇雅龙村那苏屯人，在事故中死亡。

（二）直接经济损失情况

事故共造成直接经济损失 262.9 万元。

四、事故原因和性质

（一）直接原因

1. 施工单位在进行管道沟槽开挖时，未按设计图纸要求进行支护，也未按施工规范要求进行收级或放坡，垂直开挖，破坏了土体内部结构应力平衡。

2. 在堆放开挖土方时，在沟槽边（沟槽坍塌一侧）堆载大量石块及开挖土方，使沟槽边上堆载的土石方及原土体自重荷载产生的总剪应力超出了沟槽边坡的抗剪强度，产生了较大的侧压力。

3. 道路管线沟槽开挖土方为膨胀性土质，具有显著的吸水膨胀和失水收缩特性，极容易开裂及脱落，在连续几天降雨后，雨水影响松软易塌的土体。

（二）间接原因

1. 梁福坚、黄荣京二人组织施工队使用其他建筑施工企业的名义承揽工程，施工过程中没有建立健全安全生产责任制，没有制定安全生产规章制度和操作规程，未成立项目管理机构，没有配备专职安全员，没有对从业人员开展安全生产教育培训，在实施道路管线沟槽开挖前未编制专项施工方案，施工过程中严重违反《建筑深基坑工程施工安全技术规范》JGJ 311—2013 等强制性施工规范，组织民工冒险作业。

2. 广西腾超建设工程有限公司允许无资质的施工队以本企业的名义承揽平果县易地扶贫城西安置点项目规划道路工程，施工中未落实企业安全生产主体责

任，对工程施工过程中施工队伍未落实一系列施工安全措施的违法违规行为放任不管。

3. 广西平果县城市建设投资有限责任公司未认真履行业主单位法律责任：一是在规划道路项目未办理招投标手续，未办理质量安全监督登记，未取得建筑工程规划许可证和施工许可证的情况下即组织施工单位违法开工建设；二是没有实行工程总承包，非法将平果县易地扶贫搬迁城西安置点项目工程肢解成13个标段进行发包；三是规划道路工程管道沟槽施工前未进行地质详细勘察；四是未委托工程监理单位实施工程监理；五是对参建单位落实安全生产责任制督促不力，开展工程施工安全监督管理不到位，对施工单位的施工活动监督不到位，导致施工现场管理混乱。

4. 平果县住房和城乡建设局对平果县易地扶贫搬迁城西安置点项目安全监管不力，对平果县易地扶贫搬迁城西安置点项目肢解发包及规划道路工程施工单位挂靠施工、工程施工前未报监报建等违法行为未依法进行处理。

5. 平果县党委、政府未严格落实安全生产"党政同责、一岗双责"规定，未检查和督促广西平果县城市建设投资有限责任公司严格落实重大项目招投标规定，对项目未批先建等违法法规行为未及时予以纠正，为尽快完成易地扶贫搬迁城西安置点项目工程，违背工程建设的特点规律，压缩工期，多次召开会议督促参建各方超常规、赶进度完成项目建设。

（三）事故性质

平果县易地扶贫搬迁安置项目"1·26"较大坍塌事故是一起生产安全责任事故。

五、对事故有关责任人员及责任单位的处理建议

（一）对事故有关责任人员的处理建议

1. 梁福坚，平果县易地扶贫搬迁城西安置点项目规划道路工程承包人之一，负责工程现场管理。梁福坚使用其他建筑施工企业的名义非法承揽工程，施工过程中未依法落实施工安全措施，对事故的发生负有主要管理责任，梁福坚的行为违反了《中华人民共和国安全生产法》第十七条和《中华人民共和国刑法》第一百三十五条的规定，涉嫌犯重大劳动安全事故罪，建议由平果县公安机关依法追究其刑事责任。

2. 黄荣京，平果县易地扶贫搬迁城西安置点项目规划道路工程承包人之一，负责工程材料采购。黄荣京会同梁福坚使用其他建筑施工企业的名义非法承揽工

程,对事故的发生负有重要管理责任,黄荣京的行为违反了《中华人民共和国安全生产法》第十七条和《中华人民共和国刑法》第一百三十五条的规定,涉嫌犯重大劳动安全事故罪,建议由平果县公安机关依法追究其刑事责任。

3. 黄克,广西腾超建设工程有限公司总经理(法定代表人),允许梁福坚、黄荣京二人以广西腾超建设工程有限公司名义承揽事故工程项目,在工程施工中,没有履行企业主要负责人安全生产工作职责,没有及时督促、检查平果县易地扶贫城西安置点项目规划道路工程安全生产工作,其行为违反了《中华人民共和国安全生产法》第十八条第(五)项的规定,对事故的发生负有重要管理责任,建议依据《中华人民共和国安全生产法》第九十二条第(二)项的规定,由百色市安全生产监督管理局依法予以经济处罚。

4. 黄涛,平果县城市建设投资有限责任公司董事长,平果县易地扶贫城西安置点项目专项工作小组副组长。未履行安全生产工作职责,对未按照县委、县人民政府要求开展项目招投标和对项目肢解发包、挂靠施工、未报监报建等违法行为负有重要领导责任。根据《中华人民共和国招投标法》第四十九条等规定,建议给予黄涛政务警告处分。

5. 隆茂栋,平果县城市建设投资有限责任公司副总经理,主管平果县易地扶贫城西安置点项目。其对工程项目管理不严,没有及时制止无施工资质个人以合法企业名义承揽规划道路工程,未能督促检查施工单位落实安全生产主体责任,对事故的发生负有主要领导责任。根据《安全生产领域违法违纪行为政纪处分暂行规定》第十一条、第十二条的规定,建议给予隆茂栋政务记过处分。

6. 潘华成,广西城市建设投资有限责任公司工程管理部员工(非公职人员),负责平果县易地扶贫搬迁城西安置点项目协调联络工作,没有及时制止施工单位的一系列不安全施工行为,对事故的发生负有管理责任,建议由广西平果县城市建设投资有限责任公司按公司内部管理规定予以处理。

7. 黄炼,广西平果县城市建设投资有限责任公司工程管理部员工(非公职人员),负责平果县易地扶贫搬迁城西安置点项目协调联络工作,没有及时制止施工单位的一系列不安全施工行为,对事故的发生负有管理责任,建议由广西平果县城市建设投资有限责任公司按公司内部管理规定予以处理。

8. 黄钜斌,平果县住建局建设工程管理股股长,未认真履行建筑工程监督管理职责,未及时对平果县易地扶贫城西安置点项目存在的未报监报建、肢解发包、挂靠施工等一系列违法违规行为组织处理,对事故的发生负有重要监管责任。根据《安全生产领域违法违纪行为政纪处分暂行规定》第四条第(一)项的规定,建议给予黄钜斌政务警告处分。

9. 覃军，平果县住建局副局长，分管建设工程管理股和建设工程质量安全监督管理站工作。其未能有效履行建筑施工安全监管职责，对平果县易地扶贫城西安置点项目未报监报建、肢解发包、挂靠施工等违法违规行为没有及时组织处理，对事故的发生负有领导责任。建议由平果县监察委对覃军进行诫勉谈话。

（二）对责任单位的相关处罚及问责建议

1. 广西腾超建设工程有限公司允许无资质的施工队以本企业的名义承揽平果县易地扶贫城西安置点项目规划道路工程，施工中未落实企业安全生产主体责任，存在事故工程施工中未建立项目管理机构、未建立健全安全生产责任制、未制定安全生产规章制度和操作规程、未对从业人员开展安全生产教育培训、未编制管线沟槽开挖专项施工方案、违反《建筑深基坑工程施工安全技术规范》JGJ 311—2013 等违法行为。其行为违反了《中华人民共和国安全生产法》第四条、第十七条、第二十一条、第二十五条和《中华人民共和国建筑法》第二十六条第二款的规定，对事故的发生负有重要管理责任，建议根据《中华人民共和国安全生产法》第一百零九条、第一百一十条和《中华人民共和国建筑法》第六十六条的规定作出如下处理：一是由百色市安全生产监督管理局依法予以经济处罚；二是由百色市住建委依法对其资质进行处理。

2. 平果县城市建设投资有限责任公司作为平果县易地扶贫城西安置点项目规划道路工程业主单位，未履行工程业主单位安全管理职责，违法肢解发包工程，未依法开展工程项目招投标，对施工单位资质审核把关不严，未依法委托工程监理单位，工程开工前未办理建筑工程规划许可证和施工许可证，其行为违反了《中华人民共和国招投标法》第三条、《中华人民共和国建筑法》第七条、第八条第（二）项、第二十四条、第二十六条第二款等规定，对事故发生负有重要管理责任。建议依法作出如下处理：一是责成平果县住建局依法对其给予行政处罚；二是责成其向人民政府做出深刻的书面检查。

3. 平果县住建局作为行业主管部门，没有认真履行职责，开展建筑施工安全隐患排查、专项整治等工作不到位，对辖区内建筑施工非法违法行为查处不力，对事故发生负有重要监管责任。建议责成平果县住建局向平果县人民政府做出深刻的书面检查。

4. 平果县党委、政府在平果县易地扶贫城西安置点项目建设中，在没有对项目依法开展招投标和报监报建的情况下，督促项目参建各方超常规、赶进度建设，对事故发生负责任。建议责成平果县委、县人民政府分别向百色市委、市人民政府做出深刻的书面检查。

六、事故防范和整改措施

针对事故暴露出的问题，为深刻吸取事故教训，严格落实企业安全生产主体责任和地方党委政府及有关部门安全监管责任，举一反三，严防类似事故的再次发生，提出以下措施建议：

1. 平果县各建筑行业的施工单位要认真落实安全生产主体责任，建立健全安全生产管理制度，要在危险性较大的分部分项工程施工前编制专项施工方案，对超过一定规模的危险性较大的分部分项工程，要组织专家对专项方案进行论证。按规定配备足够的安全管理人员，严格现场安全施工，将安全生产责任落实到岗位，落实到个人，做到安全投入到位、安全培训到位、基础管理到位、应急救援到位，自觉规范建筑施工安全生产行为，不违法出借资质证书或超越本单位资质等级承揽工程，严守法律底线，确保安全生产。

2. 平果县各建筑行业的业主单位要切实增强安全生产责任意识，依法申请建设项目相关行政审批及施工许可证，办理安全监督和质量监督等备案手续，提供危险性较大的分部分项工程清单和安全管理措施。自觉遵守和维护良好的建筑市场秩序，督促勘察、设计、施工、工程监理等单位落实安全责任，加强施工现场安全管理。

3. 平果县各建筑行业的管理部门要严格按照国家有关规定和要求办理报审报建报批等行政许可事项，杜绝未批先建，违建不管的非法违法建设行为。要继续深入开展工程建设领域安全生产隐患排查治理和"打非治违"专项行动，坚决打击非法违法建设行为，对在工程建设中挂靠借用资质投标、违规出借资质、非法转包、分包工程、违法施工建设等行为予以严厉查处。要认真开展建筑施工领域建设审批程序专项检查，坚决纠正和处理未批先建、边批边建等违法违规行为，督促参建企业落实安全生产主体责任，重点整治施工现场无专项施工方案、违章指挥、违规操作、违反劳动纪律等行为。

4. 平果县党委、政府要认真贯彻落实安全生产"党政同责、一岗双责"规定，牢固树立安全发展理念，正确处理好安全生产与脱贫攻坚的关系，始终把人民群众生命安全放在第一位，防止扶贫领域赶工期而忽视安全的行为。要坚持依法行政，执政为民，严格依法规范建筑市场秩序，严把项目安全生产关。要进一步加大工程建设领域安全生产突出问题专项治理，整治工程建设领域安全生产违法违规行为，努力防范和最大限度地减少工程建设生产安全事故再次发生。

专家分析

一、事故原因

该事故报告中未介绍沟槽尺寸，但据广西住建厅的通报，沟槽深约 5.2m，宽 1.5m。据报告介绍，事故发生前，由挖掘机垂直开挖，人工清底；挖出的土方堆在沟槽旁边。由此可推测，在非硬质地层中垂直开挖深约 5.2m，超过土坡自稳临界深度，且槽边有堆载，发生坍塌是正常的，不塌是侥幸，不幸在于坍塌造成了 3 人死亡，影响很坏。

点评专家 周与诚 住建部科学技术委员会工程质量安全专业委员会委员，北京城建科技促进会理事长，教授级高级工程，注册土木工程师（岩土），长期从事岩土工程咨询、危大工程管理、安全风险分级管控等工作

沟槽坍塌事故易发、高发。由于沟槽开挖具有"短、频、快"特点，即每次开挖长度通常较短，开挖沟槽行为频繁，从开挖、安设管线到回填完成时间短，因此，相关各方存在侥幸心理，重视不够。沟槽开挖过程中，缺支护设计图、无专项施工方案、监管不到位等现象比较普遍，导致沟槽坍塌事故易发、高发。

二、经验教训

应加强对沟槽开挖的管理，建议如下：

1. 严格执行危大工程管理规定。依据住建部 31 号文，沟槽开挖深度超过 3m 或未超过 3m 但地质条件、周围环境和地下管线复杂的，施工前必须编制专项施工方案，并应经过相关单位的审核、审查。考虑到沟槽边坡自然土体坍塌的突然性和作业人员逃生的局限性，建议将编制专项施工方案的门槛从 3m 降低至 1.5m。

2. 明确将"沟槽坍塌"列入施工安全风险源，加强管控。各相关单位应当将"沟槽坍塌"列入施工安全风险源，识别风险因素，评估风险等级，并采取相应措施，例如，地层条件不好、槽边堆载是"沟槽坍塌"的风险因素，针对"地层条件不好"可采取放坡或支护措施，针对"槽边堆载"可规定距离槽边一定范围（通常大于沟槽深度）内禁止堆载。

5 四川成都"1·29"中毒窒息较大事故

调查报告

2018 年 1 月 29 日 10 时 40 分左右，成都兴顺环卫服务有限公司（以下简称兴顺环卫公司）作业人员在三环路石羊立交外侧辅道拆除污水管道堵头过程中，先后被管内污水冲走，事故造成 2 人死亡、1 人下落不明，直接经济损失约 400 万元。

事故发生后，省政府常务副省长王宁作出指示，要求成都市政府做好救援工作。市委、市政府高度重视，省委常委、市委书记范锐平，市委副书记、市长罗强立即作出指示批示，要求全力开展事故救援、人员善后和事故查处等工作。1 月 29 日 16 时，市政府副市长刘守成主持召开"2018·1·29"事故专题会议，传达省、市领导的指示批示精神，安排部署事故救援和调查处理等工作，要求施工单位加大救援力量，扩大搜救范围；市公安消防、水务等相关部门全力支持，调动专业力量和设备积极配合，全力做好搜救、处置及善后工作；迅速查明原因，严肃追责；吸取教训，举一反三，全面排查隐患，防止类似事故再次发生。

按照《中华人民共和国安全生产法》《生产安全事故报告和调查处理条例》（中华人民共和国国务院令第 493 号）和市政府办公厅《关于生产安全事故调查处理有关问题的通知》（成办函〔2011〕112 号）要求，市政府成立了以副秘书长刘兴军为组长，市安监局主要负责人为副组长，市监委、市公安局、市建委、市水务局、市卫计委、市人社局、市总工会和成都高新区管委会相关负责人参加的成都地铁 5 号线神石区间污水管道施工"2018·1·29"中毒和窒息事故调查组（以下简称事故调查组），开展事故调查工作。

事故调查组按照"科学严谨、依法依规、实事求是、注重实效"的原则和"四不放过"要求，通过现场勘验、调查取证、调查资料并询问有关当事人，查明了事故发生的经过、原因、人员伤亡和直接经济损失情况，认定了事故性质和责任，提出了对有关责任人员和责任单位的处理建议；在分析事故暴露出的突出问题和教训的基础上，提出了加强和改进工作的措施建议。

一、事故基本情况

（一）项目基本情况

成都地铁 5 号线一二期工程北起新都区香城大道，南至成都天府新区回龙路，线路全长 49km，盾构区间 37.3km，共设车站 41 座，全线土建工程共划分为 17 个施工标段。其中，土建 9 标段神（仙树）石（羊立交）区间起于神仙树站，穿越三环路进入万象北路，最后到达石羊立交站，共包括石羊立交站、市一医院站、交子大道站等 3 站 4 区间。其间，盾构需下穿 2 根 DN1500mm 混凝土污水管，其中 1 号污水管底埋深 9m，地铁隧道距污水管底 5.243m；2 号污水管底埋深 9.86m，地铁隧道距污水管底约 4.54m。土建 9 标段建设单位为成都轨道交通集团公司，投资单位为中铁建昆仑地铁投资建设管理有限公司（以下简称中铁建昆仑地铁投资公司），施工总承包单位为中铁十一局集团城市轨道工程有限公司（以下简称中铁十一局城轨公司），监理单位为四川二滩国际工程咨询有限责任公司（以下简称二滩国际咨询公司），专业分包单位为兴顺环卫公司，行业主管部门为市建委。

（二）项目雨水、污水管道清掏及专业分包合同签订情况

成都地铁 5 号线土建 9 标施工作业过程中，其施工范围内部分市政雨水管道出现淤积，导致管道排水不畅，相关部门要求施工单位进行清掏处理。2016 年 5 月底，中铁十一局城轨公司项目前期部负责管线迁改工作的卢贞找到负责成都高新区管线施工的成都海宏建筑工程有限公司施工员李云飞，希望其推荐一家清掏管道的专业公司。2016 年 12 月初，李云飞找到与成都海宏建筑工程有限公司长期合作的兴顺环卫公司法定代表人王燕群，商议承揽 5 号线土建 9 标雨水管道清掏事宜。2016 年 12 月 16 日，李云飞将兴顺环卫公司资质材料送到 5 号线土建 9 标项目部，与项目部执行经理舒强商谈妥合同条款后，李云飞将合同文件带回交由王燕群签字。2016 年 12 月 17 日，双方正式签订《雨水管道清理合同协议书》（合同编号 2016—CD5HX9B—FB—32 号），由兴顺环卫公司分包 5 号线土建 9 标雨水管道清理工作。

2017 年初，5 号线土建 9 标部分污水管道也出现排水不畅现象且盾构即将下穿三环路外侧辅道 DN1500mm 污水管道，存在重大风险。项目部了解到兴顺环卫公司具有污水管道疏掏维修资质，于是项目部计划部长黄强电话联系李云飞，商议污水管道疏掏工程分包相关事宜。2017 年 1 月 25 日，李云飞与王燕群一同

前往项目部，李云飞与项目经理舒强谈妥合同后，将合同文本拿到王燕群车上让其签字后返还项目部，双方签订了《污水管道清理合同协议书》（合同编号为2017—CD5HX9B—FB—07号）。合同内容包含污水管道封堵作业、污水抽排、人工清淤等，污水管道封堵作业采用清单报价，每个堵头1万元，暂定设置堵头2个，约定作业时限为2017年2月10日至12月30日，同时注明工期以甲方下发通知为准。后来项目由于其他原因导致工期滞后，污水管道封堵作业也相继延后。

2017年4月，李云飞与个体施工负责人张良在其他地铁工地相识，李云飞得知张良可以从事污水管道封堵作业时，介绍其负责中铁十一局城轨公司承建的5号线神石区间和6号线建设北路站、前锋路站3个车站（区间）的堵头封堵作业，约定每个堵头施工费用按市场价格收取，工程完工后10天内结算。2018年1月29日上午事故发生前，张良夫妇还与李云飞在成都高新区国防乐园附近碰面，催讨3个车站（区间）堵头作业的工程款。张良与王燕群之间互不相识。

（三）事故发生前状况

5号线土建9标神石区间盾构穿越三环路前，施工总承包单位中铁十一局城轨公司为防止三环路外侧既有污水管道发生泄露影响盾构施工安全，委托外包单位兴顺环卫公司对污水管道进行封堵。2017年12月初，5号线土建9标项目部通知李云飞，要求其安排对污水管道进行封堵。12月12日，李云飞安排张良具体承担封堵施工任务。当日，张良组织胡丹、胡俊、张开心、黎迎春4名工人对该污水管道进行了封堵。2018年1月28日，盾构施工顺利穿越三环路。当晚，5号线土建9标项目部工区长代先龙通知张良，要求拆除污水管道内堵头，恢复污水正常排放。据张良交代，其接到项目部电话后，安排胡丹、胡俊、张开心3人次日前往该污水管道拆除堵头。

经调查，2018年1月29日8时30分左右，胡丹驾驶长安面包车，搭载黎迎春、邹雪梅2人，从郫都区安靖镇方桥村五组75号（施工队租住地）出发，将2人送到川大江安校区工地，随后沿大件路前往事发污水管道堵头拆除施工工地。同时，张开心驾驶胡俊的五菱宏光小型面包车，从施工队租住地出发。根据公安部门对五菱宏光小型面包车运行轨迹排查显示，1月29日8时30分左右，张开心驾驶从施工队租住地出发；8时41分41秒，经过郫都区海霸王西部食品物流园区门口；后该车沿沙西线方向前往金牛区付家2队84号与胡俊会合，随后车辆继续向事发污水管道堵头拆除施工工地方向行驶。但由于事故现场周边天网监控因施工被暂时拆除，加之无目击证人，无法判定张开心是否随车到达作业现场。

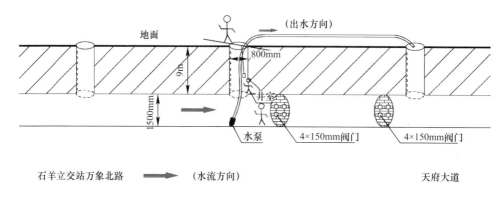

图 5-1　三环路石羊立交外侧辅道污水管道及堵头示意图

（四）事故发生经过

2018 年 1 月 29 日 10 时左右，一名在三环路石羊立交外侧辅道污水管道进行施工作业的工人，跑到铁五院正在进行地表沉降监测作业（距离事发污水井约 50m）的叶强等 3 名测量员面前，告知其工友在井下施工时沼气中毒，请求帮助救人。叶强等 3 人先后来到井口，与求助工人一起拉动安全绳救人，由于安全绳受井下水流影响，阻力很大，无法拉动。情急之下，求助工人戴上头灯，沿井壁下到井内救人，叶强等人进行了阻止，但该求助工人未予理睬，坚持下井，不久就失去了踪影。

（五）事故应急救援情况

事故发生后，叶强立即招呼附近作业的其他单位工人帮忙，另有 3 名从事钻井作业的工人参与了救援，并合力将安全绳从井下拉出，但安全绳端头连接的钢筋钩已变直，未见井下施工人员。10 时 58 分，叶强拨打了 119 和 120 电话求救。20 分钟左右，"119""120"急救人员先后赶到事故现场并立即展开救援。接报后，省安全监管局、市安监局、市建委等相关负责同志立即赶赴事故现场，参与并指导救援工作。市公安消防支队、市水务局、成都高新区环保与综合执法局、市排水公司、市三环路管理公司等相关部门和单位积极参与事故救援。市级相关部门联合成立应急救援领导小组，并组织专业力量对沿线污水检查井及管道逐一进行了排查。

为尽快搜寻失联人员，应急救援领导小组和中铁十一局城轨公司聘请了 5 支专业搜救队伍进行搜救，市公安消防局、市水务局等单位分别派出蛙人、专家和专业救护队参与搜救。前后投入专业搜救人员 400 余人（次）、专业搜救设备 100

余台（次），搜救车辆120余台（次），配合人员1000余人（次），采取井间声呐探测、杆式检测仪井间检测、成像机器人水下搜寻、蛙人水下搜寻等多项措施，对事故发生地至污水处理厂沿线检查井及污水管道进行了拉网式反复排查，搜救范围覆盖全部可能滞留失联人员的区域。通过不间断连续搜救，2月4日12时和18时，在市第九污水处理厂分别搜救发现两具遇难工人遗体，经法医鉴定确认是施工人员胡丹、胡俊。截至目前，张开心仍处于下落不明状态，中铁十一局城轨公司安排专人一直在持续搜寻失联人员，并在市第三、第九污水厂蹲点值守搜寻。

（六）事故现场情况

1. 现场勘验情况。事发点位于南三环四段石羊立交人行天桥下外侧辅道污水主干管道（1号混凝土污水管，编号WW25）检查井内，该污水井为三环路西半环污水干管一座检查井，沿线居民区密集，支线管道密布，污水排放无规律，管道内污水流量、流速变化较大。该检查井井口直径约70cm，井深约9m，由角钢制成的梯步嵌入井壁并直达井底，靠近污水管主管道处设有一个井室；井口横置一根长约100cm、直径约10cm钢管，其上系着一根长约2cm的麻绳，并垂于井内，另一端连接的钢筋钩已拉直；从污水管道内拆除的3只蝶阀置于井边，其中一只蝶阀系着细麻绳，用于抽取污水的抽水袋垂在井底；距井口约10m处摆放着一台空压机，空压机上引出的充气管与风镐机相连并顺沿检查井壁垂吊在污水井内；距井口7～8m处停放着长安面包车和五菱宏光小型面包车。长安面包车上有一套潜水用装备，包括头盔1顶、输氧泵1台、橡胶连体潜水服1套等。

2. 事故污水管检查井检测情况。2018年1月30日上午，在自然通风近24小时和多批搜救队伍反复进出的情况下，市疾病预防控制中心现场检测显示，井下磷化氢、甲烷、氨气、二氧化碳等有毒有害气体依然较高。

3. 天气。2018年1月29日，阴天，气温0～8℃。

（七）善后情况

2018年2月4日上午，3名失联人员亲属与施工单位签订《失联补偿协议书》，补偿金比照死亡赔偿金标准确定。2月5日，施工单位按协议向3人的亲属支付了补偿款。但协议书第七条规定，若失联人员依然存活，其亲属必须无条件将赔偿款退还施工单位。

2月4日中午12时、下午18时，分别搜寻发现2名失联人员胡丹、胡俊遗体。2月8日，2名死者遗体火化。截至目前，张开心仍然下落不明。

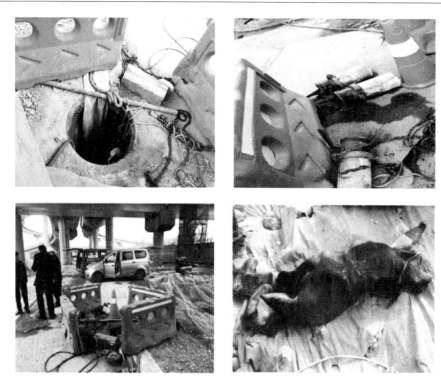

图 5-2 事故现场照片

二、相关单位（部门）履职情况

（一）兴顺环卫公司。签订分包合同后，项目工程实际由非本单位人员李云飞组织实施。其中，管道清理施工作业，李云飞安排由兴顺环卫公司实施；污水管道封堵与堵头拆除施工作业，李云飞安排由个体施工负责人张良实施。工程款结算方式：中铁十一局城轨公司将工程款支付给兴顺环卫公司，兴顺环卫公司再与李云飞结算，最后由李云飞与张良结算。经调查，张良与兴顺环卫公司相关人员之间互不相识，该工程的实际控制人为李云飞。根据《房屋建筑和市政基础设施工程施工分包管理办法》（中华人民共和国住房和城乡建设部令第 19 号）第十五条第二款的规定，兴顺环卫公司存在以其他方式允许他人以本企业名义承揽工程的问题。

（二）中铁十一局城轨公司。安全管理混乱，制度性文件执行不到位，项目人员职责分工不清晰，制定的相关检查制度、交底制度、培训制度无针对性。土建 9 标项目部有安全管理人员 9 人，其中 4 人无证，且事故工区 2 名安全员均无证。在污水管道堵头拆除作业时现场管理缺失，生产及安全管理人员均未到场，以包代管问题突出。污水管道封堵及拆除方案制定不及时，方案于 2017 年 12 月

25 日报监理审批，但堵头施工作业已于 12 月 12 日开始实施，属违规行为。对堵头设置及实施情况审查把控不严，根据施工方案该污水管道内应设置堵头 2 处，但实际上只设置了 1 处。

（三）二滩国际咨询公司。监理人员配备不足，部分投标监理人员未实际到岗履职，监理人员调整后未履行变更手续。关键工序卡控不严，未将污水管道封堵、堵头拆除等重点工序纳入日常安全巡查，且无相关巡查记录。对污水管道堵头拆除专项施工方案审批把关不严，方案中明确污水管道流量为 320m³/h，与现场实际情况偏差较大，但未督促施工单位进行详细调查，也未核对管道相关信息。2017 年 12 月 26 日，审批通过事故污水管道堵头拆除专项施工方案，但该污水管道堵头施工作业已于 12 月 12 日开始实施，明知违规，但未予以制止。

（四）中铁建昆仑地铁投资公司。成立了安全生产委员会，指定 1 名班子成员分管安全生产工作，设置安全总监 1 名，设有安全质量部，配备专职安全管理人员 11 人。下设 4 个建设指挥部，设指挥长 1 人，副指挥长 1 人，安全总监 1 人，总工程师 1 人。每个指挥部设工程部、安质部、机电设备部和综合办公室，部门下设管段经理，管段经理下设驻点代表。按工程总造价的 2% 拨付安全生产经费，满足《企业安全生产费用提取和使用管理办法》（财企〔2012〕16 号）相关规定。但对中铁十一局城轨公司成都地铁 5 号线土建 9 标项目安全员无证上岗等问题督查检查不到位。

（五）成都轨道交通集团公司。安全生产各项制度健全，成立了安全生产委员会，设置了集团公司和子公司两级安全生产管理机构，配备专职安全管理人员 124 名，形成了基础管理、监督检查、质量验收、评估考核、安全保障、应急救援和事故调查的安全生产管理体系，按照市委市政府要求建立了领导干部职责清单和履职档案。针对市政管线施工安全，制定下发了《成都地铁施工建设工程市政管线保护实施细则（修订）》《成都地铁建设工程密闭空间安全作业管理办法》《成都地铁建设工程一般危险源管理规定》等管理制度。

（六）市建委建设工程质量监督站。为适应轨道交通建设需要，市质监站成立了轨道交通分站，下设土建及安装三室，从全站抽调 14 人到安全监管一线，在普遍开展安全监督工作的基础上，采取"双随机、一公开"方式开展季度及专项检查。

三、事故原因分析

（一）事故直接原因

现场作业人员违章作业，进入污水井下作业未落实"先通风、再检测、后作业"的操作规程，不佩戴潜水装备下井作业，是造成这起事故发生的直接原因。

（二）事故间接原因

1. 兴顺环卫公司以其他方式允许他人以本企业名义承揽工程，未对该工程的施工活动进行组织管理，导致施工现场管理缺失，作业人员违章作业和盲目施救。

2. 中铁十一局城轨公司安全生产主体责任落实不到位，一是制度性文件执行不到位，项目人员职责分工不清晰，制定的相关检查制度、交底制度、培训制度无针对性；二是项目工区安全员无证上岗；三是以包代管问题突出，污水管道堵头拆除专项施工方案制定不及时，施工现场管理缺失，堵头拆除时生产及安全管理人员均未到现场，技术交底流于形式。

3. 二滩国际咨询公司监理人员配备不足，部分投标监理人员未实际到岗履职，监理人员调整后未履行变更手续；关键工序卡控不严，未将污水管道封堵、拆除等重点工序纳入日常安全巡查，且无相关巡查记录；对该污水管道堵头拆除专项施工方案审批把关不严，堵头施工作业 2017 年 12 月 12 日已经实施，方案 12 月 26 日才审批，明知违规，但未予以制止。

4. 中铁建昆仑地铁投资公司安全督查检查不到位，对中铁十一局城轨公司成都地铁 5 号线土建 9 标项目安全员无证上岗等问题失察。

（三）事故性质。经调查认定，成都地铁 5 号线神石区间污水管道施工"2018·1·29"中毒和窒息事故是一起生产安全责任事故。

四、对有关责任人员和单位的处理意见

（一）司法机关已采取措施人员

张良，个体施工队负责人。无资质承揽工程，未对有限空间作业现场实施有效管理，作业人员违反操作规程，引发事故，涉嫌重大责任事故罪，2018 年 4 月 17 日被成都市公安局刑事拘留，2018 年 5 月 23 日被执行逮捕。

（二）建议追究刑事责任人员

李云飞，原成都海宏建筑工程有限公司施工员。以兴顺环卫公司名义承揽工程，安排无资质个体施工队从事污水管道封堵和堵头拆除施工作业，施工现场安全管理缺失，最终因作业人员违章作业引发事故，涉嫌重大责任事故罪，建议移交司法机关追究刑事责任。

(三）建议给予政纪处分和行政处罚人员

1. 王燕群，兴顺环卫公司法定代表人。以其他方式允许他人以本企业名义承揽工程，未对该工程的施工活动进行组织管理，导致施工现场管理缺失，引发事故，其行为违反了《中华人民共和国建筑法》第二十六条第二款、《房屋建筑和市政基础设施工程施工分包管理办法》第八条第二款、第十五条的规定，对这起事故的发生负有主要领导责任，依据《中华人民共和国安全生产法》第九十二条第一款第一项之规定，建议处上一年年收入30%的罚款；列入安全生产"黑名单"管理，五年内不得担任相关企业主要负责人。

2. 代先龙，中铁十一局城轨公司土建9标工区长。施工现场管理不到位，堵头拆除时未安排管理人员到现场监管，其行为违反了《中华人民共和国安全生产法》第二十三条第一款的规定，对这起事故的发生负有重要管理责任，依据《四川省生产安全事故报告和调查处理规定》（省政府令第225号）第三十八条第一款第一项之规定，建议处罚款2万元。根据《安全生产领域违法违纪行为政纪处分暂行规定》第十二条第七项规定，建议由中铁十一局城轨公司按管理权限给予其撤职处分。

3. 舒强，中铁十一局城轨公司土建9标项目经理。制度性文件执行不到位，未按要求对项目人员进行明确责任分工，制定的相关检查制度、交底制度、培训制度无针对性；安排无证人员负责项目安全管理；以包代管问题突出，导致施工现场监管缺失，其行为违反了《中华人民共和国安全生产法》第二十三条第一款、《建设工程安全生产管理条例（中华人民共和国国务院令第393号）第二十一条第二款的规定，对这起事故的发生负有重要管理责任，依据《四川省生产安全事故报告和调查处理规定》第三十八条第一款第一项之规定，建议处罚款2万元。根据《安全生产领域违法违纪行为政纪处分暂行规定》第十二条第七项规定，建议由中铁十一局城轨公司按管理权限给予其撤职处分。

4. 李有道，中铁十一局城轨公司副总经理。对成都地铁5号线土建9标项目安全管理不到位，督促落实安全生产各项规章制度不到位，其行为违反了《中华人民共和国安全生产法》第二十二条第五项、第二十三条第一款的规定，对这起事故的发生负有重要管理责任，依据《四川省生产安全事故报告和调查处理规定》第三十八条第一款第一项之规定，建议处罚款2万元。根据《安全生产领域违法违纪行为政纪处分暂行规定》第十二条第七项规定，建议由中铁十一局按管理权限给予其记过处分。

5. 周晗，中铁十一局城轨公司法定代表人。安全管理不力，督促、检查本单位安全生产工作不到位，对有限空间作业现场安全隐患的排查整治督促检查不力，其行为违反了《中华人民共和国安全生产法》第十八条第五项和《建设工程安全生产管理条例》第二十一条第一款的规定，对这起事故的发生负有重要领导责任，依据《中华人民共和国安全生产法》第九十二条第一款第一项之规定，建议对其处上一年年收入30％的罚款。根据《安全生产领域违法违纪行为政纪处分暂行规定》第十二条第七项规定，建议由中铁十一局按管理权限给予其警告处分。

6. 何学国，二滩国际咨询公司项目总监。关键工序卡控不严，未将污水管道封堵、堵头拆除等重点工序纳入日常安全巡查，且无相关巡查记录；对污水管道堵头拆除专项施工方案审批把关不严，其行为违反了《中华人民共和国安全生产法》第二十三条第一款、《建设工程安全生产管理条例》第十四条第三款的规定，对这起事故的发生负有一般管理责任，依据《四川省生产安全事故报告和谓查处理规定》第三十八条第一款第一项之规定，建议处罚款2万元。

（四）对相关责任单位的处理建议

1. 兴顺环卫公司。以其他方式允许他人以本企业名义承揽工程，未对该工程的施工活动进行组织管理，导致施工现场管理缺失，引发事故，违反了《中华人民共和国安全生产法》第四十六条第一款、《中华人民共和国建筑法》第二十六条第二款、《房屋建筑和市政基础设施工程施工分包管理办法》第八条第二款、第十五条的规定，对这起事故的发生负有主要管理责任，依据《中华人民共和国安全生产法》第一百零九条第一款第一项之规定，建议处罚款50万元。建议环境保护部门注销其环境污染防治工程丙级资质，收回证书。

2. 中铁十一局城轨公司。安全生产主体责任落实不到位，一是制度性文件执行不到位，项目人员职责分工不清晰，制定的相关检查制度、交底制度、培训制度无针对性；二是项目工区安全员无证上岗；三是以包代管问题突出，污水管道堵头拆除专项施工方案制定不及时，施工现场管理缺失，堵头拆除时生产及安全管理人员均未到现场，技术交底流于形式，违反了《中华人民共和国安全生产法》第四条、第二十四条，《建设工程安全生产管理条例》第三十六条的规定，对这起事故的发生负有重要管理责任，依据《中华人民共和国安全生产法》第一百零九条第一款第一项的规定，建议处罚款50万元。由市建委、成都轨道交通集团公司召开警示教育会，对其班子成员进行约谈告诫。

3. 二滩国际咨询公司。监理人员配备不足，部分投标监理人员未实际到岗履职，监理人员调整后未履行变更手续；关键工序卡控不严，未将污水管道封堵、拆除等重点工序纳入日常安全巡查，且无相关巡查记录；对该污水管道堵头拆除专项施工方案审批把关不严，违反了《建设工程安全生产管理条例》第十四条的规定，对这起事故的发生负有一般管理责任，依据《中华人民共和国安全生产法》第一百零九条第一款第一项的规定，建议处罚款50万元。

4. 中铁建昆仑地铁投资公司。对中铁十一局城轨公司督查检查不到位，对成都地铁5号线土建9标项目安全员无证上岗等问题失察，责成向成都轨道交通集团公司做出深刻书面检查。

对上述施工总承包、监理和分包单位，由市建委按《成都市建筑施工总承包企业和监理企业信用综合评价管理暂行办法》进行信用等级扣分；对相关人员的纪律处分按干部管理权限执行。对责任单位、责任人员的处理结果，报市安监局备案。

五、事故防范和整改措施建议

各事故相关单位，要认真汲取事故教训，举一反三，切实加强安全生产管理，防止类似事故再次发生。

1. 中铁十一局城轨公司要切实履行安全生产主体责任，建立健全安全生产管理制度，配齐配强各级安全管理人员；要对风险源管理制度进行梳理，及时将污水管线施工、特种设备作业纳入重大风险源管理，强化施工现场隐患排查治理，构建风险分级管控和隐患排查治理双重预防控制体系。

2. 二滩国际咨询公司要认真履行监理合同约定，配齐监理人员，加大关键节点卡控和专项方案审查把关力度，严格落实重点工序巡查和旁站制度，加强督促检查，及时督促施工单位治理安全隐患，确保安全生产。

3. 中铁建昆仑地铁投资公司要充分发挥投资单位的主导作用，加大安全投入，加强对各施工单位的履约监督。要配强配齐安全管理人员，督促各总包单位强化外包作业管理，杜绝各类安全生产事故的发生。

4. 成都轨道交通集团公司要进一步细化地铁施工安全风险源管控措施，将易发生恶性事故的各类风险因素纳入重大风险源管理，并督促各施工单位认真落实。要加大对重大项目的暗访检查力度，重点打击外包单位违反劳动纪律、违章作业、违章指挥行为，确保地铁施工安全、高效。

专家分析

一、事故原因

（一）直接原因

1. 现场作业人员违章作业，进入污水井下作业未落实"先通风、再检测、后作业"的操作规程，个人防护措施不到位，是造成事故的主要原因。

韩学诠

点评专家

住建部科学技术委员会城市轨道交通工程质量安全专家委员会专家，国家首批注册安全工程师，中国建筑业协会专家委员会委员，原中国中铁股份公司安质部副部长，教授级高级工程师，长期从事质量安全监管工作

2. 地面监护人员见井下作业人员遇险后救人心切，在未采取任何防护措施的情况下，冒险施救，导致事故扩大。

（二）间接原因

1. 施工单位安全生产主体责任落实不到位。项目人员职责分工不清晰，制定的相关检查制度、交底制度、培训制度无针对性，项目工区安全员无证上岗；项目部对污水管道检查井下拆除作业的风险辨识不充分，风险控制不严，现场管理存在漏洞。

2. 以包代管问题突出，污水管道堵头拆除专项施工方案制定不及时，技术交底流于形式，施工现场管理缺失，堵头拆除时生产及安全管理人员均未到现场。

3. 分包单位允许他人以本企业名义承揽工程，未对该工程的施工活动进行组织管理，对劳务人员的安全教育不到位，作业人员的安全意识薄弱，盲目施救。

二、经验教训

近些年，在有限空间作业导致中毒窒息事故事件时有发生，特别是在城市地下管网、窨井等可能涉及有毒有害气体的有限空间进行作业时，作业人员在进入有限空间作业前未认真履行"先通风、再检测、后作业"的程序，在无任何应急预案和防护措施的情况下，冒险进入有限空间内作业，导致中毒、窒息、淹溺事

故发生。救援人员在未采取任何防护措施的情况下，冒险进入有限空间内施救，也导致自身出现中毒和窒息的现象，扩大了事故等级。

建议施工单位，1. 要对风险源管理制度进行梳理，及时将污水管线施工、特种设备作业纳入重大风险源管理，强化施工现场隐患排查治理，构建风险分级管控和隐患排查治理双重预防控制体系；2. 要加大关键节点卡控和专项方案审查把关力度，严格落实重点工序巡查和旁站制度，加强督促检查，及时督促治理安全隐患，确保安全生产；3. 在进入有限空间作业前，必须事先做好有毒有害气体检测和强通风措施，作业人员要正确使用防毒劳保用品，确认安全后方可进入作业区域，同时要制定施工方案和应急措施，做好作业监护和信息沟通，以防万一。

6 广东佛山"2·7"隧道坍塌重大事故

调查报告

2018年2月7日20时40分许，由中交二航局组织施工的佛山市轨道交通2号线一期工程土建一标段（以下简称"TJ1标段"）湖涌站至绿岛湖站盾构区间右线工地突发透水，引发隧道及路面坍塌，造成11人死亡、1人失踪、8人受伤，直接经济损失约5323.8万元。

事故发生后，党中央、国务院和省委、省政府高度重视，中央政治局委员、广东省委书记李希、国务委员王勇、应急管理部部长（原国家安全监管总局局长）王玉普、省长马兴瑞等领导立即作出指示批示，要求全力搜救被困人员，防止次生事故，查明事故原因，并举一反三，对大型施工工地隐患进行全面排查整治。受省委书记李希、省长马兴瑞委托，省委常委、常务副省长林少春赶到事故现场指挥、督导事故救援、善后、抢险和事故调查处理工作。原国家安全监管总局、住房和城乡建设部派出工作组及时赶到现场指导工作。

根据《生产安全事故报告和调查处理条例》（国务院令第493号）有关规定，省政府成立了由省政府副秘书长张爱军任组长，省纪委和省公安厅、省住房城乡建设厅、省交通运输厅、省安全监管局、省法制办、省总工会以及佛山市政府负责同志参加的"2·7"重大事故省政府调查组对事故进行调查。调查组聘请了国内岩土、结构、水文地质、机电、安全工程等方面的9名专家协助调查。

调查组坚持"四不放过"和"科学严谨、依法依规、实事求是、注重实效"的原则，通过现场勘查、查阅资料、调查取证、检测鉴定和专家论证，查明了事故发生的原因、经过、人员伤亡和直接经济损失等情况，认定了事故的性质和责任，提出了对有关责任人员和责任单位的处理建议。同时，针对事故原因及暴露出的问题，总结了事故的主要教训，提出了事故防范措施建议。

一、事故基本情况

（一）工程项目概况

佛山市轨道交通2号线是佛山市东西走向的骨干轨道线路，计划分两期建设，其中一期工程规划由佛山南庄出发，跨东平水道、陈村水道，至广州南站。项目总投资约 200 亿元，计划 2019 年底建成投入使用。2012 年 9 月，国家发展改革委批复同意建设佛山市轨道交通 2 号线一期工程。2013 年 12 月，广东省住房城乡建设厅批复同意项目选址及规划。同月，佛山市轨道交通 2 号线一期工程 BOT 特许经营项目投资人招标，以中国交通建设股份有限公司、佛山市轨道交通发展有限公司、中车青岛四方机车车辆股份有限公司等 3 家单位组成的中交股份联合体被确定为第一中标候选人，中标金额为 198.35 亿元。2014 年 12 月，广东省发改委批复可行性研究报告，广东省环境保护厅批复同意该项目环评报告书。2015 年 6 月和 2017 年 8 月，佛山市交通运输局分别颁发 TJ1 标的《建筑工程施工许可证（临时）》及《建筑工程施工许可证》。2018 年 2 月 7 日，佛山市国土资源和城乡规划局颁发佛山市轨道交通 2 号线一期工程湖涌站至绿岛湖站地下主体（盾构区间）的《建设工程规划许可证》。

（二）参建单位情况

1. 投资监管和运营的单位。佛山市铁路投资建设集团有限公司（简称"佛山铁投公司"）根据佛山市政府的授权及佛山市交通运输局的有关规定，作为甲方履行《广东省佛山轨道交通 2 号线一期工程特许权协议》部分权利和义务的具体执行者，履行对佛山市轨道交通 2 号线一期工程建设进行监督管理等 12 大类监管职责。

2. 建设单位。中交佛山投资发展有限公司（简称"中交佛投公司"）由中国交通建设股份有限公司、佛山市轨道交通发展有限公司、中车青岛四方机车车辆股份有限公司等 3 家单位组成的中交股份联合体出资组建，2016 年 2 月新增股东国开发展基金有限公司，4 个股东股份占比分别为 37.33％、22.67％、6.67％及 33.33％。

3. 总承包单位。中国交通建设股份有限公司（简称"中国交建"）具有市政公用工程施工总承包壹级等资质。2014 年 8 月，中交佛投公司与中国交建签订合同，将佛山市轨道交通 2 号线一期工程按照 EPC 工程总承包模式委托中国交建组织实施。2014 年 9 月，中国交建成立中交佛山市轨道交通 2 号线一期工程 EPC 项目总经理部（简称"EPC 项目总经理部"），具体负责履行中交佛山轨道项目 EPC 工程总承包合同。

4. TJ1 标施工单位。中交第二航务工程局有限公司（简称"中交二航局"）具有市政公用工程施工总承包壹级、隧道工程专业承包壹级等资质，下辖第一、二、三、四、南方工程有限公司等 12 家全资子公司，以及工程装备分公司等 13 家分公司。2014 年 11 月，EPC 项目总经理部与中交二航局签订合同，由中交二航局承建 TJ1 标工程项目施工任务。TJ1 标段的范围包括南庄站至石湾站 6 站 5 区间及停车场出入场线盾构段施工图范围内除轨道铺设、装修外的所有土建工程。2016 年 4 月 28 日，中交二航局与中交二航局第三工程有限公司签订合同，由中交二航局第三工程有限公司承包南庄站至莲塘站 4 站 3 区间（含事故区间）的土建工程。

5. TJ1 标项目部。中交二航局佛山市轨道交通 2 号线工程项目经理部（简称"项目部"）是中交二航局为承建 TJ1 标工程项目施工任务而成立，代表中交二航局全面实施、履行合同义务的临时机构，履行督促检查各部门、工段、班组执行国家安全生产方针、政策、法规、法令、标准及上级指示，组织安全生产大检查、安全生产专项检查、定期检查，负责日常安全检查，发现事故隐患，督促整改，组织开展各类安全生产活动等职责。项目部设一分部、二分部和盾构分部。其中一分部由中交二航局第三工程有限公司组建，二分部由中交二航局南方工程有限公司组建，盾构分部由中交二航局工程装备分公司组建。以上各分部人、财、物的管辖权在各自所属单位，财务由各自所属单位独立核算。各分部均独立设置完整的项目管理组织架构，含分部项目经理、总工程师、安全总监、财务等。

6. 事故区间发包单位。中交二航局第三工程有限公司（简称"中交二航局三公司"）具有市政公用工程施工总承包壹级等资质，为 TJ1 标南庄站至莲塘站 4 站 3 区间（含事故区间）的土建工程施工承包及盾构施工工程发包单位。

7. 事故区间承包单位。2016 年 12 月 30 日，中交二航局三公司与中交二航局工程装备分公司（简称"中交二航局装备分公司"）签订合同，由中交二航局装备分公司承包南庄站至莲塘站 3 区间（含事故区间）的盾构施工工程。中交二航局装备分公司财务独立核算，该公司组建项目部盾构分部履行盾构施工合同，盾构分部的人、财、物管辖权在中交二航局装备分公司。项目部和中交二航局装备分公司共同实施对盾构分部的安全生产管理。

8. 勘察单位。中铁二院工程集团有限责任公司（简称"中铁二院"）具有工程勘察综合类甲级资质，为佛山市轨道交通 2 号线一期工程的初步设计（含勘察总体、工程测量）总承包、施工图设计总体总包、施工图设计详勘单位。

9. 设计单位。中交第二公路勘察设计研究院有限公司（简称"中交第二勘设院"）具有工程设计综合甲级资质，为佛山市轨道交通 2 号线一期工程初步设计勘察单位以及施工图设计单位。

10. 监理单位。广州轨道交通建设监理有限公司（简称"广州轨道监理公司"）具有房屋建筑工程监理甲级、市政公用工程监理甲级资质。2014 年 11 月，中交佛投公司与广州轨道监理公司签订合同，负责佛山市轨道交通 2 号线一期工程 TJ1 标段的盾构工程监理。

11. 事故区间劳务派遣单位。郑州市华禹建筑劳务有限公司(简称"华禹劳务公司")具有钢筋作业分包壹级、混凝土作业分包资质。2017年2月,中交二航局装备分公司与华禹劳务公司签订合同,负责TJ1标段湖涌站至绿岛湖站区间盾构施工劳务派遣,工程范围包括施工场地临时设施施工、洞门延长钢环及洞门密封安拆、盾构机及配套设备安拆、盾构机始发试掘进及到达施工、正常段施工、常压下进仓作业查刀换刀、盾尾刷更换、管片防水材料粘贴、二次注浆及管片修补等。

12. 第三方监测单位。中交三公局(北京)工程试验检测有限公司和武汉港湾工程质量检测有限公司均为佛山市轨道交通2号线一期工程第三方监测单位。其中:中交三公局(北京)工程试验检测有限公司是受中交佛投公司委托,负责佛山市轨道交通2号线一期工程TJ1标段盾构施工现场安全监测等;武汉港湾工程质量检测有限公司则是受中交二航局三公司委托,负责南庄站至莲塘站4站3区间地表沉降、管线沉降、周边建(构)筑物、洞内管片、现场巡视等。

(三)工程其他情况

1. 事故区间位置及周边环境条件。湖涌站至绿岛湖站区间西起湖涌站、东至绿岛湖站,区间线路呈东—西走向,双线隧道,沿季华西路下穿季华立交、澳边涌公路小桥等,区间隧道为单线长度约1932m,采用盾构法施工。区间沿线地表下5m深度内敷设有大量各类管线,对隧道施工有一定影响。

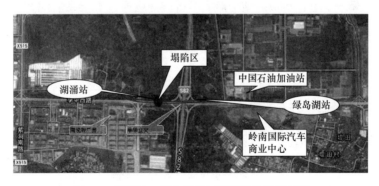

图 6-1 湖涌站—绿岛湖站区间隧道位置平面图

2. 工程地质条件。TJ1标湖涌站至绿岛湖站区间隧道主要穿行区域大部分岩土松散、承载力低、自稳定差,总体上工程地质条件很差。事故段隧道底埋深约30.5m,由上至下分别为人工填土、淤泥质粉土、淤泥质土、淤泥质粉土、粉砂、中砂、圆砾以及强风化泥质砂岩。事发前,右线盾构机的中下部处于中砂和粉砂交界位置，盾构机隧洞顶是淤泥质粉土层、隧洞底是软弱的粉砂层，盾构机头的前方是粉砂和中砂的交界部位，中砂层的透水性中～强，含承压水，而盾构机本身处于软弱的粉砂层，这是非常不利的组合体，盾构机在这种交界位置停留时间越长则水压失衡而冲破防渗体系的风险就越大。一旦涌水发生，盾构机下的粉砂就会随涌水流失。

3. 工程水文条件。湖涌站至绿岛湖站区间线路下穿澳边涌，该河涌常年有水、水量丰富。地下水则主要为第四系松散层孔隙水和基岩裂隙水，孔隙水又分为上部黏性土层中的潜水和下部砂、砾石层中的承压水，砂、砾石层连续分布广、水量丰富。

4. 隧道设计概况。湖涌站至绿岛湖站区间隧道左线长度为 1929.702m，右线长度为 1931.976m，区间线路纵断面为 V 形坡，最大坡度 27‰，线路埋深 15.58～33.83m，隧道顶覆土 10.29～28.54m。盾构管片采用 6 分块方案，1 块封顶块，2 块邻接块，3 块标准块，衬砌环间错缝拼装。

5. 盾构机概况。湖涌站至绿岛湖站盾构区间采用 2 台中交天和机械设备制造有限公司全新制造直径为 6980mm 的土压平衡式盾构机施工。左线盾构机工号为 97 号，右线盾构机工号为 98 号。

（1）盾尾密封结构情况。目前，盾构机普遍采用在多道钢丝刷之间填充密封油脂的盾尾密封方式，一般每道钢丝刷由弹簧钢片、钢丝和尾端钢板构成（如图 6-2 所示）。98 号盾构机盾尾密封方式为盾尾刷＋密封脂，采用 2 道钢丝刷＋1 道钢板钢丝刷＋1 道止逆板的结构形式，盾尾油脂通过安装在后配套系统中的一个气控油脂泵压注，采用注入压力和注入量双控方式。盾尾密封设计最大耐压为 1.0MPa。

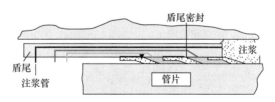

图 6-2 盾尾密封原理示意图

（2）盾尾密封油脂使用情况。2 月 4 日至 2 月 7 日右线盾构机共使用盾尾油脂约 10 桶，共掘进 30 环（每环 1.5m，下同），平均使用量约 3 环/桶。875 至 905 环掘进过程中，油脂平均压力在 2.0MPa 以上。

6. 施工进度及质量情况。

（1）施工进度情况。湖涌站至绿岛湖站区间右线盾构机于 2017 年 5 月 10 日始发，至 2018 年 2 月 7 日，右线累计完成施工 904 环 1356m。事故发生时左线盾构掘进至 1028 环，左右线盾构机距离约 177m。如图 6-3 所示。

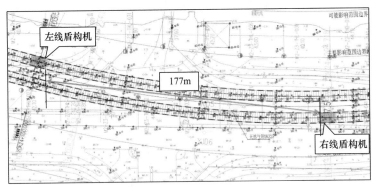

图 6-3　事故发生时左右线盾构机平面位置关系

（2）施工质量及地面沉降监测情况。事故区间隧道整体拼装质量较好。根据第三方监测单位提供的《文件发送记录》，2017 年 6 月 1 日至 2018 年 2 月 7 日共向相关单位发送 19 份橙色及红色预警报告。

7. 补充检验、检测及其他情况。调查组委托广东省建设工程质量安全检测总站有限公司对区间右线管片质量进行检测，检测结果认为管片混凝土强度、钢筋直径、间距、保护层厚度及管片厚度均满足相关规范要求；委托佛山地质工程勘察院对事故塌陷区周边进行补充钻孔勘察，未发现新的不利地质条件，邻近河涌与事故地段第四系上层潜水的水力联系微弱，与承压水没有直接水力联系。佛山市交通运输局还将管片螺栓送至机械工业通用零部件产品质量监督检测中心（机械科学研究总院零部件质量检测中心）进行试验，结果认为螺栓拉伸强度符合要求。

经专家合规性审查，佛山市轨道交通 2 号线一期工程的勘察、设计均符合规范要求。

二、事故发生经过及应急处置情况

（一）事故发生经过

2018 年 2 月 7 日晚事发前，右线盾构机完成 905 环掘进后，位于隧道底埋深约 30.5m 的淤泥质粉土、粉砂、中砂交界处且具有承压水的复杂地质环境中，在进行管片拼装作业时，突遇土仓压力上升，盾尾下沉，盾尾间隙变大，盾尾透水涌砂。经现场施工人员抢险堵漏未果，透水涌砂继续扩大，下部砂层被掏空，使盾构机和成型管片结构向下位移、变形。隧道结构破坏后，巨量泥沙突然涌入隧道，猛烈冲断了盾构机后配套台车连接件，使盾构机台车在泥沙流的裹挟下突然被冲出 700 余 m，并在隧道有限空间内引发了迅猛的冲击气浪，隧道内正在向外逃生的部分人员被撞击、挤压、掩埋，造成重大人员伤亡。

事故过程如下：

2 月 7 日 18 时 10 分，右线隧道 905 环完成掘进，随后进行管片拼装前的盾尾清理、冲洗。

18 时 52 分，右线 905 环第 1 块管片拼装完成管片吊机起吊第 2 块管片时，土仓压力突然上升约 43kPa，即由 233kPa 上升至 276kPa（图 6-4），盾体后部俯仰角开始增大，盾尾出现下沉，与此同时盾尾内刚拼装好的第 1 块管片（A2 块）右侧（约盾尾 6 点钟位置）附近突发向上冒浆，旁边打螺杆的作业工人立刻尝试去封堵冒浆点，但浆液上升很快，18 时 53 分浆液即漫过了已安装的第 1 块管片，盾尾附近工人开始撤离迅速被浆液漫过的拼装作业区域；18 时 54 分浆液完全漫过并排放置在拼装区的其余 4 块待拼装管片表面。

19 时 03 分，作业人员采取应急堵漏措施，向盾尾密封内打入油脂，并采取向盾尾漏浆处抛填砂袋的反压措施，同时将盾尾漏浆险情向地面监控室报告，当时正在监控室的项目部盾构分部经理陈朝接报后一方面安排洞内人员采取堆砂袋堵漏，一方面安排人员巡视盾构机上方地面情况，并安排人员向交警、燃气、供水等单位报告，对道路、燃气管线、供水管线等进行封闭预警。

19 时 47 分，陈朝在与隧道内人员通话后，立即组织相关人员赶赴隧道内察看险情，组织抢险，继续采取向盾尾透水涌泥涌砂区域抛填砂袋等抢险措施，但仍未能有效控制涌泥涌砂险情。

20 时 03 分，盾尾竖向偏差达 −460mm，相对停机时盾尾位置下沉了 417.5mm，此后激光导向系统无法监测到盾尾竖向偏差。

20 时 35 分，隧道内人员开始撤退。

20 时 36 分，大约 899 环管片环缝 4 点位置出现泥砂流持续剧烈喷射而出，盾尾方向流出的泥砂流明显加大。此时盾体后部俯仰角已增加至 2.7°，据推算盾尾相对停机时下沉了约 463.5mm。

20 时 38 分 49 秒，盾构机高压电断电，井下监控录像视频信号中断。

20 时 40 分许，地面出现大面积坍塌，洞内突然涌出的大量泥砂推动盾构机台车向后滑冲 700 余 m，隧道内泥砂流和伴随涌起的气浪将正在向外撤离的部分逃生人员击倒或掩埋。最终造成 10 人当场死亡，1 人经抢救无效在医院死亡，1 人失踪，8 人受伤。地面坍塌范围东西向约 65m，南北向约 81m，深度 6～8m，地面塌方面积约 4192m²，坍塌体方量接近 2.5 万 m³。

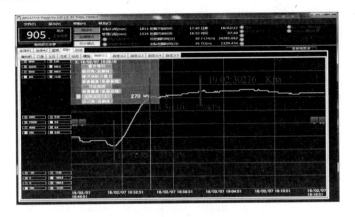

图 6-4 905 环土压力异常升高曲线

图 6-5 地面塌陷区航拍照片

（二）事故应急处置情况

1. 事故信息接报及响应情况。

2 月 7 日 18 时 52 分，佛山市轨道交通 2 号线一期工程 TJ1 标湖涌站至绿岛湖站盾构区间右线 905 环发生渗漏。

19 时 03 分，白班掘进班班长张彬通过盾构机操作室有线电话向地面监控室报告渗漏情况；在地面监控室的盾构分部经理陈朝电话向项目部总工马超报告要求封路，同时指派盾构分部总机电长郑礼杰立即下隧道组织堵漏。

19 时 05 分，马超安排项目部工程部部长向志鹏组织现场封路并电话向项目部经理陈春雷报告。同时，掘进班长张彬在操作室与晚班掘进班长郑俊杰进行交接，交代渗漏情况。郑礼杰随后组织人员用砂袋实施封堵，并安排人员到隧道最低点抽排水。

19 时 16 分，向志鹏先后向燃气、供水等单位报告，请求关闭相关管线。

19 时 20 分，陈春雷电话向 EPC 项目总经理部总经理戴振华报告，并电话通知项目部书记刘敏到现场组织封路。

19 时 22 分，项目部书记刘敏向公安交警部门报告，请求封路。

19 时 25 分，交警到达现场封路。

19 时 40 分，EPC 项目总经理部总工程师杨铁泉、安全总监胡永宽、工程部经理张小熊、TJ1 标现场工程师吴银河进入隧道查看情况（于 20 时 23 分左右出隧道）。

19 时 47 分，陈朝电话向项目部经理陈春雷报告后带领相关人员进入隧道指挥抢险堵漏。

20 时，供水管理单位抢修人员开始关闭阀门（于 20 时 50 分完成关闭）。

20 时 05 分，燃气管理单位抢修人员开始关闭阀门，随后降压放散（于 21 时 28 分放散完毕）。

20 时 35 分，陈朝通知地面监控室切断洞内高压电，并向隧道内人员发出了撤退指令，隧道内人员开始撤退。

20 时 40 分许，地面突然发生坍塌。

20 时 47 分，佛山市委市政府总值班室收到佛山市公安局 110 报告称："2 月 7 日 20 时 40 分，禅城区季华西路一环桥底东往西方向的路面出现约 200m² 的下陷，该路段已双向封闭，已通知交警、国土等相关部门等部门赶往现场处置，人员伤亡情况不明"，佛山市委市政府总值班室随后立即向禅城区核实相关情况。

20 时 50 分，戴振华电话向中交佛投执行总经理梅继安报告。21 时 10 分，梅继安到达现场。

21 时 32 分，佛山市委市政府总值班室向佛山市有关领导发送手机短信报告简要情况。21 时 34 分，佛山市委市政府总值班室接到市委书记电话指示，要求禅城区和有关部门迅速察看处置，将佛山市委书记指示传达市有关领导。

21 时 39 分，盾构分部安全总监王军伟拨打 119，请求消防队伍救援。

21 时 50 分，佛山市副市长赵海到达现场勘察实地情况，并研究下一步工作措施。随后，佛山市委书记鲁毅、市长朱伟和副市长蔡家华、邓建伟以及禅城区委、区政府主要领导先后赶到现场组织指挥救援善后处置工作。

21 时 52 分至 22 时 25 分，消防队伍陆续到达现场展开救援。

23 时 50 分，佛山市委书记鲁毅、市长朱伟在事故现场召开紧急会议，决定成立由赵海副市长为总指挥的现场临时救援指挥部，下设救援、专家、支援、宣传、善后 5 个工作小组，全力开展救援工作。

8日2时许，省安全监管局副局长潘游赶到事故现场指导救援工作。

8日7时21分，受省委书记李希、省长马兴瑞委托，常务副省长林少春带领省政府副秘书长张爱军、省安全监管局局长黄晗、省住房城乡建设厅党组书记杨细平等赶到事故现场指挥协调救援处置工作，在现场召开会议，研究布置事故救援与处置工作。

8日10时43分，中国交建重庆隧道抢险救援队26名队员到达事故现场，协助消防队伍救援。

8日18时，原国家安全监督总局监管二司司长唐琮沅率工作组赶到现场指导救援工作。

2. 事故应急处置总体情况。

事故发生时，隧道内共有39人，其中：晚班当班人员17人、白班当班工长1人、参与抢险人员12人、另有9人正在进入隧道查看、协助抢险途中。事发后，19人自行逃生，企业自救7人。

截至2月8日2时01分，消防人员陆续搜救出2名生还者（其中1名在医院经抢救无效死亡）；至8日19时08分，消防人员又陆续搜救出10具遇难者遗体，尚有1人失踪。

3. 应急处置评估结论。

事故发生后，各级党委、政府及相关单位高度重视事故应急处置工作，及时启动应急响应，严密部署，迅速赶赴事故现场指导应急处置工作。一是对地面塌陷险情应急处置迅速得当。接到施工单位路面可能塌陷的报告后，佛山市和禅城区公安、燃气、供水、供电等单位及施工单位先期处置人员能够快速到达事故现场，开展交通管制，采取关闭事发地段气阀、水阀、供电保护等措施避免了因塌陷造成人员伤亡和财产损失。二是对隧道坍塌后被困人员的救援行动有效。隧道坍塌事故发生后，施工单位进行了自救，先后救出7名被困人员；佛山市各级政府及各有关部门及时响应，消防队伍先后搜救出12名被困人员，其中2人有生命体征（其中1人送医院经抢救无效死亡）。在整个救援行动过程中，没有发生次生灾害和救援人员及其他人员伤亡。

但是，施工单位对隧道内的险情处置不当，冒险组织堵漏，扩大了人员伤亡损失。施工单位虽然编制了应急预案，但是预案对涌水涌泥涌砂抢险时在何种情况下应当立即撤离没有明确的指引，完全依赖现场指挥人员个人经验判断，对抢险救援的指导性不强。

（三）事故善后处置情况

事故发生后，经过反复排查和确认，确定有13人被困。经全力搜救，共有

12人（2人生还、10人遇难）被成功救出。9名伤员（包括企业自救7人、消防搜救2人）送医院救治，其中1人于2月9日6时03分经抢救无效死亡，截至7月27日已有7名伤员治愈出院，尚有1名伤员仍住院治疗、病情稳定。

2月12日，塌陷区域砂土回填完毕。2月13日，塌陷区域洞内封堵注浆工作完成；2月16日，洞内注水完成。2月24日16时，塌陷区恢复3车道自西向东单向通车。

佛山市委、市政府按照"一对一"的要求，成立了12个工作组妥善做好11名遇难者及1名失踪人员的善后处理工作。至3月4日，全部11名遇难者及1名失踪者善后工作完成。

（四）事故直接损失情况

根据《企业职工伤亡事故经济损失统计标准》GB 6721—1986及《国家安全监管总局印发关于生产安全事故调查处理中有关问题规定的通知》（安监总政法〔2013〕115号）等规定，经项目部统计、佛山市政府确认，调查组核定事故直接经济损失为5323.7894万元。

三、事故原因及性质

事故主要原因是盾尾密封承压性能下降遭遇特殊地质环境等因素叠加，引发隧道透水坍塌。

（一）事故直接原因

1. 事故发生段存在深厚富水粉砂层且临近强透水的中粗砂层，地下水具有承压性，盾构机穿越该地段时发生透水涌砂涌泥坍塌的风险高。

（1）事故段隧道底部埋深约30.5m，地层由上至下分别为人工填土、淤泥质粉土、淤泥质土、淤泥质粉土、粉砂、中砂、圆砾以及强风化泥质砂岩。大部分土体松散、承载力低、自稳性差、易塌陷，其中粉砂层属于液化土，隧道位于淤泥质土和砂层，总体上工程地质条件很差。

（2）隧道穿越的砂层分布连续、范围广、埋深大、透水性强、水量丰富，且上部淤泥质土形成了相对隔水层，下部砂层地下水具有承压性，水文地质条件差。

（3）事发时盾构机刚好位于粉砂和中砂交界部位，盾构机中下部为粉砂层，中砂及其下的圆砾层透水性强于粉砂层并且水量丰富和具有承压性，一旦粉砂层发生透水，极易产生管涌而造成粉砂流失。

在上述工程地质条件和水文地质条件均很差的地层中，盾构施工过程具备引发透水涌砂坍塌的外部条件，盾构施工风险高。

2. 盾尾密封装置在使用过程密封性能下降，盾尾密封被外部水土压力击穿，产生透水涌砂通道。

（1）事故发生前，右线盾构机已累计掘进约 1.36km，盾尾刷存在磨损，盾尾密封止水性能下降。在事故发生前已发生过多次盾尾漏浆，存在盾尾密封失效的隐患。

（2）管片拼装期间盾尾间隙处于下大上小的不利状态，盾尾底部易发生漏浆漏水。

（3）盾构机正在进行管片拼装作业，管片拼装机起吊 905 环第 2 块管片时，盾尾外荷载加大，同时土仓压力突然上升约 40kPa，对盾尾密封性不利。

上述因素导致盾尾密封装置在使用过程耐水压密封性下降，导致盾尾密封被外部压力击穿。

3. 涌泥涌砂严重情况下在隧道内继续进行抢险作业，撤离不及时。

（1）19 时 03 分盾尾竖向偏差已达 307mm，19 时 08 分大约 899 环管片 4 点至 5 点位置出现涌泥涌砂，隧道内已有大量泥砂堆积，20 时 03 分盾尾下沉了 417.5mm，激光导向系统已无法监测到盾尾竖向偏差。上述现象可判断出隧道已处于危险状态。

（2）19 时 03 分作业人员向盾尾密封内打入应急堵漏油脂，并向盾尾漏浆处抛填砂袋反压，但盾尾透水涌泥涌砂现象仍在持续，表明抢险措施难以有效控制险情。

上述情况下，不及时撤离抢险人员属于险情处置措施不当。

4. 隧道结构破坏后，大量泥砂迅猛涌入隧道，在狭窄空间范围内形成强烈泥砂流和气浪向洞口方向冲击，导致部分人员逃生失败，造成了人员伤亡的严重后果。

盾构机所处位置为上坡段，盾构机距离井口距离较远（约 1.36km），人员逃生距离长，隧道周边地层被掏空后，上部地层突然下陷，隧道结构破坏，地下水和泥砂流瞬间倾泻而入，形成的冲击力直接冲断了盾构机后配套台车连接件，使盾构机台车在泥砂流的裹挟下突然被冲出 700 余米，并在隧道有限空间内引发了迅猛的冲击气浪，隧道内正在向外逃生的部分人员被撞击、挤压、掩埋，造成重大人员伤亡。

（二）事故间接原因

1. 中交二航局装备分公司安全生产主体责任不落实。盾构施工安全风险管控不足，冒险组织抢险堵漏；未采取有效的技术和管理措施及时消除事故隐患；未制定隧道坍塌应急预案，在涌水突泥应急预案中未明确紧急情况下撤人的时机和程序；应急处置不当，未严格执行项目部及盾构分部应急预案的规定及时撤出作业人员；未按规定落实安全生产责任制，未对除项目经理以外的其他岗位责任人员进行考核；未按规定向从业人员告知危险因素、防范措施以及事故应急措施，进行安全技术交底；违反有关法律规定延长施工现场作业人员工作时间；未按规定严格督促盾构司机执行交接班制度，未及时纠正当班脱岗等违章行为；未按规定如实记录部分劳务派遣人员安全生产教育和培训情况。

2. 中交二航局三公司安全生产主体责任不落实。对施工安全风险认识研判不足，应急处置不当，未及时撤出作业人员；未对承包单位的安全生产工作进行统一协调管理，未开展定期安全生产检查；未认真吸取该项目 2017 年"11·5"路面坍塌事故教训及落实整改措施，未及时发现并消除盾构施工事故隐患；未落实安全生产责任制，督促从业人员执行《安全生产标准化达标考核及施工现场综合考评细则》等制度不到位。

3. 中交二航局安全生产责任制落实不力。对施工安全风险认识研判不足，应急处置不当，未及时撤出作业人员；安全生产责任制不健全；未按"五落实五到位"的要求按程序任命项目部党总支书记，未配备项目部机电副经理；将 TJ1 标中的 4 站 3 区间施工项目（包括事故区间）发包给中交二航局三公司时，未签订专门的安全生产管理协议，未在合同中约定各自的安全生产管理职责，组织对项目进行安全检查时，未及时督促整改已发现的问题和事故隐患；对中交二航局装备分公司和中交二航局三公司安全生产违法违规行为失察。

4. 中交佛投公司对发包项目安全监督管理工作不力。安全生产责任制不健全，未明确业主代表岗位的责任范围；对发包工程项目事故隐患整改监督不力，针对风险管控报告和沉降监测点红色预警分析会议指出的问题，未采取有效措施督促施工单位落实整改；未按规定开展事故应急救援演练。

5. 广州轨道监理公司安全生产监理责任落实不到位。督促施工单位加强风险研判和隐患排查治理不力；未按规范要求对施工单位安全教育活动进行旁站，旁站监理人员不到岗且未如实填写旁站记录，未核实受教育人员名单；未按规定对施工段面沉降严重的风险预警制定处置方案，未跟进红色预警分析会议提出的措施落实情况，也未向业主单位报告措施落实情况。

6. 佛山铁投公司监管不力。未明确佛山市轨道交通 2 号线一期工程特许权项目监管小组岗位职责；未按照规定将检查中交佛投公司或工地现场发现的问题抄送给行业主管部门佛山市交通运输局；未按要求每季度向佛山市政府提交书面监督情况报告。

7. 华禹劳务公司安全生产管理不到位。未建立安全生产责任制；未建立事故隐患排查治理制度；未制定安全生产教育和培训计划，未对派遣到湖绿区间的劳务工进行安全生产教育和培训。

8. 佛山市、禅城区落实安全生产责任制不到位。协调、指导有关职能部门履行安全生产职责不力，对安全生产属地管理和行业主管部门履行安全生产责任不到位等问题失察，对事发企业落实安全生产主体责任监督检查不到位。

9. 佛山市交通运输局对城市轨道交通工程项目安全监管不力。未严格按法定条件实施行政许可，在 TJ1 标建筑施工许可审批中，以政府部门函件代替《建设工程规划许可证》；对轨道交通建设工程事故隐患治理督促不力、执法不严，对建设单位长期逾期上报隐患整改落实材料以及施工单位未按要求整改事故隐患的情况，未采取更有效更严厉的执法监督措施；未按佛山市城市轨道交通工程项目指挥办公室要求及时完善轨道交通工程事故应急处置机制。

10. 佛山市国土和规划局（市轨道办）对城市轨道交通工程项目行政许可审批不严、综合协调督促不力。未严格按法定条件实施 TJ1 标湖涌站～绿岛湖站地下主体盾构区间《建筑工程规划许可证》的行政许可，在许可条件中，用土地权属核查函件代替用地规划证明文件。未严格督促佛山市城市轨道交通工程项目指挥部成员单位落实工作要求，对涉及重大事项的工作未及时督促、协调解决。

11. 佛山市禅城区轨道办对城市轨道交通工程项目属地安全监管不严。未严格按要求对 TJ1 标湾华站停工整改的情况进行复查，仅查看建设单位上报的整改材料后便口头同意复工；对轨道交通建设工程事故隐患治理督促不力、执法不严，对建设单位长期逾期上报隐患整改落实材料以及施工单位未按要求整改事故隐患的情况，未采取更有效更严厉的执法监督措施。

12. 佛山市公安消防局未严格履行有关法定监管职责。2017 年上半年，佛山市轨道交通 2 号线一期工程建设设计方咨询消防设计方案问题，该局经初步审核后上报省公安消防总队，但因其尚未取得《建设工程规划许可证》，无法受理审核消防设计方案。该局明知该工程未通过消防设计方案审核并一直施工，未严格履行法定职责责令工程建设方停止施工。

13. 佛山市禅城区人力资源和社会保障局对用人单位日常巡视检查不力。该局负责劳动保障监督检查工作，未按照规定制定对用人单位的年度巡查计划，未将市级重点轨道交通建设项目 TJ1 标列入日常重点巡查范围，巡查检查职责时未按要求制作检查记录，对劳动保障法律法规执行不力。

14. 佛山市安全生产监督管理局履职不到位，工作存在不足。督促行业主管部门和相关职能单位对佛山市轨道交通 2 号线一期工程项目加强监管不力。佛山市轨道交通 2 号线一期工程作为全市安全生产风险点，长期在无建筑工程规划许可证、消防设计方案审核等相关手续的情况下施工，该局未及时掌握相关情况，也未督促市、区两级交通局及市公安消防局等行业主管部门进行落实整改。

（三）事故性质

调查认定，广东省佛山市轨道交通 2 号线一期工程"2·7"透水坍塌重大事故是一起生产安全责任事故。

四、对事故有关责任人员及责任单位的处理建议

（一）免予追究责任人员（1 人）

陈朝，男，中共党员，1971 年 5 月生，TJ1 标项目经理部盾构分部经理，盾构分部安全生产第一责任人。未及时消除右线盾构机盾尾密封失效的事故隐患，事故发生时对事故危害严重性预判不足，现场应急处置指挥不当，未及时下达撤离指令，对事故的发生负有直接责任。鉴于其已在事故中死亡，建议免予追究责任。

（二）公安机关已采取强制措施人员（2 人）

1. 刘子一，男，中共党员，1986 年 7 月生，项目部盾构分部总工程师。因涉嫌重大责任事故罪，于 2018 年 3 月 8 日被公安机关立案侦查，3 月 14 日被取保候审。

2. 聂立异，男，中共党员，1968 年 7 月生，盾构分部工程部负责人兼土建副总工。因涉嫌重大责任事故罪，于 2018 年 3 月 8 日被公安机关立案侦查，3 月 14 日被取保候审。

上述 2 人建议待司法机关依法做出处理后，由涉事企业或其上级主管部门按照管理权限及时给予相应的党纪政务处分。

（三）建议给予党纪政务处分和问责处理人员（29 人）

1. 涉事央企相关人员（16 人）

（1）施志勇，男，中共党员，1964 年 1 月生，中交二航局副总经理，分管生产管理部、安全管理部，联系中交二航局装备分公司。履行安全生产管理职责不到位，对盾构机在复杂地质条件下施工安全风险认识、研判不足；未有效督促第三工程公司和中交二航局装备分公司落实安全生产主体责任；对项目部和盾构分部未落实安全生产规章制度、未按规定采取措施消除事故隐患、未如实记录安

全生产教育培训台账等违法违规行为失察；未向公司提出盾构分部安全生产双重管理导致安全生产责任不落实问题的改进意见，负有重要领导责任。建议给予党内警告处分。

（2）胡冬勇，男，中共党员，1964年7月生，中交二航局安全总监。未认真履行安全生产管理职责，事发前仅对项目部进行过一次安全检查，对检查发现的问题和隐患督促整改落实不到位；对工程项目发包时未签订专门的安全生产管理协议、未在合同中约定各自的安全生产管理职责的问题失察；未及时发现项目部存在的没有按规定配备机电副经理责任人员、盾构司机未按规定交接班等安全生产管理混乱问题并提出改进意见；未组织或参与针对项目部的安全生产专项督查检查；未组织或参与项目部的应急救援演练等，负有重要领导责任。建议给予党内严重警告、行政记过处分。

（3）陈春雷，男，中共党员，1974年4月生，项目部经理，应急救援指挥部总指挥，项目安全生产第一责任人。未督促检查发现98♯盾构机盾尾密封失效的事故隐患；对各分部安全培训实施情况检查不到位；事故发生时仅启动路面塌陷事故应急预案，未对事发隧道内的应急处置进行指挥和部署；未严格履行岗位职责，缺乏对项目部各分部安全生产的有效管理，负有重要领导责任。建议给予撤销党内职务、行政撤职处分。

（4）刘敏，男，中共党员，1974年4月生，项目部党总支书记，应急救援指挥部副总指挥兼后勤保障组组长，与项目部经理共同负责安全生产。未按照党政同责、一岗双责要求履行安全生产职责，在应急救援总指挥陈春雷不在现场的情况下，未能履行应急救援现场指挥的职责，事故应急处置不当，负有重要领导责任。建议给予撤销党内职务、行政撤职处分。

（5）陈君平，男，中共党员，1963年4月生，项目部执行经理，应急救援指挥部副总指挥兼事故抢救组组长，与项目部经理共同负责安全生产。未认真履行岗位职责，未组织项目部的安全生产检查，分析安全状况并制定事故防范措施；事故发生时，未及时主动了解湖绿区间右线透水抢险处置情况，未能履行应急救援副总指挥的职责，事故应急处置缺位，负有重要领导责任。建议给予党内严重警告、行政降级处分。

（6）马超，男，中共党员，1982年2月生，项目部总工程师，应急救援指挥部抢救组副组长，负责项目技术管理、应急救援工作。未及时消除98♯盾构机盾尾密封失效的事故隐患；未针对事发隧道处于危险状态采取有效措施，对险情处置措施不当，负有重要领导责任。建议给予党内严重警告、行政记过处分。

（7）贺丽生，男，中共党员，1972年10月生，项目部安全总监，应急救援指挥部副总指挥，分管安全生产工作。未组织对盾构分部98♯盾构机盾尾密封失效事故隐患进行排查并提出改进安全生产管理建议；未监督盾构司机严格执行交接班制度；对未按规定如实记录部分劳务派遣人员安全生产教育和培训等问题失察，负有重要领导责任。建议给予党内严重警告、行政记大过处分。

（8）严小卫，男，中共党员，1975 年 10 月生，中交二航局三公司法人代表、董事长、党委书记，安全生产第一责任人。未认真履行职责，对公司工程管理部和安全监督部督促检查不到位，对公司相关领导及工作人员履职不到位问题失察；未采取措施督促、检查本单位的安全生产工作和消除生产安全事故隐患，负有重要领导责任。建议给予党内警告、行政警告处分。

（9）施瑾伟，男，中共党员，1969 年 6 月生，中交二航局三公司总经理，主持公司行政全面工作，与公司董事长同为安全生产第一责任人。对工程管理部和安全监督部不认真执行安全生产法律法规和标准规范，组织管理项目施工不力等问题失察；组织对项目的安全生产检查不到位，督促事故隐患排查整治不彻底，负有重要领导责任。建议给予党内严重警告、行政记过处分。

（10）司银先，男，中共党员，1964 年 12 月生，中交二航局三公司安全总监（时任三公司安全监督部部长），负责安全管理工作。未有效履行安全生产管理职责，对盾构分部事故隐患排查治理不力、违反操作规程等问题失察；未组织对盾构分部进行安全检查，负有主要领导责任。建议给予党内警告、行政记过处分。

（11）李明，男，中共党员，1961 年 11 月生，中交二航局装备分公司负责人，全面负责安全生产工作。未及时督促、检查盾构分部安全生产工作，未采取技术和管理措施消除 98♯盾构机盾尾密封失效的事故隐患；事故发生前对盾构机在复杂地质条件下施工安全风险管控不足；未落实安全生产责任制，未对除项目经理以外的其他岗位责任人员进行考核，对盾构分部违反有关法律规定延长施工现场作业人员工作时间及从业人员未严格执行安全技术交底、交接班制度、安全生产教育培训等情况失察；未有效督促盾构分部按照应急救援预案的要求进行应急处置，负有重要领导责任。建议给予党内严重警告、行政记大过处分。

（12）鞠义成，男，中共党员，1966 年 1 月生，中交二航局装备分公司副经理，分管盾构分部。未组织落实 98 号盾构机盾尾密封失效事故隐患整改工作；事故发生前，未根据监控参数、视频信息、路面沉降等信息反映出的事故征兆，及时下达从危险区域内撤出作业人员的指令；对盾构分部从业人员未严格执行安全技术交底、交接班制度、安全生产教育培训等情况失察，负有主要领导责任。建议给予党内严重警告、行政撤职处分。

（13）喻培峰，男，中共党员，1962 年 4 月生，中交二航局装备分公司副经理兼安全总监，分管设备物资部、工程管理部和安全监督部。未发现并督促盾构分部消除 98♯ 盾构机盾尾密封失效事故隐患；未监督盾构分部落实安全生产责任制；对盾构分部未严格执行安全技术交底、交接班和安全生产教育培训等制度的问题失察，负有主要领导责任。建议给予党内警告、行政记过处分。

（14）王军伟，男，群众，1985 年 11 月生，项目部盾构分部安全总监。对员工安全教育培训工作监督、检查不到位，对未如实记录员工安全教育培训记录的问题失察；日常安全检查工作中未能发现 98 号盾构机司机多次脱岗、没有面对面交接班的违规行为，负有主要领导责任，建议给予行政降级处分。

（15）汪盼，男，群众，1997 年 1 月生，项目部盾构分部 98 号盾构机司机，负责盾构掘进作业。违反盾构分部安全生产规章制度，事发当班不按规定交接班，盾尾密封开始泄漏前脱岗，未及时注入盾尾油脂进行应急堵漏，负有直接责任，建议中交二航局给予解聘合同开除处理。

（16）梅继安，男，中共党员，1959 年 9 月生，中交佛投公司执行总经理兼总工程师，负责公司全面管理工作，公司安全生产第一责任人。未健全安全生产责任制，未明确业主代表岗位责任范围；未按规定组织安全生产全面检查；未按要求组织事故应急救援演练，负有重要领导责任。建议给予党内警告处分。

以上 16 名央企员工建议移交给涉事企业或其上级主管部门等有权单位按照管理权限处理。

2. 涉事地方企业相关人员（2 人）。

（1）吕征舟，男，中共党员，1979 年 5 月生，广州轨道交通建设监理有限公司 TJ1 标段总监理工程师，全面负责和组织项目监理工作。对监理人员未按规范旁站施工单位安全教育失察；对总监理工程师代表未按规定对施工段面沉降严重的风险预警跟踪落实等情况失察，负有重要领导责任，建议给予党内警告处分。

（2）黄平，男，中共党员，1967 年 8 月生，佛山铁投公司副总经理，佛山市轨道交通 2 号线一期工程特许权项目监管工作小组组长，负责制定监管制度、督促抄送安全隐患问题给相关政府部门等工作。未制定监管工作小组工作制度，未明确岗位职责；对未将安全检查发现的问题抄送给佛山市交通运输局、未按规定向佛山市政府提交书面监督情况报告失察，负有主要领导责任。建议给予党内警告处分。

以上 2 名地方企业员工建议移交给广州市和佛山市，由有权单位按照管理权限处理。

3. 相关部门公职人员（11 人）。

（1）赵海（曾用名：赵刚），男，中共党员，1967 年 6 月生，佛山市人民政府党组成员、副市长（兼任市轨道交通建设指挥部副总指挥），分管交通运输、国土规划、环保等工作。协调、指导禅城区和负有安全生产监督管理职责的部门履行职责力度不足，对安全生产属地管理和行业主管部门履行安全生产责任不到位等问题失察，负有重要领导责任。建议给予诫勉处理。

（2）梁柱华，男，中共党员，1978 年 2 月生，佛山市禅城区委常委，分管交通运输、环保、水务，负责协调禅城区区域内轨道交通建设工作。协调、指导本辖区负有安全生产监督管理职责的部门履行职责力度不足，对安全生产属地管理和行业主管部门履行安全生产责任不到位等问题失察，负有重要领导责任。建议给予诫勉处理。

（3）曾阳春，男，中共党员，1971 年 5 月生，佛山市交通运输局党组书记、局长，主持全面工作。疏于督促下属严格履行工作职责，对该局未严格按法定条件对 TJ1 标段实施建筑施工行政许可的情况失察；对轨道交通工程事故隐患治理督促不力、执法不严和贯彻执行文件要求不及时等情况失察；对城市轨道交通工程项目安全监管不力，负有重要领导责任。建议给予行政记过处分。

（4）李烈佩，男，群众，1965 年 2 月生，佛山市交通运输局副局长，负责轨道建设行业管理工作，分管轨道建设管理科。未严格督促下属履行工作职责，未严格按法定条件实施 TJ1 标段的建筑施工行政许可，对轨道交通工程事故隐患治理督促不力、执法不严，未按佛山市城市轨道交通工程项目指挥办公室要求及时完善轨道交通工程事故应急处置机制等，负有主要领导责任。建议给予行政记大过处分。

（5）杨飞跃，男，中共党员，1970 年 1 月生，佛山市交通运输局城市道路建设管理科科长（2013 年 10 月至 2017 年 12 月担任轨道建设管理科科长）。未严格按法定条件实施 TJ1 标段的建筑施工行政许可，以《佛山市国土资源和城乡规划局关于佛山城市轨道交通 2 号线一期第二期开工点临时用地规划意见的复函》（佛国土规划函〔2015〕40 号）代替《建筑工程规划许可证》；对轨道交通工程事故隐患治理督促不力、执法不严，负有主要领导责任。建议给予行政记大过处分。

（6）楼国权，男，中共党员，1978 年 12 月生，佛山市交通运输局工程质量安全管理科副科长（原市交通运输工程质量监督站副站长），负责城市轨道交通质量监督、施工安全行业监管和业务指导等工作。对轨道交通工程事故隐患治理督促不力、执法不严，对建设单位长期逾期上报隐患整改落实材料及施工单位未按要求整改事故隐患的情况，未采取更严厉有效的执法监督措施，负有主要领导责任。建议给予行政记大过处分。

（7）陈卫东，男，中共党员，1968 年 7 月生，佛山市轨道办专职副主任，2016 年 11 月至 2018 年 2 月实际负责市轨道办日常工作，2017 年 5 月分管轨道发展科。未按法定条件实施《建筑工程规划许可证》审批许可，用土地权属核查函件代替《建筑用地规划许可证》；疏于督促下属严格履行职责，对省安委办、指挥部及其办公室要求行业主管部门开展轨道交通建设工程专项整治督促不力；对轨道发展科未对 2017 年 11 月 5 日 TJ1 标段湖绿区间右线地面发生塌陷事故及存在的问题跟踪落实的情况失察，对 TJ1 标段绿岛湖至湖涌地下主体工程盾构区间无证施工的情况失察，负有主要领导责任。建议给予行政记大过处分。

（8）罗苑文，男，中共党员，1975 年 6 月生，佛山市禅城区轨道办专职副主任，负责轨道项目建设的文明施工、安全生产监管，分管轨道建设管理科。疏于督促下属认真履行职责，对下属未严格履行对 TJ1 标段湾华站停工整改情况的现场核查、督促轨道交通工程事故隐患治理不力、复查发现逾期未整改的事故隐患处理不严等问题，负有主要领导责任。建议给予行政记过处分。

（9）高舞奕，男，中共党员，1976 年 6 月生，佛山市公安消防局防火监督处处长，负责指导各区防火工作，挂点联系禅城区消防工作。明知佛山市轨道交通 2 号线一期工程未通过消防设计方案审核并一直施工，未严格履行法定职责责令建设方停工，履行职责不到位，负有主要领导责任。建议给予行政记过处分。

（10）霍永坚，男，中共党员，1971 年 2 月生，佛山市禅城区人力资源和社会保障局劳动监察大队大队长，负责组织开展全区劳动保障监督检查活动，检查用人单位遵守劳动保障法律、法规和规章等。对劳动保障法律法规执行不力，未制定对用人单位用工情况的年度巡查计划，未将市级重点轨道交通建设项目 TJ1 标段列入日常重点巡查范围，未及时发现用人单位超时用工问题，负有重要领导责任。建议给予行政警告处分。

（11）黄伟，男，中共党员，1977 年 8 月生，佛山市安监局综合协调科科长。督促行业主管部门和相关职能单位对佛山市轨道交通 2 号线一期工程项目加强监管不力，对上级安委办下发的文件未及时落实部署，负有重要领导责任。建议给予诫勉处理。

以上 11 名公职人员建议按照干部管理权限移交各级纪检监察机关处理。

（四）另案处理人员（1 人）

唐军，男，中共党员，1981 年 9 月生，佛山市交通运输局轨道建设管理科科员，负责轨道建设工程的质量安全专项检查、核查建设施工许可材料等工作，TJ1 标段《建筑施工许可证》的承办人。未认真履行轨道建设工程安全生产专项检查职责，负有直接责任。在事故调查中收到群众举报其涉嫌违纪问题线索，经分管委领导批准后，已将有关问题线索移交给佛山市纪委核查，待核查后由佛山市纪委一并处理。

（五）行政处罚建议

1. 中交二航局装备分公司对事故发生负有责任，建议由安全监管部门根据《中华人民共和国安全生产法》《生产安全事故报告和调查处理条例》等法律法规规定，对中交二航局装备分公司以及负责人李明实施行政处罚。

2. 中交二航局三公司对事故发生负有责任，建议由安全监管部门根据《中华人民共和国安全生产法》《生产安全事故报告和调查处理条例》等法律法规规定，对中交二航局三公司以及法定代表人严小卫实施行政处罚。

（六）其他建议

1. 建议责成中国交建向国务院国资委做出深刻检查，认真总结和吸取事故教训，加强和改进本单位及所属企业安全生产工作。

2. 建议责成佛山市委、市政府向省委、省政府做出深刻检查，认真总结和吸取事故教训，进一步加强和改进轨道交通工程施工安全生产工作。

3. 建议由佛山市交通行政主管部门根据有关法律法规的规定对华禹劳务公司违法行为做出处理。

4. 建议由佛山市交通行政主管部门根据有关法律法规的规定对广州轨道监理公司违法行为做出处理。

5. 建议由佛山市政府根据《中华人民共和国行政许可法》等法律法规规定，责令佛山市交通运输局、佛山市国土和规划局（市轨道办）对未严格按法定条件做出的行政许可决定予以改正。

五、事故的主要教训

（一）参建各方没有牢固树立安全发展理念，真正把安全放在首位。

相关参建单位在项目施工过程中，没有正确处理安全与工期、效益的关系，总是把工期、效益放在第一位，反映出相关参建单位没有牢固树立以人民为中心的发展理念，没有坚守发展决不能以牺牲人的生命为代价的安全生产红线，生命至上的安全发展意识不强。如在盾构机选型上过多考虑经济效益，而没有优先选用更适合该地质条件的泥水平衡盾构机；盾构施工采取白班、夜班两班倒的工作模式、每班 12 小时，工人连续工作时间过长、易出现脱岗等违章行为。

（二）参建各方对复杂地质条件下的地铁盾构施工安全风险意识淡薄、措施不力。

参建单位普遍认为盾构施工是相对于矿山法而言更为安全的施工工艺，也认为盾构施工过程中堵漏是较为常见的情况，但造成如此重大人员伤亡是始料未及、前所未有的。据了解，国内地铁盾构工程的管片结构失稳坍塌事故几乎全部与富含水的粉细砂层流失有关，但相关参建单位对地质复杂性引起的风险认识不足，未能充分吸取近年来国内多起粉砂层中发生的盾构施工事故教训并采取有效的预防措施。

（三）风险处置不科学，现场指挥不当。

湖涌站至绿岛湖站区间右线从532环开始就多次出现渗漏，施工单位虽然研究过采取更换盾尾刷等措施、但直至事发前一直未能落实。第三方监测单位于2017年6月1日至2018年2月7日共发送19份橙色及红色预警报告给参建各方，特别是2017年11月5日右线盾构机螺旋机泄漏导致地面塌陷，项目因此停工了1个月，施工单位依然边掘进、边堵漏。当盾构机下沉已超过监控范围，形势非常危险的情况下，没有及时下令撤人，还组织人员冒险抢险，造成重大人员伤亡。

（四）项目部对盾构分部安全管理体制不顺，统一管理流于形式。

中交二航局成立项目部及各分部对TJ1标进行统一协调管理，但各分部的人财物实际由负责组建的企业管理，项目部并没有决定权。事发区间所在的盾构分部，其隐患整改方面所需的安全生产投入由中交二航局装备分公司决定，但该公司对现场情况并不完全掌握，而掌握情况的项目部又没有决定权。盾构分部和中交二航局装备分公司均设置有监控室即时掌握右线盾构机监控数据及视频信息，而项目部却没有。发生险情后，项目部的管理层到达现场却并不掌握应急处置程序，没有第一时间在地面监控室根据盾构机监控数据及时下达撤人指令，反而是在地面开展疏导，贻误了撤离时机。项目部对盾构分部的安全管理缺乏有效的手段，导致项目部统一协调管理事实上流于形式，项目安全管理混乱。

（五）城市轨道交通盾构施工技术标准、规程和管理规定滞后。

城市轨道交通工程建设具有投资大、技术复杂、施工难度大、风险高等特点，目前盾构施工技术标准、规程和管理规定建设相对滞后。如目前国内盾构法施工相关规范中尚无关于盾构机盾尾刷设计、制造、验收方面的内容，也无盾尾密封耐水压密封性能的测试方法和检验标准；盾构工法没有制订相关危险预警标准；没有要求建立覆盖参建各方的监控信息共享平台；没有要求制订紧急撤离指引等。

（六）职能部门安全监管缺乏行业针对性。

轨道交通建设工程技术性强，给职能部门安全监管带来很大的难度。日常安全监管过程中，职能部门更多的是从立项审批、施工报建、竣工验收等程序合法性及隐患排查治理台账资料齐全性等方面检查发现问题、提出整改要求，对地铁施工安全的特殊性认识不足，缺乏有针对性的监管措施，特别是忽视了对复杂地质条件下施工安全措施的制定及落实、紧急情况下撤人的应急预案及演练等情况的监督检查，通过严格安全监管进而有效防范遏制重特大事故的作用不明显。

六、事故防范措施

事故发生后，省委、省政府迅速部署吸取事故教训、加强建筑施工安全生产工作的有力措施，2 月 8 日发出《关于全面落实企业安全生产主体责任的通知》，提出了 10 条硬措施，着力夯实安全生产基础，提升企业本质安全水平。2 月 9 日，马兴瑞省长、林少春常务副省长约谈了中国交建董事长刘起涛等负责同志，通报"2·7"重大事故有关情况，督促强化安全生产责任和措施落实，切实用事故教训推动安全生产工作。省住房城乡建设厅责令全省所有城市轨道交通项目停工 3 天开展安全检查。佛山市在建轨道交通工程项目全线停工 2 个多月，全面、彻底排查整治安全隐患。

目前，全省城市轨道交通建设进入快速发展时期。广州、深圳、佛山、东莞、珠海有大量的城市轨道交通工程建设项目，根据"十三五"时期全省城市轨道交通发展目标，2020 年城市轨道交通总里程将达 1100km，五年增长量达648km。各有关地区、部门和单位要认真吸取本次事故的惨痛教训，采取有效措施全面提升城市轨道交通建设安全生产水平，坚决防范遏制重特大事故发生，为广东奋力实现"四个走在全国前列"、当好"两个重要窗口"营造良好的安全生产环境。

（一）加强复杂地质条件下盾构施工安全风险防范，有效防范遏制重特大安全事故。

轨道交通工程建设参建各方要切实提高富含水的粉细砂层盾构施工安全风

险防范意识，将富含水的粉细砂层中盾构始发、到达、掘进和洞内钻孔加固列为重大风险，从勘测、设计、费用预算、工期策划、盾构机及管片选型、设计、研发创新、施工方案、工程管理等各方面制定并落实有效的风险防范措施。

要参照盾构掘进高风险地层（如孤石、溶洞等）的要求加强补勘，完善风险源辨识与评估以及管控措施；盾构掘进和洞内钻孔加固要按照危险性较大的分部分项工程编制专项方案并报审；工程概算、总体筹划和施工组织设计要考虑更换盾尾刷的方法、费用和时机；在地层自稳性差且地表环境对沉降敏感的条件下要优先选用泥水平衡盾构机；盾构机盾尾密封应进行专门设计，包含但不限于盾尾刷的数量、盾尾刷型号、焊接质量、油脂选择和注入方式、管片粘贴海绵条、壁后注浆的配比和注入方法、盾构机和管片姿态控制等，全面加强盾尾密封的保护，延长盾尾密封的寿命。同时，为提高盾尾密封安全可靠性，应对不可避免的盾尾刷磨损和密封性能下降，请省住房城乡建设厅建议国家有关部门加紧研发紧急情况下盾尾密封备用装置和快速安全更换盾尾刷的新工艺、制定盾尾刷和盾尾油脂的行业标准，以及盾尾密封耐压性能的测试方法和检验标准。

（二）加强盾构施工过程中关键指标的监测监控，有效提高重大险情的应急救援处置能力。

参建有关单位要加强盾构机土仓压力、沉降变化、姿态以及水文地质条件复杂地段深层土体变形和地下水等关键指标的监控监测和数据采集，建立健全覆盖参建各方的监测监控信息共享平台并发挥应有的作用，完善盾构工法相关危险预警标准，提高隧道内人行通道的安全标准，提高辨识重大安全风险特别是把握撤离疏散人员时机的能力；改进地面与隧道内应急通话和监控方式，将有线电话、无线对讲机、网络引入隧道内工作面，增加隧道内视频监控装置和紧急状态下的广播报警指挥系统，提高紧急情况下应急处置的时效性；完善人员进入隧道自动识别定位系统，准确识别隧道内人员数量、分布等情况。

要有针对性地编制紧急情况下撤离疏散施工及影响范围内的人员应急预案，明确各级指挥人员职责，确定紧急撤离指引，经常性地组织演练；要建立统一的应急救援指挥体系，加强指挥人员和地面监控室值班人员业务培训，提高运用视频和监控数据科学、果断决策的能力，合理控制抢险人员数量，杜绝冒险抢险救援；要严格按规定报告涌水涌砂重大险情或透水坍塌事故情况，提高信息报送时效，确保及时、有效、科学应急救援和处置。

（三）加强轨道交通工程建设管理，提高风险管控能力。

轨道交通建设、施工、勘察、设计、监理等参建各方应当根据住房和城乡建设部《大型工程技术风险控制要点》的要求，尽可能选择有效、适用的方法来减少或避免风险事故发生，将风险事故发生的可能性和后果降至最低。要建立由建设单位、勘察单位、设计单位、施工单位（包括分包）、监理单位的项目负责人参加的风险控制小组，明确并履行参建各方风险管控职责，切实将风险管理贯穿于轨道交通工程勘察、设计、建设的全过程。建设单位应当在工程建设全过程负责和组织相关参建单位对工程技术风险的控制；勘察单位应当在项目勘察阶段做好项目前期的风险识别工作，配合完成必要的补勘工作；设计单位应当在建设工程设计中综合考虑建设前期风险评估结果，提出相应设计的技术处理方案；施工单位应在开工前制定针对性的专项施工组织设计（包括风险预控措施与应急预案），并按照预控措施和应急预案负责落实施工全过程的质量安全风险的实施与跟踪；监理单位应在开工前审核施工单位的风险预控措施与应急预案，并负责跟踪和督促施工单位落实。特别是施工单位要按照权责一致的原则，科学设立项目部，对项目安全生产实施统一管理切实履行施工单位安全生产主体责任，把安全风险管控好、把事故隐患整治好，确保发生险情后能够及时、有效、科学处置，防范遏制重特大事故发生。

地方各级人民政府应当将轨道交通工程建设作为城市安全风险管控的重点，完善重大安全风险联防联控机制，健全多部门协同预警发布和响应处置机制，提升轨道交通工程建设事故应急处置能力，确保轨道工程建设施工安全。

（四）全面落实中央驻粤建筑企业安全生产主体责任，自觉接受属地政府部门安全监管。

各中央驻粤建筑企业要认真贯彻落实省委办公厅、省政府办公厅《关于全面落实企业安全生产主体责任的通知》等要求，采取措施切实强化企业管理人员安全生产责任，确保企业所有领导班子成员落实"管业务必须管安全、管生产经营必须管安全"的要求；建立健全企业安全生产例会和例检等制度，部署解决安全生产具体问题；强化企业安全风险排查管控，加快构建风险管控和隐患排查双重预防机制，更有效地查大风险、治大隐患、防大事故；强化企业事故隐患排查治理，及时发现和消除事故隐患；推动企业安全生产责任全员全岗位全覆盖，落实关键岗位、高风险岗位人员安全生产责任；强化企业安全教育培训，保证从业人员具备必要的安全生产技能；强化企业安全应急管理，确保一旦发生事故能够第一时间启动应急响应，采取有效措施组织救援，并按规定如实报告事故情况等。

各中央驻粤企业、省属企业等国有企业要自觉接受当地政府及相关部门的安全监管，不得逃避或干涉地方有关部门的安全执法检查，支持地方政府做好本地区安全生产工作。

（五）切实履行轨道交通工程建设安全监管职责，严查严处工程建设领域各类非法违法行为。

轨道交通建设主管部门要认真履行《广东省党政部门及中央驻粤有关单位安全生产工作职责》规定的城市轨道、城际轨道交通工程建设安全监管职责，督促地方主管部门加强轨道交通工程建设质量安全监管，督促参建各方严格落实工程建设相关质量安全法律法规和标准规范；加大违法违规行为查处力度，规范工程建设市场秩序，严肃查处不具备资质施工以及违法转包、分包、挂靠等非法违法行为，对不符合安全生产条件的单位坚决清除出市场；加强参建各方风险分级管控和隐患排查治理双重预防机制落实情况的监督检查，以问题为导向，紧盯复杂地质条件施工风险意识不足、风险管控措施不落实、隐患排查治理流于形式以及赶工期、抢进度、冒险作业、冒险抢险等突出问题，责令相关责任单位限期整改，该停工整改的坚决停工整改。

（六）合理安排工作时间，依法保护员工的合法权益。

轨道交通工程建设各参建单位要严格遵守保护员工的合法权益的法律法规，合理安排员工的工作时间和休息休假，避免员工因长期超负荷工作引发的身心疲惫从而导致工作懈怠、违章操作的问题。各级劳动保障部门要依法制订劳动保障监督检查年度工作巡查计划，确定重点检查范围和内容，定期检查用人单位的用工情况，将轨道交通建设等重点项目列入日常重点巡查范围，严厉查处违反法律法规的用工行为，切实保护员工的合法权益。各级轨道交通建设主管部门要督促参建单位加强从业人员安全教育培训，提高安全风险意识和安全操作技能，自觉抵制冒险作业、违规作业，从源头上有效防范遏制各类事故的发生。

地方各级人民政府、各级轨道交通建设主管部门要加强"2·7"重大事故警示宣传教育，督促所有轨道交通工程参建各方吸取事故教训，举一反三、排查隐患、加强整改，有效推动轨道交通工程建设安全生产水平整体提升。

专家分析

一、事故原因

（一）直接原因

韩学诠

点评专家

住建部科学技术委员会城市轨道交通工程质量安全专家委员会专家，国家首批注册安全工程师，中国建筑业协会专家委员会委员，原中国中铁股份公司安质部副部长，教授级高级工程师，长期从事质量安全监管工作

1. 事故发生段存在深厚富水粉砂层且临近强透水的中粗砂层，地下水具有承压性，盾构机穿越该地段时发生透水涌砂涌泥坍塌的风险高。事发时盾构机刚好位于粉砂和中砂交界部位，盾构机中下部为粉砂层，中砂及其下的圆砾层透水性强于粉砂层并且水量丰富和具有承压性，一旦粉砂层发生透水，极易产生管涌而造成粉砂流失。

2. 盾尾密封装置在使用过程中密封性能下降，盾尾密封被外部水土压力击穿，产生透水涌砂通道。事故发生前，右线盾构机已累计掘进约 1.36km，盾尾刷存在磨损，盾尾密封止水性能下降。在事故发生前已发生过多次盾尾漏浆，存在盾尾密封失效的隐患。

3. 涌泥涌砂严重情况下在隧道内继续进行抢险作业，撤离不及时。19 时 03 分盾尾竖向偏差已达 307mm，19 时 08 分 899 环管片 4 点至 5 点位置出现涌泥涌砂，隧道内已有大量泥砂堆积，20 时 03 分盾尾下沉了 417.5mm，激光导向系统已无法监测到盾尾竖向偏差；现场抢险措施难以有效控制险情。上述情况下，不及时撤离抢险人员属于险情处置措施不当。

4. 极强的冲击波造成人员逃生失败。隧道结构破坏后，大量泥砂迅猛涌入隧道，在狭窄空间范围内形成强烈泥砂流和气浪，将后配套台车与连接桥之间的连接件剪断，推动 65.6m 长的七节后配套台车高速向洞口方向冲击至 370 环附近，隧道内正在向外逃生的部分人员被撞击、挤压、掩埋，造成重大人员伤亡。

（二）间接原因

1. 对盾尾密封失效事故隐患的后果认识不足。右线盾构机已累计掘进约 1.36km，盾尾刷存在磨损，盾尾密封止水性能下降。在事故发生前已发生过多次盾尾漏浆，存在盾尾密封失效的事故隐患。施工单位虽然研究过采取更换盾尾

刷等措施、但直至事发前一直未能落实。

2. 安全风险管控不足，处置措施不当。《佛山市轨道交通 2 号线施工监测 TJ01 标湖绿区间监测日报》第 264、265 期的《地表沉降监测日报表》，2018 年 2 月 6 日、7 日，事故发生段面 19 个监测点均有 16 个红色预警，表明该施工段面沉降严重；没有根据盾构机监控参数、视频信息、地面沉降等信息反映出的事故征兆，及时撤出作业人员。

3. 对事故危害严重性预判不足，冒险组织抢险堵漏。事发前，盾构机正好于粉砂、中砂、圆砾层交界的部位停机，且在盾构机盾尾垂直偏差十分异常的情况下仍冒险组织抢险堵漏。

4. 安全生产主体责任不落实。未采取有效的技术和管理措施及时消除事故隐患；未制定隧道坍塌应急预案，在涌水突泥应急预案中未明确紧急情况下撤人的时机和程序；未按规定落实安全生产责任制，未对除项目经理以外的其他岗位责任人员进行考核；未按规定向从业人员告知危险因素、防范措施以及事故应急措施，进行安全技术交底；未认真吸取路面坍塌事故教训及落实整改措施。

二、经验教训

目前，各参建单位普遍认为盾构施工是相对于矿山法而言更为安全的施工工法，也认为盾构施工过程中堵漏是较为常见的情况，但造成如此重大人员伤亡和财产损失是始料未及、前所未有的。特别需要指出的是，近年来在城市轨道交通工程施工领域，由于盾构施工风险辨识和防范措施不到位、操作不合规等原因所引发的生产安全事故件数多达 6 起，这也逐渐改变了人们对盾构施工安全保障程度的认识，必须引起高度重视。

参建各方对复杂地质条件下的地铁盾构施工安全风险意识淡薄、措施不力。国内地铁盾构工程的管片结构失稳坍塌事故几乎全部与富含水的粉细砂层流失有关，但相关参建单位对地质复杂性引起的风险认识不足，未能充分吸取近年来国内多起粉砂层中发生的盾构施工事故教训并采取有效的预防措施。

参建各方要切实提高富含水的粉细砂层盾构施工安全风险防范意识，将富含水的粉细砂层中盾构始发、到达、掘进和洞内钻孔加固列为重大风险，从工期策划、盾构机及管片选型、设计、研发创新、施工方案、工程管理等各方面制定并落实有效的风险防范措施。

盾构掘进和洞内钻孔加固要按照危险性较大的分部分项工程编制专项方案并报审；工程施工组织设计要考虑更换盾尾刷的方法和时机；在地层自稳性差、沉降敏感的条件下要优先选用泥水平衡盾构机；盾构机盾尾密封应进行专门设计，全面加强盾尾密封的保护，延长盾尾密封的寿命。

加强盾构施工过程中关键指标的监测监控，有效提高重大险情的应急救援处置能力。要加强盾构机土仓压力、沉降变化、姿态以及水文地质条件复杂地段深层土体变形和地下水等关键指标的监控监测和数据采集，建立健全覆盖参建各方的监测监控信息共享平台并发挥应有的作用，完善盾构工法相关危险预警标准，提高紧急情况下应急处置的时效性，杜绝冒险抢险救援。

城市轨道交通工程建设具有投资大、技术复杂、施工难度大、风险高等特点，目前盾构施工技术标准、规程和管理规定建设相对滞后。建议有关部门加紧研发紧急情况下盾尾密封备用装置和快速安全更换盾尾刷的新工艺、制定盾尾刷和盾尾油脂的行业标准，以及盾尾密封耐压性能的测试方法和检验标准。

7　广西河池"2·8"塔机拆卸较大事故

调查报告

2018年2月8日10时24分，由河池市旭鑫电商物流发展有限公司建设、茂名建筑集团第一有限公司承建、广西方正工程咨询管理有限公司监理的锦逸时代商住楼项目发生塔式起重机（以下简称"塔机"）在拆卸过程中整体倒塌，造成3人当场死亡，1人重伤。

为尽快查明事故原因，认定事故性质和事故责任，防范类似事故再次发生，根据《生产安全事故报告和调查处理条例》（国务院第493号令）的有关规定，2018年2月9日，河池市人民政府成立了金城江"锦逸时代"建筑施工"2·8"较大事故调查组（以下简称事故调查组）。事故调查组由市人民政府副市长、市公安局长罗棋权任组长，金城江区政府、市纪委、公安、安监、住建、质监、总工会等单位领导及有关业务人员组成，并聘请了三名专家对事故原因进行技术分析。

调查组坚持"科学严谨、依法依规、实事求是、注重实效"的原则，深入细致开展谈话问询和取证工作，科学分析论证。调查期间，先后调阅了有关单位大量的原始资料，对有关人员进行逐一调查取证，对调查情况进行反复研究论证、综合分析，并经事故调查组第二次全体成员会议审议，形成了本调查报告。现将有关情况报告如下：

一、基本情况

（一）事故相关单位基本情况

1. 建设单位：河池市旭鑫电商物流发展有限公司。公司成立于2012年10月12日，地址为河池市金城江区工农路115号，法人代表为卢明润，主营房地产开发经营、电商推广、物流仓储等业务。

2. 施工单位：茂名建筑集团第一有限公司。公司成立于2000年7月13日，地址为茂名市人民南路 132 号，法人代表为陈汉群。公司于 2016 年 4 月 11 日取得广东省住房和城乡建设厅颁发的《建筑业企业资质证书》，资质类别及等级为：建筑工程施工总承包贰级等，有效期至 2021 年 2 月 22 日；2017 年 6 月 22 日取得由广东省住房和城乡建设厅颁发的安全生产许可证，有效期至 2020 年 6 月 22 日。2015 年 6 月 23 日，茂名建筑集团第一有限公司成立"锦逸时代"项目部，项目经理为蔡鹏飞，技术负责人为郑敦卡，施工员为柯水泉，安全员为郑勇，取样员为黄向华。2016 年 11 月 11 日，项目经理更换为杨海涛（2016 年 11 月 22 日已报市住房和城乡建设局审核同意变更）。

3. 监理单位：广西方正工程咨询管理有限公司。公司成立于 2000 年 1 月 20 日，地址为河池市同德路一巷 17 号，法人代表为石造，公司于 2017 年 11 月 23 日取得国家住房和城乡建设部颁发的《工程监理资质证书》，资质类别及等级为：房屋建筑工程监理甲级，有效期至 2021 年 3 月 30 日。2015 年 2 月 2 日，与河池市旭鑫电商物流发展有限公司签订了《建设监理合同》。2015 年 3 月 1 日，成立了锦逸时代商住楼工程项目监理部，任命宋耀忠为该项目总监理工程师。

4. 塔机拆卸单位：广西兴全投资有限责任公司。公司成立于 2013 年 11 月 5 日，住所地为南宁市兴宁区昆仑大道 5 号大嘉汇·东盟国际商贸港-大嘉汇财富中心 46 号楼 1008 号，法人代表为张剑，经营范围为：建筑起重机械设备、钢管脚手架的销售、租赁、安装、维修改造及技术服务等。公司于 2017 年 2 月 5 日取得南宁市城乡建设委员会颁发的《建筑业企业资质证书》，资质类别及等级为：起重设备安装工程专业承包叁级等，有效期至 2021 年 2 月 15 日；2017 年 4 月 24 日取得广西住房和城乡建设厅颁发的《安全生产许可证》，有效期至 2020 年 4 月 24 日。

5. 监管部门：市住房和城乡建设局。市住房和城乡建设局主要职责是承担全市建筑工程质量安全监管的责任，负责对全市住房和城乡建设工程安全生产实施监督管理，拟订建筑安全生产和竣工验收备案的规章制度并监督执行，负责房屋建筑和市政工程质量安全监督管理工作。2013 年 3 月以来，市住建局委托该局二层机构河池市建设工程质量安全监督站负责河池市城区工程质量安全、文明施工、建筑节能等监督工作。

（二）河池市锦逸时代商住楼项目概况

河池市锦逸时代商住楼项目建设单位河池市旭鑫电商物流发展有限公司于 2015 年 7 月 24 日取得河池市住房和城乡建设局颁发的《建筑工程施工许可证》，编号为 45270120150724101。该项目位于河池市城西 60m 大道旁，建筑面积为 18606m²，工程造价为 3056.6 万元，框剪结构，地下 2 层，地上 14 层，建筑高度为 57m。

(三)事故设备情况

1. 事发塔机基本情况。

塔机生产厂家为广西建工集团建筑机械制造有限责任公司,型号为 QTZ63 (QTZ5013D),出厂编号为 087108,出厂日期是 2008 年 6 月 11 日,产权登记号为:桂 M-T-003-0010。

塔机产权单位原为广西河池市德顺设备租赁有限公司。2016 年 8 月 3 日,广西河池市德顺设备租赁有限公司与广西全兴机械设备租赁有限责任公司签订了出事塔吊的转让协议,广西全兴机械设备租赁有限责任公司出资 8 万元购买了事发塔机,但广西河池市德顺设备租赁有限公司和广西全兴机械设备租赁有限责任公司均未到政府部门办理产权转让手续。事发时塔机租赁(产权)单位实际为广西全兴机械设备租赁有限公司,该公司经营范围包括建筑起重机械设备的销售、租赁、安装、维修及保养。2016 年 8 月以后,出事塔吊的维护保养工作均由广西全兴机械设备租赁有限责任公司负责。

该塔机额定最大起重量为 60kN,最大幅度为 50m,最大独立安装高度为 40m,最大附着安装高度为 120m。事发前塔机安装高度为 70m,起重臂长度为 50m,已装设 3 道附着装置,第 1 道附着装置安装高度为 29.4m,第 2 道附着装置安装高度为 41.4m,第 3 道附着装置安装高度为 53.4m,自由端高度为 16.6m。

2. 塔机的安装、检测和使用登记情况。

塔机安装单位:广西建工集团建筑机械制造有限责任公司,安装日期为 2016 年 3 月 28 日,自检验收日期为 2016 年 3 月 29 日,结论为合格;安装后第三方检测机构广西壮族自治区建筑工程质量检测中心验收检测报告签发日期为 2016 年 5 月 18 日,结论为合格;使用登记日期为 2016 年 6 月 16 日;第三方检测机构广西壮族自治区特种设备检验研究院第一次定期检测报告签发时间为 2017 年 8 月 25 日,结论为合格。

二、事故发生经过及应急处置情况

(一)事故前期情况

2018 年 1 月,"锦逸时代"工程除地下室负二层未完成装修外,已完成本项目主体及装修工程施工,基本具备工程完工条件,为此,施工单位便着手塔机拆除有关事宜。2018 年 1 月下旬,熟悉施工单位管理人员的钟锋得知"锦逸时代"

要拆塔机的消息后，即联系具有塔机拆除资质的广西兴全投资有限责任公司准备有关报备材料。广西兴全投资有限责任公司准备了有关报备材料并在相应位置签字盖章（未填写具体日期）后，直接快件寄给了钟锋，钟锋收到后即把资料交给了施工单位项目部安全员郑勇。郑勇随即通知广西方正工程咨询管理有限公司对塔机拆除有关报备材料进行审核，在外地办事的总监理工程师宋耀忠即叫现场监理员崔琳春违规代其签字。2018年2月5日中午，广西兴全投资有限责任公司法人代表张剑来到工地和黄向华（茂名建筑集团第一有限公司项目部取样员）、钟锋等人一起吃午饭时明确表示：公司已经放假，相关专业作业人员已回家过春节，再加上此时的车辆使用费、人工费等比往常高，整个拆卸作业才8000元包干，公司已几无利润，加上塔吊又从未收到任何租金，年后再安排拆。2018年2月5日下午，郑勇将报备材料上的广西兴全投资有限责任公司和广西方正工程咨询管理有限公司日期栏补写完后，到河池市住房和城乡建设局办理了拆卸塔机报备手续。2月6日和7日，钟锋打电话联系姜黎德和莫玉赞，只有莫玉赞答应8日才有空，这样钟锋就和莫玉赞约好8日上午进行塔机拆卸。

（二）事故发生经过

2018年2月8日8时余，塔机实际拆卸管理人员钟锋带领已于2018年2月7日联系好的塔机拆卸工莫玉赞、潘东明、潘国恩、余志伟4人进入工地对事发设备进行拆卸。9时许，施工单位项目部安全员郑勇、项目经理杨海涛、取样员黄向华到达现场后，发现莫玉赞、潘东明、潘国恩、余志伟4人已经上塔机作业。项目部人员未对上塔机作业人员进行核实、查证（也未要求拆卸塔机作业人员停止作业进行人员查验），而只是由郑勇（协助钟锋）布置警戒线，随后前往塔机西面两栋居民楼中间的通道进行旁站监督。9时余，钟锋离开项目部外出采购拆塔所需辅助材料。10点24分左右，在拆除塔机最顶节标准节的过程中，塔机顶升内套架及以上部件瞬时坠落，冲击塔身，塔身标准节及附着装置无法承受冲击，三道附着装置依次失效，塔身标准节折断，塔机整体朝起重臂方向倒塌，最终造成塔机整体倒塌，造成3人当场死亡，1人重伤。（拆除塔机报备时间为2018年2月7日至2月9日，监理单位在拆除塔机过程中至塔机倒塌事故前均无人员在现场）。

（三）事故应急处置情况

接到事故报告后，市人民政府副市长、市公安局长罗棋权立即率市安监、住建等有关部门主要负责同志第一时间赶赴现场组织开展救援工作。金城江区也立即响应，立即组织六圩政府、应急办、安监、交警、人社、公安、消防、市人民医院等单位人员赶赴现场开展处置工作。经现场救援，共搜救出 4 名遇险人员，其中 1 人送往医院抢救，3 人经现场医务人员确认死亡，死者遗体当天即运往殡仪馆存放。

为妥善处置事故善后工作，金城江区成立了以区委书记、区长曾朝伦为组长的金城江锦逸时代楼盘施工现场塔吊垮塌事故善后工作领导小组，2 月 13 日，死者家属同意并将死者尸体火化；2 月 23 日，金城江区专门召开锦逸时代突发事故伤者莫玉赞医疗救助后续问题协调会，研究解决善后治疗费用。目前死者家属、伤者及其家属情绪稳定。

(四) 人员伤亡和直接经济损失情况

这起事故导致潘东明、潘国恩、余志伟 3 人死亡，莫玉赞重伤，塔机整体报废，已建成的商住楼多层阳台及地下室顶板损坏。

死者一：潘东明，男，住址，金城江区六圩镇足直村；

死者二：潘国恩，男，住址，环江县水源镇民权村；

死者三：余志伟，男，住址，金城江区六圩镇则洞村；

伤者：莫玉赞，男，住址，金城江区拔贡镇寨熬村。

经统计，本次事故造成的直接经济损失为：280 万元人民币。

三、事故原因及性质

(一) 事故直接原因

根据调查工作的需要，事故调查技术组专门聘请了广西建筑工程机械与设备租赁行业协会李炽彦（高级工程师，南宁市大朝建筑机械设备租赁有限责任公司）、陈永继（高级工程师，广西建筑工程机械与设备租赁行业协会）、覃勤智（工程师，广西大都机械设备租赁有限责任公司）3 名专家开展事故原因技术分析工作。3 名专家于 2018 年 2 月 12 日经实地核实调查并查阅相关资料，于 3 月 18 日完成《河池市锦逸时代商住楼项目塔式起重机倒塌原因技术分析报告》。

依据专家组出具的技术分析报告和询问笔录，调查组认真、反复地进行了综合分析认为，导致这起事故的直接原因是：拆卸人员违章作业，在拆塔作业前未按照产品说明书要求配平塔机，造成塔机顶升内套架及以上部分倾斜，产生不平衡力矩；在塔机不平衡及内套架伸出段未降低的情况下解除塔机内外塔连接件全部螺栓及塔身顶节标准节部分连接螺栓，使该节标准节在不平衡力矩的作用下产生变形，顶升内套架与该标准节之间的间隙加大，致使油缸下横梁支腿脱离标准节支承块，顶升内套架及以上部件在失去支承的状况下瞬时坠落冲击塔身。坠落部件产生的冲击力使塔机的附着装置依次失效，导致塔机整体倒塌。

上述行为违反了《塔式起重机安全规程》GB 5144—2006 第 10.1 条规定："塔机安装、拆卸或塔身加节或降节作业时，应按使用说明书中有关规定及注意事项进行"。

（二）事故间接原因

1. 无证人员进场进行拆塔作业，即作业人员无建筑起重机械安装拆卸特种作业操作资格证书。

2. 施工单位（使用单位）——茂名建筑集团第一有限公司项目安全管理缺失，拆塔作业前未能对作业人员进行身份核实，未履行管理职责；未指定专职设备管理人员、专职安全生产管理人员进行现场监督检查。

3. 监理单位——广西方正工程咨询管理有限公司失职，总监理工程师未对塔机拆卸专项施工方案进行审核，拆塔作业前，未能到场督促施工单位对作业人员进行身份核实，未履行监理单位的监督职责。

4. 塔机拆卸单位——广西兴全投资有限责任公司日常安全生产管理混乱，未建立、健全安全生产责任制，安全生产规章制度和操作规程不完备，将未填写具体日期的塔机拆卸相关资料轻易、不负责任的交给外单位人员转给施工单位（使用单位）办理塔机拆卸报备手续，未安排专职安全生产管理人员进行现场监督，未采取有效措施确保操作规程的遵守和安全措施的落实。

5. 监管单位——市住房和城乡建设局及市建设工程质量安全监督站未认真贯彻落实《广西壮族自治区建设工程施工安全重点监督办法》和《河安委办 ［2017］47 号》《河安委办 ［2017］53 号》《建办质电 ［2018］2 号》等相关文件精神，不正确履行安全生产监管职责，致使事故项目的施工单位、监理单位等管理混乱，企业落实安全生产主体责任缺位，违章冒险作业，存在未按有关规定实施重点监督、不正确履行日常监督管理职责、未按文件规定履行监督检查职责、受理塔吊拆卸告知书时疏于审核等行为，对事故发生负有监管方面的重要责任。

（三）事故性质

经调查分析认定，金城江"锦逸时代"建筑施工"2·8"较大事故是一起生产安全责任事故。

四、对事故有关责任人员及责任单位的处理建议

（一）对责任人员的处理建议

1. 潘东明，金城江区六圩镇足直村人，无证进行塔机拆卸作业，对事故的发生负有直接责任，鉴于其在事故中死亡，建议不予责任追究。

2. 潘国恩，环江县水源镇民权村人，无证进行塔机拆卸作业，对事故的发生负有直接责任，鉴于其在事故中死亡，建议不予责任追究。

3. 余志伟，金城江区六圩镇则洞村人，无证进行塔机拆卸作业，对事故的发生负有直接责任，鉴于其在事故中死亡，建议不予责任追究。

4. 莫玉赞，金城江区拔贡镇寨熬村人，无证进行塔机拆卸作业，特别是非法召集潘东明、潘国恩、余志伟这三名无建筑起重机械安装拆卸特种作业操作资格证人员进场进行塔机拆卸作业，违反了《建筑起重机械安全监督管理规定》（建设部令第 166 号）第二十五条的规定，对事故的发生负有直接责任，建议由公安部门立案侦查，依法追究其刑事责任。

5. 钟锋，广西河池市勤顺机械设备租赁有限公司管理人员，私自非法组织莫玉赞、潘东明、潘国恩、余志伟这四名无建筑起重机械安装拆卸特种作业操作资格证人员进场进行塔机拆卸作业，违反了《建筑起重机械安全监督管理规定》（建设部令第 166 号）第二十五条的规定，对事故的发生负主要责任，建议由公安部门立案侦查，依法追究其刑事责任。

6. 郑勇，茂名建筑集团第一有限公司项目部安全员，存在检查项目安全生产工作不到位，未能及时发现塔机拆卸作业人员和塔机拆卸专项施工方案上报人员不一致的情况，未能及时制止和纠正塔机拆卸作业人员无建筑起重机械安装拆卸特种作业操作资格证书上岗作业、违反操作规程等问题，违反了《建设工程安全生产管理条例》（国务院令第 393 号）第二十三条第二款、《建筑施工企业主要负责人、项目负责人和专职安全生产管理人员安全生产管理规定》（住房和城乡建设部令第 17 号）第二十条的规定，对事故的发生负主要责任，建议由公安部门立案侦查，依法追究其刑事责任。

7. 崔琳春，广西方正工程咨询管理有限公司监理员，存在拆塔作业前，未能到场督促施工单位对作业人员进行身份核实，未能及时制止和纠正塔机拆卸作业人员无建筑起重机械安装拆卸特种作业操作资格证等问题，违反了《建设工程安全生产管理条例》（国务院令第 393 号）第十四条第三款的规定，对事故的发生负有重要责任，建议由住房城乡建设部门给予行政处理。

8. 杨海涛，茂名建筑集团第一有限公司项目部项目经理，存在督促、检查项目安全生产工作不到位，未能及时排查处理施工现场安全隐患等问题，违反了《建设工程安全生产管理条例》（国务院令第393号）第二十一条第二款、《建筑施工企业主要负责人、项目负责人和专职安全生产管理人员安全生产管理规定》（住房和城乡建设部令第17号）第十七条、第十八条第一款的规定，对事故的发生负有领导责任，建议由住房城乡建设部门给予行政处理。

9. 宋耀忠，广西方正工程咨询管理有限公司总监理工程师，未审核塔基拆卸专项施工方案，督促、检查项目监理部监理人员现场履职情况不到位，未能及时制止和纠正塔机拆卸作业人员无建筑起重机械安装拆卸特种作业操作资格证等问题，违反了《建设工程安全生产管理条例》（国务院令第393号）第十四条第三款的规定，对事故的发生负有领导责任，建议由住房城乡建设部门给予行政处理。

10. 覃安纳，非中共党员，河池市建设工程质量安全监督站科员。覃安纳学习贯彻上级有关文件精神不力，不正确履行日常监管职责，"锦逸时代"商住楼项目停工整改没有形成闭合管理；2018年2月5日受理塔吊拆卸告知书时疏于审核，未发现该拆卸告知书中施工总承包单位、监理单位没有签署审核意见的问题；未向单位领导报告企业将要拆卸塔吊的有关情况，监管责任意识严重缺失，监督不力，工作失职，对事故发生负有监管方面的直接责任，建议给予覃安纳政务警告处分。

11. 覃立勋，非中共党员，河池市建设工程质量安全监督站副站长。覃立勋组织市质安站监督人员学习贯彻《广西壮族自治区建设工程施工安全重点监督办法》和上级有关文件精神不力，未按有关规定将"锦逸时代"商住楼项目列为重点监督工程并实行重点监督，存在失职行为；不正确履行日常监管职责，未组织本站人员认真开展建筑施工安全专项治理，对事故项目工地安全生产监管不力；不按相关文件规定履行监督检查职责，"锦逸时代"商住楼项目停工整改没有形成闭合管理，监督不力，工作失职，对事故发生负有监管方面的直接责任，建议给予覃立勋政务警告处分。

12. 蒙安，非中共党员，河池市建设工程质量安全监督站站长。蒙安组织市质安站监督人员学习贯彻《广西壮族自治区建设工程施工安全重点监督办法》和上级有关文件精神不力，未按有关规定将"锦逸时代"商住楼项目列为重点监督工程并实行重点监督，存在失职行为；不正确履行日常监管职责，未组织本站人员认真开展建筑施工安全专项治理，对事故项目工地安全生产监管不力；不按相关文件规定履行监督检查职责，2018年2月5日带队到"锦逸时代"商住楼项目开展监督检查时，没有组织监督检查人员进入施工现场开展细致检查，监督检查浮于表面、流于形式，监督不力，工作失职，对事故发生负有监管方面的直接责任，建议给予蒙安政务记过处分。

13. 吴波，非中共党员，河池市住建局总工程师（行政级别副处长级），2017年1月至2018年5月分管建筑市场管理、建筑工程质量、建筑工程安全文明生产等工作，分管建筑市场管理科、市建设工程质量安全监督站等。吴波作为市住建局分管安全生产监督管理工作的领导，未按规定督促检查指导下级单位履行职责，对市建设工程质量安全监督站工作人员存在的失职问题失察，对事故的发生负监管方面的主要领导责任，建议给予吴波政务警告处分。

（二）对责任单位的处理建议

1. 茂名建筑集团第一有限公司及其项目部安全管理缺失，拆塔作业前未能对作业人员进行身份核实，未指定专职设备管理人员、专职安全生产管理人员进行现场监督检查，违反了《建筑起重机械安全监督管理规定》（建设部令第166号）第十八条第五款、第二十一条第六款的规定，对事故的发生负有责任，建议由河池市安全生产监督管理部门依据《中华人民共和国安全生产法》第一百零九条的有关规定给予行政处罚，并由住房城乡建设部门给予行政处理。

2. 广西方正工程咨询管理有限公司安全管理失职，未依法履行监理单位的监督职责，未对塔机拆卸专项施工方案进行审核，未能到场督促施工单位对作业人员进行身份核实，违反了《建筑起重机械安全监督管理规定》（建设部令第166号）第二十二条第三款、《建筑起重机械安全监督管理规定》（建设部令第166号）第二十二条第四款的规定，建议由住房城乡建设部门给予行政处理。

3. 广西兴全投资有限责任公司日常安全生产管理混乱，未建立、健全安全生产责任制，安全生产规章制度和操作规程不完备，将未填写具体日期的塔机拆卸相关资料轻易、不负责任的交给外单位人员转给施工单位（使用单位）办理塔机拆卸报备手续，未安排专职安全生产管理人员进行现场监督，未采取有效措施确保操作规程的遵守和安全措施的落实，违反了《建筑施工企业安全生产许可证管理规定》（建设部令第128号）第四条、第十五条等规定，建议由住房城乡建设部门给予行政处理。

4. 市住房和城乡建设局及市建设工程质量安全监督站未认真贯彻落实《广西壮族自治区建设工程施工安全重点监督办法》和《河安委办〔2017〕47号》《河安委办〔2017〕53号》《建办质电〔2018〕2号》等相关文件精神，履行安全生产监管职责不到位，对事故发生负有监管方面的重要责任，建议责成市建设工程质量安全监督站向市住房和城乡建设局做出书面检查；责成市住房和城乡建设局向市人民政府做出书面检查。

五、事故防范和整改措施建议

1. 茂名建筑集团第一有限公司要深刻吸取事故教训，加强安全管理工作，细化安全生产责任，落实各项安全生产规章制度，对施工工地的塔机等特种设备要依法办理相关手续，安装拆卸必须制定专项施工方案，聘请专业机构及人员进行作业，加大对施工现场的检查力度，及时发现并整改事故隐患，杜绝违规、违章作业，防止类似事故的发生。

2. 广西方正工程咨询管理有限公司要严格执行安全生产法律法规，进一步强化安全生产监理责任意识，落实监理工作责任制，加强对作业现场的监督检查，严格要求施工现场监理人员认真履行安全生产监理职责，对于管理人员、特种作业人员持证上岗严格把关，对于各类专项施工方案的制定与实施严格进行监督，对发现的重大隐患要督促及时整改，及时发现和纠正各类违规违章行为。

3. 广西兴全投资有限责任公司要切实提高法律意识和安全意识，落实企业安全生产责任制，建立健全安全生产规章制度，把安全生产各项工作真正落实到位，打牢安全管理基础。依法认真履行有关安全职责，及时发现并整改安全隐患。

4. 河池市旭鑫电商物流发展有限公司要督促施工单位和监理单位认真履行好安全生产主体责任和监管职责，切实加强对整个项目每一个环节、每一个部位的安全管理，及时发现和解决施工中存在的安全隐患和问题，确保整个项目文明施工，安全生产。

5. 市住房和城乡建设局及市建设工程质量安全监督站要加强对建筑施工领域使用塔吊等特种设备的监督管理，加大安全检查的频次，堵塞安全管理漏洞，严厉打击企业无资质、特种作业人员无证从事特种设备安装、拆卸违法行为，加大宣传力度，排查安全隐患，确保安全生产。

专家分析

一、事故原因

（一）直接原因

1. 拆卸人员违章作业，在拆塔作业前

王凯晖

点评专家

住建部科学技术委员会工程质量安全专业委员会委员，北京建筑大学教师，长期从事建筑起重机械检验检测工作未按照产品说明书要求配平塔机，造成塔机顶升内套架及以上部分倾斜，产生不平衡力矩。

2. 在塔机不平衡及内套架伸出段未降低的情况下解除塔机内外塔连接件全部螺栓及塔身顶节标准节部分连接螺栓，使该标准节在不平衡力矩的作用下产生变形，顶升内套架与该标准节之间的间隙加大，致使油缸下横梁支腿脱离标准节支承块，顶升内套架及以上部件在失去支承的状况下瞬时坠落冲击塔身。

3. 坠落部件产生的冲击力使塔机的附着装置依次失效，导致塔机整体倒塌。

（二）间接原因

1. 作业人员无建筑起重机械安装拆卸特种作业操作资格证书。

2. 项目部拆塔作业前未能对作业人员进行身份核实，未履行管理职责；未指定专职设备管理人员、专职安全生产管理人员进行现场监督检查。

3. 监理公司总监理工程师未对塔机拆卸专项施工方案进行审核，拆塔作业前，未能到场督促施工单位对作业人员进行身份核实，未履行监理单位的监督职责。

二、经验教训

本次事故发生在塔式起重机的拆卸环节，直接原因是顶升作业时没有进行配平，4 名操作者均没有起重机械的安装资格。本次事故与近年来在顶升环节发生的起重机械事故高度类似，都是无证人员在顶升作业时忽视最基本的"平衡"概念，在内塔身存在着严重不平衡弯矩的情况下错误的进行了标准节的拆除，造成内塔身失稳破坏导致事故发生。这起事故中一连串的错误操作方式也体现了建筑起重机械设备安装人员具备专业知识和能力的重要性，对于施工现场的管理者更应重视对作业人员的资格审查和现场监督。

本次事故中塔机拆卸并未按照法规要求进行方案的编制和审核，也未对施工作业进行有效的监管。施工单位放任与产权单位、安装单位无关的"中间人"担任实际的拆装管理，暴露了管理的"漏洞"和相关制度的缺失。

近年来建筑行业中的很多单位以"专业性太强""太危险"作为建筑起重机械管理缺位的借口，也是很多规章、制度不能落实的直接原因，间接纵容了行业乱象的滋生和蔓延。对作业人员的资格审核和能力评判应当是施工总承包单位和监理单位对起重机械管理的最低要求，在正式作业前必须现场核对作业人员相关信息，完成对作业人员的安全交底工作。施工单位的专业管理体系建立和专职管理人员的到岗是目前解决建筑起重机械管理的根本方法；也是落实各项管理制度的唯一途径。在重大节、假日时段，要加强对起重机械安装、拆卸的现场管理与监督。

8 宁夏银川"3·13"顶管作业井坍塌较大事故

调查报告

2018年3月13日上午8时35分许，在银川市第九污水处理厂配套进出厂管道工程二标段（以下简称"九污管道工程"）工地，作业人员在顶管作业井（顶管作业井名称"W25加井"，该井位于九污管道工程W25～W26井段之间）内清土、砌护作业时，顶管作业井发生坍塌，造成4人死亡、1人轻伤。

事故发生后，自治区、银川市高度重视。石泰峰书记作出重要批示："做好事故调查和善后处置，要认真汲取教训，切实强化安全生产责任，确保我区安全生产形势稳定"。自治区党委副书记、银川市委书记姜志刚批示："要积极抢救被困人员，全力以赴救治伤员，做好善后工作，同时要查明原因，加强施工安全管理，严肃追究有关人员责任"。自治区副主席刘可为指示："请银川市、西夏区、自治区安监局、卫计委、宁夏消防总队全力配合开展被困人员抢险救援和伤员医疗救治工作"。自治区副主席许尔峰指示："请公安厅值班总指挥长立即带领区厅、市区公安机关有关人员和消防救援力量赶赴现场，指导西夏区公安机关及相关部门做好事故人员救治和善后工作，安抚家属情绪，协助调查事故原因，依法妥善处置，防止引发不稳定事件"。自治区安监局局长张吉胜、网信办主任王玮、住建厅副厅长李志国以及自治区公安消防部门等相关领导第一时间赶赴现场，指导救援和舆论引导工作。杨玉经市长在北京开会期间，专门打电话对事故处置和善后工作提出明确要求，市政府副市长徐庆、副市长韩江龙、市安监局局长王宁康、市住建局局长刘鹏、市消防等部门主要负责人以及西夏区党政主要负责人第一时间赶赴现场，迅速启动银川市生产安全事故应急预案，按照现场情况，成立现场救援指挥部，组织救援、部署善后及事故调查工作。自治区安委办对该起事故的调查处理实施了挂牌督办。

根据《中华人民共和国安全生产法》《生产安全事故报告和调查处理条例》《宁夏回族自治区安全生产条例》等有关法律法规的规定，市政府成立了由副市长韩江龙任组长，市政府副秘书长朱海滨、市安监局局长王宁康等任副组长，市安监局、公安局、总工会、住建局、国资委和西夏区人民政府等部门分管负责人和有关专家为成员的"3·13"较大坍塌生产安全事故调查组，全面开展事故调查处理工作。市监察委全程参与监督事故调查。

事故调查组按照"四不放过"和"科学严谨、依法依规、实事求是、注重实效"的原则，对建设、设计（勘察）、施工、监理四方责任主体，从工程设计、招投标、承发包、经营管理、安全管理、技术管理等方面开展调查。通过现场勘验、调查取证和综合分析，查明了事故发生的经过、原因，认定了事故性质和责任，提出了对有关责任人员和责任单位的处理建议，针对事故暴露出的问题提出了防范措施。现将有关情况报告如下：

一、事故基本情况

（一）工程基本情况

九污管道工程位于西夏区文昌南街路西，北起南环高速、南至观平路。根据市政府工作安排，由市住建局负责实施银川市第九污水处理厂BOT项目及进出管网工程建设和审核、验收、安全管理监督。2013年9月26日，市住建局委托银川市市政建设综合开发有限公司（2016年该公司名称变更为"银川市市政建设和综合管廊投资建设管廊有限公司"）为项目管理单位（代建）。委托事项包括：项目招投标、拦标价的编制、安全文明施工管理等工作。

2015年7月6日，银川市行政审批服务局批复同意工程初步设计。2015年12月17日，取得市规划部门核发的《建设工程规划许可证》（银规市政建字第〔2015〕030号）。2016年9月5日，取得市行政审批服务局核发的《建筑工程施工许可证》（编号：6401022201609050101）。

（二）事故所涉相关单位情况

1. 建设单位。银川市市政建设和综合管廊投资建设管廊有限公司（以下简称"银川管廊公司"），系九污管道工程发包单位（甲方），法定代表人：王展。企业经营范围：市政工程项目管理；城市综合管廊规划、设计；城市综合管廊投融资、建设、运营及维护管理等。法定代表人、总经理王展负责全面工作，副总经理郑丰波负责工程项目管理，副总经理刘国庆负责施工现场安全管理等工作，副总经理张希负责工程技术、工程施工设计等工作。该公司系银川通联资本投资运营有限公司（市属国有企业）下属独资子公司。银川管廊公司派驻九污管道工程的代表为陈胜杰（甲方代表）。经调查，陈胜杰于2017年辞职，2018年2月，银川管廊公司任命刘永军为甲方代表。

2. 总包单位。西安市第二市政工程公司（以下简称"西安市政二公司"），系九污管道工程总包单位，法定代表人王尊学。企业经营范围：市政公用工程施工总承包；地基与基础工程等。具有住建部颁发的市政公用工程施工总承包壹级资质证书，有效至 2021 年 6 月 1 日；陕西省住建厅颁发的建筑施工安全生产许可证，有效期至 2019 年 11 月 25 日。该公司系西安市国资委管理的市属国有企业。西安市政二公司九污管道工程项目经理张宽峰，项目副经理寇文博。

西安市政二公司于 2010 年 4 月 20 日成立西安市第二市政工程公司银川分公司（以下简称"西安市政二公司银川分公司"），系西安市政二公司全民所有制分支机构（非法人），负责人马昌鸿。企业经营范围：市政工程施工、公路、桥梁工程施工（国家法律、法规规定应经审批的，未获审批前不得生产经营）。

经调查，西安市政二公司于 2015 年 7 月 26 日中标该项目，7 月 30 日项目部搭建完毕、正式开工。2015 年 8 月到 2018 年 3 月，因涉及征地拆迁等事宜，工程开工后处于间断施工状态。在此期间，因项目经理张宽峰在西安市政二公司负责质量、技术等工作，故其离开银川返回西安，离开前向马昌鸿口头委托施工事宜，之后未返回履行项目经理职责。2018 年春节后，西安市政二公司在银川参与九污管道工程建设的人员为马昌鸿、孙楠（临时安全员），项目副经理寇文博于 3 月 8 日 18 时 50 分飞抵银川。

3. 劳务分包单位。宁夏银荣建设工程有限公司（以下简称"银荣公司"），系九污管道工程劳务分包单位，法定代表人李正友。企业经营范围：市政公用工程施工，公路工程施工，土石方工程施工，路桥市政工程施工，污水处理，非开挖顶管工程等。

经调查，2018 年 1 月 6 日，西安市政二公司与银荣公司签订《劳务分包工程合同》，合同签订后，银荣公司法定代表人李正友雇佣李七三（自然人）及李七三组织的人员进行施工作业。

4. 监理单位。银川市方圆工程监理咨询有限公司（以下简称"方圆监理公司"），系九污管道工程监理单位，法定代表人蔡敏。企业具有住建部颁发的房屋建筑工程监理甲级、市政公用工程监理甲级资质证书，有效至 2019 年 9 月 12 日。中标项目总监师东兴，专业监理彭国栋。2016 年 3 月 1 日，总监变更为底国民（宁夏大学在职，正高职教授），专业监理仍是彭国栋。

5. 勘察设计单位。银川市规划建筑设计研究院有限公司（以下简称"银川市规划设计院"），九污管道工程勘察、设计单位，法定代表人朱阿鲸。企业具有市政行业（给水工程、排水工程、道路工程）专业甲级和建筑行业（建筑工程）甲级资质，有效至 2020 年 4 月 29 日。经调查，九污管道工程勘察负责人李永江、设计负责人陈静。

6. 监督管理单位。市住建局于 2013 年 9 月 26 日委托银川管廊公司为九污进出厂管网工程项目管理单位（代建）。市住建局负责指导、监管银川市第九污水处理厂项目及进出管网工程招标、建设、工程竣工验收和备案以及项目竣工决算审查等工作；负责工程建设的监督、管理及安全生产工作。

（三）工程承揽情况

2015 年 7 月 26 日，西安市政二公司通过招投标手续中标，成为九污管道工程总承包单位。2015 年 7 月 31 日，方圆监理公司通过招投标手续中标，成为九污管道工程监理单位。西安市政二公司中标后于 7 月底进场，由于征地拆迁、穿越铁路顶管作业协调等原因，工程处于间断施工状态。

2018 年 1 月 6 日，西安市政二公司与银荣公司签订《劳务分包工程合同》，合同约定施工范围中"W39～W37，W25～W26，井段，D1500 开挖。"合同签订后，银荣公司法定代表人李正友雇佣李七三等人进行沟槽开挖和检查井砌筑等施工作业。

（四）工程施工情况

2018 年 1 月 6 日，西安市政二公司发现其与银荣公司签订的《劳务分包工程合同》中，原设计开挖的 W25～W26 井段地下有天然气管道和通信光缆等，于是计划将开挖作业改为顶管作业，并告知银川管廊公司、银川市规划设计院和方圆监理公司，银川管廊公司张希、银川规划设计院陈静、方圆监理公司底国民均在工作联系单签字确认。确认变更后，银川管廊公司、西安市政二公司均未主动联系银川规划设计院变更设计图。

经查，2018 年 3 月 1 日，西安市政二公司银川分公司马昌鸿制定了《污水工作坑（W25）加井施工方案》（以下简称"《施工方案》"）。《施工方案》中工作坑为圆形钢筋混凝土支护，工作坑直径 7.1m（外径），混凝土壁厚度为 30cm，深度 7.5m；计划分三层开挖，每次开挖深度 1.5m，当砂层不稳定时适度减少；每层开挖完成后对井壁采用 25cm 厚砖砌体预支护，并用水泥砂浆对砌体与井壁填充，在每层砖砌体下部 50cm，采用环向加直径 6mm 钢筋（墙压筋）处理；坑深一半时浇筑一板钢筋混凝土，分两层浇筑。西安市政二公司银川分公司马昌鸿未组织专家论证《施工方案》，未将《施工方案》报方圆监理公司和银川管廊公司审核、审批。同日，银荣公司李正友，李正友弟弟李正斌和西安市政二公司银川分公司经理马昌鸿等人在 W25～W26 井段利用排水管道检查井测量高程、确定预留管方向，研究 W25 加井放线事宜。

2018 年 3 月 4 日，西安市政二公司银川分公司马昌鸿、银荣公司李正友弟弟李正斌确定 W25 加井位置，放线。组织李七三等人采取人工、机械配合开挖方式挖探槽开始施工。施工前，西安市政二公司银川分公司及银荣公司未对施工人员进行安全教育培训和安全技术交底。至3月6日，挖掘深度2m多，第一层挖掘完成，并开始预支护作业。

2018年3月7日、8日，继续进行第一层预支护作业，预支护采用24cm砖砌筑后抹灰，每六层砖下铺设两根直径6mm的钢筋。

2018年3月9日，开始第二层挖掘作业，在本层四周砌筑4个砖砌体，用于支撑第一层预支护。

2018年3月10日，开始第二层砖砌体中间土方挖掘作业，挖掘完毕后W25加井深4m左右。

2018年3月11日，开始第二层预支护作业，同时，从W25加井中间开始继续向下挖掘，开挖直径小于上层内径30～50cm。

2018年3月12日，进行第三层挖掘，挖掘深度1.7m左右时，地下出水，此时回填十几cm。至此，顶管作业井（W25加井）深5.5m左右。

2018年3月13日7时30分左右，施工人员自行到施工现场施工，8时35分左右W25加井坍塌。

施工期间所用大型机械破碎机由银荣公司李正友弟弟李正斌联系找来，吊车、挖掘机由银荣公司李正友哥哥李正富联系找来。

（五）监督检查情况

2018年1月18日，市住建局局长刘鹏对九污配套工程涉及铁路顶管工程进行检查，要求保证安全和质量的前提下，铁路段必须于3月15日完工。2月23日，市住建局调研员杨静带领市住建局城建科、银川管廊公司相关人员就九污管网配套项目进行检查，要求穿铁路管线在保证质量、安全的前提下，按节前计划按期完工。2月26日，市安委办下发《关于切实做好企业复产复工安全生产工作的通知》（银安办发〔2018〕30号），要求"加强建筑工地施工安全监管，在节后应对施工现场进行一次全面安全检查，重点是各类施工机械、电气装置、脚手架、深基坑、模板工程等，对检查发现的各类隐患，必须按三定（定人、定时间、定措施）要求，进行整改及复查，经检查验收合格后，方可进行施工作业，未经检查的工程一律不得进行施工"。2月28日至3月1日，市安委办组织安委会有关成员单位对各县（市）区"两会"前安全生产工作进行了督查检查。2月28日，市领导副秘书长董建华和市住建局调研员杨静对九污管网配套项目进行质量、安全检查，并现场协调西夏区政府对遗留拆迁问题进行督办。3月1日，银川市建筑行业管理处下发《关于做好2018年银川市建设工程春季开复工安全生产工作的通知》（银建管字第〔2018〕14号），要求"工程复工前3天，建设单位向建筑施工安全监督管理机构提交经建设、施工、监理单位项目负责人签字并盖单位公章的申请复工验收自检报告，经查验合格后，由建筑施工安全监督管理机构向建设单位发放《恢复施工安全监督告知书》，并对工程项目恢复实施施工安全监督"。

经调查，银川管廊公司和西安市政二公司均未向建筑施工安全监督管理机构提交申请复工验收自检报告。

（六）现场勘察情况

工程现场情况如图 8-1～图 8-4 所示。

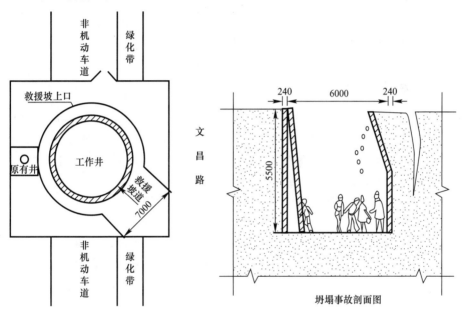

图 8-1　W25 加井俯视示意图　　　　图 8-2　坍塌事故剖面图

图 8-3　救援坡道剖面图　　　　　　图 8-4　现场救援照片

（七）事故发生地气象情况

银川市气象台数据显示：2018年3月12日00时至2018年3月13日23时期间，兴泾镇自动气象站无降水；极大风速8.0m/s，出现时间3月12日15：43；最高气温：26.4℃，出现时间3月12日15：34；最低气温：0.6℃，出现时间3月12日07：09；最高气压：885.2百帕，出现时间：3月12日10到11时；最低气压：880.2百帕，出现时间：3月13日17到18时。3月12日18：00到3月13日09：00，气温波动区间为1.6～23.3℃。

二、事故经过及应急救援情况

（一）事故发生经过

2018年3月13日7时40分左右，于伟兴、兰春明、王红、王剑锋、禹春峰、马福强以及于义哈（以上均为李七三组织的人员）到现场继续作业。其中，马福强、兰春明、禹春峰在井内清除壁东侧预留的30～50cm土方，于义哈、王红、王剑锋在井外拌灰、取钢筋，于伟兴在井外协调。8时左右，王红、王剑锋又下入井内清除内壁预留土方。预留土方清除完后，又继续向外清土24cm，用于砌筑第三层预支护。土方基本清理完毕后开始做预支护，马福强、禹春峰砌砖，王剑锋递砖，王红铲灰，兰春明继续清除井内壁西侧土方。8时35分左右，井内壁东侧未支护土方坍塌，引发内壁东侧整体坍塌。经调查，3月13日施工期间，银川管廊公司、西安市政二公司、方圆监理公司的管理人员以及李七三均未到场。

（二）事故救援情况

事故发生后，现场人员于伟兴及银荣公司李政富拨打报警电话。接警后，消防部门、120于8：40左右到达现场开展救援；9：00左右，市安监局接市政府应急办反馈信息，立即组织人员赶往现场，并通知西夏区安监局核查；9：30分左右银川市政府领导及有关部门主要负责人赶赴现场启动应急救援预案，对现场人员开展施救。经全力抢救，兰春明于当日9时左右救出，轻微受伤，在自治区人民医院西夏分院急诊室留院观察无碍后于3月24日出院；王红、王剑锋、禹春峰分别于当日10：00、10：50、15：10左右救出，送往自治区人民医院西夏分院抢救无效死亡；马福强于当日18：15左右救出，经现场诊断宣布死亡。

3月13日18时30分,银川市人民政府宣布响应结束。市领导在事故现场对事故相关工作做了进一步安排部署:一是妥善做好遇难者家属安抚和善后工作;二是做好事故现场保护工作;三是立即组织成立事故调查组,进一步查明事故原因、认定事故责任、提出处理意见和事故防范措施;四是切实吸取事故教训,迅速开展安全生产隐患检查排查工作;五是做好周边环境卫生清扫恢复工作。

(三)事故善后处理情况

事故发生后,事故调查组积极协调西夏区和金凤区政府全力做好死者家属善后处理工作,要求必须保证善后赔付资金到位。由西安市政二公司组成18人善后工作组于3月14日凌晨1时抵达银川,准备善后资金400万元存入银川分公司账户,随时调用,并于当日给每位遇难者家属分别支付了10万元的丧葬费。3月14日14时,死者王红、王剑锋下葬。3月15日11时,死者马福强下葬;3月15日13时,死者禹春峰下葬。3月16日上午,西安市政二公司与遇难者家属达成一致,签订人民调解协议书,并支付每名死者赔偿金115万。善后相关事宜处理完毕,死者家属得到妥善安抚,社会舆情平稳。

三、事故造成的人员伤亡和直接经济损失

事故共造成4人死亡,1人受伤(轻伤,于3月24日出院)。事故调查组依据《企业职工伤亡事故经济损失统计标准》GB 6721—1986,核定直接经济损失479.86万余元。其中:人身伤亡善后赔偿支出费用460万元,抢救和丧葬等费用1.03万余元,轻伤人员住院治疗费用1.53万余元,其他善后支出17.3万余元。

四、事故原因及性质

调查组依法对事故现场进行了认真勘查,及时提取了相关书证和图片资料,对事故相关人员进行了调查询问,并由专家对现场开展技术分析。经事故调查组调查认定,该事故是一起施工单位、劳务分包单位、监理单位、建设单位未依法履行安全生产责任的建筑行业较大生产安全责任事故。

(一)直接原因

经调查认定:西安市政二公司在无施工变更设计图、施工方案未经专家论证、施工现场无专职安全管理人员的情况下,违规组织银荣公司未经培训的施工

人员进行深基坑作业，超挖导致砖砌支护墙体坍塌，是事故发生的直接原因。具体情况如下：

1. 砖砌圆形倒挂井砖墙断面尺寸不符合《建筑基坑支护技术规程》，且未按规定设置混凝土梁、构造柱等补强措施，造成倒挂井墙体截面尺寸、构造措施设计不符合规程。

2. 砖砌圆形倒挂井逆作法作业，未按照倒挂井先分段开挖、砌筑砖支墩，再分段开挖、砌筑预留砖墙，后挖出井内土方的方法施工，施工工序不满足安全要求。

3. 开挖第三层土方时，先将中间土方挖除，仅预留砖墙根部的 30～50cm，墙体处于失稳状态下继续掏挖墙根部临时砖支墩，导致东侧墙体失稳坍塌。

（二）间接原因

未按规定对作业人员培训教育、施工安全管理缺失、项目部人员不到位、项目监理人员未按规定履职等是导致事故发生的间接原因。

1. 施工安全管理缺失。一是安全培训教育不到位，银荣公司、西安市政二公司未按照《建设工程安全生产管理条例》第三十七条的规定对作业人员实施安全培训教育，施工现场作业人员未经培训上岗作业。二是对施工作业监督不到位，事故发生当日，施工人员到事故现场进行作业，银荣公司、西安市政二公司、方圆监理公司、银川管廊公司均无人到场履行管理职责。三是西安市政二公司未按照《建设工程安全生产管理条例》第二十六条的规定，组织专家对《施工方案》论证。四是银荣公司在知道施工方案没有论证，设计不符合规定的情况下，仍安排劳务人员进行施工。

2. 西安市政二公司项目部人员配备不符合规定。一是西安市政二公司对项目部项目经理统一调配和协调管理不到位，致使项目经理长期未到岗履行《建筑施工项目经理质量安全责任十项规定（试行）》中的责任。二是西安市政二公司未按《建设工程安全生产管理条例》第二十三条的规定，配备专职安全生产管理人员。三是西安市政二公司未按《危险性较大的分部分项工程安全管理办法》（建质〔2009〕87号）第十六条的规定，安排技术人员对专项方案实施情况进行现场监督和监测。

3. 监理不到位。一是方圆监理公司监理人员在知道 W25 加井作业情况下，未按《危险性较大的分部分项工程安全管理办法》（建质〔2009〕87号）第二十三条规定，审核《施工方案》。二是监理人员未按规定履行监理职责，未按《建设工程安全生产管理条例》第十九条的规定责令停止施工，也未向住房城乡建设主管部门报告危险作业行为。三是方圆监理公司及其监理人员未按《建设工程安全生产管理条例》第十四条有关规定，依法对西安市政二公司项目经理履职、安全技术交底和安全培训教育等强制性标准实施监理。

4. 银川管廊公司统筹管理不到位。一是银川管廊公司未按《建设工程勘察设计管理条例》第二十八条规定，将设计内容重大变更情况报原审批机关。二是银川管廊公司未落实开复工前报告制度，开复工前未组织安全自查，未将九污管道工程开复工情况报住房城乡建设主管部门。三是银川管廊公司未按《危险性较大的分部分项工程安全管理办法》（建质〔2009〕87号）第二十三条规定，责令西安市政二公司停工整改，并向住房城乡建设主管部门报告。

5. 行业管理部门监督检查不到位。市住建局作为指导监管银川市第九污水处理厂项目及进出管网工程招标、建设、安全、工程竣工验收和备案以及项目竣工决算审查等工作的行业监管部门，2月28日以后对工程项目施工情况不掌握。

五、事故责任分析及处理意见

根据国家有关法律、法规的规定，事故调查组依据事故调查情况和原因分析，认定下列人员和单位应承担相应的责任，并提出如下处理建议：

（一）公安机关采取强制措施的人员

1. 马昌鸿，中共党员，1964年11月出生，陕西西安市人，系西安市第二市政工程公司银川分公司经理，九污管道工程实际负责人，负责工程施工全面管理工作。2018年3月16日，因涉嫌重大责任事故罪已被公安机关刑事拘留。2018年4月13日被取保候审。

2. 寇文博，群众，1982年8月出生，陕西西安人，系西安市政二公司九污管道工程副经理，与银荣公司《劳务分包施工合同》签署人，负责施工现场管理、采购、合同起草等工作。2018年3月14日，因涉嫌重大责任事故罪已被公安机关刑事拘留。2018年4月13日被取保候审。

3. 李七三，群众，1981年11月出生，宁夏泾源人，系自然人，W25加井施工人员组织人。2018年3月14日，因涉嫌重大责任事故罪已被公安机关刑事拘留。2018年4月13日被取保候审。

4. 李正友，群众，1985年12月出生，陕西定边人，银荣公司法定代表人，与西安市政二公司《劳务分包施工合同》签署人，负责银荣公司全面工作及九污管道工程项目劳务施工全面工作。2018年3月14日，因涉嫌重大责任事故罪已被公安机关刑事拘留。2018年4月13日被取保候审。

（二）建议追究刑事责任的人员

1. 马昌鸿，中共党员，1964年11月出生，陕西西安人，系西安市第二市政工程公司银川分公司负责人，九污管道二程项目实际负责人，负责工程施工全面管理工作。未履行安全管理职责，没有组织安全生产"三级"教育和安全交底，未安排专职安全管理人员负责项目安全生产管理工作，编制的施工方案未报经专家论证即组织施工，未消除W25加井施工中的安全隐患，造成了4死1伤的严重后果，对事故发生负主要责任。其行为违反《建设工程安全生产管理条例》第二十一条和第二十六条之规定，涉嫌重大责任事故罪。依据《建设工程安全生产管理条例》第六十六条第一款和《安全生产法》第九十一条之规定，建议由司法机关追究刑事责任。

2. 李正友，群众，1985年12月出生，陕西定边人，系银荣公司法定代表人，与西安市政二公司《劳务分包施工合同》签署人，负责银荣公司全面工作及九污管道工程项目劳务施工全面工作。未履行安全管理职责，在知道施工方案未论证、设计不符合规定情况下，安排劳务人员进行施工作业，未能及时制止和消除W25加井施工建设中的安全隐患，造成了4死1伤的严重后果，对事故发生负主要责任。其行为违反《安全生产法》第十八条第一、第三、第五项之规定，涉嫌重大责任事故罪。依据《安全生产法》第九十一条之规定，建议由司法机关追究刑事责任。

3. 寇文博，群众，1982年8月出生，陕西铜川人，系西安市政二公司施工员，九污管道工程项目副经理，负责施工现场管理、采购、合同起草等工作。其作为项目副经理应协助项目经理马昌鸿做好项目安全施工管理工作，但其在事故发生前几日才正式到岗，且未能及时发现事故隐患，制止不安全作业行为，未尽到项目副经理应尽职责，对事故发生负管理责任。其行为违反《安全生产法》第二十二条第五、第六项之规定，涉嫌重大责任事故罪。依据《安全生产法》第九十一条之规定，建议由司法机关追究刑事责任。

4. 李七三，群众，1981年11月出生，宁夏泾源人，系自然人，W25加井施工人员组织人。在没有任何专业知识、没有W25加井所采用工艺的作业经验、无安全技术交底的情况下，组织未接受安全技术交底和安全教育培训的人员进行施工作业，无深基坑作业安全管理措施，对本次事故发生负直接责任。其行为违反了《安全生产法》第二十五条、第五十五条和《建设工程安全生产管理条例》第三十七条之规定，涉嫌重大责任事故罪。依据《建设工程安全生产管理条例》第六十二条第二项之规定，建议由司法机关追究刑事责任。

5. 彭国栋，中共党员，1960年12月出生，宁夏银川人，系九污管道工程项目专业监理工程师，负责项目现场安全监理工作。未按规定履行安全监理职责，对项目经理长期未到岗履职、施工现场没有安排专职安全员、没有按规定组织安全生产"三级"教育和安全交底监督检查不到位；没有采取有力措施制止 W25 加井违规违章作业，未能发现项目施工安全隐患问题，严重失职，对事故发生负直接监理责任。事故发生后，伪造监理日志，企图逃避责任。其行为违反《建设工程安全生产管理条例》第十四条和《生产安全事故报告和调查处理条例》第二十六条第二款之规定，涉嫌重大责任事故罪。依据《建设工程安全生产管理条例》第五十七条和第五十八条之规定，建议由司法机关追究刑事责任。

6. 刘永军，中共党员，1984 年 6 月出生，宁夏中卫人，系银川管廊公司派驻九污管道工程甲方代表，负责项目施工管理和施工协调工作。对西安市政二公司在施工方案未论证、设计变更未完成的情况下进行危险作业行为未加制止，未履行对项目施工的安全监管职责，严重失职，对事故发生负直接管理责任。调查期间，刘永军隐瞒事实真相，影响了事故正常调查。其行违反《安全生产法》第四十三条之规定，涉嫌重大责任事故罪。依据《安全生产法》第九十三条之规定，建议由司法机关追究刑事责任。

（三）建议市纪委监委给予追责处理的人员

1. 赵海，中共党员，1978 年 12 月出生，宁夏银川人，系市建筑行业管理处副主任，根据工作安排，于 2016 年 1 月到市住建局城乡建设科主持工作，负责市政建设的监督、管理及安全生产工作。未履行对市政项目的安全生产监管职责，2 月 28 日后至"3·13"事故发生时，未跟进九污管道工程施工情况，未及时、准确掌握九污管道工程开复工情况，监管缺失、履职不到位，负市政建设工程安全监管直接责任。

2. 王勇，中共党员，1968 年 11 月出生，宁夏银川人，系市建筑行业管理处科员，西夏区执法中队负责人，负责西夏区建筑行业安全生产监管。对事故工程施工进度不掌握，安全监管缺失，仅凭该工程周边道路已通车判断工程已竣工，2017 年至"3·13"事故发生，对九污管道工程未履行监督管理职责，未发现事故工程违规开工建设情况，负建筑行业安全监管直接责任。

3. 杨静，中共党员，1962 年 7 月出生，宁夏银川人，系市住建局党组成员、调研员，负责银川市市政建设和综合管廊投资建设管廊有限公司和九污管道工程建设。未认真履行市政工程安全检查领导职责，未有效督促银川管廊公司及时、如实上报工程开复工情况，督查不到位，未及时发现和消除事故隐患，负市政建设工程安全监管主要领导责任。

（四）建议给予行政处罚的单位及行政处罚、追责的人员

1. 建议给予行政处罚的单位

（1）西安市政二公司系九污管道工程总包单位，未组织专家论证深基坑施工方案；未安排技术人员对专项方案实施情况进行现场监督和监测，对事故发生负主要责任。其行为违反《建设工程安全生产管理条例》第二十六条第二款、《危险性较大的分部分项工程安全管理办法》第十六条之规定。依据《建设工程安全生产管理条例》第五十二条、《安全生产法》第一百零九条第二项之规定，建议由市安监局给予其处 70 万元罚款的行政处罚。

（2）银荣公司系九污管道工程劳务分包单位，未认真履行现场安全管理职责，未配备专人负责现场安全管理工作，未对从业人员进行安全生产教育培训并如实记录，未能及时制止和消除 W25 加井施工建设中的安全隐患，对事故发生负主要责任。其行为违反《安全生产法》第二十一条、第二十五条和第四十条之规定。依据《安全生产法》第一百零九条第二项之规定，建议由市安监局给予其处 65 万元罚款的行政处罚。

（3）方圆监理公司系九污管道工程监理单位，履行监理单位职责严重缺位，对涉及危险性较大的分部分项工程中的安全技术措施和专项施工方案未予审查；其监理人员怠于履职，对未组织专家论证施工方案即组织施工的安全隐患，未采取责令停改、报告住房城乡建设主管部门等措施，对事故发生负监理责任，其行为违反《建设工程安全生产管理条例》第十四条第二、第三款之规定。依据《建设工程安全生产管理条例》第五十二条、《安全生产法》第一百零九条第二项的规定，建议由市安监局给予其处 60 万元罚款的行政处罚。

（4）银川管廊公司系九污管道工程建设单位，未履行与西安市政二公司签订的《2018 年度安全生产目标责任书》中，其对西安市政二公司安全生产的监管职责；对本公司人员履行安全管理职责情况失察，对西安市政二公司项目部人员配备情况未予审查；对西安市政二公司未组织专家论证施工方案即组织施工安全隐患视而不见，未采取责令停工、报告住房城乡建设主门等措施，对事故发生负管理责任。其行为违反《安全生产法》第十九条之规定。依据《安全生产法》第一百零九条第二项之规定，建议由市安监局给予其处 55 万元罚款的行政处罚。

2. 建议给予行政处罚及追责的人员

（1）底国民，中共党员，1964 年 1 月出生，宁夏银川人（祖籍河北），系宁夏大学在职，正高职教授，方圆监理公司外聘人员，公司副总工程师，九污管道工程项目总监理工程师，负责项目监理全面工作。未按照方圆监理公司《安全生产管理的监理工作实施办法》对九污管道工程进行监督检查，对西安市政二公司

项目经理长期未到岗履职、未进行施工安全技术交底、未配备专职安全员失察，对事故发生负主要监理责任。其行为已违反《建设工程安全生产管理条例》第十四条第三款之规定。依据《建设工程安全生产管理条例》第五十八条之规定，由市住建局提请住房和城乡建设部吊销其监理工程师注册证书，5年内不予注册的行政处罚。事故发生后，伪造通知单、暂停令，企图逃避责任。其行为违反《生产安全事故报告和调查处理条例》第二十六条第二款之规定；依据《生产安全事故报告和调查处理条例》第三十六条第五项之规定，建议由市安监局给予其处上一年年收入百分之六十罚款的行政处罚，市纪委监委协调宁夏大学给予追责处理。

（2）郑丰波，中共党员，1982年1月出生，宁夏银川人，系银川管廊公司副总经理，甲方代表刘永军的直接领导，负责工程项目管理等工作。对工程项目存在的安全隐患严重失察，对事故发生负主要领导责任。其行为违反《安全生产法》第二十二条第五、第六项之规定。依据《安全生产法》第九十九条之规定，建议由市安监局给予其处2.5万元罚款的行政处罚，市纪委监委进行追责处理。

（3）刘国庆，中共党员，1970年9月出生，宁夏银川人，系银川管廊公司副总经理，负责施工现场安全管理等工作。未履行九污管道工程安全管理职责，施工现场安全管理缺位，未能及时发现并消除施工现场的安全隐患，对事故发生负主要领导责任。其行为违反《安全生产法》第二十二条第五、第六项之规定。依据《安全生产法》第九十九条之规定，建议由市安监局给予其处2.5万元罚款的行政处罚，市纪委监委进行追责处理。

（4）张希，中共党员，1972年11月出生，甘肃白银人，系银川管廊公司副总经理，负责工程技术、工程施工设计等工作。施工期间，其在施工设计方案发生变更的情况下，怠于跟进工作进展，未及时将设计内容重大变更情况报住房城乡建设主管部门，排除事故隐患，对事故发生负主要领导责任。其行为违反《安全生产法》第二十二条第五、第六项之规定。依据《安全生产法》第九十九条之规定，建议由市安监局给予其处2万元罚款的行政处罚，市纪委监委进行追责处理。

（5）白树河，中共党员，1974年12月出生，宁夏石嘴山人，系方圆监理公司副总经理，负责质量安全管理和生产经营招投标等工作。事故发生后，向事故调查组提交伪造的通知单、暂停令和监理日志，影响事故正常调查。其行为违反《生产安全事故报告和调查处理条例》第二十六条第二款之规定；依据《生产安全事故报告和调查处理条例》第三十六条第五项之规定，建议由市安监局给予其处上一年年收入百分之六十罚款的行政处罚，市纪委监委进行追责处理。

（6）蔡敏，中共党员，1962 年 1 月出生，宁夏银川人，系方圆监理公司法定代表人，负责公司全面工作。未依法履行主要负责人安全管理职责，督促、检查本单位的安全生产工作不力，对监理工作管理不善，对监理人员履职情况失察，未能及时消除事故隐患，对事故发生负领导责任。其行为违反《安全生产法》第十八条第五项之规定。依据《安全生产法》第九十二条第二项之规定，建议市安监局给予其处上一年年收入百分之四十罚款的行政处罚，市纪委监委进行追责处理。

（7）王展，中共党员，1970 年 4 月出生，宁夏贺兰人，系银川管廊公司法定代表人、总经理、党支部书记。对本公司派驻九污管道工程甲方代表刘永军履职情况失察，未保证本公司安全生产投入的有效实施，对事故发生负领导责任。其行为违反《安全生产法》第十八条第四项之规定，依据《安全生产法》第九十二条第二项之规定，建议由市安监局给予其处上一年年收入百分之四十罚款的行政处罚，市纪委监委进行追责处理。

（8）张宽峰，中共党员，1972 年 12 月出生，陕西西安人，系西安市政二公司总工程师，九污管道工程项目经理。怠于履行安全生产管理职责，长期未到岗履职，其行为违反《建筑施工项目经理质量安全责任十项规定（试行）》第一项之规定，对本次事故发生负主要领导责任。依据《建筑施工项目经理质量安全责任十项规定（试行）》和《建设工程安全生产管理条例》第五十八条之规定，由市住建局提请住房和城乡建设部吊销其一级建造师注册证书，5 年内不予注册的行政处罚。由市纪委监委协调其单位所在地纪检监察机关进行追责处理。

（9）王尊学，中共党员，1963 年 5 月出生，陕西西安人，系西安市政二公司法定代表人，负责公司全面工作。未按照《安全生产法》第十八条的规定认真履行西安市政二公司主要负责人安全生产管理职责，督促检查本公司安全生产工作不到位，未及时消除项目经理长期不在岗、专职安全员配备不足、施工现场安全管理缺失等生产安全事故隐患，导致安全生产条件不足，对事故发生负领导责任。其行为违反《安全生产法》第十八条第四项之规定。依据《安全生产法》第五条、第九十二条第二项之规定，建议由市安监局给予其处上一年年收入百分之四十罚款的行政处罚。由市纪委监委协调其单位所在地纪检监察机关进行追责处理。

（10）孙楠，群众，1978 年 2 月出生，陕西西安人，系九污管道工程项目临时安全员，负责施工现场安全管理工作。无安全管理员资质而接受任职，履职中不能及时排查施工现场安全隐患，不能制止纠正违反操作规程的行为，未尽到安全监督职责，对事故发生负一定责任。其行为已违反《安全生产法》第二十二条第二、第五项和第五十五条之规定。依据《安全生产法》第九十四条第二、第

三、第四项之规定，建议由市安监局给予其处 1 万元罚款的行政处罚。

六、事故防范和整改措施建议

各有关部门、各县（市）区人民政府要深刻吸取九污管道工程"3·13"较大坍塌事故的教训，牢固树立科学发展、安全发展理念，切实贯彻落实市委市政府关于"党政同责、一岗双责"的有关规定，坚守"发展决不能以牺牲人的生命为代价"红线，督促建筑企业严格落实安全生产主体责任，坚定不移抓好各项安全生产政策措施的落实，全面提高建筑施工安全管理水平，切实加强建筑安全施工管理工作。

（一）严格落实企业主体责任

西安市政二公司要严格规范承建项目经营管理活动，落实对工程项目的安全管理责任，严禁项目经理长期不到岗履职，严禁配备无资质的安全管理人员，对涉及深基坑、地下暗挖工程、高大模板工程的专项施工方案，必须组织专家进行论证、审查后方可组织实施。银荣公司要建立健全安全生产管理机构，明确安全生产管理责任，建立健全安全生产管理制度，加大安全生产投入，加强分包项目隐患排查治理。方圆监理公司要切实履行监理职责，要全面审查施工组织设计中的安全技术措施或者专项施工方案，并监督落实，对施工中存在的事故隐患，要及时要求施工单位整改或者暂时停止施工，并如实记录，对拒不整改的要及时报住房城乡建设主管部门。银川管廊公司要依法履行建设单位职责，对负责建设的市政项目尤其是管廊项目要合理确定工期、造价，协调、督促各参建单位履行各自的安全生产管理职责，组织总包和监理单位对所有发包项目全面排查，严格按照标准化工地要求做好各施工现场安全管理工作，工程设计内容发生重大变化的，要及时报住房城乡建设主管部门，落实建设单位安全生产主体责任。

（二）加强施工现场管理

全市建筑施工企业要深刻吸取事故教训，严格落实建筑企业安全生产主体责任，严格规范施工现场安全管理，建立、健全并严格落实本单位安全生产责任制，建立完善的安全责任追溯体系。各施工企业要严查工程安全投入情况，组织检查、消除施工现场事故隐患，施工项目负责人、安全管理人员必须具备相应资格和安全生产管理能力，中标的项目负责人必须依法到岗履职，确需调整时，必须履行相关程序，保证施工现场安全生产管理体系、制度落实到位。

（三）加大行政监管力度

各级住建部门要严格落实安全生产监管职责，根据工程规模、施工进度，合理安排监督力量，制定可行的监督检查计划。对重点工程项目，要加大监督检查频次，督促各责任主体落实安全责任。深入开展建筑行业"打非治违"、严厉打击项目经理不到岗履职和未配备专职安全员等行为，严厉打击未按规定进行深基坑作业、监理未履职等行为，建立打击非法违法建筑施工行为专项行动工作长效机制，不断巩固专项行动成果，坚决遏制较大及以上生产安全事故发生。

❧ 专家分析

一、事故原因

（一）直接原因

点评专家 周与诚

住建部科学技术委员会工程质量安全专业委员会委员，北京城建科技促进会理事长，教授级高级工程，注册土木工程师（岩土），长期从事岩土工程咨询、危大工程管理、安全风险分级管控等工作

该竖井开挖深度 7.5m，属于超过一定规模的危大工程，具有较大的坍塌风险，需要有资质的专业单位进行支护设计。该工程支护方案未经专业单位设计，而是由施工单位提出的不符合现行规范要求的"土办法"——砖墙支护方案，该支护方案的合理性存在问题。

（二）间接原因

1. 圆形砖墙结构具有一定的抵抗侧向土压力能力，前提是砌体达到一定强度和墙脚稳定。这要求施工前编制专项施工方案，严格规定开挖、砌筑步序、开挖部位、进度要求等。从事故报告中可知，该工程施工前虽编制了专项施工方案，但该方案未经监理单位审查，也未通过专家论证，不能确定专项施工方案的合理性。

2. 施工单位在完成第二步土方开挖和砌筑砖墙后，深度已达到 4m，超过了基坑深度的一半，但未按方案要求的"打一板钢筋混凝土"，而是继续开挖第三步，没有按方案施工。

3. 在第三步施工过程中，在完成已砌筑砖墙下方砖墙墩砌筑、形成支撑之

前，先挖除了距离砖墙仅 30～50cm 的"核心土"，深度达到 1.7m（回填 20cm），使得已砌筑的砖墙都坐落在不稳定土台上，直接导致土体和砖墙失稳、坍塌。

二、经验教训

对于深基坑工程，要严格按照危大工程管理规定，进行专项设计、编制专项施工方案、组织专家论证，施工过程中严格执行方案，方能避免此类事故发生。

9 广东汕头"4·9"施工升降机坠落较大事故

调查报告

2018年4月9日19时许,位于汕头市濠江区南山湾产业园的中海信(汕头)创新产业城项目B地块一期建筑工地发生一起建筑起重伤害较大事故,造成4人死亡,直接经济损失680多万元。

事故发生后,省委、省政府和市委、市政府高度重视,省委常委、常务副省长林少春和副省长许瑞生作出重要批示,要求依法严肃处理,开展施工电梯隐患大排查。市委书记方利旭、市长郑剑戈多次作出指示批示,要求妥善做好善后处理,尽快查明事故原因。时任市委副书记孙光辉,市委常委、常务副市长李耿坚,副市长、市公安局局长曾湘澜等市领导第一时间赶赴事故现场指挥处置。

根据《中华人民共和国安全生产法》《生产安全事故报告和调查处理条例》有关规定,市政府成立了由市安监局局长许广圻为组长,市监委、市公安局、市安监局、市住建局、市质监局、市总工会和濠江区政府派人组成的汕头濠江"4·9"建筑起重伤害较大事故调查组(以下简称事故调查组),并邀请市法制局派人参加,同时聘请有关专家参与调查。

事故调查组按照"科学严谨、依法依规、实事求是、注重实效"的原则,通过现场勘验、调查取证、检测鉴定、分析论证,查清了事故发生的经过和原因,查明了事故性质和责任,提出了对责任人员和责任单位的处理建议以及事故防范和整改措施。

一、基本情况

(一)工程概况

事发工程为汕头市南山湾产业园中海信(汕头)创新产业城项目B地块一期(产B-01~产B-04)(以下简称中海信工程),事发地点位于汕头市南山湾产业园

B16-02 地块建筑工地。该工程拟建设 1 幢 13 层厂房（产 B-01），1 幢五层厂房（产 B-02），1 幢三层厂房（产 B-03），一层地下室，以及 1 幢单层厂房（产 B-04），建筑总面积是 45005.18m²，工程合同总价为价税合计 17552.0202 万元。该工程相关单位情况如下：

建设单位为汕头市中海信创新产业运营有限公司（以下简称中海信公司），地址：汕头市濠江区达濠街道海旁路 94 号汇恒大厦 11 楼 1107 室，法定代表人：李莉，注册资本：200 万元，类型：有限责任公司（非自然人投资或控股的法人独资），经营范围：产业园区开发经营；投资兴办实业、创业投资业务；国内贸易；货物进出口，技术进出口；房地产开发经营；国内货运代理；房地产经纪；物业管理；建材销售；电子产品销售。

施工单位为汕头市达濠建筑总公司（以下简称达濠建总），地址：汕头市濠江区赤港红桥城建办综合楼二、三楼，法定代表人：黄邦平，注册资本：17000 万元，公司类型：全民所有制，资质情况：建筑工程施工总承包一级、港口与航道工程施工总承包二级、市政公用工程施工总承包二级、机电工程施工总承包二级、地基基础工程专业承包一级、建筑装修装饰工程专业承包一级、水利水电工程施工总承包三级、钢结构工程专业承包三级。持有安全生产许可证，有效期 2016 年 12 月 22 日至 2019 年 12 月 22 日。

监理单位为洛阳石化工程建设集团有限责任公司（以下简称洛阳石化公司），地址：洛阳市吉利区中原路 167 号，法定代表人：杨广举，注册资本：7600 万元，公司类型：有限责任公司（自然人投资或控股），经营范围：承包大中小型石油化工基建项目及民用建筑工程；测绘；化工、石油工程监理（甲级）、市政公用工程监理（甲级）、房屋建筑工程监理（甲级）、机电安装工程监理（乙级）；建筑材料、化工产品（不含危险品）、化工设备、机械设备、电子仪器设备（不含医疗设备）的销售；房屋租赁；普通货物仓储。（涉及许可经营项目，应取得相关部门许可后方可经营）

设计单位为深圳市清华苑建筑与规划设计研究有限公司，地址：深圳市南山区龙城路粤海住宅小区 A 栋（圣达吉综合楼）二至八层。法定代表人：罗征启，注册资本：500 万元，公司类型：有限责任公司，经营范围：建筑工程设计和咨询；建筑工程新技术、新材料的开发研究及相关信息咨询；建筑工程检测及加固设计（以上法律、行政法规、国务院决定禁止的项目除外，限制的项目须取得许可后方可经营）。

勘察单位为汕头市潮汕水电勘察有限公司，地址：汕头市中山路 191 号 6 楼，法定代表人：陈浩然，注册资本：960 万元，公司类型：有限责任公司（自然人投资或控股），经营范围：工程勘察专业类（岩土工程（勘察）甲级；工程勘察专业类（岩土工程设计，物探测试检测监测）、工程测量）乙级。

事发时，该工程已完成建筑主体工程施工，进入内部装修及水电、消防工程施工。

（二）工程立项及批准情况

2017年2月21日，取得汕头市濠江区发展规划局核发的《建设用地规划许可证》（〔2017〕濠发规地字第010号）。

2017年4月14日，取得汕头市濠江区发展规划局核发的《广东省企业投资项目备案证》（备案项目编号：2017-440512-39-03-003304）。

2017年4月19日，取得汕头市濠江区国土资源局核发的《建筑用地批准书》（编号440512-2017-000001，电子监管号：4405122017B00018-1）。

2017年4月28日，取得汕头市濠江区发展规划局核发的《建设工程规划许可证》（〔2017〕濠发规地字第011号）。

2017年8月14日，取得汕头市濠江区工程质量监督站（以下简称濠江区质监站）核发的《建设工程质量监督注册表》（监督注册号：201732）。

2017年8月14日，取得濠江区质监站出具《建设工程安全监督申报登记表》（监督编号：201732）。

2017年8月17日，取得汕头市濠江区城市建设和环境保护局（以下简称濠江区城建环保局）核发的《建筑工程施工许可证》（编号：440512201708170201）。

2017年9月26日，取得汕头市公安消防局核发的《建设工程消防设计备案凭证》（汕公消设备字〔2017〕第0056号）。

（三）工程合同签订情况

2016年4月30日，达濠建总与社会自然人李明藩签订《汕头市达濠建筑总公司施工安全生产责任书（中海信汕头创新产业城项目）》。

2016年12月26日，中海信公司与洛阳石化公司签订《中海信（汕头）创新产业城项目B地块一期（产B-01～产B-04）监理合同》。

2017年4月28日，中海信公司与李明藩签订《中海信（汕头）创新产业城项目B地块一期项目消防、水电工程施工合同》。

2017年6月15日，中海信公司与达濠建总签订中海信（汕头）创新产业城项目B地块一期（产B-01～产B-04）《建设工程总承包施工合同》，合同载明项目现场代表为李明藩。根据2017年8月12日达濠建总《法定代表人授权书》显示，中海信工程的施工项目负责人为陈汉波。

(四) 根据事后现场勘查及濠江区质监站提供的资料显示,事发施工升降机 (以下简称升降机) 基本信息如下:

1. 升降机及相关方的基本信息

升降机及相关方基本信息表　　　　　　　　表 9-1

产品名称	施工升降机	型号	SC200/200
出厂编号	YHD1303140	检验依据	GB/T 10054—2005
制造许可证编号	TS2444015—2013	产权备案编号	粤 SA-S02647
产权登记日期	2015 年 12 月 7 日	出厂日期	2013 年 3 月 29 日
制造单位	佛山市南海裕华建筑机械有限公司	备案部门	东莞市建设工程安全监督站

出租单位东莞市鸿浩建筑机械租赁有限公司 (以下简称东莞鸿浩公司),住所:东莞市万江区共联社区银河路 13 号 3 楼,法定代表人:魏坤龙,注册资本:100 万人民币,类型:有限责任公司 (自然人投资或控股),经营范围:各类建筑机械设备材料的安装租赁,各类起重设备的安装和拆卸。

安装及维修保养单位为深圳市鹏城建筑起重机械设备安装有限公司 (以下简称深圳鹏城公司),住所:深圳市福田区农林路鑫竹苑 A 座 15 层 1506 室,法定代表人:朱海琦,类型:有限责任公司 (自然人投资或控股的法人独资),注册资本:210 万人民币,经营范围:各类建筑机械设备材料的安装租赁,各类起重设备的安装和拆卸。持有安全生产许可证,有效期:2017 年 8 月 10 日至 2020 年 8 月 10 日。

检测单位为深圳市粤建建筑机械安全技术服务有限公司,住所:深圳市龙岗区龙岗街道南联社区龙城南路 40 号 3 层,法定代表人:马文雄,类型:有限责任公司 (自然人独资),注册资本:500 万人民币,经营范围:建筑起重机械设备的安全检测 (法律、行政法规禁止的项目除外;法律、行政法规限制的项目须取得许可后方可经营)。

实际控制单位为广东鑫锐建筑机械设备有限公司 (以下简称广东鑫锐公司),住所:汕头市龙湖区黄河路 25 号 (银信大厦) 1201 号房之 02 单元,法定代表人:唐晓华,类型:有限责任公司 (自然人投资或控股),注册资本:1000 万人民币,经营范围:建筑机械设备、工程机械设备的销售、租赁及零配件的销售;建筑机械设备的安装,维修及保养;五金、机电设备及零配件的销售。

2. 合同签订情况

2017年8月1日，达濠建总与东莞鸿浩公司签订《施工升降机租赁合同》和《施工升降机租赁安全协议》。

2017年8月1日，达濠建总与深圳鹏城公司签订《施工升降机安装合同》和《安装安全生产协议书》。

2017年8月30日，达濠建总中海信（汕头）创新产业城工程项目部与广东鑫锐建筑机械设备有限公司（以下简称广东鑫锐公司）签订《升降机设备租赁合同》。

2017年9月1日，达濠建总与深圳鹏城公司签订《施工升降机维修保养合同》。

3. 登记安装检测的情况

2015年12月7日，东莞市建设工程安全监督站出具《备案证明》。

2017年3月13日，广东鑫锐公司委托深圳市华升安全检验有限公司对升降机SAJ型防坠安全器（产品编号：142603179）进行检测，检验结论为合格，检测有效期至2018年3月12日。

2017年3月21日，广东鑫锐公司委托深圳市华升安全检验有限公司对升降机SAJ型防坠安全器（产品编号：142603122）进行检测，检验结论为合格，检测有效期至2018年3月20日。

2017年9月4日，濠江区质监站核发《建筑起重机安装（拆卸）告知表》（告知受理号：GZ440512006897）。

2017年9月，深圳鹏城公司按照《施工电梯安全专项施工方案》组织安装升降机。

2017年9月25日，深圳市粤建建筑机械安全技术服务有限公司出具《广东省建筑工程升降机安装检验评定报告》（报告编号：SD2017078），检验评定结论合格。

2017年9月29日，深圳鹏城公司出具《升降机安装自检表》（GDAQ209010801），自检结果为合格。

2017年10月13日，濠江区质监站批准使用单位、出租单位、安装单位及监理单位四方主体申请的《建筑起重机械使用登记申报表》。

2017年10月16日，濠江区质监站核发《建筑起重机械使用登记牌》，批准升降机使用，有效日期为：2017年10月16日至2018年9月24日。

2017年11月24日，深圳市粤建建筑机械安全技术服务有限公司出具《广东省建筑工程升降机最大高度检验评定报告》（报告编号：SD2017178），检验评定结论为合格。

4. 升降机的来源

经查, 2016 年 2 月, 广东鑫锐公司向魏坤红(东莞鸿浩公司法定代表人魏坤龙的胞兄)购买升降机。购置后, 升降机 2016 年 4 月曾在汕头壹品湾建筑工地使用, 使用工期约 10 个月。2017 年 6 月, 运回广东鑫锐公司仓库。2017年 8 月, 广东鑫锐公司将升降机出租给中海信工程项目部(委托代理人:李明藩)建筑工地使用直至发生事故。因此, 升降机的实际控制者为广东鑫锐公司。

(五) 天气情况

4 月 9 日 17 时, 汕头气象局公开气象信息显示:预计未来六小时内晴间多云, 偏东风 2~3 级, 气温 19~24℃。

二、事故经过及应急救援处置情况

(一) 事故经过

经现场勘查、调查询问、分析论证, 基本复原事故经过:4 月 3 日上午, 广东鑫锐公司控股股东张欣应李明藩要求, 联系了两名作业人员, 拆卸升降机导轨架最顶一道附墙架和导轨架最顶两个标准节。4 月 9 日晚上, 中海信工程建筑工地水电组负责人叶高良组织作业人员加夜班, 进行消防、水电设备的安装调试。19 时许, 郑汉鑫等 4 名作业人员启动升降机东侧吊笼, 乘坐升降机前往工作楼层。升降机上行至工作楼层时, 吊笼没有停止运行, 一直上行至导轨架顶部, 上限位开关和上极限开关均不起作用, 吊笼继续上行, 传动小车冲出导轨向外侧翻, 传动电机驱动齿轮脱离齿条, 失去驱动动力, 吊笼在重力作用下沿着导轨架下滑, 在加速下滑过程中, 防坠安全器未能有效制停吊笼, 吊笼直接撞向底坑, 产生巨大冲击力, 吊笼结构变形损坏, 吊笼内 4 名作业人员失控高坠。事发工地周边人员听到巨响后赶到事故现场, 合力将吊笼内 4 名受伤作业人员救出, 经送汕头市达濠华侨医院后证实死亡。

(二) 事发后现场勘察状况

事发现场没有设置视频监控, 也没有找到事发经过的目击者。事发后现场勘察状况如下:

升降机位于中海信工程 1 幢 B 城厂房(产 B-01)北侧, 升降机有两个吊笼(面向建筑物, 东侧吊笼居左, 西侧吊笼居右), 如图 9-1 所示。

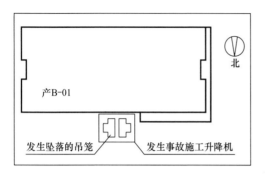

图 9-1　事故现场示意图

图 9-2　升降机左笼坠落至地面后的
整机状况（正面）

升降机结构示意图如图 9-3 所示。

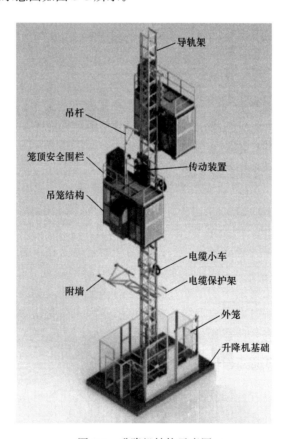

图 9-3　升降机结构示意图

1. 升降机两个吊笼均位于首层地面位置，右笼仍然处于正常位置和状态，未发生损坏或明显变形；左笼位于地面底坑位置，吊笼下端（导轨侧）导向滚轮与导轨架标准节立管保持接触状态，吊笼上端（导轨侧）导向滚轮与导轨架标准节立管脱离；左笼整体结构发生严重变形及破损。

2. 升降机左侧吊笼的传动小车翻倒在吊笼顶部，传动小车与吊笼顶部的销轴连接状态仍然完好；传动电机在传动小车上的安装连接保持基本完好；传动电机驱动齿轮基本完好；传动小车的防脱安全钩保持完好，未发生变形或者破坏；传动小车的六个导向滚轮中有一个已经脱落。

3. 升降机导轨架顶部没有防止吊笼（含传动小车）冲出导轨的防护设施；左笼极限开关撞杆安装位置不准确，无法与撞板接触，极限开关无法动作；左侧吊笼内电气柜内的上行接触器触点仍然位于闭合位置，上行接触器的触点有烧蚀痕迹。

升降机事故演示如图9-8所示。

图9-4　升降机导轨架顶部无防吊笼（含
传动小车）驶出导轨的防护设施

图9-5　升降机传动小车顶部无检测
标准节不在位的保护装置

图9-6　升降机传动小车顶部检测
标准节

图9-7　升降机传右笼极限开关撞杆安装位置
不在位的保护装置不准确，无法与撞板接触

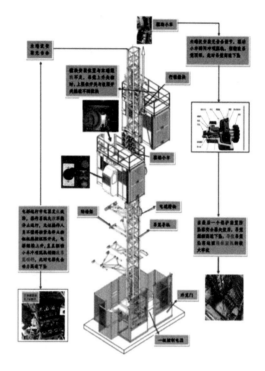

图 9-8　升降机事故演示图

4. 左侧吊笼的防坠安全器仍然位于正常安装位置，状态基本正常，防坠安全器齿轮也处于正常安装位置，状态基本正常，未发现破坏或损伤，但左笼的防坠安全器超过标定检测有效期2018年3月12日。事发后，事故调查组委托省建筑科学研究院集团股份有限公司检测，该司出具的《防坠安全器检测报告》（报告编号：JK-G2018（80）0002、0003），关于左笼防坠安全器检验结论为：防坠安全器齿轮不能灵活轻便地转动；右笼防坠安全器检验结论为：所检测项目符合标准要求。

5. 现场留有附墙架的安装孔位，升降机结构件存在缺路。深圳粤建公司出具的《升降机最大高度检验评定报告》（2017年11月28日）显示当时的架体安装高度为63m，现场实测架体安装高度为60m，少了两个导轨架标准节，其中：一个标准节主肢立管存在开裂缺陷；一个标准节斜腹杆开焊断裂；安装在底部的基础节和第二个标准节的斜腹杆存在开焊断裂缺陷。经查，2018年4月3日上午，升降机有一道附墙架和两个标准节被拆卸。

（三）事故信息接报及处置情况

4月9日19时10分，事故发生后，工程项目部立即组织施救，将4名受伤作业人员送至达濠华侨医院，并上报达濠建总，达濠建总立即启动事故应急程序，成立事故处理应急领导小组，协调事故现场救援及善后等工作，保护事故现场，逐级向上级主管部门汇报。

20时15分，濠江区卫计局接到达濠华侨医院电话报告报称，中海信工程工地工友送来4名疑因高处坠落受伤的作业人员，经医务人员检查，4名作业人员已无生命体征。接报后，濠江区卫计局马上派员到医院了解情况。

20时32分至21时33分，濠江区公安分局马滘派出所接"110"指挥中心指令，立即赶到事故现场，了解事故现场情况和开展勘查，并将相关人员带到派出所调查询问。濠江区党政办通知区安监局、区城建环保局、滨海街道办事处、区南山湾工业园区办公室（以下简称南山湾园区办）等部门和单位赶赴现场处置。

21时49分，市安监局接报后，局主要领导带领相关负责同志立即赶赴事故现场。

22时14分，濠江区相关领导赶赴医院、事发现场坐镇指挥，落实事故善后处置工作。市委、市政府领导到达事故现场部署相关工作，要求区政府落实应急处置和善后等工作。

事故发生后，濠江区委、区政府成立事故善后处置工作领导小组。每名死者家属安排一个工作小组，积极做好死者家属的心理疏导、赔偿协商、生活保障等工作。目前，4名死者的善后工作已经完成。

经评估，本次事故应急处置有序、有效，没有引发次生事故和造成次生灾害。

（四）事故造成人员伤亡和直接经济损失情况

1. 事故造成4人死亡，升降机左笼变形损坏。经汕头市濠江区公安司法鉴定中心法医检验，其出具尸表检验意见书（汕公濠鉴（法尸）字［2018］015、016、017、018号）对4名死者的鉴定意见均为："死因符合高坠致死"。

事故造成4名作业人员死亡，其基本情况：

郑汉鑫：男，22岁，汕头市潮阳区金浦街道人，中海信工程水电班的作业人员。

陈伦锋：男，26岁，汕头市濠江区马滘街道人，中海信工程水电班的作业人员。

马泽贤：男，31岁，汕头市濠江区滨海街道人，中海信工程水电班的作业人员。

黄灶鹏：男，32岁，汕头市濠江区磐石街道人，中海信工程水电班的作业人员。

2. 依据《企业职工伤亡事故经济损失统计标准》GB 67211—1986的有关规

定，事故造成的直接经济损失为 680 多万元。

三、事故原因

（一）事故直接原因

经调查，本起事故的直接原因是升降机安全保护装置不齐全且失效，作业人员违规无证操作。

事发前升降机最顶端两个标准节及附墙架被人为拆卸，限位开关和极限开关撞杆（安全撞尺）也没有做相应的调节，事发前已埋下了缺少安全保护装置、保护性能作用失效的事故隐患。事发时，升降机左侧吊笼在上升至导轨架末端时，上限位开关和上极限开关不起作用，导致升降机发生冲顶，造成吊笼上传动小车越出导轨倾翻。吊笼失去动力后滑落，在滑落过程中，防坠安全器未能有效制停吊笼，吊笼以近似自由落体状态撞击底坑，造成人员伤亡。同时 4 名水电班作业人员违反建筑施工升降机安全技术规程，在不具有建筑施工特种作业操作资格的情况下，擅自操作升降机，未能有效处置。

（二）事故间接原因

1. 中海信工程项目存在违法发包、挂靠等行为，源头管理缺失，安全生产主体责任不落实，升降机管理混乱。

（1）李明藩施工队。一是作为中海信工程的实际施工方，是一支不具备相应建筑施工资质条件的施工队，其违反《中华人民共和国建筑法》第十三条、第二十六条规定，与中海信公司签订水电、消防工程施工合同。李明藩名义上系中海信项目工程总承包人达濠建总的现场施工，实质上系通过挂靠使用达濠建总的施工资质，承揽中海信工程组织施工作业。二是李明藩本人长期冒用备案项目经理陈汉波的签名，签署多份升降机租赁、安装、维保等合同以及政府相关单位要求出具的文书，应付政府有关部门和单位的监督检查。三是李明藩违反《建筑升降机安装、使用、拆卸安全技术规程》规定，指令拆卸升降机附墙架和标准节。四是施工队水电组负责人叶高良，组织作业人员进行水电、消防工程施工作业，指挥作业人员无证操作升降机。

（2）中海信公司。作为中海信工程的建设单位，其违反《中华人民共和国建筑法》第十五条的规定，未全面履行合同约定的义务；其违反《中华人民共和国建筑法》第十三条、第二十六条、《中华人民共和国安全生产法》第四十六条和《建筑工程施工转包违法分包等违法行为认定查处管理办法（试行）》（建市

[2014] 118号）第五条第一款的规定，将消防、水电工程违法发包给不具备承包相应资质的李明藩。

（3）达濠建总。作为中海信工程的总承包单位，其违反《中华人民共和国建筑法》第十五条和《建设工程安全生产管理条例》第四条和第二十一条的规定，不认真履行总承包单位安全生产工作职责，放任备案项目经理陈汉波长期不在岗，对工程施工的安全生产缺管失管；其违反《中华人民共和国建筑法》第十三条、第二十六条和《建筑工程施工挂靠违法分包等违法行为认定查处管理办法（试行）》第十一条第一款的规定，让不具备施工资质的李明藩通过挂靠进行施工；其违反《建筑起重机械安全监督管理规定》十八条第四款、第五款的规定，作为升降机合同约定使用单位，未设置相应的设备管理机构或者配备专职的设备管理人员，未指定专人管理升降机，未发现违规拆卸附墙架和标准节的行为。

（4）广东鑫锐公司。作为升降机的实际控制者，其违反《中华人民共和国安全生产法》第二十七条，派遣不具备资格的人员操作升降机；其违反《建筑起重机械安全监督管理规定》第十二条、第十三条的规定，应李明藩要求违规拆除升降机附墙架和标准节。

（5）洛阳石化公司。作为中海信工程监理单位，其违反《建设工程安全生产管理条例》第四条的规定，不认真履行监理责任，施工现场监理不力。其违反《建筑起重机械安全监督管理规定》第二十二条第二、三、四款的规定，对违规拆卸升降机附墙架和标准节的行为失察；其违反《建筑起重机械安全监督管理规定》第二十二条第五款的规定，不认真监督升降机使用情况，对升降机使用管理混乱的情况失察，未及时发现防坠安全器检测已过期等情况；未督促使用单位按《建筑施工升降机安装、使用、拆卸安全技术规程》规定实施防坠安全器每3个月的坠落实验；其违反《建设工程安全生产管理条例》第十四条的规定，在项目经理陈汉波长期不在岗的情况下，未采取措施要求项目经理到岗履职。

（6）深圳鹏城公司。作为升降机的维修保养单位，不认真履行《升降机维修保养合同》，仅提供加盖其单位公章的空白《起重升降机维护登记表》，以应付有关单位监督检查，没有实施维护保养。调查中还发现该司在《升降机操作安全技术交底》代相关人员签名的情况。

2. 相关监管单位对中海信项目安全监管不力失察。

根据《建设工程安全生产管理条例》第四十条、第四十四条的相关规定，濠江区城建环保局应对辖区内建设工程安全生产实施监督管理。该局依法将施工现场的监督管理行政执法委托给其下属事业单位区质监站具体实施。濠江区滨海街道办事处负责辖区的安全生产日常监管和监督检查工作。南山湾园区办协管辖区的安全生产日常监管和监督检查工作。区城建环保局及其下属事业单位区质监站，滨海街道办事处、南山湾园区办等单位不按相关规定履职。

（1）濠江区质监站。受濠江区城建环保局的委托，负责濠江区房屋建筑和市政基础设施等工程的质量和安全监督工作，监督检查不认真。未发现中海信工程存在违法分包、挂靠等问题；未发现项目经理长期不在岗、防坠安全器检测过期；未发现升降机操作司机无证操作和升降机维保记录造假等情况。2018年春节后同意工程复工申请，事发后又不同意工程复工，落实安全监管措施不力、不及时；对辖区内建设工程监管工作量多人少，且缺乏专业技术人员等问题没有及时研究并采取行之有效的解决措施。

（2）濠江区城建环保局。作为建设工程行业主管部门，不认真履行建设工程安全生产监督管理职责，安全教育培训落实不力，对下属区质监站的安全监督工作缺乏规范指导。其监督检查不认真，未发现项目工程存在违法分包、挂靠等问题，工作失察。对辖区内建设工程监管工作量多人少，且缺乏专业技术人员等问题没有及时研究并采取行之有效的解决措施。

（3）濠江区滨海街道办事处。作为建设工程属地安全监管单位，事故发生后，个别领导未积极配合事故调查，其对辖区内建筑工地安全监督检查不认真，未及时发现存在的事故隐患，工作失察。办事处虽然建立较为完整的安全生产工作制度，但落实不力，检查流于形式，方法简单。对缺乏专业技术人员等问题没有及时研究并采取行之有效的解决措施。

（4）濠江区南山湾园区办。作为建设工程协管安全监管单位，对辖区内建筑工地安全生产日常监管不认真，未及时发现存在的事故隐患，工作失察。园区办虽有建立较完整的安全生产工作制度，但落实不力，检查流于形式，方法简单，对缺乏专业技术人员等问题没有及时研究并采取行之有效的解决措施。

（5）濠江区人民政府。督促指导各有关部门和单位依法履行安全生产监督管理职责不力，未及时协调、解决建筑施工行业领域安全监督管理中存在的突出问题。

四、事故性质

经调查认定，汕头濠江"4·9"建筑起重伤害较大事故是一起生产安全责任事故。

五、对相关责任人员和责任单位的处理建议

依据《中华人民共和国监察法》《中华人民共和国公务员法》《中华人民共和

国安全生产法》《中华人民共和国建筑法》《中国共产党问责条例》《中国共产党纪律处分条例》《行政机关公务员处分条例》《事业单位工作人员处分暂行规定》《安全生产领域违法违纪行为政纪处分暂行规定》《建设工程安全生产管理条例》《汕头市较大安全事故行政责任追究办法》等有关法律法规规章的规定，对事故有关责任人员和责任单位提出处理建议如下：

（一）司法机关已立案调查人员（共5人）

1. 李明藩。2018年4月10日，汕头市公安局濠江分局以李明藩涉嫌重大责任事故罪实施刑事拘留。2018年5月4日，经濠江区人民检察院批准，汕头市公安局濠江分局以涉嫌重大责任事故罪对其进行逮捕。

2. 叶高良。2018年4月10日，汕头市公安局濠江分局以叶高良涉嫌重大责任事故罪实施刑事拘留。2018年5月4日，经濠江区人民检察院批准，汕头市公安局濠江分局以涉嫌重大责任事故罪对其进行逮捕。

3. 张晔，广东鑫锐公司股东。2018年4月13日，汕头市公安局濠江分局以张晔涉嫌重大责任事故罪采取强制措施。

4. 昌军，洛阳石化公司监理总监。2018年6月2日，汕头市公安局濠江分局以昌军涉嫌重大责任事故罪采取强制措施。

5. 张欣，广东鑫锐公司，股东。2018年7月2日、汕头市公安局濠江分局以张欣涉嫌重大责任事故罪采取强制措施。

（二）拟给予党纪政务处分、诫勉谈话、书面检查和检讨的人员（共16人）

1. 濠江区质监站（4人）

（1）李祖特，中共党员，濠江区质监站安全管理股股长，第二安全监督组组长，负责中海信工程的安全监督检查。其不正确履行职责，对升降机使用、维护保养、拆卸等重点环节安全监管工作不细致，落实严格安全监管措施不力、不及时，对该事故发生负监管方面的直接责任。给予其党内严重警告、行政撤职处分。

（2）徐剑辉，中共党员，濠江区质监站支部书记、站长、直接分管第二安全监督组。其不正确履行职责，对中海信工程违法发包、挂靠等问题失察，对该工程施工安全监管工作不认真，落实严格安全监管措施不力、不及时，对该事故发生负监管方面的直接领导责任。给予其党内严重警告、降低管理岗位等级处分。

（3）郑宗典，群众，濠江区质监站安全监督员，负责中海信工程的安全监督检查。其对升降机使用、维护保养、拆卸等重点环节安全监管工作不细致，落实严格安全监管措施不力、不及时，对该事故发生负监管方面的直接责任。给予其降低管理岗位等级处分。

（4）张汉标，中共党员，濠江区质监站支部委员、副站长，第一安全监督组组长。2013 年 3 月 21 日至 2018 年 2 月 12 日，协助站长工作，分管安全管理股；2018 年 2 月 13 日至 2018 年 5 月 2 日，协助站长抓安全管理工作，负责第一安全监督组工作。其虽不直接负责中海信工程的安全监督工作，但在 2018 年 2 月前作为分管安全管理股的领导，没有主动过问第二安全监督组工作，对该事故发生负监管方面的领导责任。鉴于安全管理股日常工作绝大多数情况下直接向站长汇报的情况，责令其做出书面检查。

2. 濠江区城建环保局（3 人）

（1）陈学群，中共党员，濠江区城建环保局党委委员、副局长，分管行政审批股、建筑市场及质量安全监管股、区质监站。其未全面落实对建筑行业领域安全生产的监督管理职责，疏于对下属质监站、建筑市场及质量安全监管股相关工作规范指导，对质监站存在安全监管等方面存在问题失察。对该事故发生负有主要领导责任。给予其党内严重警告、行政记大过处分。

（2）黄燕惠，群众，濠江区城建环保局建筑市场及质量安全监管股股长。其不正确履行职责，对辖区内建设工程监管不认真，对中海信工程工地监管不力，日常检查流于形式，对该事故的发生负监管方面的直接责任。给予其行政记大过处分。

（3）唐子健，中共党员，濠江区城建环保局党委书记、局长。其未全面落实对建筑行业领域质量、安全生产的监督管理职责，疏于对下属区质监站、建筑市场及质量安全监管股业务的指导、监督，对区质监站存在安全监管和质量监管等方面问题失察，对该事故发生负有领导责任。给予其诫勉谈话。

3. 达濠建总（2 人）

（1）黄邦平，中共党员，达濠建总党总支书记、法定代表人兼总经理。不认真贯彻落实《中华人民共和国建筑法》等有关法律法规和政策规定，工作失职，造成中海信工程存在违法挂靠、项目经理长期不在岗位等违法违规行为，对事故的发生负有主要领导责任。给予其党内严重警告、行政记过处分。

（2）李凯，中共党员，达濠建总机关书记、副总经理。不认真贯彻落实《中华人民共和国建筑法》等有关法律法规和政策规定，工作失职，造成中海信工程存在违法挂靠、项目经理长期不在岗位等违法违规行为，对事故的发生负有重要领导责任。给予其党内严重警告、行政记过处分。

4. 濠江区滨海街道（3 人）

（1）陈木顺，中共党员，濠江区滨海街道党工委委员、上店社区党支部书记，分管城建等工作。其不正确履行职责，对辖区内工程建设安全方面的监督检查不认真，对下属城区事务办履职安全监管职责不认真的问题失察，对该事故发生负监管方面的主要领导责任。给予其党内警告处分。

（2）郑良洲，中共党员，濠江区滨海街道办事处城区事务办主任，负责城建等工作。其不正确履行职责，对辖区内工程建设安全方面的监督检查不认真，监管工作流于形式，对该事故发生负监管方面的直接责任。给予其党内警告处分。

（3）沈旭东，中共党员，濠江区滨海街道党工委副书记、办事处主任。其作为街道安全生产第一责任人，全面负责街道安全生产工作，对下属单位城区事务办履行建设工程安全监管职责不认真的问题失察，对该事故发生负监管方面的领导责任。给予其诫勉谈话。

5. 南山湾科技产业园开发建设办公室（3人）

（1）陈松潮，中共党员，南山湾科技产业园开发建设办公室建设管理科副科长。其不正确履行职责，对园区内工程建设安全方面的监督检查不认真，监管工作流于形式，对该事故发生负监管方面的直接责任。给予其诫勉谈话处分。

（2）胡彬，中共党员，南山湾科技产业园开发建设办公室党委副书记、副主任，协助郭耀宇主持全面工作。其作为园区安全生产责任人，对本单位履行安全监管职责不认真的问题失察，对该事故发生负监管方面的领导责任。责令其作出书面检查。

（3）周学鹏，中共党员，南山湾科技产业园开发建设办公室副主任兼建设管理科科长，主管项目规划、建设、报建、施工现场监管协调等工作。其作为园区安全生产直接责任人，对园区内工程建设安全方面的监督检查不认真，对该事故发生负监管方面的一定责任。责令其作出书面检查。

6. 濠江区人民政府（1人）

郭耀宇，中共党员，濠江区人民政府副区长，兼南山湾科技产业园开发建设办公室主任，分管产业园区、城乡建设。分管城建环保局，在贯彻落实分管行业安全生产方针政策、法律法规中领导不力，对分管部门履行监管职责督促不力，对事故发生负有一定领导责任。责令其在濠江区政府党组会上进行检讨。

（三）实施问责的政府和有关单位（共4家）

1. 责令濠江区政府向汕头市政府做出书面检查。
2. 责令濠江区城建环保局向区政府做出书面检查。
3. 责令濠江区滨海街道党工委、办事处向区委、区政府做出书面检查。
4. 责令南山湾产业园工业办向区政府做出书面检查。

（四）给予行政处罚及处理的单位（共4家）

1. 中海信公司。其对事故发生负有责任，依据《安全生产法》第一百零九条第二项的规定，由濠江区安监局依法给予其行政处罚。其存在违法发包等行为，由濠江区城建环保局依据《中华人民共和国建筑法》等有关法律法规依法予以处理。

2. 达濠建总。其对事故发生负有责任，依据《安全生产法》第一百零九条第二项的规定，由濠江区安监局依法给予其行政处罚。其存在允许个人使用其资质进行施工作业等行为，由濠江区城建环保局依据《中华人民共和国建筑法》等有关法律法规依法予以处理。

3. 洛阳石化公司。其存在不认真履行建设工程监理职责，不认真履行升降机安全工作职责等行为，由濠江区城建环保局依法依规予以处理。

4. 广东鑫锐公司。其不认真履行升降机安全工作职责等行为，由濠江区城建环保局依法依规予以处理。

（五）给予行政处罚的个人（共5人）

1. 李莉。中共党员，中海信公司法定代表人兼总经理，中海信工程负责人，其不认真履行安全生产管理职责，依据《安全生产法》第九十二条第二款规定，由濠江区安监局依法给予其行政处罚。

2. 黄邦平。中共党员，达濠建总法定代表人兼总经理，其不认真履行安全生产管理职责，依据《安全生产法》第九十二条第二款由规定，由濠江区安监局依法给予其行政处罚。

3. 李凯。中共党员，达濠建总副总经理，其不认真履行安全生产管理职责，依据《安全生产法》第九十三条的规定，由濠江区城建环保局依法提请撤销其与安全生产有关的资格。

4. 陈汉波。群众，二级注册建造师。其不认真履行项目经理工作职责，依据《安全生产法》第九十三条的规定，由濠江区城建环保局依法提请撤销其二级注册建造师的资格。

5. 昌军。群众，洛阳石化公司监理总监，中海信工程监理负责人，其不认真履行监理职责，由濠江区城建环保局依法提请予以处理。

（六）其他建议

1. 深圳鹏城公司不认真履行《升降机维修保养合同》，没有对升降机实施维护保养，由濠江区城建环保局依法依规予以处理。

2. 该升降机涉嫌为冒牌拼装产品，经向生产厂家求证，该厂从未生产过该型号产品；涉嫌伪造升降机的各类技术资料及相关证书，其中《产品制造监督检验证书》经省特种设备检测院鉴定为伪造；涉嫌伪造东莞鸿浩公司公章，与达濠建筑总签订合同，涉嫌假冒以东莞鸿浩公司的名义在东莞工程质量监督站登记备案。建议由濠江区公安部门作进一步调查处理。

若司法机关发现本起事故有其他人员涉嫌犯罪的，由司法机关依法独立调查处理。

六、事故主要教训

（一）涉事企业安全责任意识淡薄，未认真履行职责

中海信公司未做好建设工程的安全生产工作统一协调管理，定期安全检查不力，违法将工程的水电、消防工程发包给不具有建筑施工相应资质条件的自然人李明藩。达濠建总未履行合同约定的安全生产责任和义务，让李明藩施工队以达濠建总的名义承揽工程，挂靠组织施工，工程项目建设实际上由李明藩施工队施工，导致达濠建总对施工现场总责任主体责任缺失，日常施工管理混乱，安全生产责任未能落实，达濠建总以包代管，安全生产工作流于形式。洛阳石化公司未能履行监理单位职责，安全监理形同虚设，现场监理人员到位情况较差，在升降机被拆除附墙架及标准节时未在现场旁站，相关监理人员对自己应负的安全责任认识不足。责任心不强。广东鑫锐公司不认真履行升降机出租单位安全管理职责，提供无证司机操作，配合李明藩违规拆卸升降机的附墙架及标准节。深圳鹏城公司不认真履行升降机维护保养合同，未开展实质性维护保养。

（二）相关单位在升降机管理上混乱

使用单位对升降机的使用管理不符合建筑施工升降机安全技术规程，一是日常操作司机由不具有建筑施工特种作业资格操作资格的人员操作。二是使用单位不认真组织定期维护保养，也不按规定实施防坠安全器每3个月的坠落试验。三是日常操作司机下班后，不按规定切断电源锁好开关箱、吊笼门和地面防护围栏门，电源处于接通状态，现场人员可随意操作升降机。在拆卸升降机附墙架及标准节过程中，未遵守相应的法律法规，未编制相应的拆卸方案，随意指使人员进行拆卸，建设方、施工方、监理方等单位均未制止升降机的错误拆卸行为。上述单位在升降机上的管理混乱，致使事故发生，无视相关法律法规。

（三）属地政府及行业主管部门监管不力

濠江区政府作为属地政府，在落实安全生产责任制和监管力度上存在不足，未能及时发现中海信工程存在重大安全隐患。濠江区滨海街道和南山湾科技产业

园开发建设办公室作为负有中海信工程的属地监管主管、协管单位，没有严格执行相应的法律法规、工作规定，没有严格履行职责，在日常的监督检查中，未能制订有针对性的检查计划。濠江区城建环保局作为行业主管部门，对安全生产工作重视不够，对委托濠江区质监站负责辖区内房屋建筑和市政基础设施的工作监督不力。濠江区质监站作为中海信工程的行业管理部门，未能及时发现违法发包、挂靠及项目经理长期不在岗、升降机司机无证操作、防坠安全器检验过期等事故隐患。

七、事故防范措施建议

（一）增强安全生产红线意识，进一步强化建筑施工安全工作

濠江区政府及各有关部门要进一步牢固树立新发展理念，坚持安全发展，坚决守住"发展决不能以牺牲人的安全为代价"这条不可逾越的红线，进一步加强领导、落实责任，杜绝麻痹大意，严格"党政同责、一岗双责、失职追责"的安全生产责任体系的建立健全与落实，始终将安全生产置于一切工作的首位。建筑施工企业要切实提高安全生产的自觉性，严格按照有关法律法规和标准要求，设置安全生产管理机构，配置相应有资质的专职安全管理人员，建立健全安全生产责任制，完善企业和施工现场作业安全管理规章制度。

（二）狠抓行业监管责任，加强建筑施工相关企业落实主体责任

各级住建部门要牵头组织在全市范围内开展建筑行业领域安全大检查，重点检查工程建设、施工、监理等各方主体主要负责人、项目负责人履职情况；企业安全生产责任制建立和落实情况，依法设置安全生产管理机构或配备专职安全生产管理人员和保障安全生产投入情况；督促建设方、承包方、监理方等各方主体及建设项目安全组织管理、安全教育培训、专项施工方案、安全技术交底、隐患排查治理、现场安全管理、应急管理等安全风险识别和管控工作落实情况；对发现的问题和隐患，责令企业及时整改，重大隐患排除前或在排除过程中无法保证安全的，一律责令停工。

（三）严格建筑起重机械管理，落实安全监管责任

各级住建部门及相关监管单位要加强建筑起重机械的安全管理，加强建筑起重机械的安装、拆卸安全管理，建筑起重机械设备的安装（包括安装、拆卸和加节顶升等作业），必须由具有相应起重设备安装工程专业承包资质并取得建筑施

工企业安全生产许可证的施工单位实施，必须制定安全技术专项方案，建筑起重机械安装完毕后，安装单位应当按照安全技术标准及安装使用说明书要求对建筑起重机械进行自检、调试和试运转，确保安全。开展建筑起重机械安全隐患大排查大整治，通过企业自查排查及时发现机械是否存在超期使用、安装是否达标、安全装置是否失效、使用是否不当、检测是否合格等问题，建立隐患台账，坚决做到隐患整改责任、措施、资金、时限、预案"五落实"。

（四）组织事故案例剖析，加强建筑施工人员安全教育

各级住建部门等建设行业主管部门应组织本行业建设项目的各方主体，在全市范围内开展建筑施工领域的安全生产警示教育，以此次事故为案例，认真分析剖析。市住建局牵头组织全市所有在建工地进一步加强对建筑施工作业人员的安全教育，学习掌握建筑施工作业的危险因素、防范措施以及事故应急救援措施，进一步提供建筑施工作业人员的安全意识和防范技能。

（五）加大行政监管执法力度，坚决打击非法违法行为

各级住建部门等建设行业主管部门要进一步加强打击建设单位规避招标，将工程发包给不具备相应资质、无安全生产许可证的施工单位的行为，发现一起，打击一起；进一步监督施工单位是否有按标准施工，施工项目负责人是否有相关执业证书、是否存在长期不在岗等情况，是否有将施工工程转包、让无资质单位挂靠的违法行为；是否有落实生产安全隐患排查治理等制度规定。坚决杜绝各方主体以租代管、违法发包、转包、挂靠等违法行为。

专家分析

一、事故原因

（一）直接原因

王凯晖

点评专家

住建部科学技术委员会工程质量安全专业委员会委员，北京建筑大学教师，长期从事建筑起重机械检验检测工作

1. 施工升降机安全保护装置失效，事发前升降机最顶端两个标准节及附墙架拆卸后未对限位开关和极限开关撞杆进行相应的调节，埋下了缺少安全保护装置、保护性能作用失效的事故隐患。事发时升降机左侧吊笼在运行到标准节末端时，

上限位开关和上极限开关失效，造成吊笼上方的传动小车越出导轨倾翻。

2. 在吊笼沿标准节下坠的过程中防坠安全器未能有效制停吊笼，造成吊笼直接撞击地面形成事故现场的状态。

3. 事故发生时吊笼内没有具备施工升降机操作资格的人员，由施工人员擅自操作升降机，未能及时有效的处置危险情况。

（二）间接原因

1. 工程项目存在违法发包、挂靠等行为，源头管理缺失，安全生产主体责任不落实，升降机管理混乱。建设单位和总承包企业违法行为导致施工现场的管理混乱。从源头上丧失了对施工升降机安全管理的能力。

2. 租赁公司擅自根据施工单位的要求进行标准节和附墙架的拆除作业，而且未对相关作业的结果进行检查，导致安全装置失效。

3. 施工升降机多个标准节的结构开焊说明租赁公司对出租的设备未进行检查，维保公司也未实际履行相应的维保检查义务。

4. 施工升降机防坠安全器的标定日期过期，说明租赁公司、维保单位、施工单位和监理单位对重要安全环节管理存在较大的疏漏。

二、经验教训

在本次事故发生前，安装公司并未对降节后的设备进行验收，也未核实相关安全装置的作用。当天 4 名乘坐吊笼的工人中不具有资格的施工升降机司机，从事故现场描述的情况看可能存在着接触器由触点烧蚀造成无法断开回路；但上极限的碰撞杆与碰铁无法接触导致吊笼继续上升后冒顶（传动机构齿轮与齿条脱离）造成传动小车车架倾翻，此时防坠安全器应及时动作制止吊笼沿标准节下滑，但防坠安全器的失效最终导致惨剧的发生。

本次事故也存在着升降机司机无证操作的问题。由于乘坐的四人均不具备专业知识，因此当上限位失效时吊笼内人员无法采取必要的措施（手动切断上极限装置）切断总电路使电机制动。

10 海南五指山"5·17"塔机拆卸较大事故

2018年5月17日11时10分左右,五指山市颐园小区三期项目A栋工地在塔吊拆卸时发生坍塌较大事故,造成3人当场死亡,1人送医院抢救无效死亡;事故直接经济损失663万元。

事故发生后,省委省政府高度重视,省委书记刘赐贵,省委副书记、省长沈晓明,副省长范华平专门作出指示,要求查明事故原因和责任、依法追究、做好善后工作。省住建厅、省安监局立即组织人员赶赴现场指挥救援处置工作。

根据《生产安全事故报告和调查处理条例》(国务院令第493号)等有关法律法规,经省政府批准成立了由省住建厅牵头,省监察委、省公安厅、省质监局、省安监局、省总工会参加的五指山市颐园小区三期项目"5·17"塔吊坍塌较大事故调查组(以下简称事故调查组),全面负责事故调查工作。同时聘请了塔吊安装拆卸、工程机械、建筑施工等方面专家组成专家组,全程参与事故调查工作。

事故调查组坚持安全事故调查"四不放过"和"科学严谨、依法依规、实事求是、注重实效"的原则,通过现场勘验、调查取证和专家论证,查明了事故发生的经过、原因、人员伤亡和财产损失情况,认定了事故性质和责任,提出了对有关责任人员和责任单位的处理意见,以及加强和改进工作的措施建议。

一、项目基本情况

(一)项目概况

项目名称五指山·颐园小区,位于五指山市迎宾大道南侧,总建筑面积103421.91m²,分三期建设,前两期已经通过竣工验收备案。事故项目是第三期建设两栋楼,E2栋地上十二层,建筑面积13245.73m²,建筑高度38.7m,1~2层为商业服务网点,3~12层为住宅;A栋地上11层,地下1层,建筑面积

4756.89m²，建筑高度 36m，负 1 层为物业用房，1～11 层为住宅。

2010 年 4 月 6 日，五指山·颐园小区取得五指山市城市规划管理办公室核发的《中华人民共和国建设用地规划许可证》（编号地字第［2010］06 号），小区用地符合城市规划要求。

2010 年 4 月 16 日，五指山·颐园小区取得五指山市城市规划管理办公室核发的《海南省建设工程规划临时许可证》（编号 2010 字第 09 号），小区建设符合城市规划要求。

2017 年 7 月 4 日，五指山·颐园小区 E2、A 栋工程（三期项目）取得五指山市住房和城乡建设局颁发的《中华人民共和国建筑工程施工许可证》（编号 469001201707040201）。

2017 年 6 月施工总承包单位大冶建工集团有限公司与塔吊租赁单位海口安鑫海建筑机械设备租赁有限公司签订塔吊租赁合同，为五指山·颐园小区 E2、A 栋工程分别租赁塔吊。2017 年 8 月 17 日，A 栋工程主体完工。施工总承包单位称，2017 年 12 月通知塔吊租赁单位拆除 A 栋塔吊，由于没有找到下一家塔吊承租单位，塔吊租赁单位未及时拆 A 栋塔吊。2018 年 4 月，施工总承包单位再次通知塔吊租赁单位拆除 A 栋塔吊，2018 年 5 月 17 日，A 栋塔吊开始拆除。

（二）事故相关单位基本情况

1. 建设单位是五指山九宗实业开发有限公司，2007 年 8 月 9 日成立，法人代表吴娆。2010 年 9 月 8 日，海南省住房和城乡建设厅颁发房地产开发企业暂定资质证书；2014 年 10 月 23 日晋升发房地产开发企业资质叁级；2017 年 10 月 27 日，五指山市住房保障与房地产管理局颁发房地产开发企业资质证书，资质等级：叁级，有效期至 2020 年 10 月 26 日。

2. 施工总承包单位是大冶建工集团有限公司，2003 年 10 月 22 日成立，法定代表人郑正健。2016 年 5 月 19 日，住房和城乡建设部颁发的建筑业企业资质证书，资质类别及等级：建筑工程施工总承包壹级，有效期至 2021 年 1 月 5 日。2015 年 12 月 2 日，湖北省住房和城乡建设厅颁发的建筑业企业资质证书，资质类别及等级：市政公用工程施工总承包贰级，地基基础工程专业承包贰级等，有效期至 2020 年 12 月 1 日。2017 年 4 月 11 日，湖北省住房和城乡建设厅延期核准的安全生产许可证，有效期至 2020 年 4 月 11 日。

3. 监理单位是四川亿博工程项目管理有限公司，2009 年 8 月 3 日成立，法定代表人张敏。2015 年 4 月 17 日，住房和城乡建设部颁发的资质证书，有效期至 2020 年 4 月 17 日，资质类别及等级：工程监理综合资质。

4. 塔吊租赁单位是海口安鑫海建筑机械设备租赁有限公司，2013 年 1 月 31

日成立，法人代表人冯华安，经营范围：塔式起重机、施工升降机租赁、维修。

5. 塔吊检验检测机构是三亚北鼎特种设备检测有限公司，2015年4月30日成立，法定代表人刘亚丽，经营范围：特种设备检验、检测及技术服务。2015年10月23日，海南省质量技术监督局核发特种设备检验机构核准证（起重机械丙类检验机构），有效期至2019年10月22日。2016年11月17日，海南省质量技术监督局颁发检验检测机构资质认定证书，有效期至2022年11月16日。

6. 工程质量和安全监督机构是五指山市建筑工程质量安全监督站，依据《五指山市机构编制委员会关于五指山市建筑工程质量安全监督站机构编制方案的批复》（五编〔2014〕27号），该站为五指山市住房和城乡建设局下属的事业单位，并受其委托负责建筑工程、市政工程质量及安全监督工作。

7. 建设项目施工安全监管主管部门是五指山市住房和城乡建设局。依据《五指山市人民政府办公室关于印发五指山市住房和城乡建设局主要职责内设岗位和人员编制规定的通知》（五编〔2009〕140号），主要负责建设工程施工许可；贯彻执行国家建筑工程质量、建筑安全生产和竣工验收备案的政策、规章制度；指导监督工程监理以及工程质量和安全工作。

（三）塔吊情况

事故塔吊型号为QTZ80（QTZ5015）如图10-1所示，设备出厂日期为2004年12月7日，设备编号是H04-229；现场塔机高度57.6m，附着高度32m，悬臂高度25.6m，臂长50m。塔吊检验日期：2017年7月8日，报告编号是SYBD-TQD-17-07-32。经专家现场组确认，设备租赁、安装、使用和检测等相关单位提供的塔吊资料QTZ5013D与事故塔吊型号QTZ5015不符；QTZ5013D和QTZ5015区别见表10-1。

图10-1　塔吊铭牌

QTZ5013D 和 QTZ5015 区别			表 10-1
QTZ5015 与 QTZ5013D 部分参数区别			
型号	标准节截面	配重块数量	配重重量（kg）
QTZ5013D（塔吊资料型号）	1692×1692×5300	4A＋1B	11500
QTZ5015（塔吊实际型号）	1892×1892×4300	4A＋2B	11000

塔吊现场拆卸人员是：现场负责人冯华安，塔吊拆卸人员阳大春、阳大兵、郑治华、樊飞。只有阳大春取得海南省建设职业技能岗位鉴定工作领导小组办公室颁发的建筑施工特种作业操作资格证，操作类别是建筑起重机械安装拆卸工，其余3人未取得建筑起重机械安装拆卸工特种作业操作资格证书。

二、事故经过及应急救援情况

（一）事故经过。

1. 事故发生前塔吊状况。事故发生前，塔吊高度（塔吊基础面至臂架铰点高度）57.6m（含基础节1节、标准节11节和内套架伸出段），臂长50m。装有一道附墙，附墙安装高度32m，附墙以上高度25.6m，如图10-2所示。

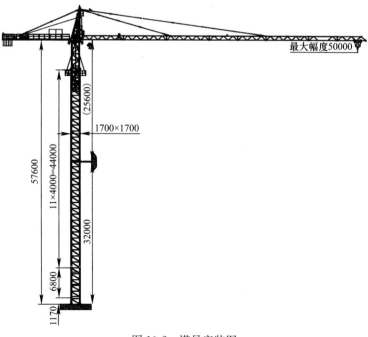

图 10-2　塔吊安装图

2. 事故经过。2018 年 5 月 17 日拆卸人员 5 人于早上 9 点进入工地，先整理起升卷扬机钢丝绳，于 9 点 40 分开始拆卸塔机，11 点 10 分，塔机内套架及以上结构（塔机上部结构）从上部突然坠落至塔身上，压垮上部第一节塔身后如图 10-3 所示，造成塔身巨大晃动，拉断塔机附墙拉杆，塔机失去平衡，塔机向起重臂方向倾覆，自基础节以上塔身、起重臂、平衡臂往起重臂方向倾覆倒地如图 10-4 所示。

图 10-3　旋转平台压溃上部第一标准节

图 10-4　塔吊倾覆倒地

（二）死者情况。

阳大春，男，55 岁，重庆市忠县人。
阳大兵，男，47 岁，重庆市忠县人。
郑治华，男，48 岁，重庆市忠县人。
樊飞，男，32 岁，重庆市忠县人。

（三）事故现场应急救援情况

事故发生后，五指山市市委、市政府领导带领市公安局、市住建局、市安监局、市应急办、市公安消防大队等部门第一时间赶赴现场组织救援。11 时 25 分救出第一个被困人员，11 时 35 分发现最后一名被压人员，但是身体被倒塌塔吊压住，经现场 120 确认无生命体征，14 时 33 分经五指山市派大型起重机现场救援，将被困死者遗体移出。事故造成 3 人当场死亡，1 人经送医院抢救无效死亡。

（四）事故善后情况

事故发生后，五指山市成立了由常务副市长担任组长事故善后工作小组，立即开展事故死亡人员情况摸底，妥善安排死者家属食、住、行，做好安抚工作，充分了解每一位死者家属的诉求，组织建设单位、施工单位做好善后协商工作。目前，事故善后工作已全部完成。

三、事故原因

（一）事故直接原因

经调查认定，导致本次事故的直接原因为：大冶建工集团有限公司将塔吊安装拆卸工程违法分包给无起重设备安装工程专业承包资质的塔吊租赁单位海口安鑫海建筑机械设备租赁有限公司。

海口安鑫海建筑机械设备租赁有限公司法人冯华安私刻公章，伪造公文，冒用海南海特机械设备有限公司起重设备安装工程专业承包资质实施塔吊安拆作业，安排没有拆卸资格的工人违规拆卸塔吊。塔吊检测报告的塔吊型号、制造日期、出厂编号、起升高度、配重等各项信息均与事故塔吊严重失实。施工总承包单位不落实安全生产制度，事故塔吊没有使用说明书，安全技术档案缺失，施工单位仍然使用没有完整安全技术档案的塔吊。项目经理未在塔吊拆卸作业期间现场带班，塔吊未按使用说明书安装平衡重且降塔过程配平失衡，违反《建筑施工塔式起重机安装、使用、拆卸安全技术规程》JGJ 196—2010 第 3.4.6 条的规定，致使塔机上部一侧踏块焊缝剪断脱落，另一侧换步支腿滑离，塔机上部结构从上部突然坠落至塔身，塔身巨大晃动，拉断塔机附墙拉杆，塔机失去平衡，塔吊倾覆坍塌。

根据事故现场勘查、资料比对，事故原因具体分析如下：

1. 现场塔吊配重未按照塔吊使用说明书配置

塔机吊装两片标准节（重量 602kg），变幅小车行至 31.8m 处，塔身拆卸前状态如图 10-5 所示。开始操作油缸下降完成两个工作行程，塔机上部结构相对下降2m，此时塔身状态如图 10-6 所示。在每下降一个工作行程（1m）的过程中拆除标准节的一层腹杆连接螺栓。两个下降工作行程后，两层节点腹杆连接螺栓完全解除，如图 10-7 所示。油缸伸出约 700mm 如图 10-8 所示，现场检查液压系统未见异常。

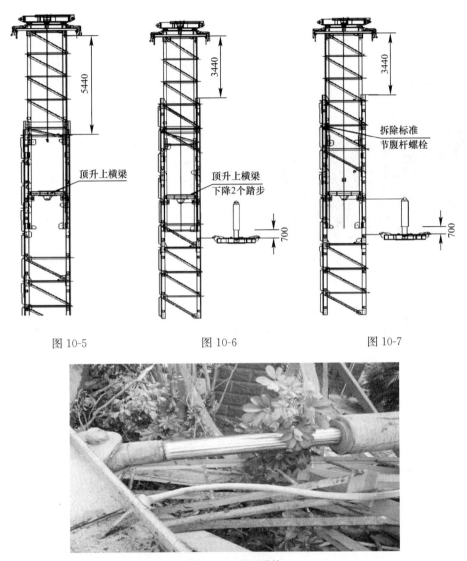

图 10-5   图 10-6   图 10-7

图 10-8 液压系统

（1）塔机使用的平衡块数量与说明书不相符。经专家组现场确认，设备租赁、安装、使用和检测等相关单位提供的塔吊资料塔吊型号为 QTZ5013D，而施工现场事故塔吊型号为 QTZ5015。两个型号的标准节截面、配重块数量、配种重量等参数都不相同。经过现场测绘和验证及建设单位提供塔机拆卸前配重照片，现场平衡块数量 5 块（共 9t），如图 10-9 所示。说明书要求平衡块数量 6 块（11t），如图 10-10 所示，比说明书规定少 2t。

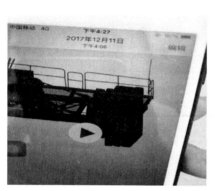

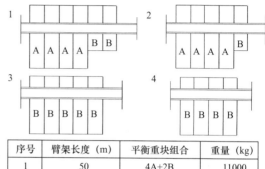

序号	臂架长度（m）	平衡重块组合	重量（kg）
1	50	4A+2B	11000
2	45	4A+B	9500
3	40	5B	7500
4	35	4B	6000

图 10-9 塔机拆卸前配重照片
（建设单位提供）

图 10-10 说明书要求平衡块数量

（2）实际配平重量两片标准节（重量 602kg）、幅度 31.8m。与说明书配平重量三片标准节（重量 903kg）、幅度 32.5m 不符，如图 10-11 所示。

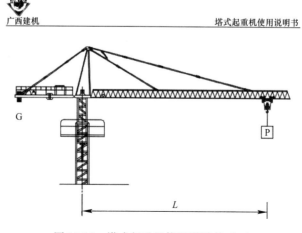

图 10-11 塔式起重机使用说明书（一）

塔机顶升平衡数据

臂长（m）	平衡重G（kg）	吊重P（kg）	离回转中心距离L（m）
50	11000	903	32.5
45	9500	903	31.5
40	7500	903	31.0
35	6000	903	32.0

图 10-11　塔式起重机使用说明书（二）

（3）事故发生前塔机的上部不平衡力矩，见表 10-2。

塔机力矩表　　　　　　　　　　　　　　　　表 10-2

名称	到回转中心半径（m）	质量（t）	弯矩（t·m）		名称	到回转中心半径（m）	质量（t）	弯矩（t·m）
起重臂架第 1 节	4.719	0.92	4.34148		平衡臂第一节	4.3215	1.15	4.969725
起重臂架第 2 节	12.219	0.783	9.567477		电器柜	3.242	0.2	0.6484
起重臂架第 3 节	19.719	0.678	13.36948		平衡臂第二节	11.0265	1.25	13.78313
起重臂架第 4 节	25.969	0.457	11.86783		平衡重	13.438	9	120.942
起重臂架第 5 节	30.969	0.457	14.15283		起升机构	10.74	2.222	23.86428
起重臂架第 6 节	35.969	0.457	16.43783		拉杆	6.793	0.5	3.3965
起重臂架第 7 节	42.219	0.68	28.70892		钢丝绳	10.74	0.11645	1.250673
起重臂架第 8 节	48.669	0.41	19.95429					
变幅机构	0.969	0.54	0.52326					
吊钩	31.8	0.278	8.8404					
小车	31.8	0.32	10.176					
配平吊重	31.8	0.6	19.08					
长拉杆	21.1	1.324	27.9364				M 后	168.8547
短拉杆	8	0.507	4.056					
起升钢丝绳	31.8	0.0685	2.1783					
		M 前	191.1905					
					M 前—M 后	22.335805		

事故发生前，内套架的上层导向块处于顶部标准节未拆除连接螺栓的节点以内，此时，在 22.335t·m 前倾不平衡弯矩的作用下，塔身向前倾斜造成被损坏踏块受力递增，由于塔机上部结构自重载荷为 30t；加上不平衡弯矩引起的附加垂直载荷，两者叠加形成的集中载荷大于被损坏踏块焊缝极限破断力，

导致该踏块焊缝被剪断。失去支撑的塔机上部结构垂直下落，坠落过程中，巨大的冲击力将最上面的标准节压溃了三分之二，上部结构件垂直下落约6.14m（3.44＋2.7m），使顶升上横梁换步支腿端部烧蚀如图10-12所示，标准节踏块留下明显的冲击和刮擦痕迹。上部晃动及不平衡弯矩所产生的水平载荷导致三根附墙拉杆折断如图10-13～图10-15所示，塔身失去附墙拉杆的约束，随后发生整体结构失稳，在基础节上端第一个标准节处折弯倾覆如图10-16所示。

图10-12　换步支腿烧蚀及踏块连续刮擦

图10-13　附墙拉杆一

图10-14　附墙拉杆二

图10-15　附墙拉杆三

该塔机标准节存在年久失修和腐蚀情况，现场表明，该塔机出厂日期为2004年12月7日，距规定使用年限十五年只有一年多的时间，属于老旧塔机。由于海南的海洋性气候影响，加速了塔机结构件的腐蚀如图10-17所示，塔机踏块焊缝四周以及内表面也出现锈蚀现象，焊缝强度降低，削弱了踏块焊缝承载能力。

图 10-16 塔吊基础节上部第一节标准节折弯

图 10-17 第一块踏块（被剪断块）处锈蚀情况

踏块焊缝计算：如图 10-18、图 10-19 所示，经现场测量破断的踏块平均焊缝宽度 6.3mm，焊缝长度 130mm。焊缝面积：$6.3 \times 130 \times 2 = 1638 \text{mm}^2$；按踏块材料为 Q235，按照手工电弧焊角焊缝计算焊缝破断力：

$$P = \frac{1638 \times 99 \times \sqrt{2}}{0.8} = 28.7 \text{t}$$

由于塔机上部实际载荷为 30t，大于踏块焊缝极限破断力，导致该踏块焊缝破断。

图 10-18 第一块踏块照片 A 面   图 10-19 第一块踏块照片 B 面

2. 塔吊拆卸作业安全管理失控

（1）大冶建工集团有限公司将塔吊安装拆卸工程违法分包给无起重设备安装工程专业承包资质的塔吊租赁单位海口安鑫海建筑机械设备租赁有限公司。上述行为违反《建设工程质量管理条例》第二十五条的规定。

（2）大冶建工集团有限公司在塔吊使用说明书、制造许可证、产品合格证等安全技术资料缺失情况下，仍然使用塔吊。上述行为违反《建筑施工塔吊安装、使用、拆卸安全技术规程》JGJ 196—2010 第 2.0.9 强制性条文和《建筑起重机械安全监督管理规定》（建设部令第 166 号）第七条的规定。

（3）项目经理王贤君未在塔吊拆卸作业期间现场带班，该行为违反《建筑施工项目经理质量安全责任十项规定（试行）》（建市［2015］35 号）第六项规定。

（4）海口安鑫海建筑机械设备租赁有限公司无资质承揽塔吊安拆作业，公司法人冯华安私刻公章，伪造公文，冒用海南海特机械设备有限公司起重设备安装工程专业承包资质实施塔吊安拆作业，拆卸工人违规冒险作业。上述行为违反《建设工程质量管理条例》第二十五条和《建筑起重机械安全监督管理规定》（建设部令第 166 号）第十条、第二十五条规定。

（二）事故间接原因及存在问题

1. 大冶建工集团有限公司

（1）作为项目的施工总承包单位，未审核塔吊安装拆卸单位的资质证书、塔吊安装拆卸人员的操作资格证书、塔吊安拆专项方案和塔吊安装拆卸应急预案，未组织技术交底，企业安全生产保证体系缺失，企业对项目没有落实管理职责。上述行为违反了《安全生产法》第四条和第十九条、《建设工程安全生产管理条例》第二十一条和二十七条、《建筑起重机械安全监督管理规定》（建设部令第

166号)第二十一条、《危险性较大的分部分项工程安全管理办法》(建质〔2009〕87号)第八条规定。

(2)项目经理王贤君、技术负责人冯松青长期不到岗履职,未组织、参与施工管理。上述行为违反了《建筑施工企业负责人及项目负责人施工现场带班暂行办法》(建质〔2011〕111号)第九条、《海南省建筑工程施工项目部和现场监理部关键岗位人员配备和在岗履职管理办法(试行)》(琼建管〔2015〕270号)第二十五条、《建设工程安全生产管理条例》第二十一条和《建筑施工企业主要负责人、项目负责人和专职安全生产管理人员安全生产管理规定》(住房和城乡建设部令第17号)第十八条规定。

(3)安全员王江华借用冯华安私刻海南海特机械设备有限公司公章,伪造公文。王江华顶替项目经理王贤君、资料员邢微和质检员陈细剑代替其他相关人员签字,为应付主管部门检查,塔吊安装和拆除专项施工方案报审表、应急预案方案报审表、安装验收审批表、隐蔽工程验收表等大量施工资料弄虚作假。上述行为违反《危险性较大的分部分项工程安全管理办法》(建质〔2009〕87号)第六条、第七条规定。

2. 四川亿博工程项目管理有限公司

(1)作为工程监理单位,对在琼项目放任不管,法人张敏未签批项目总监委托书。监理单位对在琼项目管理失控,对事故发生不知晓。上述行为违反了《安全生产法》第四条和第十九条、《建筑工程项目总监理工程师质量安全责任六项规定(试行)》(建市〔2015〕35号)规定。

(2)未审核塔吊安装拆卸单位的资质证书、塔吊安装拆卸人员的操作资格证书、塔吊安装拆卸专项施工方案和应急预案。事发时不安排人员在塔吊拆卸作业现场旁站监理,完全丧失监理作用。上述行为违反了《建筑起重机械安全监督管理规定》(建设部令第166号)第二十二条和《房屋建筑工程施工旁站监理管理办法(试行)》(建市〔2002〕189号)第二条、第四条规定。

(3)项目总监张爱明(兼在琼承揽业务负责人)长期不到岗履职,监理工程师高江山未经项目总监授权行使总监代表职能,大量监理资料由他人代签。上述行为违反了《建筑工程项目总监理工程师质量安全责任六项规定(试行)》(建市〔2015〕35号)第二条规定。

3. 海口安鑫海建筑机械设备租赁有限公司

作为项目塔吊租赁单位,未提供与事故塔吊相符合的技术资料,塔吊安装拆卸专项施工方案从互联网直接下载,与塔式起重机使用说明书设备性能要求和作业场地的实际情况不相匹配,毫无针对性和操作性。上述行为违反《建筑起重机械安全监督管理规定》(建设部令第166号)第六条、第七条和第十二条的规定。

4. 三亚北鼎特种设备检测有限公司

作为事故塔吊的检测单位，未认真进行塔吊的检验检测，出具的检测报告塔吊型号、制造日期、出厂编号、起升高度、配重等各项信息与事故塔吊信息严重失实。上述行为违反《特种设备安全法》第五十三条和《检验检测机构资质认定管理办法》（质检总局令第 163 号）第二十三条规定。

5. 五指山九宗实业开发有限公司

（1）作为项目的建设单位，将消防工程发包给施工总承包单位之外的其他施工单位，属于肢解发包行为。上述行为违反《建设工程质量管理条例》第七条的规定。

（2）安全生产主体责任落实不到位，未履行建设单位质量安全首要管理职责，对施工单位、监理单位派驻现场的关键岗位人员长期不在岗履职不予以纠正和制止，未对总包单位的分包行为进行监管。上述行为违反《安全生产法》第四条和第十九条、《海南省建筑工程施工项目部和现场监理部关键岗位人员配备和在岗履职管理办法（试行）》（琼建管〔2015〕270 号）第二十七条规定。

事故发生后，法人未到现场配合调查，该行为违反《生产安全事故报告和调查处理条例》（国务院令第 493 号）第二十六条规定。

6. 五指山市建筑工程质量安全监督站

对项目安全生产督查不到位，未认真检查事故塔吊的安全技术档案，违反了《建设工程质量管理条例》第四十三条和建筑起重机械安全监督管理规定》（建设部令第 166 号）第二十六条规定。塔吊安全技术监管力量薄弱，对项目现场塔吊未能实现有效监管，违反了《房屋建筑和市政基础设施工程施工安全监督规定》（建质〔2014〕153 号）第五条规定；对发现的隐患和问题没有跟踪落实，未采取措施督促施工单位落实整改或责令停止施工作业，违反了《建设工程质量管理条例》第四十三条规定。

7. 五指山市住房和城乡建设局

未全面落实对建筑行业安全生产监督职责，对五指山市建筑工程质量安全监督站履职情况指导不力；对建设项目相关单位落实风险管控措施指导不力。

（三）事故性质。

调查认定，五指山市颐园小区三期项目"5·17"塔吊坍塌事故是一起较大生产安全责任事故。

四、对事故有关责任单位和责任人的处理建议

根据调查事实，依据《安全生产法》《特种设备安全法》《生产安全事故报告

和调查处理条例》《建设工程安全生产管理条例》《行政机关公务员处分条例》《中国共产党问责条例》和国家有关法律法规规定，对事故相关责任单位、责任人提出如下处理建议：

（一）事故责任单位处理建议

1. 大冶建工集团有限公司，对安全事故负有主要责任。

（1）依据《安全生产法》第一百零九条，建议由省安监管局对其处以 60 万元的罚款；依据《建筑市场信用管理暂行办法》（建市［2017］241 号）第十四条、《海南省建筑市场诚信评价管理办法（试行）》（琼建管［2017］12 号）第三十八条规定，建议由省住建厅记黑名单，一年内不得在琼承揽业务；依据《建筑施工企业安全生产许可证动态监管暂行办法》（建质［2008］121 号）第十四条、第十八条，建议转湖北省住房和城乡建设厅暂扣安全生产许可证 90 日。

（2）大冶建工集团有限公司将塔吊安装拆卸工程违法分包给无起重设备安装工程专业承包资质的塔吊租赁单位。依据《建设工程质量管理条例》第六十二条，建议住建部门责令其停业整顿，降低资质等级。

2. 海口安鑫海建筑机械设备租赁有限公司，对安全事故负有主要责任。海口安鑫海建筑机械设备租赁有限公司未提供与事故塔吊相符合的技术资料，无资质承揽塔吊拆卸业务，塔吊拆卸人员无证作业。建议由省工商行政管理局依法吊销其工商营业执照。

3. 四川亿博工程项目管理有限公司，对安全事故负有重要责任。

（1）依据《建筑市场信用管理暂行办法》（建市［2017］241 号）第十四条，《海南省建筑市场诚信评价管理办法（试行）》（琼建管［2017］12 号）第三十八条规定，建议由省住建厅记黑名单，一年内不得在琼承揽业务。

（2）依据《建设工程安全生产管理条例》第五十七条，建议住建部门责令其停业整顿，降低资质等级。

4. 三亚北鼎特种设备检测有限公司，对安全事故负有重要责任。依据《特种设备安全法》第九十三条，建议由省质量技术监管局对其出具的检测报告信息严重失实的行为处以 20 万元的罚款，并吊销检验检测机构资质。

5. 五指山九宗实业开发有限公司，对安全事故负有重要责任。

（1）依据《安全生产法》第一百零九条规定，建议由省安监局对其处以 60 万元的罚款；依据《建筑市场信用管理暂行办法》（建市［2017］241 号）第十四条，《海南省建筑市场诚信评价管理办法（试行）》（琼建管［2017］12 号）第三十八条规定，建议由海南省住建厅记黑名单，暂停其预售和售房网签，一年内不得开发新项目。

（2）依据《建设工程质量管理条例》第五十五条，建议由省住建厅对其肢解发包消防工程的行为处工程合同价款 1% 的罚款。

（二）事故相关责任人处理建议

1. 冯华安（塔吊租赁单位法人、塔吊安拆负责人）。冯华安涉嫌私刻公章，伪造公文的行为，已由公安机关立案侦查。其冒用资质、聘用无证作业人员进行塔吊拆卸作业，造成较大安全责任事故。涉嫌构成重大责任事故罪，建议移送司法机关立案审查。

2. 王江华（施工单位安全员）。王江华作为安全员，未履行安全生产管理职责，冒用公章，伪造公文，越权越职代替其他管理人员签字，工程资料弄虚作假，出具虚假报告应付检查，对安全事故负有主要责任。涉嫌构成重大责任事故罪，建议移送司法机关立案审查。

3. 王贤君（施工单位项目经理）。依据《建设工程安全生产管理条例》第五十八条，建议由省住建厅对其长期不到岗履行安全生产管理职责，未执行强制性标准，对安全事故负有重要责任的行为记黑名单，一年内不得在海南建筑市场从业。建议住建部吊销其一级注册建造师证，五年内不予注册。

4. 冯松青（施工单位项目技术负责人）。依据《建设工程安全生产管理条例》第五十八条，建议由省住建厅对其长期不到岗履行安全生产管理职责，未执行强制性标准，对安全事故负有重要责任的行为记黑名单，一年内不得在海南建筑市场从业。建议住建部门吊销其一级注册建造师证，五年内不予注册。

5. 郑正健（施工单位法定代表人、总经理）。依据《安全生产法》第九十二条，建议由省安监局对其未履行安全生产管理职责的行为处上一年年收入 40% 的罚款。

6. 张爱明（监理单位项目总监）。依据《建设工程安全生产管理条例》第五十八条，建议由省住建厅对其长期不到岗履行安全生产管理职责，对安全事故负有重要责任的行为记黑名单，一年内不得在海南建筑市场从业。建议住建部门吊销其注册监理工程师证，五年内不予注册。

7. 高江山（监理单位监理工程师）。依据《建设工程安全生产管理条例》第五十八条，建议由省住建厅对其不履行安全生产管理职责，对安全事故负有重要责任的行为记黑名单，一年内不得在海南建筑市场从业。建议住建部门吊销其注册监理工程师证，五年内不予注册。

8. 张敏（监理单位法定代表人、总经理）。依据《安全生产法》第九十二条，建议由省安监局对其不履行安全生产管理职责的行为处上一年年收入 40% 的罚款。

9. 吴虓（建设单位法定代表人）。依据《建设工程质量管理条例》第五十五条、第七十三条规定，建议由省住建厅对其处以肢解发包违法行为罚款数额的10%的罚款。依据《生产安全事故报告和调查处理条例》（国务院令第493号）第三十五条规定，建议由省安监局对其未到现场配合调查的行为处上一年年收入80%的罚款。

10. 刘亚丽（检测机构法定代表人）。依据《特种设备安全法》第九十三条，建议由省质量技术监督局对出具的检测报告严重失实负有责任的行为给予罚款5万元。

11. 贾增讲（检测机构项目技术负责人）。依据《特种设备安全法》第九十三条，建议由省质量技术监督局对出具的检测报告严重失实负有责任的行为给予罚款5万元。

（三）其他处理建议

1. 五指山市建筑工程质量安全监督站。违反了《房屋建筑和市政基础设施工程施工安全监督规定》（建质〔2014〕153号）第五条、《建设工程质量管理条例》第四十三条和建筑起重机械安全监督管理规定》（建设部令第166号）第二十六条的规定。建议由省住建厅对其进行通报批评。

2. 五指山市住房和城乡住建局。未全面落实对建筑行业安全生产监督职责，对五指山市建筑工程质量安全监督站履职情况指导不力，对建设项目相关单位落实风险管控措施指导不力。建议责成其向五指山市政府作书面检讨，并由省住建厅对其进行通报批评。

3. 何焕璇，中共党员，任五指山市建筑工程质量安全监督站站长。对监督站塔吊安全技术监管力量薄弱、项目现场塔吊未能实施有效监管，对事故发生负监管方面的直接领导责任。依据《建设工程安全生产管理条例》第五十三条、《中国共产党问责条例》第七条和《安全生产领域违法违纪行为政纪处分暂行规定》第八条，建议由五指山市委、市政府给予其党内严重警告、免去站长职务处分。

4. 童贵富，任五指山市建筑工程质量安全监督站监督员（聘用人员），负责该项目监管。对塔吊重点环节安全监管不够细致，未认真检查事故塔吊的安全技术档案，未能采取监管措施督促事故单位消除生产安全隐患，对事故发生负监管方面的直接责任。依据《建筑起重机械安全监督管理规定》（建设部令第166号）第三十四条、《建设工程安全生产管理条例》第五十三条，建议由五指山市住建局解除其劳动合同，按照内部管理制度进行处理。

5. 王伟全，中共党员，任五指山市住房和城乡建设局副局长，分管安全生产、市建筑工程质量安全监督站。未全面落实对建筑安全生产监督职责，对质监站相关工作规范指导不到位，对建设项目相关单位落实风险管控措施指导不力，对事故发生负监管方面的主要领导责任。依据《建设工程安全生产管理条例》第五十三条、《中国共产党问责条例》第七条和《安全生产领域违法违纪行为政纪处分暂行规定》第八条，建议由五指山市委、市政府给予其的党内严重警告、行政记过处分。

6. 符东平，中共党员，任五指山市住房和城乡建设局局长，未认真督促市建筑工程质量安全监督站加强对在建工程安全监督管理，对建设项目相关单位落实风险管控措施指导不力，对事故发生负监管方面的主要领导责任。依据《建设工程安全生产管理条例》第五十三条、《中国共产党问责条例》第七条和《安全生产领域违法违纪行为政纪处分暂行规定》第八条，建议由五指山市委、市政府给予其党内警告、行政警告处分。

7. 钟钢，中共党员，五指山市副市长，分管住建等工作，对市住建局开展建筑施工安全监督工作领导不力，对事故发生负监管方面重要领导责任。依据《中国共产党问责条例》第七条，建议由五指山市政府对其进行通报批评。

五、事故防范和整改措施

为深刻吸取事故教训，举一反三，切实加强建筑施工安全生产管理，落实企业安全生产主体责任和全员岗位安全生产责任制，促进全省建筑施工行业安全发展，提出以下防范措施：

1. 坚守安全红线，强化建筑施工安全工作。各市县政府、有关部门要深刻吸取"5·17"塔吊坍塌较大事故教训，牢固树立科学发展、安全发展理念，强化安全生产底线思维和红线意识。充分认识到建筑行业的高风险性，杜绝麻痹意识和侥幸心理，把安全生产工作摆在更加突出的位置。坚持"管行业必须管安全、管业务必须管安全、管生产经营必须管安全"的工作要求，进一步强化组织协调、监督检查和问题整改，不断提高工作的针对性、有效性，切实做好建筑施工安全生产工作。

2. 勇于承担责任，切实落实属地监管职责。各市县政府要严格落实"党政同责、一岗双责、齐抓共管、失职追责"的要求，采取有效措施，及时发现、协调、解决各负有安全生产监管职责的部门在安全生产工作中存在的重大问题；认真排查、督办重大安全隐患，切实维护人民群众生命财产安全。各市县住房城乡建设主管部门要勇于承担责任，以严而又严、实而又实、细而又细的要求，把安全生产工作抓实抓好。要依照法定职责加强现场监管，强化安全隐患的排查治理，特别是危险性较大的分部分项工程的管控，对发现的问题和隐患，责令企业及时闭环整改，切实履行好建筑安全生产属地监管职责。

3. 严格施工管理，落实参建各方安全生产主体责任。建筑安全生产工作的核心是企业安全生产责任制的落实。建筑工程参建各方是工程建设的责任主体，对工程项目的质量安全管理起着决定性作用。建筑工程参建各方要全面落实安全生产主体责任和全员岗位安全生产责任制，特别要压实建设单位的全面责任、施工单位的主体责任、监理单位的监督管理责任，强化关键岗位的履职尽责，提升塔吊监控信息化水平，进一步强化施工现场安全管理，减少安全事故的发生。

4. 加强安全教育，提高建筑施工人员安全意识。建筑工程参建各方要深刻吸事故教训，进一步加强安全生产宣传教育力度。特别是施工总承包单位要有针对性加强建筑施工作业人员的安全教育，重点是学习、掌握建筑施工作业的危险因素、防范措施以及事故应急救援措施等，进一步提高建筑施工作业人员的安全意识和防范技能。

5. 吸取事故教训，深入开展建筑起重机械的安全隐患排查治理。各市县住房城乡建设主管部门要深刻吸取事故教训，强化建筑起重机械使用和监管，深入开展建筑起重机械的安全隐患排查治理。施工单位要严把方案编审关、严把方案交底关、严把方案实施关、严把工序验收关，坚决遏制安全事故发生。重点检查：（1）建筑起重机械安装拆卸前的专项施工方案编制、审批和组织实施以及安装、拆卸工程生产安全事故应急救援预案编制情况；（2）正在使用的建筑起重机械办理备案和使用登记情况；（3）建筑起重机械安装、拆卸安全施工技术交底、现场安装后的检测报告及安装工程验收情况；（4）各项安全防护装置符合产品标准和安全使用要求情况和定期检查、维护及保养情况；（5）建筑起重机械安装拆卸资质、安全生产许可证以及安装拆卸、司索、司机等特种作业人员持证上岗、上岗前接受针对性的安全教育情况等。

6. 及时消除隐患，预防安全事故发生。经事故调查组现场勘查发现，五指山市颐园小区削山而建，山势陡峭，存在事故隐患。建议五指山市政府及相关部门督促颐园小区建设单位立即组织专家对现场进行勘查，对原高、陡石砌挡土墙的设计、施工方案进行分析、复核，采取有效的安全防护措施，及时消除事故隐患，预防安全事故发生。

7. 落实编制经费，加强监督队伍建设。省住建厅于2018年1月对五指山市建筑工程质量安全监督站开展了机构验证及人员岗位考核工作，发现存在独立法人资格过期、财务未独立核算、监督检测仪器设备配置不足、监督工作不规范等问题。建议五指山市政府严格按照中共中央国务院《关于促进建筑业持续健康发展的意见》（国办发〔2017〕19号）文件精神，加强对五指山市建筑工程质量安全监督站的管理，抓紧落实监督机构性质、编制和经费等问题。各市县政府要深刻吸取事故教训，加强本市县建设工程质量安全监督站及监督人员管理，落实好编制和经费，强化监督队伍建设，提高监督人员素质，充分发挥建设工程质量安全监督站监管作用。

专家分析

一、事故原因

点评专家

周长安

住建部科学技术委员会工程质量安全专业委员会委员，重庆市建设工程施工安全管理总站副站长，长期从事建筑施工安全管理工作

（一）直接原因

事故塔式起重机配重未按照使用说明书进行配置；拆卸作业安全管理失控；塔机未按使用说明书安装平衡重且降塔过程配平失衡；施工单位违法分包给无资质单位进行塔式起重机安拆作业，且安排无拆卸资格的人员进行拆卸作业。

（二）间接原因

事故塔式起重机资料信息同设备实体情况不匹配、不吻合、不具备"一致性"，极其可能存在"以旧代新"现象；安全技术档案特别是安拆专项方案未履行审核程序，安拆作业企业无相应资质且安装人员无相应资格，未按照塔式起重机使用说明书的操作规程进行安装和拆卸，仅"根据经验、凭借感觉"进行现场作业。

1. 塔吊租赁单位未提供与事故塔吊相符合的技术资料，塔吊安装拆卸专项施工方案从互联网直接下载，与塔式起重机使用说明书设备性能要求和作业场地的实际情况不相匹配，毫无针对性和操作性。

2. 塔吊的检测单位未认真进行塔吊的检验检测，出具的检测报告塔吊型号、制造日期、出厂编号、起升高度、配重等各项信息与事故塔吊信息严重失实。

3. 施工总承包单位未审核塔吊安装拆卸单位的资质证书、塔吊安装拆卸人员的操作资格证书、塔吊安拆专项方案和塔吊安装拆卸应急预案；未组织技术交底；企业安全生产保证体系缺失，企业对项目没有落实管理职责；项目经理、技术负责人长期不到岗履职，未组织、参与施工管理；安全员私刻公章，伪造公文；安全员顶替项目经理、资料员和质检员代替其他相关人员签字应付主管部门

检查；塔吊安装和拆除专项施工方案报审表、应急预案方案报审表、安装验收审批表、隐蔽工程验收表等大量施工资料弄虚作假。

4. 监理单位对在建项目放任不管，法人未签批项目总监委托书；监理单位对在建项目管理失控，对事故发生不知晓；未审核塔吊安装拆卸单位的资质证书、塔吊安装拆卸人员的操作资格证书、塔吊安装拆卸专项施工方案和应急预案；未安排人员在塔吊拆卸作业现场旁站监理，完全丧失监理作用；项目总监长期不到岗履职，监理工程师未经项目总监授权行使总监代表职能，大量监理资料由他人代签。

5. 建设单位将消防工程发包给施工总承包单位之外的其他施工单位；安全生产主体责任落实不到位，未履行建设单位质量安全首要管理职责，对施工单位、监理单位派驻现场的关键岗位人员长期不在岗履职不予以纠正和制止；未对总包单位的分包行为进行监管。

二、经验教训

建筑起重机械事故预防工作，不是一个单体的、局部的工作，而是应该包含安全技术档案、设备实体状况以及特种人员资格等方面全面整体的工作，建筑起重机械安全管理各个环节工作不到位、安全隐患积累效应终将导致事故的发生。

11　河北保定"6·19"中毒窒息较大事故

调查报告

2018 年 6 月 19 日 10 时 30 分左右，保定市莲池区凤栖街南延污水管道检查井与龙翔路污水管道进行连通施工作业时，发生一起较大中毒窒息事故，造成 3 人死亡，直接经济损失 250 万元左右。

事故发生后，省安监局（现省应急管理厅）、保定市委、市政府高度重视，省安监局立即安排有关同志赶赴事故现场了解情况，指导工作；省人大常委会副主任、市委书记聂瑞平、市长郭建英和副市长、公安局长郑建军分别做出重要批示，要求严查事故原因和责任，汲取教训，举一反三，在全市迅速开展安全生产隐患大排查，防止事故再次发生。

依据《安全生产法》《生产安全事故报告和调查处理条例》（国务院令第 493 号）等有关法律法规，保定市政府迅速成立了以市政府办公室调研员董俊杰为组长、市安监局（现市应急管理局）、市公安局、市总工会、市住建局、市综合执法局（现市城市管理综合行政执法局）等人员组成的保定工业园区凤栖街排水工程"6·19"较大中毒窒息事故调查组（以下简称"事故调查组"），并邀请市监察委派员参加，对该起事故进行调查处理。

事故调查组按照"四不放过"和"科学严谨、依法依规、实事求是、注重实效"的原则，通过周密细致的现场勘察、调查取证、综合分析和反复论证，查明了事故发生经过、事故原因、应急处置、人员伤亡和直接经济损失等情况，认定了事故性质和责任，提出了对有关责任人员和责任单位的处理建议，以及事故防范整改措施意见。现将有关情况报告如下：

一、发生事故相关单位基本情况及工程概况

（一）事故相关单位及个人基本情况

1. 建设单位

保定民营科技发展总公司，类型：全民所有制；住所：保定市七一东路

2726 号；法定代表人：陈宗超；经营范围：园区基础设施建设维护、管理经营、土地整理，自有房屋出租，物业管理服务，企业管理咨询服务。是保定工业园区管委会下属企业。

2. 施工单位

河北中保建设集团有限责任公司。该公司成立于 1994 年 6 月 7 日，住所：保定市建华大街 1157-69 号。企业类型：有限责任公司（自然人投资或控股），法定代表人：马建水，总经理：刘建鹏。注册资本 12026 万元。公司经营范围：房屋建筑工程，建筑装修装饰工程（建筑幕墙工程除外），市政公用工程，地基与基础工程，钢结构工程，机电设备安装工程，起重设备安装工程（限房屋建筑工地和市政工程工地）等。

3. 设计单位

保定市城市设计院，该公司成立于 2000 年 1 月 1 日，类型：全民所有制；住所：保定市风帆路 543 号；法定代表人：骆连福；注册资金：300 万元；经营范围：市政工程设计，风景园林工程设计专项乙级；市政行业（道路工程、给水工程、排水工程、桥梁工程）专业乙级，工程测量，城市建设技术咨询服务等。

4. 监理单位

保定市科信工程项目管理有限公司。类型：有限责任公司；法定代表人：周润明；注册资本：300 万元整；经营范围：房屋建筑工程、市政公用工程监理，建设工程招标代理，工程造价咨询。

5. 实际施工人员

保定市莲池区东金庄乡东后营村村民胡川和保定市莲池区东金庄乡银定庄村村民刘锦山合伙违规组织的包工队。胡川主要负责承揽工程项目和租用、雇用各种施工机械设备；刘锦山主要负责雇用施工人员以及购买工程所需各种原材料等，并负责现场具体施工安排和管理。

（二）工程概况

2014 年 5 月，保定民营科技发展总公司组织"河北保定工业园区南区凤栖街、腾飞路道路改造工程"的招标工作，2014 年 6 月 5 日河北建设集团有限公司参加投标并中标。工程计划开工日期 2014 年 7 月 1 日，竣工日期 2014 年 9 月 25 日，工期总日历天数 90 天。

2015 年，河北建设集团有限公司承包的腾飞路和凤栖街北部路面铺设工程完工，由于凤栖街南延征地补偿款问题未办妥，未对凤栖街南延路段的路面进行铺设，直至 2018 年 3 月，施工条件具备后，开始对凤栖街南延路面进行施工。

2017 年 5 月，保定民营科技发展总公司组织"保定工业园区科苑街南延道路新建和凤栖街排水工程"的招标工作，2017年6月河北中保建设集团有限责任公司参加投标并中标。工程计划开工日期2017年6月15日，竣工日期2017年8月15日，工期总日历天数60天。凤栖街污水管道工程范围：在凤栖街道路东侧设计一条$d400mm$污水管道，沿路敷设至龙翔路，接入龙翔路现状$d500mm$污水管道。该工程项目设计单位为保定城市设计院，监理单位为保定科信工程项目管理有限公司。

在施工过程中，河北建设集团有限公司和河北中保建设集团股份有限责任公司派出技术人员和管理人员到达现场，将工程项目的劳务及机械租赁分包给胡川、刘锦山组织的同一支包工队，在凤栖街道路改造工程和排水工程施工中交叉作业。截止事故发生，凤栖街道路改造工程和排水工程未按照国家相关规定组织验收。

在凤栖街南延污水管道施工过程中，刘锦山发现原方案中新建污水管道与龙翔路老污水管道连通工程量大，施工比较困难，提出在原连接井（W8）西侧新建一个检查井（事故发生井），以便于新旧管道连通，该方案得到了民营科技发展总公司业务负责人冉学林、保定城市设计院设计员高伶、河北中保建设集团股份有限责任公司现场施工员马晓晨的口头同意，在没有正式变更施工图纸的情况下，刘锦山组织人员进行了该检查井的施工，并对新建污水管道走向进行了相应变动。

二、事故经过、救援和报告情况事故发生经过

2018年6月18日下午，刘锦山开始安排工人王电彬和田宝贵清理检查井垃圾，并计划清完垃圾后将管道贯通，由于当天没有清理完毕，19日7时左右，刘锦山继续安排工人王电彬、李秋来清理新建检查井垃圾，刘锦山安排完工作，离开现场去购买其他工地所需的建筑材料。之后，王电彬在无任何防护措施的情况下，携带电切割锯、电镐等工具下井进行新建检查井与老污水管道连通作业（新建检查井深度4.9m，东西方向横穿检查井的钢筋混凝土污水管道距离井底1.3m，直径为0.5m，管道壁厚0.08m，管道南侧表面有使用电动切割锯切开的0.52m(宽)×0.4m(高)×0.012cm(深) 的切割痕，在管道切割痕内的右上部分凿开了一个孔洞，大小为0.12m(上)×0.10m(下)×0.22m(高)）。由于老污水管道在用，当管道被凿穿后，污水立即流出，污水内含有的沼气也随着污水散发到井底空气中，沼气中含有硫化氢、甲烷、乙烷、一氧化碳等有毒成分，其中硫化氢比空气重（相对密度为1.17），致使井底有毒气体聚集，空气中氧含量逐渐降低。王电彬吸入有毒气体后，身体出现不适继而昏倒。井上的李秋来发现后，与炊事员田宝贵在无任何防护措施的情况下下井施救，也导致二人发生中毒事故。

（一）事故救援过程

10时30分左右，刘锦山接到李秋来用炊事员田宝贵手机打来的电话，称王电彬在井下"有点不正常"。刘锦山叫司机郎鹤伟拨打119电话，之后与郎鹤伟一起驱车驶回作业现场。

11时05分，莲池区腾飞路公安消防中队接到指挥台电话，指导员马良带领救援人员从东风东路赶赴与凤栖街南延交叉的临时出入口。在郎鹤伟指引下，顺着新敷设的凤栖街南延路段从南向北行驶到事故现场。用时20分钟，先后将田宝贵、李秋来和王电彬救援到地面。经120现场诊断，李秋来和王电彬已经没有了生命体征，只有最先救出的田宝贵尚有生命体征，遂将田宝贵送往保定市第一中心医院救治。12时30分，医院宣布田宝贵抢救无效死亡。

（二）事故报告情况

11时左右，刘锦山安排司机郎鹤伟向莲池区公安消防中队报告了事故情况请求救援，12时20分，莲池区公安分局电话将事故情况报告给莲池区安监局，13时50分莲池区安监局将事故情况上报到保定市安监局，保定市安监局立即上报到河北省安监局。

三、事故发生的原因及性质

（一）事故发生的直接原因

作业人员在无任何防护措施的情况下，冒险进入污水检查井内，将在用污水管道凿开，致使污水管道内有毒有害气体溢出，导致中毒窒息事故发生；救援人员在无任何防护措施的情况下，冒险施救，导致事故扩大。

（二）事故发生的间接原因

1. 胡川、刘锦山合伙违规组织的包工队未按法律法规要求组织施工。在进行新建检查井与老污水管道连通作业时，违反了《建设工程安全生产管理条例》第三十二条的规定，未向作业人员提供安全防护用具和安全防护服装，并书面告知危险岗位的操作规程和违章操作的危害。未按规定设置现场指挥、监护和救援人员，有限空间作业未采取任何防范措施。

2. 保定民营科技发展总公司安全生产主体责任落实不到位。违反了《安全生产法》第三十八条和四十六条的规定，生产安全事故隐患排查制度治理制度不健全，未能及时发现并消除事故隐患；未建立建设项目安全管理制度，未对施工单位的安全生产工作进行统一协调、管理，未定期进行安全检查。在设计单位没有正式变更施工图纸、仅有设计人员口头同意的情况下，同意施工单位改变原管道施工设计，改变新旧管道连通方法，增加了事故发生的检查井；在新建检查井与老污水管道连通作业时没有落实监管责任。

3. 河北中保建设集团股份有限公司安全管理、培训教育不到位，安全管理机构不健全。违反了《安全生产法》第二十五条第一款的规定，未按规定对从业人员进行安全生产教育和培训，从业人员不具备必要的安全生产知识，处置异常情况能力差。违反了《建设工程安全生产管理条例》第三十二条的规定，未向作业人员提供安全防护用具和安全防护服装，并书面告知危险岗位的操作规程和违章操作的危害。在没有正式变更施工图纸、仅有设计人员口头同意的情况下，改变原管道施工设计，改变新旧管道连通方法，增加了事故发生的检查井。在新旧管道连接工艺发生变化后，未与建设单位商定新旧管道连通的具体事项。

4. 保定科信工程项目管理有限公司监理不到位。违反了《建设工程安全生产管理条例》第十四条第二款的规定，对施工现场存在的安全事故隐患未要求施工单位进行整改。项目总监理工程师未进入施工现场。未制止施工单位在没有正式变更设计的情况下组织修建新污水检查井；未履行监理合同规定的责任和义务，在刘锦山组织新建检查井与老污水管道连通作业时，未进行监理。

5. 保定工业园区管委会行政监管不到位。作为凤栖街排水工程建设单位的主管单位和属地安全监管单位，保定工业园区管委会负责辖区基础设施和公用设施的建设和管理，安全监管不到位，未能及时发现和消除该施工项目中的安全隐患。

（三）事故性质

这是一起因安全管理不到位、违章指挥、违章冒险作业、违章冒险施救导致的较大生产安全责任事故。

四、对事故有关责任人员及责任单位的处理建议

（一）建议免于责任追究的人员

1. 王电彬，系刘锦山雇佣的路面和管道铺设施工人员，未接受过安全培训教育，不具备有限空间作业相关知识，在未佩戴有效防护用品的情况下，冒险下井作业，导致发生中毒窒息事故，是事故的直接责任者。鉴于其在事故中死亡，建议免于追究责任。

2. 李秋来、田宝贵，系刘锦山雇佣的施工人员，未接受过安全培训教育，不具备有限空间作业相关知识，在未佩戴有效防护用品的情况下，冒险作业，冒险施救，导致发生中毒窒息事故，是事故的直接责任者。鉴于其二人在事故救援中死亡，建议免于追究责任。

（二）建议公安机关追究责任的人员

1. 刘锦山，凤栖街排水工程包工队现场负责人。未接受过安全培训教育，未获得安全生产管理资格证书，不具备安全生产相关管理能力。与胡川合伙违法组织包工队。在组织新建检查井与老污水管道连通作业时，未为作业人员提供相关安全防护用品，未设置现场指挥、监护和救援人员，未采取任何防范措施，对事故的发生负有直接责任，涉嫌重大责任事故罪，公安机关于 7 月 19 日已经采取刑事拘留强制措施。

2. 胡川，凤栖街排水工程包工队负责人。未接受过安全培训教育，未获得安全生产管理资格证书，不具备安全生产相关管理能力。与刘锦山合伙违规组织包工队，不清楚新建检查井与老污水管道连通作业情况，对包工队具体施工及安全情况不管不问，采取放任态度，疏于管理，未采取必要防范措施。对事故发生负有直接责任，涉嫌重大责任事故罪，建议由公安机关继续侦查。

（三）建议企业内部处理的人员

1. 马晓晨，河北中保建设集团股份有限公司现场施工员，在管道的连接过程中没有在施工现场，没有按照施工方案进行施工，对事故的发生负有责任，责成河北中保建设集团股份有限公司按照公司内部管理规定给予 2000 元经济处罚的处理。

2. 张储君，河北中保建设集团股份有限公司市政分公司总经理，施工现场负责人，未及时发现和消除安全隐患，在设计口头变更的情况下未制定相应的施工方案，未对现场的安全风险进行分析辨识，未制定有效的安全防护措施，对事故的发生负有责任，责成河北中保建设集团股份有限公司按照公司内部管理规定给予 10000 元经济处罚的处理。

3. 郭吉星，保定科信工程项目管理有限公司现场监理员，在管道连接过程中没有进行监理，对施工单位安全管理人员长期不在位的行为没有发现并纠正，未发现实际施工与设计图纸不符，对事故的发生负有责任，责成保定科信工程项目管理有限公司按照公司内部管理规定给予解除劳动关系处理。

4. 周振宇，保定科信工程项目管理有限公司副总经理，对施工现场监理工作巡视检查不到位，没有安排告知项目总监理工程师对工程项目进行监理，对事故的发生负有责任，责成保定科信工程项目管理有限公司按照公司内部管理规定给予 1000 元经济处罚的处理。

对以上人员处理结果报保定市应急管理局备案。

（四）建议给予政纪处分的人员

1. 陈宗超，男，中共党员，保定工业园区管委会公用事业局副局长（管理九级），保定民营科技发展总公司法定代表人。负责保定工业园区市政建设行政监管和保定民营科技发展总公司全面工作。作为监管部门负责人，没有制定具体的检查计划，对施工单位安全机构不健全，安全管理人员长期不在位的违规行为没有检查发现，对受限空间专项整治提示卡送达施工企业没有签字，没有督促落实，对以上问题的发生负有直接监管责任；作为建设单位负责人对在设计单位没有正式变更施工图纸、仅有设计人员口头同意的情况下，同意施工单位改变原管道施工设计，改变新旧管道连通方法，增加了事故发生的检查井；未对新旧管道连通工作进行具体安排等问题负有直接管理责任，建议给予行政记大过处分。

2. 高勇，男，中共党员，保定工业园区管委会公用事业局副局长（专业技术八级）。负责保定工业园区市政建设行政监管，作为行政监管部门负责人，没有制定具体的检查计划，对施工单位安全机构不健全，安全管理人员长期不在位的违规行为没有检查发现，对以上问题的发生负有直接监管责任，建议给予其行政记过处分。

3. 冉学林，男，中共党员，保定工业园区管委会公用事业局工作人员（管理九级），凤栖街污水管道施工业务负责人，对在设计单位没有正式变更施工图纸、仅有设计人员口头同意的情况下，同意施工单位改变原管道施工设计，改变新旧管道连通方法，增加了事故发生的检查井；未对新旧管道连通工作进行具体安排等问题负有责任，建议给予行政记大过处分。

4. 汪友谊，男，中共党员，保定工业园区管委会党工委委员、纪工委书记（正科级），分管保定工业园区管委会公用事业局和保定民营科技发展总公司，对安全监管不到位，未能及时发现和消除该施工项目中的安全隐患负有重要领导责任，建议给予行政警告处分。

5. 郑静波，男，中共党员，保定市莲池区人民政府党组成员、保定工业园区党工委副书记、管委会副主任（副处级），负责主持园区全面工作。对安全监管不到位，未能及时发现和消除该施工项目中的安全隐患负有主要领导责任，建议责成其向莲池区政府写出书面检查。

对以上人员处理结果报保定市应急管理局备案。

（五）对事故责任单位和个人行政处罚建议

1. 保定民营科技发展总公司。违反了《安全生产法》第三十八条和四十六条的规定，生产安全事故隐患排查制度治理制度不健全，未能及时发现并消除事故隐患；未建立建设项目安全管理制度，未对施工单位的安全生产工作进行统一协调、管理，未定期进行安全检查。对事故发生负有责任。依据《安全生产法》第一百零九条第（二）项的规定，建议给予其60万元的罚款。

2. 河北中保建设集团股份有限公司。违反了《安全生产法》第二十五条第一款的规定，未按规定对从业人员进行安全生产教育和培训，从业人员不具备必要的安全生产知识，处置异常情况能力差。违反了《建设工程安全生产管理条例》第三十二条的规定，未向作业人员提供安全防护用具和安全防护服装，并书面告知危险岗位的操作规程和违章操作的危害。对事故发生负有责任。依据《安全生产法》第一百零九条第（二）项的规定，建议给予其55万元的罚款。

3. 保定科信工程项目管理有限公司。违反了《建设工程安全生产管理条例》第十四条第二款的规定，对施工现场存在的安全事故隐患未要求施工单位进行整改。对事故发生负有责任。依据《安全生产法》第一百零九条第（二）项的规定，建议给予其50万元的罚款。

4. 刘建鹏，河北中保建设集团股份有限公司总经理，全面负责集团公司的行政管理和经营管理工作。违反了《安全生产法》第十八条第（五）项的规定，督促、检查本单位的安全生产工作不到位，未能及时发现消除生产安全事故隐患，根据《生产安全事故报告和调查处理条例》（国务院令第493号）第三十八条第（二）项的规定，建议给予其上一年年收入40%的罚款，计人民币21097元。

5. 周润明，保定科信工程项目管理有限公司董事长、总经理，负责公司全面工作。违反了《安全生产法》第十八条第（五）项的规定，督促、检查本单位的安全生产工作不到位，未能及时发现消除生产安全事故隐患，管理不到位，依据《生产安全事故报告和调查处理条例》（国务院令第493号）第三十八条第（二）项的规定，建议给予其上一年年收入40%的罚款，计人民币18106元。

以上单位和人员的行政处罚，建议由莲池区人民政府负责，处理结果报保定市应急管理局备案。

（六）问责单位建议

建议责成保定工业园区管委会就此次事故向保定市莲池区人民政府写出深刻检查。

五、事故防范和整改措施建议

1. 保定工业园区要进一步强化安全生产责任意识，认真落实属地管理责任、部门监管责任，认真查找责任盲区和死角，高度重视建设项目施工的安全生产工作，加强日常检查和管理，及时发现和消除事故隐患。

2. 保定市莲池区政府要进一步强化红线意识，针对事故暴露出的监管盲区，要立即认真排查，认真吸取事故教训，以防范遏制生产安全事故为重点，加强监管，堵塞漏洞，确保安全生产形势稳定。

3. 保定市城市管理综合行政执法局要根据市政府分工，进一步明确市政建设行业的安全监管职责，加强对市政建设项目的安全管理，促进市政建设行业安全生产形势稳定。

4. 切实加强有限空间作业安全管理。各相关企业必须建立健全有限空间作业制度和操作规程；严格执行有限空间作业票制度，认真分析有限空间作业危险有害因素、控制措施并告知现场作业人员；强化有限空间作业专项安全培训，作业前要开展专项应急演练。

5. 进一步加强施工单位的安全管理。对施工单位的安全生产工作统一协调、管理，定期进行安全检查，发现安全问题的，应当及时督促整改。建立安全生产责任制度，明确有关人员的安全管理职责，严格审查和落实施工单位及外委施工单位资质、安全生产三项制度、人员培训、施工方案等，有效制止违法转包承包行为。

6. 进一步加强对施工现场的安全监管。各级要加强对施工现场的安全监管，对项目建设过程中涉及的危险区域必须设置安全警示标识，组织有关人员认真辨识存在的危险因素，指定相应的安全防范措施和应急处置方案，加强日常安全检查和管理，及时发现和消除事故隐患。

专家分析

一、事故原因

（一）直接原因

陈秀峰

点评专家　住建部科学技术委员会工程质量安全专业委员会委员，马鞍山市建筑工程施工安全文明监察站，总工，高级工程师，国家注册安全工程师，长期从事建筑施工安全事故统计分析

1. 作业人员在进入受限空间作业前未履行"先通风、再检测、后作业"的程序，且无任何防护措施的情况下，冒险进入污水检查井（属于典型的受限空间）内，将在用污水管道凿开，致使污水管道内有

毒有害气体逸出,既没有相应的应急预案,也没有采取相应的控制措施,导致自身出现中毒和窒息的现象。

2. 救援人员(现场其他作业人员)在未采取任何防护措施的情况下,冒险进入受限空间内施救,也导致自身出现中毒和窒息的现象,使得事故由一般事故扩大为较大事故。

(二)间接原因

该起事故暴露出建设、施工、监理单位安全责任没有落实到位的诸多问题:建设单位未建立建设项目安全管理制度,未对施工单位的安全生产工作进行统一协调、管理;总包单位安全管理机构不健全,将工程分包给没有资质的个体从业者施工,未按规定对从业人员进行安全生产教育和培训,未向作业人员提供安全防护用具和安全防护服装,随意更改项目设计;项目监理单位项目总监理工程师未到岗履职,对施工现场存在的诸多安全隐患未要求施工单位进行整改,未制止施工单位在没有正式变更设计的情况下组织修建新污水检查井的施工行为。

二、经验教训

应加快行业规范建设。近几年,随着两层及以上地下室的出现及污水处理项目的增多,在房屋市政工程中出现了多种典型的受限空间施工项目。但是,截至目前,没有针对房屋市政工程受限空间施工安全管理的行业标准规范,使得房屋市政工程受限空间安全管理处于空白状态。

务必严格落实"先通风、再检测、后作业"作业规程。目前没有针对房屋市政工程受限空间安全作业标准规范,通过借鉴其他行业(如化工行业)有关受限空间安全作业的标准规范,在房屋市政工程受限空间施工过程中,逐步建立起了"先通风、再检测、后作业"作业规程,但是,这一规程没有得到有效落实。企业和项目针对受限空间施工工程,没有配备必要的检测、通风、预警、防护等装备,没有制定有针对性的有关受限空间安全作业专项方案,在安全教育培训和安全技术交底中,很少涉及有关受限空间作业的相关内容和要求等。

房屋市政工程参与者对受限空间普遍认识不足。我们在日常检查中发现,很多房屋市政工程建设项目的参与者,认为在他们的项目中,没有受限空间,对房屋市政工程中存在的受限空间普遍认识不足,没有建立起基本的受限空间风险意识,不具备基本的受限空间安全防范和管理技能,一旦发生受限空间中毒和窒息事故,显得束手无策,导致事故伤亡人数不断增多。

各种受限空间作业安全防范措施落实不到位现象比较普遍。不能正确识别受限空间，不能区别中毒与窒息的不同特征，没有安全可靠的进、出受限空间通道，没有建立起在受限空间内作业人员与外界的通信系统，在进行受限空间作业时没有安排专人监控，如此种种违章作业现象，在房屋市政工程受限空间施工过程中普遍存在，各种受限空间作业安全防范措施没有得到有效落实。

盲目施救造成伤亡增多的事故反复发生。通过分析多起中毒和窒息事故后发现，事故发生过程出现了惊人的相似之处：一开始是 1~2 个人进入受限空间作业，发生中毒和窒息现象；随后在邻近作业的工友，由于救人心切，在不明情况、没有采取任何防护措施的状态下，就盲目进入受限空间施救，造成更多的人员中毒和窒息状况；然后报警（延误了宝贵的救援时间），消防人员到场施救，救出人员送医抢救，大多抢救无效死亡。中毒和窒息事故，往往都发生了二次、三次伤害，常常由一般事故演变成较大事故。

12 天津宝坻"6·29"触电较大事故

2018年6月29日7时30分许，天津市宝坻区御景家园二期项目发生一起触电事故，造成3名施工人员死亡、1人受伤，直接经济损失（不含事故罚款）约为355万元。

依据国家和我市的有关规定，事故发生当日由市安全监管局牵头组织、市公安局、市总工会、市建委等部门派员参加，成立了宝坻区御景家园二期项目"6·29"较大触电事故调查组（以下简称：事故调查组），全面负责事故调查工作。同时，邀请市监察委派员参加。事故调查组聘请了有关专家，参与事故调查工作。

事故调查组按照"四不放过"和"科学严谨、依法依规、实事求是、注重实效"的原则，通过现场勘察、技术鉴定、调查取证、综合分析和专家论证，查明了事故发生的经过和原因，认定了事故性质和责任，提出了对事故单位和责任人的处理建议，并针对事故原因及暴露出的突出问题，提出了事故防范及整改措施建议。现将有关情况报告如下：

一、事故基本情况

（一）事故相关单位情况

1. 天津珠江京津房地产投资有限公司（以下简称：珠江京津公司）

该公司成立于2007年12月24日，法定代表人：张修全，属私营企业。注册地址：天津宝坻九园工业园区，注册资本5000万元人民币；经营范围包括以自有资金对房地产项目进行投资、房地产开发等。持有天津市城乡建设委员会颁发的房地产开发企业资质证书（肆级），有效期：2017年9月1日至2018年2月28日。

2. 广东珠江工程总承包有限公司（以下简称：珠江总承包公司）

该公司成立于1997年7月2日，法定代表人：苏峰昌，属私营企业。注册地址：丰顺县汤坑镇湖下开发区铜湖路 22-23 号；注册资本 2.65 亿元人民币；经营范围：房屋建筑工程施工总承包一级等；持有广东省住房和城乡建设厅颁发的建筑工程施工总承包壹级等资质。持有安全生产许可证，许可范围：建筑施工，有效期：2017 年 6 月 1 日至 2020 年 6 月 1 日。

3. 天津宇昊建设工程集团有限公司（以下简称：宇昊集团公司）

该公司成立于 2004 年 6 月 10 日，属私营企业。法定代表人：邢海涛；注册地址：天津市静海区北洋工业园 18 号；注册资本：5 亿元人民币；经营范围包括房屋建筑工程、地基与基础工程等。持有天津市城乡建设委员会颁发的地基基础工程专业承包壹级等资质。持有安全生产许可证，许可范围：建筑施工，有效期：2016 年 5 月 28 日至 2019 年 5 月 28 日。

4. 广东珠江建设工程监理有限公司（以下简称：珠江监理公司）

该公司成立于 1998 年 6 月 2 日，法定代表人：廖武夫，属私营企业。注册地址：广州市天河区中山大道 105 号华景路华景街巧号 308 室，注册资本 300 万元人民币；经营范围是建筑工程监理。持有住房和城乡建设部颁发的房屋建筑工程监理甲级资质，有效期：2013 年 12 月 31 日至 2018 年 12 月 31 日。

5. 北京珠江房地产开发有限公司（以下简称：北京珠江公司）

该公司成立于 1999 年 11 月 16 日，法定代表人：高云，属私营企业。注册地址：北京市通州区通州工业开发区广通街 1 号南创展家居 221 室，注册资本 5.5 亿元人民币；经营范围是房地产开发；销售商品房；房屋租赁；房地产信息咨询；家居装饰。

6. 广东珠江投资股份有限公司（以下简称：广东珠江公司）

该公司成立于 1993 年 02 月 20 日，法定代表人：朱伟航，属国有控股企业。注册地址：广东省广州市天河区珠江东路 421 号 601 房，注册资本 42 亿元人民币；经营范围主要包括房地产开发、房地产项目投资及其投资业务咨询、投资项目策划等。

（二）相关单位及人员的关联情况

广东珠江公司是珠江总承包公司的股东之一；广东珠江公司和珠江总承包公司共同出资成立北京珠江公司；广东珠江公司与北京珠江公司共同出资成立珠江京津公司。

广东珠江投资集团华北地区公司为无营业执照的办事机构，负责北京珠江公司、珠江京津公司的管理。北京珠江公司负责珠江京津公司的人事任命及具体管理。

珠江京津公司的法定代表人张修全同时兼任广东珠江投资集团华北地区公司

产业事业部总经理、北京珠江公司副总经理。

珠江监理公司负责宝坻区御景家园二期项目的总监代表杜哲明同时担任珠江京津公司的专业质量总监。

（三）工程项目基本情况

宝坻区御景家园二期项目坐落在天津宝坻九园工业园区，总建筑面积 22.8 万 m²，工程总投资 15 亿元人民币，框剪结构，建筑层数为地下一层、地上十七层。该项目建设单位珠江京津公司于 2008 年 5 月 16 日取得宝坻区规划局发放的《建设用地规划许可证》（编号：2008 宝坻地证 0034）；于 2018 年 1 月 29 日取得宝坻区行政审批局发放的《关于珠江京津公司御景家园二期项目备案的证明》（津宝审批备〔2018〕70 号）；于 2018 年 4 月 4 日取得宝坻区行政审批局批复的《建设工程设计方案通知书》（编号：2018 宝坻建案申字 0028）；于 2018 年 6 月 26 日取得宝坻区行政审批局发放的《建设工程规划许可证》（编号：2018 宝坻建证 0081）；于 6 月 28 日通过天津市建筑市场监管与信用信息平台办理工程施工直接发包登记。截至事故发生前，宝坻区御景家园二期项目未取得施工许可证。

（四）工程项目发包、承包情况

宝坻区御景家园二期项目由北京珠江公司负责组织招投标，宇昊集团公司中标。

2018 年 4 月 4 日，北京珠江公司印发《签约通知书》（珠江华北招预字〔2018〕024、25 号），《签约通知书》要求宇昊集团公司收到签约通知后，于 2 日内与珠江总承包公司联系落实合同签订事宜。

4 月 16 日，珠江京津公司通过广东珠江投资集团华北地区公司的办公系统提出宝坻区御景家园二期土护降及土方工程施工合同会签审批申请，4 月 18 日审批通过。

4 月 20 日，自然人李新桐以宇昊集团公司名义与珠江总承包公司签订天津御景家园二、三期桩基础工程施工合同和天津御景家园二期土护降及土方工程施工承包合同；同日，李新桐以宇昊集团公司名义又将承揽的天津御景家园二、三期桩基础工程分包给自然人韦春喜施工（不含钢筋、混凝土），并订立施工协议，协议价款 221.2249 万元；韦春喜口头雇佣翟加领（止水帷幕）、何玉起、周龙（CFG 桩）、张大勇（支护桩）等人的桩基设备进场施工。

2018 年 6 月 27 日，珠江京津公司与珠江总承包公司签订《建设工程施工承包协议书》，对御景家园二、三期项目的发包单位和总承包单位予以明确，协议约定的开竣工日期为 2018 年 7 月 1 日至 2020 年 9 月 30 日。

二、事故发生经过

2018 年 4 月 24 日，九园工业园区管委会安全生产监督管理办公室负责人王瑞久等人按照《印发〈宝坻区关于开展建设工程转包和违法发包专项治理月实施方案〉的通知》（津宝党办发［2018］23 号）对珠江总承包公司进行监督检查过程中，因珠江总承包公司无法提供企业自查表等文字材料，对其下达了现场处理措施决定书（九园安监现决 7 号），责令其立即停止施工。

5 月初，承揽天津御景家园二、三期桩基础工程的韦春喜联系司机将发生事故的配电箱等设备设施运到施工现场。

5 月 14 日，珠江京津公司组织珠江总承包公司、宇昊集团公司有关人员召开天津 210 项目（即御景家园项目）二、三期项目开工启动会，以施工前准备为由，组织宇昊集团公司当天正式进场施工。至事故发生时已完成打止水桩近1000 组，打有钢筋笼的支护桩近 50 根，打地基处理的 CFG 桩 700 余根，打降水井 170 余眼。

5 月 17 日，九园工业园区综合执法大队丁建华等人到宝坻区御景家园二期项目部了解项目进展情况，获悉珠江京津公司未取得建设工程规划许可和施工许可证，口头告知有关人员未取得建设工程规划许可证等不得开工建设。

5 月 19 日，负责御景家园二、三期打桩作业的打桩工程队队长韦春喜组织的施工人员等将发生事故的配电箱接线通电后投入使用。

6 月 25 日，北京珠江公司的工程月度检查小组对宝坻区御景家园二期项目进行抽查时发现"二期临电无防砸措施"的问题并下达整改通知单，要求珠江京津公司于 7 月 2 日前落实整改。

6 月 26 日，珠江京津公司组织宇昊集团公司、珠江监理公司召开工作例会，会上指出对一、二级配电箱要做好防雨、维护工作。

6 月 27 日，韦春喜组织的御景家园二、三期打桩作业工程队的施工人员张茂春使用工地上的螺纹钢筋焊制用于保护配电箱的钢筋笼。

6 月 29 日 7 时 30 分许，韦春喜组织的御景家园二、三期打桩作业工程队的四名施工人员马东华（男，47 岁）、张茂春（男，37 岁）、董运平（男，34 岁）、王铁水（男，45 岁）在采用钢筋笼进行总配电箱防护作业过程中发生触电，造成马东华、张茂春、董运平 3 人死亡，王铁水受伤。

三、事故原因和性质

（一）直接原因

经询问目击者、现场勘验、技术鉴定及专家的技术分析，事故调查组认定：在进行配电箱防护作业过程中，四名工人搬运的钢筋笼碰撞到无保护接零、重复接地及漏电保护器的配电箱导致钢筋笼带电是发生触电事故的直接原因。

（二）间接原因

1. 珠江京津公司

在房地产开发资质证书过期后继续从事房地产开发经营活动；将施工项目违法发包给宇昊集团公司；未依法履行建设工程基本建设程序，在未取得建筑工程施工许可证的情况下擅自开工建设。

2. 宇昊集团公司

出借资质证书给李新桐，签订御景家园二、三期桩基础工程施工合同，并将建设项目违法分包给自然人韦春喜；对施工现场缺乏检查巡查，未及时发现和消除发生事故配电箱存在的多项隐患问题。

3. 珠江监理公司

未建立健全管理体系，项目总监理工程师、驻场代表未到岗履职，现场监理人员仅总监代表一人且同时兼任建设单位的质量专业总监；未履行监理单位职责，在明知该工程未办理建筑工程施工许可证的情况下，没有制止施工单位的施工行为，未将这一情况上报给建设行政主管部门。

4. 珠江总承包公司

未依法履行总承包单位对施工现场的安全生产责任。对宇昊集团公司的安全管理缺失；未及时发现和消除发生事故配电箱存在的多项隐患问题。

5. 宝坻区城市管理综合执法部门

九园工业园区综合执法大队未认真履行《天津市城市管理相对集中行政处罚权规定》（2007 年津政令第 111 号）等法规文件规定的法定职责，对发现的辖区内未取得建设工程规划许可的宝坻区御景家园二期项目擅自进行开工建设的违法行为未采取切实有效的措施予以制止和依法查处，致使非法建设行为持续存在。

6. 宝坻区建设行政主管部门

宝坻区建设工程质量安全监督管理支队没有认真履行建筑市场监督管理职责，检查巡查不到位，打击非法建设不力，对珠江京津公司未取得施工许可证擅自施工的行为没有及时发现和制止；落实《印发〈宝坻区关于开展安全生产百日行动专项整治实施方案〉的通知》（津宝党办发［2018］24 号）要求不到位，对全区房屋建筑和市政基础设施工程开展的专项检查不力，未及时发现和制止宝坻区御景家园二期项目存在不按规定履行法定建设程序擅自开工、违法分包、出借资质等行为，致使非法违法建设行为持续至事故发生。

7. 天津宝坻九园工业园区管委会

落实《印发〈宝坻区关于开展安全生产百日行动专项整治实施方案〉的通知》（津宝党办发［2018］24 号）开展辖区建设工程领域专项整治工作不到位，未及时发现和制止珠江京津公司违法发包行为；超出《印发〈宝坻区关于开展建设工程转包和违法发包专项治理月实施方案〉的通知》（津宝党办发［2018］23 号）文件规定要求检查宝坻区御景家园二期项目，虽下达立即停止施工的现场处理措施决定书，但未采取有效措施使该施工现场落实停止施工的指令，致使该施工项目持续施工至事故发生。

（三）事故性质

经调查认定，宝坻区御景家园二期项目"6·29"较大触电事故是一起生产安全责任事故。

四、对事故有关责任人员及责任单位的处理建议

（一）司法机关处理的有关责任人

1. 韦春喜，涉嫌重大责任事故罪，于 2018 年 9 月 12 日被公安机关取保候审。

2. 孙少刚，宇昊集团公司宝坻区御景家园二期项目经理，涉嫌重大责任事故罪，于 2018 年 9 月 13 日被公安机关取保候审。

3. 魏国刚，珠江京津公司宝坻区御景家园二期项目总经理助理，涉嫌重大责任事故罪，于 2018 年 9 月 12 日被公安机关取保候审。

4. 杜哲明，珠江监理公司宝坻区御景家园二期项目总监理工程师代表，涉嫌重大责任事故罪，于 2018 年 10 月 22 日被公安机关取保候审。

（二）建议给予政务处分的责任人员

依据《中华人民共和国监察法》《公职人员政务处分暂行规定》的有关规定，建议对下列人员予以政务处分：

1. 丁建华,九园工业园区综合执法大队大队长(正科级),未认真履行《天津市城市管理相对集中行政处罚权规定》(2007 年津政令第 111 号)等法规文件规定的法定职责,对发现的辖区内未取得建设工程规划许可的宝坻区御景家园二期项目擅自进行开工建设的违法行为未采取切实有效的措施予以制止和依法查处;对于其认可管委会领导刘新颖交办的督促、检查宝坻区御景家园二期项目落实立即停止施工指令的工作落实不到位,未采取有效措施使该施工现场落实停止施工的指令,致使该施工项目持续施工至事故发生。对事故的发生在打击未经规划许可非法建设和落实领导交办工作要求方面负有直接责任,建议给予政务记过处分。

2. 刘万明,宝坻区城市管理综合执法局副局长(副处级),分管办公室、人事科和九园工业园区综合执法大队等单位,对打击未经规划许可非法建设行为的工作督促、检查、指导不力,对分管的九园工业园区综合执法大队未认真履行《天津市城市管理相对集中行政处罚权规定》(2007 年津政令第 111 号)等法规文件规定的法定职责情况失察,致使非法违法建设行为持续存在。对事故的发生在打击、查处非法建设方面负有直接领导责任,建议给予其政务警告处分。

3. 赵景宇,宝坻区建设工程质量安全监督管理支队监督一科副科长(主持工作),事业编制,落实《印发〈宝坻区关于开展安全生产百日行动专项整治实施方案〉的通知》(津宝党办发〔2018〕24 号)要求不到位,对全区房屋建筑和市政基础设施工程开展的专项检查不力,未及时发现和制止宝坻区御景家园二期项目存在不按规定履行法定建设程序擅自开工、违法分包转包等行为,致使非法违法建设行为持续至事故发生。对事故的发生在查处非法违法建设方面负有直接监管责任,建议给予政务记过处分。

4. 齐淑君,宝坻区建设工程质量安全监督管理支队市场监察科副科长(主持工作),事业编制,没有认真履行建筑市场监督管理职责,检查巡查不到位,打击非法建设不力,对珠江京津公司未取得施工许可证,擅自施工的行为没有及时发现和制止,致使非法建设行为持续至事故发生。对事故的发生在打击非法建设方面负有直接监管责任,建议给予政务警告处分。

5. 铁铮,宝坻区建设工程质量安全监督管理支队副支队长(正科级),事业编制,分管监督一科、监督二科、市场监察科。工作中履职不力,对分管的市场监察科的检查巡查工作及监督一科对全区房屋建筑和市政基础设施工程开展的专项检查工作督促、检查、指导不力,对分管科室履行工作职责不力的情况失察,致使非法违法建设行为持续至事故发生。对事故的发生在打击、查处非法违法建设方面负有直接领导责任,建议给予其政务警告处分。

6. 汪瑞久,天津宝坻九园工业园区管委会监督管理部副部长、九园工业园区管委会安全生产监督管理办公室负责人（副科级），事业编制，落实《印发〈宝坻区关于开展安全生产百日行动专项整治实施方案〉的通知》（津宝党办发〔2018〕24 号）开展辖区建设工程领域专项整治工作不到位，未及时发现和制止珠江京津公司违法发包行为，对事故的发生在落实区委、区政府部署的专项整治工作方面负有直接责任，建议给予政务记过处分。

（三）对其他相关责任人员和单位给予处理的建议

1. 薄丽江，宝坻区建设工程质量安全监督管理支队支队长（副处级）、宝坻区建设领域安全生产百日行动专项整治检查领导小组副组长，事业编制，负责支队全面工作。工作中履行职责不到位，对下属支队副职领导及科室负责人履职不力的情况失察，致使非法违法建设行为持续至事故发生。对事故的发生在建设行业监管方面负有主要领导责任，建议给予其诫勉谈话处理。

2. 刘万富，宝坻区建设管理委员会副主任（副处级）、宝坻区建设领域安全生产百日行动专项整治检查领导小组组长，行政编制，分管宝坻区建设工程质量安全监督管理支队等单位。对宝坻区建设工程质量安全监督管理支队工作督促、检查不到位，对宝坻区建设领域安全生产百日行动专项整治检查工作开展领导不力，致使非法违法建设行为持续至事故发生。对事故的发生在建设行业监管方面负有重要领导责任，建议给予其诫勉谈话处理。

3. 刘新颖，天津市九园工贸有限公司副总经理（副处级），企业编制，按照宝坻九园工业园区管委会党委的安排分管安全生产监督管理办公室。对分管的安全生产监督管理办公室按照《印发〈宝坻区关于开展安全生产百日行动专项整治实施方案〉的通知》（津宝党办发〔2018〕24 号）开展辖区建设工程领域专项整治及交给九园工业园区综合执法大队办理宝坻区御景家园二期项目切实落实停止施工指令等工作督促、检查不到位，对相关工作负责人员履行工作职责不到位的情形失察，致使该施工项目持续施工至事故发生。对事故的发生在监督管理方面负有直接领导责任，建议给予其诫勉谈话处理。

4. 珠江京津公司存在房地产开发资质证书过期后继续从事房地产开发经营活动；将施工项目违法发包给宇昊集团公司；未依法履行建设工程基本建设程序，在未取得建筑工程施工许可证的情况下擅自开工建设等问题。对事故的发生负有责任。珠江京津公司法定代表人张修全作为企业主要负责人未履行《中华人民共和国安全生产法》规定的安全生产管理职责，未及时消除本单位的生产安全事故隐患，导致发生生产安全事故。

依据《中华人民共和国安全生产法》和《生产安全事故报告和调查处理条例》等有关法律法规的规定，建议由宝坻区安全监管局对珠江京津公司处以 50

万元人民币的行政处罚，对珠江京津公司主要负责人张修全处以 2017 年度年收入 40% 的罚款，共计人民币 302640.2 元。

5. 宇昊集团公司存在出借资质证书给李新桐，签订御景家园三期桩基础工程施工合同，并将建设项目违法分包给自然人韦春喜；对施工现场缺乏检查巡查，未及时发现和消除发生事故配电箱存在的多项隐患等问题。对事故的发生负有责任。宇昊集团公司法定代表人邢海涛作为企业主要负责人未履行《中华人民共和国安全生产法》规定的安全生产管理职责，未及时消除本单位的生产安全事故隐患，导致发生生产安全事故。

依据《中华人民共和国安全生产法》和《生产安全事故报告和调查处理条例》等有关法律法规的规定，建议由宝坻区安全监管局对宇昊集团公司处以 50 万元人民币的行政处罚，对宇昊集团公司法定代表人邢海涛处以 2017 年度年收入 40% 的罚款，共计人民币 28343.68 元。

依据《天津市建设工程施工安全管理条例》的规定，建议市建委取消宇昊集团公司在津参加投标活动 12 个月的资格。

依据《建筑施工企业安全生产许可证管理规定》的规定，建议市建委暂扣宇昊集团公司安全生产许可证 90 日。

6. 珠江监理公司存在未建立健全管理体系，项目总监理工程师、驻场代表未到岗履职，现场监理人员仅总监代表一人且同时兼任建设单位的质量专业总监；未履行监理单位职责，在明知该工程未办理建筑工程施工许可证的情况下，没有制止施工单位的施工行为，未将这一情况上报给建设行政主管部门等问题。对事故的发生负有责任。珠江监理公司法定代表人廖武夫作为企业主要负责人未履行《中华人民共和国安全生产法》规定的安全生产管理职责，未及时消除本单位的生产安全事故隐患，导致发生生产安全事故。

依据《中华人民共和国安全生产法》和《生产安全事故报告和调查处理条例》等有关法律法规的规定，建议由宝坻区安全监管局对珠江监理公司处以 50 万元人民币的行政处罚，对珠江监理公司法定代表人廖武夫处以 2017 年度年收入 40% 的罚款，共计人民币 50083.2 元。

依据《天津市建设工程施工安全管理条例》的规定，建议市建委取消珠江监理公司在津参加投标活动 12 个月的资格。

依据《建设工程安全生产管理条例》，建议市建委责令珠江监理公司总监理工程师杨春贵停止执业 1 年。

7. 珠江总承包公司存在未依法履行总承包单位对施工现场的安全生产责任，对桩基础工程分包单位宇昊集团公司的安全管理缺失，未及时发现和消除发生事故配电箱存在的多项隐患等问题。对事故的发生负有责任。珠江总承包公司法定代表人苏峰昌作为企业主要负责人未履行《中华人民共和国安全生产法》规定的安全生产管理职责，未及时消除本单位的生产安全事故隐患，导致发生生产安全事故。

依据《中华人民共和国安全生产法》和《生产安全事故报告和调查处理条例》等有关法律法规的规定，建议由宝坻区安全监管局对珠江总承包公司处以50 万元人民币的行政处罚，对珠江总承包公司主要负责人苏峰昌处以 2017 年度年收入 40% 的罚款，共计人民币 109205.07 元。

依据《天津市建设工程施工安全管理条例》的规定，建议市建委取消珠江总承包公司在津参加投标活动 12 个月的资格。

8. 责成区城市管理综合执法局、区建委和九园工业园区管委会向区政府做出书面检查。

9. 责成宝坻区政府向市政府做出深刻书面检查。

五、事故防范和整改措施建议

1. 严格落实行业监管职责，严厉打击非法违法建设行为。宝坻区委、区政府要痛定思痛，认真贯彻落实市委、市政府关于安全生产的决策部署和指示精神，严格落实"管行业必须管安全、管业务必须管安全、管生产经营必须管安全"的工作要求，坚决实行党政同责、一岗双责、齐抓共管、失职追责。宝坻区建设行政主管部门和城市管理综合执法部门要深刻吸取事故教训，加强对辖区内建设项目的日常检查巡查，对未经规划许可、未办理施工许可擅自进行建设的行为加大打击力度，采取切实有效的措施治理非法建设行为；宝坻区有关部门要进一步深化区委、区政府部署的安全生产百日行动专项整治，严厉打击建设领域违法分包、转包等行为，加大处罚和问责力度，采取有针对性的措施，及时查处非法违法建设行为，真正做到"铁面、铁规、铁腕、铁心"。

2. 认真落实属地监管职责，深入贯彻落实区委、区政府专项整治工作部署。宝坻九园工业园区管委会要认真落实法定职责和区委、区政府安全生产工作部署，精心组织，周密安排，齐抓共管，采取切实可行的工作措施，加强检查巡查人员力量，深入开展辖区内建设领域专项整治；要加强与区建设、城市管理综合执法等行业领域主管部门的联系沟通，密切配合，信息共享，对于属地发现的非法违法行为要按照职责分工及时通报、移交给有关部门，形成联动机制，共同严厉打击各类非法违法建设行为。

3. 切实落实建设工程各方主体责任，依法依规开展项目建设施工。宝坻区御景家园二期项目建设单位、施工单位、监理单位要认真吸取事故教训，严格执行《建设工程安全生产管理条例》等有关规定。建设单位要依法履行建设工程基本建设程序，及时办理相关行政审批、备案手续，不得对施工、工程监理等单位提出不符合建设工程安全生产法律、法规和强制性标准规定的要求。施工单位要认真履行施工现场安全生产管理责任，定期进行安全检查，及时消除本单位存在的生产安全事故隐患，自觉接受监理单位的监督检查。监理单位要加强日常安全检查巡查，及时发现隐患问题，及时督促建设单位、施工单位完成整改，对施工单位拒不整改或者不停止施工的，监理单位应当及时向建设行政主管部门报告。建设工程各方生产经营单位要切实落实企业主体责任，杜绝各类事故的发生。

专家分析

一、事故原因

（一）直接原因

民工教育缺乏，安全意识薄弱和职业技能偏低。事故中伤亡的四名施工人员在

熊新华

点评专家

住建部科学技术委员会工程质量安全专业委员会委员，现任江苏省第一建筑安装集团公司总工，高级工程师，长期从事建筑施工技术、安全管理工作

采用钢筋笼进行总配电箱防护作业过程中，不知道"当不能确认供配电设施是否带电时，皆认为有电"这一原则，搬运的钢筋笼碰撞到带电的配电箱，导致钢筋笼带电发生触电。我国民工教育培训主体缺失，企业总以民工流动性大企业固定教育培训做不了，政府没有任何部门和落实资金来做这项工作，造成这方面工作喊得响、做得差。

（二）间接原因

施工企业以包代管，安全管理责任不履行。总包和分包没有对钢筋笼安装人员做安全技术交底；也没有购置或制作安装符合安全规范标准的配电箱；也没有安排专业电工人员检查漏电的配电箱并修理。因为这一连串的问题，造成配电箱不正常带电引起间接触电死亡事故。

二、经验教训

该项目发生较大安全事故，"问题在现场，根子在市场"。御景家园二期项目

的建设单位是珠江京津公司，组织招投标单位是北京珠江公司，是一个关联公司，中标的是宇昊集团公司，《签约通知书》却要求宇昊集团公司收到签约通知后，与珠江总承包公司签订合同——总承包从何而来？紧接着，自然人李新桐以宇昊集团公司名义与珠江总承包公司签订天津御景家园二、三期桩基础工程施工合同和天津御景家园二期土护降及土方工程施工承包合同；同日，李新桐以宇昊集团公司名义又将承揽的天津御景家园二、三期桩基础工程分包给自然人韦春喜施工（不含钢筋、混凝土），并订立施工协议。转包再转包，从招标、定标环节就出了问题，都是私人包工头在操作，这是这起事故的根子所在！未办理安全生产施工许可证只是发生安全事故的诱因，发生安全事故其主要责任因素在建设单位（珠江京津公司）、组织招投标单位（北京珠江公司）。《〈建筑工程施工转包违法分包等违法行为认定查处管理办法〉释义》（建市施函［2014］163号）明确规定："单位工程是指具备独立施工条件并能形成独立使用功能的建筑物或构筑物"。按照现行的《建筑工程施工质量验收统一标准》GB 50300—2013，建筑工程包括地基与基础工程、主体结构工程、建筑屋面工程建筑装饰装修工程等共10个分部工程。按照《建筑工程分类标准》GB/T 50841—2013分类，基坑工程（桩基、土方等）属于地基与基础分部工程的分项工程。鉴于基坑工程属于建筑工程单位工程的分项工程，建设单位将非单独立项的基坑工程单独发包属于肢解发包行为，广东珠江工程总承包有限公司只是私人包工头利用资质的一个平台。

13 贵州毕节"7·2"塔机倒塌较大事故

调查报告

2018年7月2日7时34分许,毕节市七星关区天河广场项目发生一起塔吊倒塌事故,造成3人死亡,2人受伤,直接经济损失477.65万元。

事故发生后,省委省政府高度重视,省委书记孙志刚,省委副书记、省长谌贻琴,常务副省长李再勇,副省长吴强先后做出重要批示,要求妥善善后,确保社会稳定,迅速查明事故原因,举一反三,坚决防止类似事故再次发生;市委书记周建琨,市委副书记、市长张集智,副市长蒋从跃、王泉松先后做出批示:坚决贯彻落实省委、省政府领导指示,认真总结,严格追责,及时组织开展建筑工地安全生产情况再排查、再整治。

依据《安全生产法》和《生产安全事故报告和调查处理条例》(国务院令第493号)等法律法规规定,市人民政府成立了由市安监局牵头,市住建局、市公安局、市总工会、市质监局等相关部门组成的事故调查组,并邀请市监察委参加,同时邀请贵州鼎盛鑫检测有限公司对事故直接原因进行技术分析。

事故调查组按照"四不放过"和"科学严谨、依法依规、实事求是、注重实效"的原则,通过现场勘查、调查询问、查阅资料、检测鉴定、收集相关书证、物证及影像资料,查明了事故发生的经过、原因、人员伤亡和直接经济损失等情况,认定了事故性质和责任,提出了对事故有关责任人员和责任单位的处理建议及事故防范措施建议。现将调查情况报告如下:

一、事故基本情况

(一)项目总体概况

毕节市中心城区城市环境整治工程倒天河水环境综合治理一期(河段一、二、三)工程属重点民生工程,其建设规模从倒天河水厂至碧阳大桥,全长8.8km,包含道路、建筑整治、管网、景观、桥梁整饰、亮化、建筑工程等。其中建筑整治面积约 1252298m²，建筑拆除面积约 645272m²。新建重要节点工程 10 个（其中包括天河广场项目），项目投资估算和资金筹措 706108.83 万元。

（二）天河广场项目概况

天河广场项目属于毕节市中心城区城市环境整治工程倒天河水环境综合治理一期工程二段的重要节点工程，该项目位于毕节市七星关区倒天河畔，东临沿河西路、西靠天河路、南抵建设路、北临天河路菜市场，总规划用地面积 33649.7m²，总建筑面积 60555.78m²，其中商业面积 6861.53m²，农贸市场 11731.90m²，地下车库建筑面积 41433.06m²，停车位 1267 个，工程估算投资 2.2 亿元。该项目 2017 年 11 月 22 日开工建设，计划 2018 年 8 月底完工，现已完成总工程量的 46%，完成投资约 1.2 亿元。

（三）参建各方基本情况

1. 建设单位：毕节市天河城建开发投资有限公司，企业类型：有限责任公司（国有独资），系毕节市开源建设投资（集团）有限公司出资成立的子公司，登记住所：贵州省毕节市七星关区碧阳街道办事处滨河西路马鞍山 B 栋安置房。注册资本：壹亿元整。成立日期：2003 年 11 月 12 日。法定代表人、总经理：陈大顺。经营范围：城市基础设施、公益设施、环保项目的投资，粮油生产基地建设投资、农贸市场建设投资、旅游开发投资。

2. 勘察单位：遵义市建筑设计院，企业类型：全民所有制，登记住所：贵州省遵义市红花岗区大兴路 29 号。注册资金：叁佰万元整。成立日期：1992 年 5 月 6 日。法定代表人：杜发明。资质类别及等级：工程勘察专业类乙级，有效期至 2020 年 3 月 26 日。

3. 设计单位：广州市城市规划勘测设计研究院，企业类型：全民所有制，登记住所：广州市越秀区建设大马路 10 号。注册资本：伍仟贰佰柒拾叁万元整。成立日期：1998 年 4 月 23 日，法定代表人：邓兴栋。资质等级：市政行业（给水工程、排水工程、道路工程、桥梁工程、城市隧道工程）专业甲级；建筑行业（建筑工程）甲级；风景园林工程设计专项甲级，有效期至：2018 年 10 月 18 日。

4. 施工单位：毕节市城乡建设工程第二建筑有限公司（原毕节市德顺建筑工程有限公司，2018 年 5 月 8 日更名为现名），系毕节市城乡建设工程（集团）有限公司子公司。企业类型：有限责任公司（国有独资），出资人：七星关区人民政府。登记住所：贵州省毕节市七星关区百里杜鹃大道水厂下侧。注册资本：贰亿陆仟万圆整。法定代表人：张华。成立日期：2014 年 9 月 15 日，经营范围：

市政工程、房屋建筑工程、钢结构工程、防水工程等。资质类别及等级：建筑施工总承包叁级，市政公用工程施工总承包叁级，有效期至2021年2月24日。持有安全生产许可证，有效期至2019年11月30日。

毕节市德顺建筑工程有限公司中标天河广场项目后，成立项目管理部，由罗绪勇担任项目经理。罗绪勇持有项目负责人安全生产考核合格证，二级注册建造师。

毕节市城乡建设工程（集团）有限公司，企业类型：有限责任公司（国有独资），出资人：七星关区人民政府。登记住所：贵州省毕节市七星关区市东街道环北路市东办事处后面。注册资本：贰拾亿元整。经营范围：建筑工程、安装工程、结构工程等。2017年7月31日，七星关区人民政府召开二届二十二次常务会议研究并同意组建该公司，毕节市德顺建筑工程有限公司等8家公司划转至该公司，作为其子公司进行运营，形成投资控股关系。公司注册成立时间：2018年1月19日。法定代表人：王志坚。2018年5月28日，七星关区政府任命王志坚为董事长、法定代表人，梅涛为总经理，罗安邦为财务总监，陈兴明为总工程师。

5. 监理单位：贵州众志监理有限责任公司，企业类型，有限责任公司（自然人投资或控股），登记住所：贵州省贵阳市观山湖区长岭北路贵阳国际会议展馆中心D区02栋（B）4层3号。注册资本：捌佰万元整。成立日期：2014年2月28日。法定代表人：周彭。资质类别及等级：房屋建筑工程监理甲级，市政公用工程监理甲级资质，有效期至2022年6月5日。

根据公司安排，天河广场项目监理部由向太平任总监理工程师，周遵刚、王锡恩先后任专业监理工程师。向太平持有注册监理工程师证书。周遵刚持有监理工程师证书。王锡恩持有注册监理工程师证书。

6. 塔吊租赁单位：毕节市精诚建筑机械设备租赁有限公司（以下简称精诚公司），成立日期：2011年6月21日。登记住所：贵州省毕节市七星关区三板桥街道碧阳大道六合村跃进组5号，注册资本：500万元，企业类型：有限责任公司。法定代表人：罗忠华，经营范围：建筑机械设备、塔式起重机、施工升降机租赁等。该公司由罗忠华、罗全忠、周遵顺3名股东出资成立，罗忠华占股40%，罗全忠、周遵顺各占股30%。公司有塔吊20台，其中罗忠华管理5台，罗全忠管理7台，周遵顺管理8台。公司业务由3个股东各自联系承租方自主经营。天河广场项目4台塔吊由罗全忠负责租赁、安装。

7. 塔吊安装单位：毕节市金塔建筑机械设备租赁有限公司（以下简称金塔公司），成立日期：2010年11月22日，登记住所：贵州省毕节市七星关区环东路德沟路口，注册资本：500万元，企业类型：有限责任公司，法定代表人：许昌。经营范围：建筑机械设备租赁及销售，塔机安装、拆卸及维修技术服务。具备起重设备安装工程专业承包三级证书，有效期至 2021 年 2 月 24 日。持有安全生产许可证证书，有效期至 2019 年 6 月 4 日。

2015 年 9 月 10 日，金塔公司与精诚公司签订了《资质挂靠协议书》，同意将公司塔吊安装资质出借给精诚公司，安装每台塔吊收取 1000～1200 元资质出借费。经查，天河广场项目 4 台塔吊使用登记资料由罗全忠安排公司人员以金塔公司的名义，将安装方案、技术交底、制度、预案、告知书等汇编成《贵州省建筑起重机械使用登记申请表》后送到金塔公司加盖公章，并代金塔公司相关人员签字后交毕节市城乡建设工程第二建筑有限公司天河广场项目部。

（四）事故塔式起重机基本情况

天河广场项目共安装了 4 台塔吊，发生事故塔吊项目部编号为 1 号塔吊。该塔吊由四川建设发展股份有限公司金特尔钢构厂生产，型号：QTZ635610，出厂日期：2014 年 5 月 7 日，出厂编号：471216，具有特种设备制造许可证、产品合格证、起重机械制造监督检验证书；在毕节市建筑工程施工安全监督管理站进行产权备案登记，备案编号：黔 BJ-T00786。该塔吊安装了 1 个基础节和 11 个标准节，基础节长 5m，每个标准节长 2.5m。事故发生时塔吊高度为 32.5m，起重臂长 56m。

2018 年 3 月 18 日，精诚公司股东罗全忠与毕节市德顺建筑工程有限公司天河广场项目部经理罗绪勇签订了塔式起重机租赁合同后，罗全忠安排人员在外面联系塔吊安装人员钟亚冬（持有建筑起重机械安装拆卸工证）和余鸿（无证）自行安装塔吊。4 月 1 日开始安装，4 月 2 日 1 号塔吊安装完成。安装过程中未组织安装人员对安装方案进行培训学习，未组织安全施工技术交底，未告知工程所在地县级以上地方人民政府建设主管部门，未派专业技术人员、专职安全生产管理人员进行现场监督。1 号塔吊安装完毕后，安装单位未按照安全技术标准及安装使用说明书的有关要求对建筑起重机械进行自检、调试和试运转；使用单位未组织出租、安装、监理等有关单位进行验收，未委托具有相应资质的检验检测机构进行验收合格就投入使用。

事故后经贵州鼎盛鑫检测有限公司（资质证书：中华人民共和国特种设备检验检测核准证）现场勘查：事故塔吊安装在低于工地路面约 10m 的施工面，整个塔吊起重机发生事故后向被吊重物方向倒塌，被吊重物整捆钢筋（规格 ϕ16mm、长度 9m、重 2844kg）仍完好规整地摆放在料场地面，起重臂和平行臂均倒向被吊重物方向，整个塔吊从基础节基础底座处破断而倒塌，塔吊基础节共有四个链接处，远离吊物的两个连接处发生断裂已与基础断开，靠近吊物的两个连接处被折弯但仍与基础相连；该塔吊基础底板与基础底座分离的两处均有长约120mm的陈旧焊缝裂纹，另有一处长约400mm新破端口；四个基础脚都是三颗螺栓连接且发现螺栓松动；塔吊基础长期积水。

经核算，被吊重物距塔吊中心约48m，根据该塔式起重机起重力矩技术参数计算和起重力矩曲线图的查阅，在48m位置时最大起吊重量应为1290kg，实际起吊重量为2844kg，起重量超出额定值1554kg。从现场被吊重物和起吊幅度计算，安全保护装置力矩限制失效，导致该塔式起重机超载时无法起到安全保护。

二、事故经过及救援情况

（一）事故发生经过

2018年7月2日上午7时30分许，钢筋加工班工人刘美军通过对讲机联系1号塔吊司机钟申念从材料堆放处吊一捆规格为φ16mm、长度9m、重2844kg钢筋吊到1号钢筋加工棚处。7时34分许，当钟申念将钢筋吊至距塔吊中心48m处，即1号钢筋加工棚前方往下放的过程中，钢筋与1号钢筋加工棚处的弯曲机发生了碰撞。钢筋加工班陈远平立即用对讲机告知塔吊司机钟申念，让其将钢筋吊离弯曲机远一点的地方。就在钟申念将所吊钢筋吊离下放即将接触地面时，塔吊突然向工地旁边的建设路方向倒塌。

倒塌过程中，塔吊起重臂将紧临工地围墙外一侧人行道上的高压输电线路砸断后，随即将工地对面的奶茶店、擦鞋店门头广告牌砸坏，最后倒塌横贯在建设路上，塔吊起重臂前端伸入到奶茶店内，塔吊操作室倒塌在基坑边坡的施工用楼梯上。造成经过奶茶店门前的行人张昂、郑欣容、卯越死亡，奶茶店店主黄羡及塔吊司机钟申念受伤，工地旁边停放的一辆雪佛兰牌轿车严重受损。

（二）事故应急救援和善后处置情况

事故发生后，工地施工人员及路人迅速拨打110、119、95598等社会应急救助电话，并迅速开展自救互救。7月2日7时40分许，上班途经事故地点的七星关区副区长严琪立即电话安排区政府应急办，通知区公安、消防、安监、住建、卫计、宣传等相关部门迅速赶赴现场参与事故抢险救援。七星关区消防大队接警后迅速携带专业设备、仪器于7时45分到达事故现场并开展救援。7时55分许，搜救出奶茶店吧台中间被埋压行人张昂交由现场医护人员（经现场抢救无效，于8时10分许宣布死亡）。8时许，将受伤的奶茶店店主黄羡及塔吊驾驶员钟申念送至毕节市第一人民医院救治。8 时 30 分许，七星关区副区长严琪在事故工地项目部组织召开由区有关部门负责人参加的紧急会议，会上成立了事故调查、现场管控及塔吊拆除、供电线路抢修、人员救治家属安抚及善后、舆情引导共 5 个工作组，要求各小组按职责分工立即开展工作。9 时许，在确保现场取证和保障通行有序的前提下，七星关区住建局组织人员对横跨于道路中间的塔吊起重臂进行切割清理。11 时 20 分许，将横贯在道路中间的起重臂分割清理完毕。11 时 45 许，贵州鼎盛鑫检测有限公司对事故现场塔吊进行取证，现场取证工作持续到当日 14 时许。取证结束后，施工单位继续组织工人展开清理工作。15 时 45 分许，清理工人发现奶茶店内杂物下有疑似遇险人员。16 时 05 分许，七星关区消防大队再次到达现场进行抢险救援，于 16 时 51 分和 17 时 05 分分别在擦鞋店中部鞋架旁和奶茶店尽头靠墙处搜救出郑欣容和卯越两名遇险人员，经医护人员现场检查，两人已无生命体征。16 时 30 分许，接到事故等级上升信息后，市政府副市长蒋从跃、彭容江率市直有关部门到达现场指导参与事故处置工作。18 时 43 分许，供电线路恢复送电。20 时左右，事故工地外围现场完全清理完毕、交通恢复通畅，事故应急处置工作结束。

目前，3 名遇难人员的赔偿已处理完毕，遗体已火化安葬，受伤人员已治愈出院，伤亡人员家属得到妥善安抚，社会秩序稳定。

三、事故原因及性质

（一）事故直接原因

事故塔式起重机未按照有关规定安装、检测、维护、保养、使用，施工单位在塔吊基础连接处存在焊缝锈蚀和裂纹、安全保护装置力矩限制器失效、未配备特种作业人员的情况下，违规违章使用塔式起重机超载吊运，导致整个塔机失去与基础的连接向被吊重物一侧倾斜发生倒塌是事故的直接原因。

（二）事故间接原因

1. 毕节市城乡建设工程第二建筑有限公司，作为天河广场项目施工单位，安全生产主体责任不落实，安全管理制度不健全，未按规定设置安全生产管理机构，专职安全管理人员配备不足；未有针对性的对从业人员进行安全教育培训；对天河广场项目疏于管理，导致项目长期违法违规违章施工。

2. 毕节市城乡建设工程（集团）有限公司，作为天河广场项目施工单位的上级公司，安全生产意识薄弱，未按规定设置安全生产管理机构，未建立安全生产"一岗双责"责任体系,未定期组织召开公司安全生产委员会会议,对安全生产工作安排部署不力,未建立对下属公司的安全生产督促、检查工作制度,对天河广场项目工地违法违规违章施工失管失察。

3. 毕节市精诚建筑机械设备租赁有限公司,作为天河广场塔吊租赁公司和实际安装公司,非法从事必须依法取得建设主管部门颁发的相应资质和建设施工企业安全生产许可证的建筑机械安装业务,借用资质违规违章安排不具备塔吊安装资质的人员进行非法生产。

4. 毕节市金塔建筑机械设备租赁有限公司,作为天河广场塔吊名义安装公司,违法出借资质,收取资质出借费,放任精诚公司以本公司名义非法生产。

5. 贵州众志监理有限责任公司,作为天河广场项目监理单位,未依法依规履行监理职责,对塔吊安装所需各类方案审查不严,未发现塔吊租赁单位违法借用资质,安排无资质人员安装;在监理员和专业监理工程师发现施工单位违规使用塔吊且拒不落实监理指令的情况下,未采取有效制止措施,未按规定向主管部门报告,长期放任施工单位违法生产。

6. 毕节市天河城建开发投资有限公司,作为天河广场项目建设单位,未落实建设工程安全生产首要责任,对工程质量安全的控制和管理不力。

7. 毕节市七星关区住房和城乡建设局,作为建筑行业行政主管部门,对落实上级关于开展建筑施工安全专项治理的相关要求安排部署不力,开展建筑行业安全检查不全面、不深入、不细致;对建筑施工企业、安装企业的安全生产条件监督管理乏力,未开展监督管理;对天河广场项目施工企业安全机构不健全、专职安全员配备不足、特种作业人员无证上岗、施工现场管理混乱等问题失察失管;对塔吊安装单位违法出借资质打击不力;未有效指导、督促下属建筑工程质量安全监督站开展质量安全监督管理。

8. 毕节市七星关区建筑工程质量安全监督站,作为建筑工程质量安全监管单位,对建筑工程质量、安全行为实施监督不力,对建设工程质量实施日常监督和专项检查存在盲区,对建筑工程施工安全生产实施监督管理不力,对2017年11月22日开工建设已完成工程量46%的天河广场项目质量安全管理失察失管,未发现天河广场项目塔吊未办理建筑起重机械使用备案登记擅自投入使用的违法行为。

(三)事故性质

事故调查组经调查取证,认定毕节市七星关区天河广场项目"7·2"塔吊倒塌事故是一起生产安全责任事故。

四、对事故有关责任人员及责任单位的处理建议

（一）建议移送司法机关追究刑事责任人员

1. 钟申念，男，22 岁，事故塔吊当班司机，未经培训依法取得有效的特种作业操作资格证上岗，违反规章制度和操作规程冒险作业，对事故的发生负有直接责任，涉嫌犯罪，建议移送司法机关依法追究刑事责任。

2. 汤涛，男，27 岁，天河广场项目专职安全员，持有专职安全生产管理人员安全生产考核合格证，发证时间：2017 年 8 月 14 日。未按规定履行安全生产管理职责，未及时排查生产安全事故隐患，对施工现场开展的安全检查流于形式，对危险性较大的分部分项工程安全专项施工方案现场监督不力，对特种作业人员违规违章行为未予以纠正或查处，对事故的发生负有直接责任，涉嫌犯罪，建议移送司法机关依法追究刑事责任。

3. 罗绪勇，男，29 岁，天河广场项目部项目经理，持有项目负责人安全生产考核合格证；二级注册建造师。安全生产主体责任不落实，对项目安全生产管理不力，未按规定设置安全生产管理机构、配齐配足专职安全管理人员，未严格执行安全隐患排查治理制度、质量安全管理制度和从业人员安全教育培训制度，对施工现场督促检查不力，放任违规违章作业；未对塔吊安装实施监控，对塔吊租赁公司违法借用资质安装问题失察，组织虚假验收，未经检测合格就投入使用；安排未取得特种作业资格证书的作业人员上岗作业，对事故的发生负有直接责任，涉嫌犯罪，建议移送司法机关依法追究刑事责任。

4. 罗全忠，男，47 岁，毕节市精诚建筑机械设备租赁有限公司股东，天河广场事故塔吊实际所有人，非法从事必须依法取得建设主管部门颁发的相应资质和建设施工企业安全生产许可证的建筑机械安装业务，借用资质违规违章安排不具备塔吊安装资质的人员进行非法生产，对事故的发生负有直接责任，涉嫌犯罪，建议移送司法机关依法追究刑事责任。

5. 许昌，男，36 岁，毕节市金塔建筑机械设备租赁有限公司法定代表人，违法出借资质，收取资质出借费，放任精诚公司以本公司名义非法生产，对事故的发生负有直接责任，涉嫌犯罪，建议移送司法机关依法追究刑事责任。

6. 唐克家，男，47 岁，毕节市城乡建设工程第二建筑公司实际负责人（2017 年 10 月，上级公司总经理梅涛口头安排唐克家和张华负责该公司工作，2018 年 6 月 22 日，七星关区政府任命为公司临时负责人、法定代表人，工商注册登记变更手续正在办理中），作为公司安全生产第一责任人，安全管理制度不

落实，未按规定设置公司安全生产管理机构，公司专职安全管理人员配备不足，对从业人员的安全教育培训安排部署不力；对天河广场项目疏于管理，导致项目长期违法违规违章施工，对事故的发生负有直接责任，涉嫌犯罪，建议移送司法机关依法追究刑事责任。

7. 张华，男，31岁，中共党员，毕节市城乡建设工程第二建筑公司法定代表人、副总经理，负责公司日常管理工作，安全管理制度不落实，未按规定设置公司安全生产管理机构，公司专职安全管理人员配备不足，对从业人员的安全教育培训安排部署不力；对天河广场项目疏于管理，导致项目长期违法违规违章施工，对事故的发生负有直接责任，涉嫌犯罪，建议移送司法机关依法追究刑事责任。

8. 向太平，男，55岁，天河广场项目总监理工程师，未依法依规履行监理职责，对塔吊安装所需各类方案审查不严，未发现塔吊租赁单位违法借用资质，安排无资质人员安装；在监理员和专业监理工程师发现施工单位违规使用塔吊且拒不落实监理指令的情况下，未采取有效制止措施，未按规定向主管部门报告，长期放任施工单位违法生产，对事故的发生负有直接责任，涉嫌犯罪，建议移送司法机关依法追究刑事责任。

（二）建议给予党纪、政务处分人员

1. 陈兴明，男，56岁，中共党员，毕节市城乡建设工程（集团）有限公司总工程师，分管设备物资部、安全生产部等工作。安全生产意识薄弱，对公司安全工作安排部署不力；对天河广场项目部安全生产工作指导督促不力，未及时发现和纠正天河广场项目长期违规违章生产等问题，对事故的发生负有主要领导责任，依据《安全生产领域违法违纪行为政纪处分暂行规定》第十二条第（七）项的规定，建议给予陈兴明记过处分。

2. 梅涛，男，48岁，中共党员，毕节市城乡建设工程（集团）有限公司总经理，负责公司日常工作。安全生产意识薄弱，未按规定设置公司安全生产管理机构，未建立健全公司安全生产"一岗双责"责任体系，未定期组织召开公司安全生产委员会会议，对安全生产工作安排部署不力，未建立对下属公司的安全生产督促、检查工作制度；对天河广场项目工地违法违规违章施工失管失察，对事故的发生负有重要领导责任，依据《安全生产领域违法违纪行为政纪处分暂行规定》第十二条第（七）项的规定，建议给予梅涛警告处分。

3. 王志坚，男，50岁，中共党员，毕节市城乡建设工程（集团）有限公司董事长、法定代表人，负责公司全面工作。安全生产意识薄弱，未按规定设置公司安全生产管理机构，未建立健全公司安全生产"一岗双责"责任体系，未定期

组织召开公司安全生产委员会会议，对安全生产工作安排部署不力，未建立对下属公司的安全生产督促、检查工作制度；对天河广场项目工地违法违规违章施工失管失察，对事故的发生负有重要领导责任，依据《安全生产领域违法违纪行为政纪处分暂行规定》第十二条第（七）项的规定，建议给予王志坚警告处分。

4. 胡定全，男，45 岁，中共党员，毕节市七星关区住房和城乡建设局建筑业管理股股长。对建筑施工企业监督管理力度不够，对建筑施工企业、安装企业安全机构不健全、专职安全员配备不足、特种作业人员无证上岗、施工现场管理混乱等问题失察失管，对塔吊安装单位违法出借资质打击不力，对事故的发生负有主要领导责任，依据《事业单位工作人员处分暂行规定》第十七条第（九）项的规定，建议给予胡定全记过处分。

5. 彭中，男，56 岁，中共党员，毕节市七星关区建筑工程质量安全监督站站长。对建筑工程质量、安全行为实施监督不力，对建设工程质量实施日常监督和专项检查存在盲区，对建筑工程施工安全生产实施监督管理不力，对 2017 年11 月 22 日开工建设已完成工程量 46％的天河广场项目质量安全管理失察失管，未发现天河广场项目塔吊未办理建筑起重机械使用备案登记擅自投入使用的违法行为，对事故的发生负有重要领导责任，依据《事业单位工作人员处分暂行规定》第十七条第（九）项的规定，建议给予彭中警告处分。

6. 陈永，男，47 岁，中共党员，毕节市七星关区住房和城乡建设局副局长，分管质量安全生产、建筑业管理股等工作。对落实上级关于开展建筑施工安全专项治理的相关要求安排部署不力，对建筑施工企业、塔吊安装企业监督管理力度不够，未有效督促建筑业管理股、建筑工程质量安全监督站认真履行职责，对事故的发生负有重要领导责任，依据《安全生产领域违法违纪行为政纪处分暂行规定》第八条第（五）项的规定，建议给予陈永警告处分。

（三）对其他责任人员的处理建议

1. 陈大顺，男，45 岁，中共党员，毕节市天河城建开发投资有限公司法定代表人、总经理，负责公司全面工作。未落实建设工程安全生产首要责任，对工程质量安全的控制和管理不力，对事故的发生负有领导责任，建议按照干部管理权限对其诫勉谈话。

2. 陈亮欢，男，46 岁，中共党员，毕节市七星关区住房和城乡建设局党组书记、局长，主持全局全面工作。未认真落实上级关于开展建筑施工安全专项治理的相关要求，对全局的工作安排部署不力，对建筑施工安全监管工作重视不够，开展建筑行业安全检查不全面、不深入、不细致，对事故的发生负有领导责任，建议按照干部管理权限对其诫勉谈话。

3. 严琪，男，47岁，中共党员，毕节市七星关区人民政府副区长（分管常务工作），分管住房和城乡建设局、毕节市天河城建开发投资有限公司、毕节市城乡建设工程（集团）有限公司等工作。对分管部门履行安全监管职责督促指导不力，对建设工程领域及天河广场项目建设单位、施工单位的安全生产工作疏于管理，对事故的发生负有领导责任，建议按照干部管理权限对其提醒约谈。

（四）对有关责任单位的处理建议

1. 毕节市城乡建设工程第二建筑有限公司，天河广场项目施工单位，安全生产主体责任不落实，安全管理制度不健全，未按规定设置安全生产管理机构，专职安全管理人员配备不足；未有针对性的对从业人员进行安全教育培训；对天河广场项目疏于管理，导致项目长期违法违规违章施工，依据《中华人民共和国安全生产法》第一百零九条"发生生产安全事故，对负有责任的生产经营单位除要求其依法承担相应的赔偿等责任外，由安全生产监督管理部门依照下列规定处以罚款……（二）发生较大事故的，处五十万以上一百万以下的罚款；……"之规定，建议给予60万元罚款的行政处罚。

2. 毕节市精诚建筑机械设备租赁有限公司，天河广场项目塔吊租赁及实际安装公司，非法从事必须依法取得建设主管部门颁发的相应资质和建设施工企业安全生产许可证的建筑机械安装业务，借用资质违规违章安排不具备塔吊安装资质的人员进行非法生产，依据《安全生产许可证条例》第十九条"违反本条例规定，未取得安全生产许可证擅自生产的，责令停止生产，没收违法所得，并处10万元以上50万元的罚款；……"之规定，建议由建设行政主管部门依法立案查处，给予行政处罚。

3. 毕节市金塔建筑机械设备租赁有限公司，天河广场项目塔吊名义安装公司，违法出借资质，收取资质出借费，放任精诚公司以本公司名义非法生产，依据《中华人民共和国建筑法》第六十六条"建筑施工企业转让、出借资质证书或者以其他方式允许他人以本企业的名义承揽工程的，责令改正，没收违法所得，并处罚款，可以责令停业整顿，降低资质证书；情节严重的，吊销资质证书。……"之规定，建议由建设行政主管部门依法立案查处，直至吊销其资质证书。

4. 贵州众志监理有限责任公司，天河广场项目监理单位，未依法依规履行监理职责，对塔吊安装所需各类方案审查不严，未发现塔吊租赁单位违法借用资质，安排无资质人员安装；在监理员和专业监理工程师发现施工单位违规使用塔吊且拒不落实监理指令的情况下，未采取有效制止措施，未按规定向主管部门报告，长期放任施工单位违法生产，依据《建设工程安全生产管理条例》第五十七条"违反本条例的规定，工程监理单位有下列行为之一的，责令限期改正；逾期未改正的，责令停业整顿，并处 10 万元以上 30 万元以下的罚款；情节严重的，降低资质等级，直至吊销资质证书；造成重大安全事故，构成犯罪的，对直接责任人员，依照刑法有关规定追究刑事责任；造成损失的，依法承担赔偿责任：……（三）施工单位拒不整改或者不停止施工，未及时向有关主管部门报告的；……"之规定，建议由建设行政主管部门依法立案查处，对公司及其法定代表人依法给予行政处罚。

五、事故防范措施及整改建议

为认真吸取事故教训，举一反三，切实落实相关部门的监管责任，有效防范类似事故再次发生，提出以下措施建议：

1. 七星关区建设行政主管部门要加强建筑行业的监管力度。一要加强对建设单位安全生产首要责任的督促检查落实力度；二要加强对建筑施工单位资质管理，督促其健全安全生产管理机构并监督有效开展工作，加强对施工现场组织机构是否健全及运转情况、机械设备合法合规使用等情况，及时发现施工现场隐患并督促排查整改；三要加强对建筑施工监理单位履职情况的监督检查，督促其依法履责；四要加强对塔吊租赁、安装单位资质管理，严厉打击出借资质、挂靠资质、无证安装等行为；五要加强对塔吊操作司机等特种作业人员的管理，严禁无证从事特种作业。

2. 七星关区政府要认真吸取事故教训，进一步强化"以人为本、安全发展"的理念，牢固坚守"发展绝不能以牺牲人的生命为代价"这条不可逾越的红线，严格督促建设行政主管部门及生产经营单位落实"党政同责、一岗双责、齐抓共管、失职追责"和"管行业必须管安全、管业务必须管安全、管生产经营必须管安全"的要求，立即组织相关部门在全区范围内开展一次不留死角的建筑施工安全生产大检查，严厉打击、查处建筑施工领域违法违规行为，全力扭转建筑施工安全被动局面。

3. 七星关区政府及有关部门要充分利用广播、电视、报纸、网络等媒体，大力宣传违法建设、违法施工、违章指挥、强令冒险作业的危害，引导建筑行业从业人员拒绝参与违法建设工程，避免造成人身伤害和财产损失，进一步提高建筑施工作业人员的安全意识和防范技能。

专家分析

一、事故原因

（一）直接原因

事故塔式起重机未按照有关规定进行安装、检测、维护、保养、使用，施工单位在塔吊基础连接处存在焊缝锈蚀和裂纹、安全保护装置力矩限制器失效、未配备特种作业人员的情况下，违规违章使用塔式起重机进行超载吊运，最终导致整个塔机失去与基础的连接向被吊重物一侧倾斜发生倒塌。

点评专家

周长安

住建部科学技术委员会工程质量安全专业委员会委员，重庆市建设工程施工安全管理总站副站长，长期从事建筑施工安全管理工作

（二）间接原因

事故塔式起重机各涉事企业主体安全责任意识非常淡薄甚至缺失，企业无证安装、人员无证操作以及不办理使用登记手续违规投入使用，同时长期习惯性违规违章超载运行等是此次事故暴露出来的主要问题。

1. 施工单位安全生产主体责任不落实，安全管理制度不健全，未按规定设置安全生产管理机构，专职安全管理人员配备不足；未有针对性的对从业人员进行安全教育培训；对天河广场项目疏于管理，导致项目长期违法违规违章施工。

2. 塔式起重机租赁公司非法从事必须依法取得建设主管部门颁发的相应资质和建设施工企业安全生产许可证的建筑机械安装业务，借用资质违规违章安排不具备塔吊安装资质的人员进行非法生产。

3. 安装公司违法出借资质，放任租赁公司以本公司名义非法生产。

4. 监理单位未依法依规履行监理职责，对塔吊安装所需各类方案审查不严，未发现塔吊租赁单位违法借用资质，安排无资质人员安装；在监理员和专业监理工程师发现施工单位违规使用塔吊且拒不落实监理指令的情况下，未采取有效制止措施，未按规定向主管部门报告，长期放任施工单位违法生产。

5. 建设单位未落实建设工程安全生产首要责任，对工程质量安全的控制和管理不力。

二、经验教训

从事故现场情况描述分析，该事故设备自身存在着"起重力矩限制器失效"

"基础节焊缝存在陈旧裂纹"的重大安全隐患；当班塔吊司机不具备"特种作业操作资格证书"，该设备在安装后无"自检""第三方检测"和"联合验收"的程序；设备产权单位存在"无资质"安装、"安排无资质人员安装塔吊"；设备安装单位"出借安装资质"。从这些严重的违法、违规行为中可以发现，该工程的塔式起重机管理实际是由租赁公司进行，本次事故的发生没有任何"技术方面"的原因，从安装到使用处处违规，违反了《建筑起重机械安全监督管理规定》（建设部令第 166 号）中对于安装和使用的全部管理规定和要求。

14 安徽六安"7·26"板房倒塌较大事故

调查报告

2018年7月26日23时40分，六安市金安区碧桂园城市之光一标段工地，因遭遇局部强对流天气，发生一起板房坍塌事故，造成7人死亡，2人重伤，造成直接经济损失1571.0681万元。

事故发生以后，省委书记李锦斌、省长李国英、常务副省长邓向阳等省委省政府领导高度重视，立即做出重要批示，要求全力救治，妥处善后，举一反三，切实加强暴雨大风等极端天气侵袭的应急防控，确保人民生命财产安全。尽快调查事故原因，依法依规对责任者进行处理，并对工地安全措施进行全面检查，堵塞漏洞，清除隐患，建立长效机制。8月14日，应急管理部会同住房和城乡建设部和相关专家，赴碧桂园城市之光建筑工地进行督查调研，了解事故情况，对抓好建筑施工安全生产工作提出具体要求。

依据《安全生产法》《生产安全事故报告和调查处理条例》（国务院令第493号）《安徽省生产安全事故报告和调查处理办法》（省政府令第232号）等有关法律法规，经省政府批准，成立省六安市金安区碧桂园城市之光建筑工地板房坍塌"7·26"较大事故调查组（以下简称事故调查组），由省安全监管局负责同志任组长，省安全监管局、省公安厅、省住建厅、省水利厅、省质监局、省总工会、省气象局以及六安市政府派员参加，全面负责事故调查工作，同时邀请省监察委派人参加，并选调了省内建筑、质监、气象、水利等相关行业的5名专家参与事故调查工作。

事故调查组坚持"科学严谨、依法依规、实事求是、注重实效"和"四不放过"的原则，先后调阅了相关部门的大量原始资料，对相关人员逐一进行调查取证，形成调查询问笔录83份，通过现场勘验、调查取证、检测鉴定和综合分析，查明了事故发生的经过、原因、人员伤亡和直接经济损失情况，认定了事故性质和责任，提出了对有关责任人员和责任单位的处理建议，分析了事故暴露出的突出问题和教训，提出了防范措施建议。现将有关情况报告如下：

一、基本情况

（一）项目概况

六安市碧桂园城市之光项目，位于六安市金安区淠河路以东，周集路以南，梅山北路以西，项目土地面积 249 亩，总建筑面积 463965m²，总投资 301100 万元，项目建设周期为 2017 年 4 月至 2020 年 12 月。

2017 年 2 月 28 日，城市之光项目取得土地摘牌。2017 年 3 月 31 日，六安市金安区发展改革委准予项目备案。2017 年 4 月 25 日，项目取得建设用地批准书。2017 年 4 月 25 日取得建设用地规划许可证，后分批取得建设工程规划许可证和施工许可证。

项目共分 3 个施工标段，一标段施工单位为安徽湖滨建设集团有限公司，二标段施工单位为中天建设集团有限公司，三标段施工单位为安徽中固建设有限公司，三个标段的监理单位均为六安市建工建设监理有限公司。

（二）事故相关单位情况

1. 建设单位。六安碧桂园房地产开发有限公司，法人代表杨文杰；注册资本 21000 万元；经营场所六安市金安区淠河路以东，周集路以南，梅山北路以西；成立日期 2013 年 8 月 6 日；许可经营范围普通商品房开发。2012 年 6 月成立碧桂园集团控股有限公司皖南区域，在此基础上，2013 年 8 月更名为碧桂园集团控股有限公司安徽区域（以下简称安徽区域）。安徽区域无独立法人资格，为管理平台，区域总裁孙继召，区域副总裁张和平等，下设城市公司/片区等管理平台。2013 年 7 月成立碧桂园集团控股有限公司安徽区域六安片区，2018 年 4 月成立碧桂园集团安徽区域六安城市公司（以下简称六安城市公司）。六安城市公司无独立法人资格，为管理平台，执行总裁张连传，执行副总裁丁华军等，下设各项目综合部。碧桂园城市之光项目综合部（以下简称城市之光项目部）成立于 2017 年 2 月 28 日。城市之光项目部无独立法人资格，为管理平台，项目负责人张连传，项目实际业务管理人自成立起至今先后由丁华军、张正位、王虎承担。

碧桂园管理模式：六安碧桂园房地产开发有限公司为独立的法人实体，承担一切公司对外业务（购地、招标、发包、签订合同）及政府部门各类报批、报监等工作，但不对城市之光项目进行实际管理。碧桂园集团实施集团-区域公司-城市公司-项目部四级管理体系。城市之光项目主要依靠六安城市公司和城市之光项目部实施具体管理。在事故发生之前，碧桂园集团安全管理制度没有形成完整体系，主要通过日常例会和巡查等方式进行安全管理。

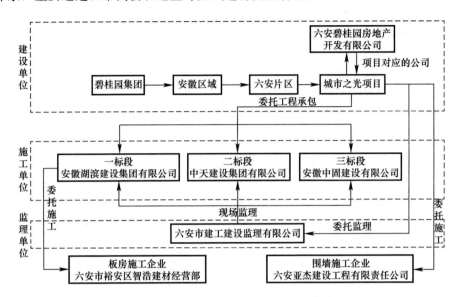

图 14-1 碧桂园城市之光项目施工组织框架图

2. 施工单位

（1）安徽湖滨建设集团有限公司，成立于 1984 年 4 月 24 日，有限责任公司，法人代表邵家彬，注册资本 2 亿元人民币，地址为合肥滨湖徽盐世纪广场 8 栋 2904 室，持有安全生产许可证号。经营范围：建筑工程（壹级）、市政公用工程（壹级）、建筑装修装饰工程、地基与基础工程、土石方工程等。

2017 年 4 月 29 日，六安碧桂园房地产开发有限公司就六安皋城东碧桂园一标段总承包工程与安徽湖滨建设集团有限公司签订《建设工程施工合同》，合同价为人民币 15993.6 万元，合同工期中计划开工日期：2017 年 4 月 26 日，计划竣工日期：2018 年 3 月 26 日，工期总日历天数为 335 天。安徽湖滨建设集团有限公司在城市之光项目现场设有安徽湖滨建设集团有限公司六安碧桂园项目部（以下简称湖滨项目部）。

（2）安徽中固建设有限公司，成立于 2011 年 3 月 9 日，有限责任公司，法人代表徐华龙，注册资金 12000 万元人民币，地址合肥市南二环与潜山路交口新城国际 D 座 20F，持有安全生产许可证号。经营范围：房屋建筑工程、市政公用工程、水利水电工程、建筑装饰工程等。

2017 年 4 月 29 日，六安碧桂园房地产开发有限公司就六安皋城东碧桂园三标段总承包工程与安徽中固建设有限公司签订《建设工程施工合同》，合同价为人民币 13730 万元，合同工期中计划开工日期：2017 年 5 月 5 日，计划竣工日期：2018 年 4 月 10 日，工期总日历天数为 340 天。安徽中固建设有限公司在城市之光项目现场设有项目部（以下简称中固项目部）。

（3）六安亚杰建设工程有限责任公司，事故倒塌围墙施工单位，成立于 2008 年 3 月 6 日，有限责任公司，法人代表傅坤，注册资本 1.1 亿元人民币，经营场所六安市常青路 6 号楼。持有安全生产许可证。经营范围：房屋工程建筑、安装施工，城市及道路照明工程专业总承包，土石方工程专业总承包，市政公用工程总承包等。

2017 年 4 月 15 日，六安碧桂园房地产开发有限公司就临时围墙与六安亚杰建设工程有限责任公司签订《六安金安皋城东碧桂园临时围墙工程施工合同》，合同价款为人民币 30 万元，施工工期为 2017 年 4 月 17 日至 2017 年 4 月 30 日。

（4）六安市裕安区智浩建材经营部，简易板房施工方。成立日期于 2016 年 5 月 6 日，个体工商户，法人代表卢涛，经营场所六安市裕安区苏埠镇庐州路，经营范围：夹芯板、彩钢瓦、活动板房、钢材、方管、角铁、门窗安装批发兼零售。

2017 年 4 月 14 日，湖滨项目部就活动板房工程与六安市智浩建材经营部签订合同，合同价款为人民币 26.9071 万元，施工时间为 6 个工作日。

3. 监理单位。六安市建工建设监理有限公司，成立于 1996 年 8 月 27 日，有限责任公司，原隶属于六安市住建委，2016 年 7 月 20 日改制后，六安市国资委占股 30％，郑文法占股 31％，巩鹏飞等其余 11 人占股 39％（分别占股 1％～6％不等）。法人代表郑文法，注册资本 2000 万元人民币，经营场所六安市梅山路与万佛路交汇处文汇中央广场 19 层。经营范围：工业与民用建筑监理；市政道桥监理；园林绿化工程监理；水利水电工程监理；人防工程监理等，具有房屋建筑工程及市政公用工程监理甲级资质，证书有效期至 2018 年 12 月 06 日。

2017 年 3 月 11 日，六安碧桂园房地产开发有限公司与六安市建工建设监理有限公司签订《六安皋城东碧桂园监理工程合同》，合同价款为人民币 124.2 万元，监理期限为 2017 年 3 月 11 日至 2019 年 8 月 1 日。

4. 监管和执法单位

（1）六安市建设工程质量安全监督站，六安市市住房和城乡建设委员会下属副处级全额拨款事业单位，负责全市建筑行业的安全监督管理，监督建筑业企业，依法对违法违规行为进行调查取证并提出处罚意见。受理工程质量、安全投诉。

（2）六安市住房和城乡建设委员会，负责贯彻执行国家和省有关住房和城乡建设工作法律、法规、政策的执行情况，承担规范城乡建设管理秩序的责任；负责建筑施工许可审批；负责住房和城乡建设系统的安全生产及应急管理。市住建委下设质量安全管理科，负责全市建设工程的质量监督管理和全市建设系统安全生产综合管理；负责全市建设工程质量安全监督管理机构的监督管理。

《六安市人民政府办公厅关于明确金安、裕安区乡镇建设工程建筑管理和施工许可证核发范围的通知》（六政办〔2005〕36号）规定：市建委负责市规划区内建设工程的建筑管理和施工许可证核发（即市建委发放规划许可证范围）。

（3）六安市城市管理行政执法局，负责贯彻执行省政府对六安市相对集中行政处罚权工作的相关规定。

《六安市人民政府办公室关于印发六安市城市管理相对集中行政处罚权实施办法的通知》（六安办〔2009〕68号）第十三条规定：在城市规划区内，未经批准进行临时建设、未按照批准内容进行临时建设或者临时建筑物、构筑物、其他设施超过批准期限不拆除的，由城市综合管理行政执法部门依据《中华人民共和国城乡规划法》第六十六条规定，责令限期拆除，可以并处相应罚款。

《六安市人民政府办公室关于印发六安市城市管理派驻执法工作暂行办法的通知》（六安办〔2014〕13号）第六条规定：市城管局主要承担下列职责：……（三）负责中心城市违法建设的查处工作；第八条规定：街道乡镇具体履行以下职责：（一）落实违法建设发现、劝止、报告等管理职责，配合城管部门和派驻执法队伍开展执法活动……；第九条规定：派驻执法队伍履行下列职责：……（三）具体承办辖区内违法建设查处工作。

（三）围墙及活动板房情况

1. 围墙情况。2017年3月中旬，城市之光项目部委托六安亚杰建设工程有限责任公司施工，但未向施工方提供施工设计图纸，也未提出书面技术质量要求。六安亚杰建设工程有限责任公司在无设计图纸和书面技术质量要求情况下，未编制施工组织设计，临时招聘工人进行施工，4月初完工。

现场勘查和技术鉴定发现：

（1）围墙呈"L"型布置，东西向围墙长约98.5m，南北向围墙长约63m，墙体高2.5m，墙体厚度为240mm，墙体材料为免烧灰砂砖，采用水泥砂浆砌筑，东西向围墙由东向西约39m处设置有变形缝，墙体未设置泄水孔；围墙基础埋深370mm，底面宽950mm，高度120mm；墙体砂浆抗压强度平均值为7.44～7.80MPa；围墙砌块强度平均值为6.7MPa；混凝土基础抗压强度28.3MPa；围墙高度2.5m采用砌体结构，变形缝设置39m，壁柱尺寸最小240mm×370mm，无拉结钢筋，顶部无防雨水渗透措施。

（2）围墙南侧有回填土，围墙南北两侧地面高差为1.2～1.5m，距围墙

4.5m 处浇筑有混凝土道路，道路与围墙之间的回填土面上放置有集装箱。

（3）围墙积水痕迹距离围墙顶约 300mm，倒塌墙体为"L"型墙体东西走向段，倒塌围墙段长度约 39m，东起墙体端头部位，西至伸缩缝位置。

2. 活动板房情况。湖滨项目部进场后，由于一标段施工区域尚未拆迁完毕，施工区域无空地搭建临时工人宿舍，湖滨项目部生产副经理陈阳根据建设单位城市之光项目部的要求，在项目规划红线外毗邻南海新村小区位置建设活动板房 2 栋。陈阳经人介绍找到六安市裕安区智浩建材经营部个体经营户卢涛，由卢涛从安徽玉强钢结构集成房屋有限公司购买建设活动板房所需的材料，并按照该公司提供的施工方案，联系安装工人于 2018 年 4 月份进行施工，约 2 周完工，两栋活动板房均为两层，每层 12 间。完工后经湖滨项目部经理袁胜成和卢涛验收合格，即投入使用。

活动板房建设位置位于碧桂园城市之光项目规划红线外，且未取得临时建设工程规划许可，属于违章建筑。

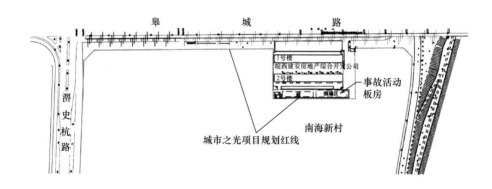

图 14-2　活动板房位置示意图

现场勘查和技术鉴定发现：

（1）事故活动板房为二层钢排架结构，平面尺寸 43.40m×7.20m，开间 1.8m，进深 0.6m，外走廊宽 1.0m，一层层高 2.98m，二层层高 2.86m，双坡屋面，单面走廊。每层房屋 12 间，每间 6 名职工居住。板房外边缘距围墙水平距离 0.8～1.0m。

（2）活动板房钢柱采用双拼 C 型钢，外墙柱间支撑采用圆钢，墙面板采用彩钢夹芯板，外墙柱间及山墙柱间及山墙柱间设置有垂直交叉柱间支撑，支撑杆件为圆钢，并采用花篮式调节螺栓，中间隔墙无柱间垂直支撑。

（3）活动板房混凝土垫层基础厚度 98mm；支撑杆件布置不符合规定，部分区域跨外墙柱间未设置柱间垂直支撑，板房两端外侧山墙柱间垂直支撑均存在缺失现象；主要承重构件的钢板厚度为 1.3mm～1.4mm，檩条冷弯壁型钢的壁厚为 1.2mm，外墙柱间垂直支撑的圆钢直径为 5.3mm；柱脚、屋面梁、柱与檐口檩条以及走道托架节点连接不符合规定；墙面板抗弯承载力 0.605～0.691kN。

（四）活动板房建设期间的群众举报及处理情况

2017 年 4 月 17 日上午，六安市 12319 城管热线平台管理员汤婷婷接群众反映：皋城路桥下，碧桂园施工工地，惠安小区南边搭建施工工棚（即事故活动板房）。六安市数字城管中心平台管理员安排中市街道（城市之光项目所属街道）派驻执法大队到现场查看，中市街道派驻执法大队网格员黄勇现场查看后确定群众举报属实，随即立案处理，中市街道派驻执法大队徐庭永、黄勇两名执法人员赴活动板房施工现场核查活动板房是否属于违章建筑。4 月 18 日，中市街道派驻执法大队在未核清活动板房区域的位置，且明知活动板房施工时尚未取得临时建设工程规划许可证的情况下，出具该活动板房不属于违章建筑的意见。

（五）施工许可证办理及项目施工情况

1. 安徽湖滨建设集团有限公司施工的项目施工许可证办理情况：2017 年 6 月 27 日发证，工程名称为碧桂园城市之光 6～8 号住宅楼、30 号商业楼。2017 年 7 月 24 日发证，工程名称为碧桂园城市之光 1 号、2 号、5 号住宅楼，3 号、4 号商住楼。2017 年 9 月 11 日发证，工程名称为碧桂园城市之光地下车库。

项目开工时间：1 号楼：2017 年 5 月 25 日；2 号楼：2017 年 6 月 10 日；4 号楼：2017 年 7 月 21 日；5 号楼：2017 年 6 月 3 日；6 号楼：2017 年 6 月 17 日；7 号楼：2017 年 5 月 25 日。前述项目工程，均在领取施工许可证之前，已经开工建设。

2. 安徽中固建设有限公司施工的项目施工许可证办理情况：2017 年 6 月 29 日发证，工程名称为碧桂园城市之光 12 号、13 号、19 号、20 号住宅楼。2017 年 7 月 24 日发证，工程名称为碧桂园城市之光 21 号、24 号、25 号住宅楼。2017 年 8 月 7 日发证，工程名称为碧桂园城市之光 9～10 号商住楼、11 号住宅楼。

项目开工时间：13 号楼：2017 年 6 月 20 日；12 号楼和 21 号楼：2017 年 7 月 11 日；19 号楼：2017 年 6 月 28 日；20 号楼：2017 年 7 月 3 日。前述项目工程，均在领取施工许可证之前，已经开工建设。

二、事故发生经过、应急救援及善后处理情况

（一）事故发生经过

2018年7月26日，六安城区20时许开始降雨，一标段工人陆续回活动板房临时宿舍休息。22时50分降雨量逐渐增大，23时至24时城区降雨量达到71.1mm/h（雨强为该站历史第二位，最大为2006年7月9日17时的85.6mm/h），事故场地瞬时阵风6级左右。由安徽中固建设有限公司承建的六安市碧桂园城市之光三标段工地，北侧围墙以南的地面及道路区域短时形成较深积水，一时难以排出。23时40分左右，北侧围墙的东段（长度约39m）向工地外侧（北面）整体倒塌，压向邻近的安徽湖滨建设集团有限公司在围墙外距离约0.8m搭建的二层活动板房（活动板房为一标段的工人宿舍，2层24间，每间住6人），致使活动板房坍塌，造成当时住在活动板房中的多名工人受困。安徽湖滨建设集团有限公司现场管理人员立即向110、120报警，次日零时左右，救援人员及时到达现场，全力抢救被困人员，事故共造成7人死亡、2人重伤。

图14-3　事故现场图

（二）事故伤亡情况

1. 死亡人员情况

倪燕豹，男，33岁，江苏宿迁人；

曾宪林，男，50岁，江西吉安泰和县人；

王三保，男，45岁，安徽无为人；

图 14-4　事故现场图

朱爱霞，女，41 岁，安徽无为人；

张秀丽，女，32 岁，安徽阜南人；

方群，女，33 岁，安徽无为人；

贾柏平，男，47 岁，四川通江县人，于 8 月 10 日救治无效死亡。

2. 受伤人员情况

刘礼方，男，35 岁，江西吉安市泰和县人，胯部骨折。

王宗军，男，53 岁，安徽六安市霍山县人，胯部骨折、尿道破损。

2 人正在六安市人民医院接受治疗，病情稳定。

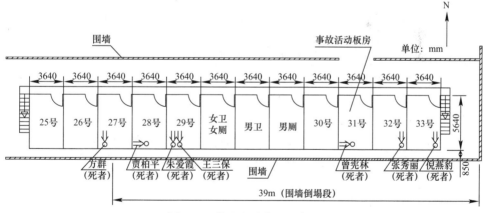

图 14-5　伤亡人员位置示意图

（三）事故应急救援和善后处理情况

接市公安局 110 指挥中心报告后，六安市委、市政府高度重视，省委常委、市委书记孙云飞、市长叶露中等市领导、市直相关部门及金安区委、区政府领导第一时间赶赴现场，迅速调集公安、消防、120 等人员力量和抢救机械，全力抢救被困人员；同时，在现场召开紧急会议，全面部署救治和处置工作，成立了现场处置组、救治组、善后组、调查组、信息组，指挥救援工作，做好事故善后，布置落实防范措施，防止次生灾害和衍生事故。省安全监管局副局长李大华第一时间也赶赴事故现场，指导善后处置和调查处理工作。此次事故应急救援处置得当，未造成次生灾害和衍生事故，信息报送及时，未出现迟报、漏报、瞒报情况。目前，2 名受伤人员生命体征平稳，救治工作正在有序进行中，7 名死亡人员赔偿全部落实，事故善后工作已经处置到位。

三、事故发生的原因

（一）事故直接原因

板房南侧、东侧的砖砌体围墙呈"L"型平面布置，墙厚 0.24m，墙高约 2.5m，南侧围墙长约 98.5m，东侧围墙长约 63m，南侧围墙由东向西约 39m 设有变形缝（此段围墙倒塌），约 4.5m 左右设置砖壁柱（0.37mm×0.49mm、0.24mm×0.37mm），2017 年 4 月建成。围墙施工时两侧的自然地面基本平坦，仅按工地临时围墙考虑，没有设计图纸。围墙建成以后，在安徽中固建设有限公司承建的三标段施工过程中，在围墙的南侧、东侧先修建了临时道路。临时道路与北侧围墙之间的距离约 4～5m，临时道路的路面比北侧围墙外板房的室外地面高出约 1.45～1.7m。在后期的施工中临时道路与围墙之间被逐步以建筑垃圾和黏土填平，填土表面大部分做了硬化处理。倒塌围墙的南侧填土以后，导致围墙南北两侧地面形成高差约 1.20～1.35m，围墙变成了挡土墙，改变了围墙的使用功能和受力模式。倒塌围墙以南的道路和地面位于整个建设场地的低洼处，由于场地没有建设有效的排水设施，短期强降水汇集的大量积水无法及时排出。根据围墙检测（鉴定）报告，7 月 26 日晚围墙南侧道路和地面短时积水较深，水面低于围墙顶面约 0.3m，比围墙北侧的地面（即板房的室外地面）高出约 2.2m，最终导致围墙在土压力和水压力的共同作用下，发生强度破坏向北面倒塌，压向邻近的板房致使板房坍塌。

根据事故现场勘查、技术鉴定、资料比对，事故原因具体分析如下：

1. 结构构造不符合规定的围墙，后期人为改变使用性质（成为挡土墙），在土压力和水压力共同作用下，围墙结构侧应力增大导致倒塌。

（1）围墙结构构造不符合规定。围墙高度 2.5m，为砌体结构，不符合《施工现场临时建筑物技术规范》JGJ/T 188—2009 第 7.7.2 的规定。围墙的变形缝单片长度 39m（倒塌处），壁柱尺寸最小为 240mm×370mm，围墙的壁柱与墙体

间未见拉结钢筋，不符合《施工现场临时建筑物技术规范》JGJ/T 188—2009
第7.7.5的规定。

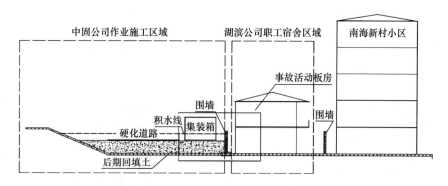

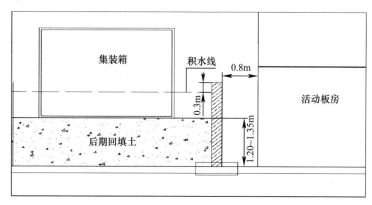

图 14-6 事故发生前现场剖面示意图

图 14-7 壁柱与墙体连接节点未见拉结钢筋

（2）围墙使用性质在项目建设过程中发生改变（实际成为挡土墙）。围墙砌筑之初，墙体两侧基本为同一水平，随着项目建设施工，围墙南侧区域逐渐被回填土加高，导致事故发生时围墙南北两侧地面高差较大，北侧高度（活动板房室外地面至围墙顶）约为2.42~2.61m，南侧高度（施工现场回填土表面至围墙顶）约为1.07~1.30m，两侧地面高差1.20~1.35m。原作为围挡使用的临时性围墙，使用功能发生变化，人为当作挡土墙使用，也改变了围墙结构受力模式，导致围墙结构承载能力不足。

图 14-8　围墙内侧和外侧

图 14-9　围墙内侧回填土顶面

（3）围墙墙体南侧的施工区域排水设施不畅。围墙南侧施工区域为一"凹"条形斜坡区域（北侧为围墙，南侧为堆土，西侧为堆土，东高西低，坡度约8~10°），倒塌围墙南侧仅有一处排水沟，排水沟位于素混凝土硬化层及临时道路之间，宽度400mm，深度120mm，排水沟端部延伸至围墙，围墙对应位置未见排水口。短时强降水期间，"凹"条形斜坡区域内的大量积水无法及时排出，积水淹没围墙南侧的回填土，逐渐漫至围墙顶（事故发生时，积水距围墙顶最小距离仅300mm），围墙墙体南侧结构压力在水压作用下进一步增大。

2. 活动板房工程质量不符合规定。

（1）基础厚度不符合规定。基础厚度为98mm，不符合《施工现场临时建筑物技术规范》JGJ/T 188—2009第7.4.4的规定。

（2）外墙柱间垂直支撑及隔墙的设置、主要承重构件壁厚及柱间垂直支撑杆件直径和部分节点的连接方式不符合规定。活动板房北侧外墙柱间未设置柱间垂直支撑，东西两侧山墙柱间垂直支撑存在缺失现象，不符合《施工现场临时建筑物技术规范》JGJ/T 188—2009第7.5.6的规定；外墙柱和屋面梁的钢板厚度为1.3~1.4mm，屋面檩条钢板壁厚为1.2mm，外墙柱间垂直支撑的圆钢直径

5.3mm，不符合《施工现场临时建筑物技术规范》JGJ/T 188—2009 第 7.5.6 和 7.5.11 的规定；柱脚节点采用直径 8mm 的膨胀螺栓，屋面梁节点采用焊接方式连接，部分柱与檐口檩条节点、走道托架下部节点采用自攻钉连接，不符合《施工现场临时建筑物技术规范》JGJ/T 188—2009 第 7.5.4、7.5.15 和 9.2.4 的规定。

（3）墙面板抗弯承载力不符合规定。墙面板抗弯承载力试验表明，支座间距 L 取 1600mm 时，实测挠度值最小为 13.910～17.915mm，不符合《施工现场临时建筑物技术规范》JGJ/T 188—2009 第 7.5.14 的规定。

3. 事故时间段出现强对流天气过程。

7 月 26 日 22 时 50 分左右开始，六安市主城区出现雷雨大风、短时强降水等局地强对流天气过程，于 27 日零时左右渐止。离事故区域最近距离（3.9km）的六安气象站最大小时雨强达 71.1mm/h（出现时段 23∶00～24∶00），极大风速为 11.3m/s（出现时刻为 23∶48）。

（1）短时间内降水集中。地面气象站观测资料显示，7 月 26 日 23∶00～24∶00 降水主要集中在六安市主城区，其中 50mm 以上的有 7 个站。距离灾害点最近（间距约 3.9km）的六安站的小时雨强为 71.1mm/h；灾害发生前一小时内（22∶40～23∶40）六安站雨强为 62.0mm/h，降水主要集中在 26 日 23∶20～23∶50 时段。

 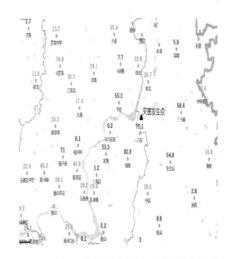

图 14-10　26 日 23∶00～24∶00 降水量　　图 14-11　灾害点位置周边气象站降水量分布

（2）风速相对较大。强对流天气过程在事故发生时段前后，六安站极大风速为 11.3m/s，出现时刻为 26 日 23 时 48 分。

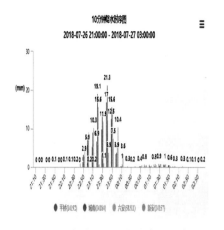

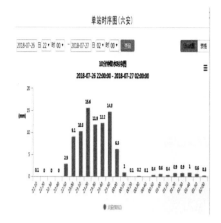

图 14-12　气象站 10 分钟降水时序图　　　　图 14-13　六安站 10 分钟降水时序图

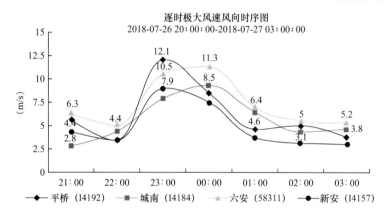

图 14-14　灾害点周边气象站 26 日 21：00～27 日 03：00 逐时极大风速

灾害点周边气象站 26 日 21：00～27 日 03：00 逐时极大风速与出现时间　表 14-1

观测时间	平桥站（事故点间距 8.6km）		城南站（事故点间距 9.7km）		六安站（事故点间距 3.9km）		新安站（事故点间距 9.8km）	
	风速 m/s	出现时间	风速 m/s	出现时间	风速 m/s	出现时间	风速 m/s	出现时间
7/26 21：00	5.6	20：01	2.8	20：03	6.3	20：01	4.4	20：01
7/26 22：00	3.4	21：36	4.4	21：41	5.0	21：45	3.4	21：54
7/26 23：00	12.1	22：48	7.9	22：52	10.5	22：42	9.0	22：43
7/27 0：00	8.5	23：15	9.3	23：50	11.3	23：48	7.5	23：52
7/27 1：00	4.6	0：15	6.4	0：05	6.9	0：03	3.7	0：01
7/27 2：00	5.0	1：36	4.4	1：44	5.6	1：36	3.1	1：03
7/27 3：00	3.8	2：43	4.6	2：01	5.2	2：04	3.0	3：00

综上所述，质量不符合规定的围墙，在项目建设过程中被改变使用性质后变成挡土墙，事故区域因遭短时强降水后形成大量积水，围墙在土压力和水压力的共同作用下，发生强度破坏向北面倒塌，压向邻近的质量不符合规定的板房，致使板房坍塌。

(二) 事故间接原因

1. 六安碧桂园房地产开发有限公司（城市之光项目部），在委托六安亚杰建设工程有限责任公司砌筑围墙时，未提供设计图纸，也未提出书面的技术质量要求；违规指定安徽湖滨建设有限公司将活动板房选址在项目红线外的低洼地带，未按照《城乡规划法》第四十四条和《安徽省城乡规划条例》第三十六条和第三十七条的规定办理临时建设用地规划许可证和临时建设工程规划许可证；对施工单位在围墙一侧填土产生的安全隐患未提出整改意见；对施工现场缺乏有效的排水设施可能产生的安全隐患未提出整改意见；现场安全管理不到位。对事故的发生负有责任。

2. 六安亚杰建设工程有限责任公司，砌筑围墙时，在没有设计图纸，也没有书面的技术质量要求的情况下进行施工，围墙工程质量不符合要求，围墙顶部没有采取防雨水渗透措施、壁柱与墙体间没有设置拉结钢筋，壁柱尺寸不符合要求，围墙结构构造多项不符合规定。对事故的发生负有责任。

3. 六安市裕安区智浩建材经营部，负责事故活动板房施工，活动板房基础厚度不符合规定，外墙柱间垂直支撑及隔墙的设置、主要承重构件壁厚及柱间垂直支撑杆件直径和部分节点的连接方式不符合规定，墙面板抗弯承载力不符合规定。对事故的发生负有责任。

4. 安徽中固建设有限公司，现场安全管理不到位，临时道路和围墙之间约4～5m宽的范围被建筑垃圾和黏土回填，改变了围墙的使用性质，围墙变成了挡土墙，并对由此产生的安全隐患未及时发现；未按有关规定对施工场地的排水进行设计和施工。对事故的发生负有责任。

5. 安徽湖滨建设集团有限公司，在建设单位六安碧桂园房地产开发有限公司未取得临时建设工程规划许可证的情况，擅自建设活动板房并投入使用；活动板房建设在低洼区，未密切关注天气变化，未有效启动并落实应急预案并及时撤离临时板房内居住人员；活动板房紧邻围墙，未对围墙可能产生的安全隐患进行排查，安全意识不够。对事故的发生负有责任。

6. 六安市建工建设监理有限公司，项目监理单位在日常安全检查中，对围墙南侧填土产生的安全隐患未提出监理整改意见；对施工单位未按规定修建排水设施未提出监理整改意见；安全监理工作不到位。对事故的发生负有责任。

7. 六安市建设工程质量安全监督站，对城市之光项目安全生产监督管理不到位，对活动板房违规建设问题监督不力，对事故的发生负有责任。

8. 六安市住房与城乡建设委员会，履行建筑施工安全生产监督管理失职，开展建筑施工安全检查不力，对事故的发生负有责任。

9. 六安市城市执法管理局，查处群众对事故板房的举报不到位，对建设项目红线外的违法建筑物督查巡查不力，未发现企业存在的违法违规问题，对事故的发生负有责任。

四、事故性质认定

经调查认定，六安市"碧桂园城市之光"项目施工驻地板房"7·26"坍塌较大事故是一起生产安全责任事故。

五、事故责任的认定及责任者处理建议

（一）六安碧桂园房地产开发有限公司（7 人）

1. 杨文杰，六安碧桂园房地产开发有限公司法人代表，公司安全生产第一责任人，履行安全生产领导职责不到位，对事故的发生负有重要领导责任，依据《安全生产法》第九十二条之规定，建议由六安市应急管理局对其处上一年年收入百分之四十的罚款。

2. 孙继召，碧桂园集团副总、安徽区域总裁，公司安徽区域安全生产第一责任人，安全生产管理工作不到位，安全机构不健全，安全管理制度不完善，安全责任制体系未建立，安全管理不到位，履行安全生产领导职责不力，对事故的发生负有领导责任。依据《安全生产法》第九十一条，建议责成碧桂园集团公司撤销其碧桂园集团副总和安徽区域负责人职务；依据《安全生产违法行为行政处罚办法》第四十五条第（一）项之规定，建议由六安市应急管理局对其处 10000元人民币的罚款。

3. 张连传，碧桂园安徽区域公司执行总裁，分管六安城市公司，城市之光项目负责人，项目安全第一责任人，安全隐患排查治理不到位，履行安全生产职责不到位。对事故的发生负有直接领导责任，建议依法由公安机关立案调查。

4. 丁华军，2018 年 2 月 28 日至 2018 年 10 月 31 日，城市之光项目实际业务管理人，倒塌围墙施工合同签订人。安全生产工作不到位，对围墙建设把关不严，对建设项目存在的安全隐患组织排查不力，对事故的发生负有直接管理责

任，建议依法由公安机关立案调查。

5. 张正位，2017 年 11 月至 2018 年 3 月，城市之光项目实际业务管理人，安全生产工作不到位，对围墙建设施工疏于管理，对事故的发生负有责任，依据《安全生产违法行为行政处罚办法》第四十五条第（一）项之规定，建议由六安市应急管理局对其处 9000 元人民币的罚款。建议责成碧桂园集团股份有限公司给予进一步严肃处理。

6. 王虎，2018 年 4 月至事故发生时，城市之光项目实际业务管理人。安全生产工作不到位，对围墙所存在的安全隐患排查不力，对事故的发生负有责任，依据《安全生产违法行为行政处罚办法》第四十五条第（一）项之规定，建议由六安市应急管理局对其处 9000 元人民币的罚款。建议责成碧桂园集团股份有限公司给予进一步严肃处理。

7. 张兴华，2017 年 3 月起，任工程部经理。城市之光项目施工中，特别是围墙施工项目管理过程中，履行安全管理职责不到位，对事故的发生负有责任。依据《安全生产违法行为行政处罚办法》第四十五条第（一）项之规定，建议由六安市应急管理局对其处 9000 元人民币的罚款。建议责成碧桂园集团股份有限公司给予进一步严肃处理。

以上由碧桂园集团股份有限公司进行内部处理的，处理结果报事故调查组备案。

（二）安徽湖滨建设集团有限公司（3 人）

1. 袁胜成，湖滨项目经理，安全生产第一责任人，未设置安全生产管理机构，安全管理存在盲区、漏洞。对发生事故的板房安装质量把关不严，履行安全生产职责不到位，对事故的发生负有领导责任，依据《安全生产违法行为行政处罚办法》第四十五条第（一）项之规定，建议由六安市应急管理局对其处 10000 元人民币的罚款。

2. 李建兵，湖滨项目部生产经理，分管生产，安全、质量等工作，对发生事故的板房区域内安全隐患排查不到位，履行安全生产领导职责不力，对事故的发生负有责任，依据《安全生产违法行为行政处罚办法》第四十五条第（一）项之规定，建议由六安市应急管理局对其处 10000 元人民币的罚款。

3. 陈阳，湖滨项目部副经理，负责活动板房建设和验收，未经规划和建设审批违规搭设活动板房，对发生事故的活动板房安装质量把关不严，履行安全生产职责不到位，对事故的发生负有责任，依据《安全生产违法行为行政处罚办法》第四十五条第（一）项之规定，建议由六安市应急管理局对其处 10000 元人民币的罚款。

（三）安徽中固建设有限公司（4 人）

1. 陶征强，安徽中固建设有限公司总经理，负责公司全面工作，公司安全生产第一责任人，履行安全生产领导职责不力，对事故的发生负有领导责任。依据《安全生产法》第九十二条之规定，建议由六安市应急管理局对其处上一年年收入百分之四十的罚款。

2. 王国亮，中固项目部经理，项目部安全生产第一责任人，安全隐患排查不到位，对事故区域渣土堆放、围墙的管理存在漏洞失察，履行安全生产职责不到位，对事故的发生负有领导责任，依据《安全生产违法行为行政处罚办法》第四十五条第（一）项之规定，建议由六安市应急管理局对其处 10000 元人民币的罚款；依据《建设工程安全生产管理条例》第五十八条之规定，建议由住建部门吊销其执业资格证书。

3. 刘明祥，中固项目部生产经理，对围墙排水设施不通畅及围墙转变为挡土墙产生的安全隐患排查不到位，履行安全生产职责不到位，对事故的发生负有重要责任，依据《安全生产违法行为行政处罚办法》第四十五条第（一）项之规定，建议由六安市应急管理局对其处 10000 元人民币的罚款；依据《建设工程安全生产管理条例》第五十八条之规定，建议由住建部门吊销其执业资格证书。

4. 徐永喜，安徽中固建设有限公司安全主管；对发生事故的围墙存在的安全隐患排查存在盲区，督促、检查施工现场安全生产工作不到位，履行安全生产管理职责不到位，对事故的发生负有责任，依据《安全生产违法行为行政处罚办法》第四十五条第（一）项之规定，建议由六安市应急管理局对其处 5000 元人民币的罚款。

（四）六安市建工建设监理有限公司（4 人）

1. 郑文法，六安市建工建设监理有限公司法定代表人，负责公司全面工作，履行监理责任不到位，对事故的发生负有重要领导责任，依据《安全生产法》第九十二条之规定，建议由六安市应急管理局对其处上一年年收入百分之四十的罚款。

2. 张海兵，六安市建工建设监理有限公司城市之光项目总监，对建设项目存在的安全隐患监理不到位，履行安全监理职责不到位，对事故的发生负有领导责任，依据《安全生产违法行为行政处罚办法》第四十五条第（一）项之规定，建议由六安市应急管理局对其处 10000 元人民币的罚款；依据《建设工程安全生产管理条例》第五十八条之规定，建议由住建部门吊销其执业资格证书。

3. 王一川，2017 年 10 月底前任六安市建工建设监理有限公司总监代表，对围墙当作挡土墙使用的情况没有发现，对围墙南侧填土产生的安全隐患未提出监理整改意见，对施工单位未按规定修建排水设施未提出监理整改意见，现场安全监理工作不到位，对事故的发生负有责任，依据《安全生产违法行为行政处罚办法》第四十五条第（一）项之规定，建议由六安市应急管理局对其处5000元人民币的罚款。

4. 蔡先育，2017年10月底至2018年7月24日城市之光项目部总监代表，对围墙当作挡土墙使用的情况没有发现，对围墙南侧填土产生的安全隐患未提出监理整改意见，对施工单位未按规定修建排水设施未提出监理整改意见，现场安全监理工作不到位，对事故的发生负有责任，依据《安全生产违法行为行政处罚办法》第四十五条第（一）项之规定，建议由六安市应急管理局对其处5000元人民币的罚款；依据《建设工程安全生产管理条例》第五十八条之规定，建议由住建部门吊销其职业资格证书。

（五）六安亚杰建设工程有限责任公司（1人）

傅坤，六安亚杰建设工程有限责任公司法人代表，对砌筑围墙无设计图纸或书面技术质量要求的情况下进行施工负有责任；对围墙工程质量不符合规定负有责任，对事故的发生负有领导责任。依据《安全生产违法行为行政处罚办法》第四十五条第一项之规定，建议由六安市应急管理局对其处10000元人民币的罚款。

（六）六安市裕安区智浩建材经营部个体经营户（1人）

卢涛，六安市裕安区智浩建材经营部个体经营户，事故活动板房施工负责人，对活动板房质量不符合规定负有责任，对事故伤亡的扩大负有直接责任，建议依法由公安机关立案调查。

（七）相关监管部门管理责任（9人）

1. 周正稳，原六安市住房和城乡建设委员会副主任，分管质量安全科室、质量安全监督站。未全面落实对建筑安全生产监督职责，对质量安全科室、质量安全监督站工作领导、指导、监督不力，对质量安全监督站履行职责不到位的情况失察，对事故的发生负领导责任。依据《安全生产领域违法违纪行为政纪处分暂行规定》第八条第（五）项之规定，建议给予政务警告处分。

2. 郭立根，原六安市住房和城乡建设委员会质量安全管理科科长，对市建设领域安全生产监督、综合管理履职不到位，对事故的发生负有领导责任。依据《安全生产领域违法违纪行为政纪处分暂行规定》第八条第（五）项之规定，建议给予政务记过处分。

3. 罗斌，六安市建设工程安全质量监督站副站长（主持工作），对建筑安全生产监督、查处建筑市场违法建设行为等工作领导、指导、督办不力，安全生产隐患大排查落实不力，对事故的发生负有领导责任。依据《事业单位工作人员处分暂行规定》第十七条第（九）项之规定，建议给予政务记过处分。

4. 万圣全，六安市建设工程安全质量监督站副站长，协助站长开展日常质量安全监督业务，监督、查处建筑市场违法建设行为不到位，对事故的发生负有领导责任。依据《事业单位工作人员处分暂行规定》第十七条第（九）项之规定，建议给予政务记过处分。

5. 张一鸣，六安市城市执法管理局副局长，分管金安支队，在查处违规建设的活动板房工作中履责不力，对事故的发生负有领导责任，依据《安全生产领域违法违纪行为政纪处分暂行规定》第八条第（五）项之规定，建议给予政务记过处分。

6. 李剑，六安市城市执法管理局金安支队副支队长，负责违法建设查处，对活动板房违规建设的问题举报核查不到位，对事故的发生负有领导责任。依据《事业单位工作人员处分暂行规定》第十七条第（九）项之规定，建议给予政务记过处分。

7. 徐庭永，六安市城市执法管理局中市大队副大队长。分管违法建设查处，对活动板房违规建设的问题举报核查不到位，对事故的发生负有直接责任。依据《事业单位工作人员处分暂行规定》第十七条第（九）项之规定，建议给予撤职处分，降低一个岗位等级。

8. 黄勇，六安市城市执法管理局中市大队网格员，负责路段巡查、接受群众举报，其发现的问题报送至平台后，对活动板房违规建设的问题举报核查不到位，对事故的发生负有直接责任。依据《事业单位工作人员处分暂行规定》第十七条第（九）项之规定，建议给予政务警告处分。

9. 王雷，金安区人民政府副区长，负责城乡建设工作，分管建设、规划、国土资源、城市综合执法等工作，未能有效督导辖区相关单位开展非法建筑打非治违工作，对事故的发生负有一定的领导责任。建议责成王雷向金安区人民政府做出深刻书面检查。

（八）事故责任单位（8 家）

1. 六安碧桂园房地产开发有限公司，作为具有独立法人资格的企业，未设置安全生产管理机构，企业管理人员严重不足（仅有法人代表杨文杰 1 人），未按照《公司法》等法规建立公司管理制度，无安全管理制度及安全责任制，项目日常管理不重视安全。未办理施工许可证即要求施工单位开工建设，未办理活动板房建设占用项目红线外城市土地的有关审批手续；未能协调现场不同标段交叉部分的安全管理，未能充分关注施工现场的办公区和生活区安全，未提前做好自然灾害等突发事件的应急预案并部署实施。作为此次倒塌围墙的所有者，没有提供围墙的设计图纸，也没有提出书面的技术质量要求，没有组织人员定期排查围墙所存在的重大安全隐患，对事故的发生负有责任，依据《安全生产法》第一百零九条第（二）项的规定，建议由六安市应急管理局对其处100万元人民币的罚款；建议建设行政主管部门按相关规定对企业资质、资格进行处罚。

2. 安徽湖滨建设集团有限公司，在建设单位六安碧桂园房地产开发有限公司未取得临时建设工程规划许可证的情况，擅自建设活动板房并投入使用；活动板房建设在低洼区，未密切关注天气变化，未有效启动并落实应急预案及时撤离临时板房内居住人员；板房紧邻围墙，未对围墙可能产生的安全隐患进行排查，安全意识不够。对事故的发生负有责任，依据《安全生产法》第一百零九条第（二）项的规定，建议由六安市应急管理局对其处60万元人民币的罚款；建议建设行政主管部门按相关规定对企业资质、资格进行处罚。

3. 安徽中固建设有限公司，现场安全管理不到位，临时道路和围墙之间约4～5m宽的范围被建筑垃圾和黏土回填，改变了围墙的使用性质，围墙变成了挡土墙，对由此产生的安全隐患未及时发现；未按有关规定对施工场地的排水进行设计和施工。对事故的发生负有责任，依据《安全生产法》第一百零九条第（二）项的规定，建议由六安市应急管理局对其处90万元人民币的罚款；建议建设行政主管部门按相关规定对企业资质、资格进行处罚。

4. 六安亚杰建设工程有限责任公司，砌筑围墙时，没有施工组织设计，不符合《施工现场临时建筑物技术规程》JGJ/T 188—2009第3.0.1条的规定；围墙顶部没有采取防雨水渗透措施、壁柱与墙体间没有设置拉结钢筋，不符合《施工现场临时建筑物技术规程》JGJ/T 188—2009第7.7.5条第4、5项的规定，围墙存在质量缺陷。施工合同未签订即开始施工，现场负责人无相关从业资格。对事故的发生负有责任，依据《安全生产法》第一百零九条第（二）项的规定，建议由六安市应急管理局对其处50万元人民币的罚款。

5. 六安市建工建设监理有限公司，工程项目安全监理失职，项目监理单位在日常安全检查中，对围墙南侧填土产生的安全隐患未提出监理整改意见；对施工单位未按规定修建排水设施未提出监理整改意见；安全监理工作不到位，对事故的发生负有重要责任。依据《安全生产法》第一百零九条第（二）项之规定，建议由六安市应急管理局对其处80万元人民币的罚款。

6. 六安市城市执法管理局，查处群众对事故板房的举报不到位，对建设项目红线处的违法建筑物督查巡查不力，未发现企业存在的违法违规问题，对事的发生负有管理责任。建议向六安市政府做出深刻书面检查。

7. 原六安市住房和城乡建设委员会，对建设工程质量安全监督站开展建筑施工安全监督管理领导不到位，履行建筑施工安全生产监督管理失职，开展建筑施工安全检查不力，对事故的发生负有管理责任，建议向六安市政府做出深刻书面检查。

8. 金安区人民政府，督促街道办事处开展违章建筑排查清理工作不到位，安全生产属地化监管职责界定不清晰，相关配套措施不完善，对事故的发生负有领导责任，建议向六安市政府做出深刻书面检查。

六、事故主要教训

这起事故造成 7 人死亡，2 人受伤，后果惨痛，教训深刻。主要有：

（一）事故建设单位未严格落实相关法律法规要求，安全生产法制意识淡薄。

六安碧桂园房地产开发有限公司未按照《安全生产法》的规定设置安全生产管理机构，建立安全生产管理制度，明确各层级岗位的安全生产职责；未办理施工许可证即要求施工单位开工建设；明知活动板房选址在建设项目用地红线外，建设活动板房前未依法办理相关审批手续。

（二）事故相关参建单位未牢固树立安全发展理念，安全生产主体责任不落实。

相关参建单位建设行为不规范，六安碧桂园房地产开发有限公司建设事故倒塌围墙时，未向施工单位提供围墙的设计图纸，也没有提出书面的技术质量要求，围墙施工单位在无设计图纸无技术质量要求的情况下随意组织施工。活动板房建设及施工单位未严格按照《施工现场临时建筑物技术规范》JGJ/T 188—2009 的要求建设，活动板房工程质量不符合规范要求。

建设单位现场安全管理不到位，未能协调现场不同标段交叉部分的安全管理，未能充分关注施工现场的办公区和生活区安全，对围墙在建设过程中逐渐转变为挡土墙未采取任何处理措施，未提前做好自然灾害等突发事件的应急预案并部署实施。

相关参建单位隐患排查治理不到位，六安碧桂园房地产开发有限公司、安徽中固建设有限公司、安徽湖滨建设集团有限公司及六安市建工建设监理公司在项目建设过程中，隐患排查存在盲区，对事故围墙在工程建设过程中转变为挡土墙、活动板房所处的低洼区域排水不畅等隐患未进行排查。

（三）相关监管部门执法不严。六安市城市执法管理局对群众举报事故活动板房违章建设查处不到位，明知事故活动板房建设时未取得相关审批手续，做出活动板房不属于违章建筑的意见；对后期安徽湖滨建设集团有限公司提供的临时建设工程规划许可证是否适用活动板房未进行核实。六安市住房和城乡建设委员会对碧桂园城市之光项目履行建筑施工安全生产监督管理不到位，对六安碧桂园房地产开发有限公司未批先建监管不力。

七、事故防范措施建议

针对本次事故暴露出的问题，为认真吸取事故教训，严格落实企业安全生产主体责任和地方政府及有关部门监管责任，严防类似事故的发生，提出以下防范措施和建议：

（一）强化"红线"意识，全面落实企业安全生产主体责任。

建筑项目参建各方要严格按照《安全生产法》等法律法规要求，设置安全生产管理机构，建立安全生产管理制度，明确各层级岗位的安全生产职责。要采取措施切实强化企业管理人员安全生产责任，确保企业决策层、管理层成员落实"管业务必须管安全、管生产经营必须管安全"的要求，建立健全企业安全生产例会和例检等制度，切实解决安全生产具体问题。

要按照省政府推进安全生产"铸安"行动常态化实效化和风险管控"六项机制"制度化规范化的要求，强化企业安全风险排查管控，构建风险管控和隐患排查双重预防机制；深入排查事故隐患，特别要注重排查建设过程中产生的次生隐患，要将生产与生活区周边的毗邻区域纳入隐患排查治理范围，及时发现和消除事故隐患。

（二）强化法治意识，依法依规开展生产经营活动。

建筑项目建设单位要自觉主动接受当地政府及相关部门的监管，严格落实当地政府和监管部门的执法指令，做好本企业安全生产工作。建设单位要严格依法依规开展项目建设，严禁未批先建、边批边建，项目用地内建设临时工程要依法申请办理临时建设工程规划许可证，项目用地外建设临时工程要依法申请办理临时建设用地规划许可证和临时建设工程规划许可证。

（三）强化责任意识，严格建设标准，提高临时建设工程的抗灾能力。

建筑项目内的临时工程建设，要按照《施工现场临时建筑物技术规范》JGJ/T 188—2009 的要求，提出设计图纸或质量要求，施工单位要按照设计图纸或质量要求严格把关工程材料，建设单位和施工单位要严格工程进度和工程验收管理，确保临时工程的整体质量。临时工程建设要考虑周边构筑物对其产生的安全风险，人员密集场所的临时工程要合理选址，尽量避开洼地、边坡、风口等存在安全风险的区域，无法避开时要考虑遭遇极端气象条件时，建设区域的排水设施、临时工程的抗风能力是否满足规定。在挡土墙、边坡支护等同类工程附近建设临时或长期简易房屋，要进行科学论证，确保安全后方可建设。

（四）强化监督管理，切实履行建设工程监管职责。

六安市各级党委和政府、各级领导干部要坚守发展决不能以牺牲安全为代价这条红线，正确处理好安全生产与经济发展的关系，特别是党政一把手要亲力亲为、亲自动手抓好安全生产这件大事，要坚持依法行政，坚持安全生产高标准、严要求，在招商引资、劳动用工、企业管理等方面严格标准、加强监管、落实责任。

六安市各地、各有关部门要严格落实安全生产监管责任。切实加强建设工程行政审批工作的管理，严格按照国家有关规定和要求办理建设工程用地、规划、报建等行政许可事项，杜绝未批先建，违建不管的非法违法建设行为。住建部门要加强建设工程安全生产监督管理工作，依法审核发放施工许可证和履行安全监管责任。城市管理部门要加大建设工程的巡查力度，对发现存在的疑似违章建筑、群众信访或举报反映的违章建筑，要深入核实，并根据核实结果依法依规进行处理，严肃查处违法非法建设行为。

（五）强化安全教育，提高安全意识。

六安市要深刻吸取"7·26"事故教训，强化建筑安全监管，继续深入开展建筑施工安全专项整治行动，结合《安徽省建筑施工安全专项治理行动实施方案》（皖安办〔2018〕33号）要求，进一步加大隐患整改治理力度，坚决打击非法违法建设行为。要组织建设、规划、城管、应急、消防等部门开展联合执法检查，对辖区内人员密集场所、学校、工矿企业、建筑工地内各类临时建筑，特别是对有人员居住的临时性建筑进行全面排查，对未经审批，私搭乱建的，坚决予以清除；对经过审批，仍存在安全隐患的，责令立即整改，不能保证安全的，立即停止使用。

六安市各地、各有关部门要深刻吸取事故教训，督促建筑工程参建各方进一步加强安全生产宣传教育力度。特别是施工总承包单位要有针对性加强建筑施工作业人员的安全教育，重点学习、掌握建筑施工作业的危险因素、防范措施以及事故应急救援措施等，进一步提高建筑施工作业人员的安全意识和防范技能。

![专家分析]

一、事故原因

(一) 直接原因

陈伟

点评专家 住建部科学技术委员会工程质量安全专业委员会委员，现任广州工程总承包集团有限公司总工程师，教授级高级工程师、长期从事建筑技术及工程管理工作

结构构造不符合规定的围墙，在人为改变使用性质后变成挡土墙，事故区域因遭短时强降水后形成大量积水，土压力和水压力共同作用下的侧向应力增大造成围墙倒塌，近距离压向邻近的质量不符合规定的板房，致使板房坍塌，造成 7 人死亡、2 人重伤的较大事故。

据报告介绍，该围墙高度 2.5m，围墙的壁柱尺寸及壁柱与墙体间的拉结均不符合规范要求。在工程建设过程中，原作为围挡使用的临时性围墙，人为当作挡土墙使用，事发时围墙两侧地面高差 1.20～1.35m。围墙墙体南侧的施工区域排水设施不畅，在遭遇短时强降水后形成大量积水，积水距围墙顶最小距离仅 300mm，围墙墙体南侧结构压力在水压作用下进一步增大，围墙侧向承载力不足，失稳向北侧倒塌，压向 0.8～1.0m 外的活动板房。而该活动板房基础厚度仅 98mm，外墙柱间垂直支撑及隔墙的设置、主要承重构件壁厚及柱间垂直支撑杆件直径和部分节点的连接方式、柱脚节点连接方式、墙面板抗弯承载力等均不符合规定。且活动板房北侧外墙柱间未设置柱间垂直支撑，东西两侧山墙柱间垂直支撑缺失。以上种种情况造成板房无法承受倒塌围墙的荷载，最终致使板房坍塌。

(二) 间接原因

1. 建设单位违规指定项目红线外的低洼地带作为活动板房建设地点；在没有提供设计图纸及未提出书面的技术质量要求的情况下，委托施工单位砌筑围墙。现场安全管理不到位，对围墙附近违规堆土、排水设施不畅等安全隐患未提出整改意见。

2. 围墙施工单位在没有设计图纸，也没有书面的技术质量要求的情况下进行临时围墙砌筑，围墙工程构造及质量均不符合要求。

3. 事故活动板房安装单位，活动板房基础厚度不符合规定，外墙柱间垂直

支撑及隔墙的设置、主要承重构件壁厚及柱间垂直支撑杆件直径和部分节点的连接方式不符合规定，墙面板抗弯承载力不符合规定。

4. 三标施工总承包单位，现场安全管理不到位，临时道路和围墙之间约 4～5 米宽的范围被建筑垃圾和黏土回填，改变了围墙的使用性质，围墙变成了挡土墙，并对由此产生的安全隐患未及时发现；未按有关规定对施工场地的排水进行设计和施工。

5. 一标施工总承包单位在建设单位未取得临时建设工程规划许可证的情况，擅自建设活动板房并投入使用；活动板房建设在低洼区，未密切关注天气变化，未有效启动并落实应急预案并及时撤离临时板房内居住人员；活动板房紧邻围墙，未对围墙可能产生的安全隐患进行排查，安全意识不够。

6. 项目监理单位在日常安全检查中，对围墙南侧填土产生的安全隐患未提出监理整改意见；对施工单位未按规定修建排水设施未提出监理整改意见；安全监理工作不到位。

二、经验教训

该事故由相关各方违法违规共同造成。建设单位未办理施工许可证即要求施工单位开工建设；将活动板房选址设在建设项目用地红线外且地势低洼不利排水，建设活动板房前未依法办理相关审批手续。建设单位现场安全管理不到位，未能协调现场不同标段交叉部分的安全管理，未能充分关注施工现场的办公区和生活区安全，对围墙在建设过程中逐渐转变为挡土墙未采取任何处理措施，未提前做好自然灾害等突发事件的应急预案并部署实施。

参建单位建设行为不规范，建设单位未向施工单位提供围墙的设计图纸，也没有提出书面的技术质量要求，围墙施工单位在无设计图纸无技术质量要求的情况下随意组织施工。活动板房建设及施工单位未严格按照规范要求建设，活动板房工程质量不符合规范要求。参建单位隐患排查治理不到位，建设单位、监理单位及施工单位在项目建设过程中，隐患排查存在盲区，对事故围墙在工程建设过程中转变为挡土墙、活动板房所处的低洼区域排水不畅等隐患未进行排查。

15　贵州贵阳"8·8"钢筋倒塌较大事故

2018 年 8 月 8 日 6 时 25 分左右，中铁十二局集团第三工程有限公司贵阳轨道交通 2 号线一期工程土建 10 标北京西路站施工过程中发生一起二衬钢筋倒塌事故，导致 3 人死亡，直接经济损失 443 万元。

事故发生后，市委、市政府高度重视，陈晏市长、徐昊常务副市长等有关市领导先后做出重要批示，并指派市政府副秘书长杨鹏、杨波迅速率市安监局、市住建局主要负责人及市交委、市应急办、云岩区政府等单位负责人赶到现场召开事故处置专题会议，指挥、指导事故救援及事故善后处理相关事宜。

受市政府委托，2018 年 8 月 10 日，成立了以市安监局为组长单位，云岩区人民政府、市纪委市监委、市交委、市总工会、市公安局、市住建局等相关部门为成员的事故调查组，并邀请了专家 3 人，开展调查工作。事故调查组按照实事求是、尊重科学和注重证据的原则，对事故现场进行了全面细致的勘查，查阅了相关技术资料，对有关单位和管理部门进行了调查取证，查明了事故发生的原因、经过、人员伤亡情况和财产损失情况，认定了事故性质和有关责任单位及责任人员的责任，提出了对有关责任单位、责任人员的处理建议，总结了事故经验教训，并针对事故发生的原因和暴露出来的问题，提出了事故防范措施。现将事故调查情况报告如下：

一、事故基本情况

（一）工程基本情况

贵阳市轨道交通 2 号线一期工程土建施工 10 标起于马王庙站，止于三桥站，线路全长 3.21km，包括马王庙站—北京西路站区间、北京西路站、北京西路站—三桥站区间、三桥站共两站两区间。开工日期为 2015 年 8 月 30 日，工程造价 54937.74 万元。该工程由贵阳市城市轨道交通有限公司建设；中铁第五勘察设计院集团有限公司设计；中国电建集团贵阳勘测设计研究院有限公司进行地质勘察；中铁十二局集团第三工程有限公司施工总承包；安徽捷汉达建筑劳务有限公司进行劳务分包（该事故点二衬钢筋绑扎）；重庆赛迪工程咨询有限公司负责工程监理；贵阳市住建局建设管理处负责工程监管。

事故发生在贵阳轨道交通2号线一期工程北京西路站（位于贵阳市云岩区荷塘社区），起讫里程为：YDK26+074.742～YDK26+311.336。北京西路站主体结构沿南北向下穿北京西路，车站主体为地下二层岛式车站，采用双侧壁导洞法施工，车站长236.6m，车站两端均接矿山法区间。事故发生时正进行北京西路站DK26+210.3m～DK26+219.0m处二衬双层钢筋纵向分布筋绑扎作业。

（二）事故相关单位基本情况

1. 建设单位为贵阳市城市轨道交通有限公司，公司类型为：其他有限责任公司；法定代表人为李红卫；注册资本：玖亿伍仟伍佰万元整；地址：贵阳市观山湖区诚信南路533号。经营范围：法律、法规、国务院决定规定禁止的不得经营；法律、法规、国务院决定规定应当许可（审批）的，经审批机关批准后凭许可（审批）文件经营；法律、法规、国务院决定规定无须许可（审批）的，市场主体自主选择经营。（轨道交通项目的投资、融资、建设、运营管理和部分沿线土地一级开发；轨道交通项目相关广告设计、制作及发布；轨道交通相关物业管理、房地产开发、资产经营；大数据相关资源开发，轨道业务咨询）。（依法需经批准的项目，经相关部门批准后方可开展经营活动）。

2. 监理单位为重庆赛迪工程咨询有限公司，公司类型：有限责任公司（法人独资）；法定代表人为冉鹏；注册资金：贰仟伍佰万元整；地址：重庆市渝中区双钢路1号。法定经营范围：可承担所有专业工程类别建设工程项目的工程监理、可以开展相应类别建设工程的项目管理、技术咨询；工程招标代理机构（甲级）；中央投资项目招标代理（甲级）；设备监理；工程咨询（乙级、丙级）；建筑装饰工程设计专项甲级；建筑装修装饰工程专业承包一级、电子与智能化工程专业承包二级、地基基础工程专业承包二级；建筑工程施工总承包三级、钢结构工程专业承包三级、建筑机电安装工程专业承包三级、古建筑工程专业承包叁级；承包与其实力、规模、业绩相适应的国外工程项目、对外派遣实施上述境外工程所需的劳务人员（以上范围按资质证书核定的期限及范围从事经营），计算机软硬件及信息技术的技术开发、技术咨询、技术转让；计算机平面设计。

3. 施工总承包单位为中铁十二局集团第三工程有限公司，公司类型：有限责任公司；法定代表人为陈志高；注册资本：陆亿元人民币整；地址：山西省太原市万柏林区西线街39号。公司具有公路工程施工总承包一级、市政公用工程施工总承包壹级，铁路工程施工总承包贰级，桥梁工程专业承包壹级，隧道工程专业承包壹级，公路路基工程专业承包壹级，铁路铺轨架梁工程专业承包壹级资质。持有安全生产许可证，许可范围：建筑施工，有效期至 2020 年 4 月 10 日。

4. 劳务分包单位安徽捷汉达建筑劳务有限公司，公司类型：有限责任公司（自然人投资或控股）；法定代表人为林华民；注册资本：壹千万人民币整；地址：安徽省庐江县汤池镇西大街东北侧门面房。经营范围：建筑劳务；工程机械租赁、安装；市政工程、路桥工程、地基基础工程、隧道工程、防水工程施工。持有安全生产许可证，许可范围：建筑施工，有效期至 2020 年 3 月 3 日。该公司负责北京西路暗挖车站二衬施工，并签订了《劳务承包合同》，委派现场负责人为徐来社。

5. 监管单位为贵阳市住房城乡建设局。

二、事故发生经过及事故救援情况

8月7日约19时，中铁十二局集团第三工程有限公司项目部副经理兼工区长杨北柯安排安徽捷汉达建筑劳务有限公司委派驻现场负责人徐来社进行北京西路站 DK26＋210.3m～K26＋219.0m 处二衬双层钢筋纵向分布筋绑扎作业。徐来社随即安排本公司劳务班班组长陈国军等 10 人于当晚 19 时至次日早晨 7 时进行该处二衬钢筋绑扎作业。8月8日凌晨 5 时左右，在已搬运到位的二衬钢筋快绑扎完毕时发现拱部少了 8 根 9m 长水平钢筋，但此时二衬拱架已成型，为方便将所缺钢筋输送进入钢筋骨架继续绑扎作业，陈国军擅自决定并亲自操作将工装台车移到作业区大里程外边缘（工装台车与钢筋骨架重叠部分仅 1.1m）后，工人吕学平带领 4 人共 5 人到工装台车上输送钢筋，陈国军带领汤文虎、吕志振、杜红星、宗志饶等共 5 人进入下方无支撑、纵向无抗倾覆措施钢筋骨架内进行钢筋传送和绑扎作业。6 时 25 分左右，在第三次传送 3 根钢筋时，二衬钢筋骨架突然向小里程方向垮塌，正在钢筋骨架里作业的杜红星因在钢筋架体大里程侧边缘就及时跳到台车上，脚部受轻伤，陈国军、汤文虎、吕志振等 3 个人被砸在钢筋骨架内，另一名钢筋工宗志饶因上厕所不在事故现场。

事故发生后，在工装台车上作业的吕学平迅速跑到竖井位置打电话给班组长田军波，并让其向劳务公司负责人徐来社报告，然后向隧道斜井洞口跑，出洞后向"110"报警。徐来社接到田军波电话后立即赶到事故现场，看到施工人员正在切割钢筋抢救被困人员，安排救人事项后回宿舍继续召集救援人员，随后打电话向项目部执行经理聂凯良和副经理杨北柯报告事故情况，回到事故现场后看到"120"急救人员和消防救援人员已在现场，经询问后得知此次事故已造成 3 人死亡。项目部聂凯良早晨 6 时 40 分在龙洞堡机场接到徐来社电话，报告称北京西路站二衬钢筋垮塌，有人被压后，立即通知卫党鹏（项目部技术负责人）立即启动应急预案，组织有关人员进行施救。7 时 10 分，卫党鹏到事故现场，3 名被困工人已救出，当场死亡。聂凯良于 8 时 30 分赶到事故现场后，立即了解核实伤亡情况，向中铁十二局第三工程有限公司领导汇报事故伤亡情况，并向贵阳市城市轨道交通有限公司报告事故情况。贵阳市城市轨道交通有限公司随即向市政府及相关部门报告了事故相关情况。

接到事故报告后，公安、消防和"120"急救人员、云岩区安监局、市住建局建设管理处等迅速赶到事故现场进行救援。市委、市政府高度重视，陈晏市长及在外出差的徐昊常务副市长分别做出重要批示，指派市政府副秘书长杨鹏、杨波立即率市安监局、市住建局、市交委以及市应急办等相关部门领导、云岩区分管副区长及相关部门负责人相继赶到现场，召开事故处置专题会议，指挥、指导事故救援及事故善后处理相关事宜。整体救援工作于当日 16：00 时结束。

经评估，事故发生后，中铁十二局集团第三工程有限公司启动了事故应急救援预案，积极开展了自救互救，及时报告了事故信息，应急处置基本到位，未因采取措施不当而造成次生事故发生。云岩区人民政府对此次事故高度重视，相关领导立即赶赴事故现场，迅速组织力量开展抢险救援，应急响应迅速，信息初报及时，现场处置科学，救援措施得当，防范了次生衍生事故发生，未出现因施救不当造成伤亡扩大。

三、事故发生的原因和事故性质

（一）直接原因

在二衬钢筋施工过程中，安徽捷汉达建筑劳务有限公司劳务班组擅自将工装台车移到整个钢筋骨架外边缘，工人违规进入下方无支撑，纵向无抗倾覆措施的钢筋骨架内继续施工，纵向传送钢筋，导致没有水平约束的钢筋骨架纵向倾覆倒塌。

（二）间接原因

1. 劳务单位安徽捷汉达建筑劳务有限公司。未建立安全生产责任体系，未设置安全生产管理机构，任命的施工现场负责人无相应资质，未制定安全生产检查与安全教育培训计划，对钢筋绑扎劳务班组安全管理和安全教育不到位，作业人员的安全意识和对危险因素辨别意识不强；钢筋绑扎班组不按二衬钢筋施工方案要求的标准和工艺作业，施工过程中严重违规、违章作业。

2. 施工总承包单位中铁十二局集团第三工程有限公司。安全教育和安全技术交底针对性不强，安全生产规章制度和安全风险管控措施落实不到位，二衬工装台车专人专管措施落实不到位，对施工过程中擅自将工装台车违规移到整个钢筋骨架外边缘，工人违规进入下方无支撑，纵向无抗倾覆措施钢筋骨架内继续施工，纵向传送钢筋行为未及时发现并制止。

3. 监理单位重庆赛迪工程咨询有限公司。对监理的施工工程安全监管不到位；对二衬工装台车专人专管措施落实不到位，对施工过程中擅自将工装台车违规移到整个钢筋骨架外边缘，工人违规进入下方无支撑，纵向无抗倾覆措施钢筋骨架内继续施工，纵向传送钢筋行为没有及时发现和制止。

4. 建设单位贵阳市城市轨道交通有限公司建设分公司。督促施工、监理和劳务等相关单位落实安全生产规章制度、风险管控措施和隐患排查治理不到位。

5. 监管单位贵阳市住房城乡建设局。对该工程的安全监管不到位，监管责任范围内的施工工程发生较大生产安全事故。

（三）事故性质

贵阳轨道交通 2 号线一期工程土建 10 标"8·8"二衬钢筋倒塌事故是一起生产安全责任事故，级别为较大事故。

四、事故责任的认定及对事故责任人的处理建议

（一）事故责任单位的责任认定及处理建议

1. 安徽捷汉达建筑劳务有限公司为劳务分包单位。未建立安全生产责任体系，未设置安全生产管理机构，任命的施工现场负责人无相应资质，未制定安全生产检查与安全教育培训计划，对钢筋绑扎劳务班组安全管理和安全教育不到位，作业人员的安全意识和对危险因素辨别意识不强；钢筋绑扎班组不按二衬钢筋施工方案要求的标准和工艺作业，施工过程中擅自将工装台车违规移到整个钢筋骨架外边缘，工人违规进入钢筋骨架内施工，对事故发生负有主要责任。建议根据《中华人民共和国安全生产法》第一百零九条之规定，由市安监局对其处以65 万元罚款，并责成其撤销徐来社项目现场负责人职务。

2. 中铁十二局集团第三工程有限公司为施工总承包单位。安全教育和安全技术交底针对性不强，安全生产规章制度和安全风险管控措施落实不到位，二衬工装台车专人专管措施落实不到位，对施工过程中擅自将工装台车违规移到整个钢筋骨架外边缘，工人违规进入下方无支撑，纵向无抗倾覆措施钢筋骨架内施工

未及时发现并制止，对事故发生负有管理责任。建议根据《中华人民共和国安全生产法》第一百零九条之规定，由市安监局对其处以 60 万元罚款，并责成其按企业相关规定对相关责任人进行问责处理。

3、重庆赛迪工程咨询有限公司为监理单位。对监理的施工工程安全监管不到位；对二衬工装台车专人专管措施落实不到位，对施工过程中擅自将工装台车违规移到整个钢筋骨架外边缘，工人违规进入下方无支撑，纵向无抗倾覆措施钢筋骨架内施工，没有及时发现和制止，对事故发生负有监管责任。建议根据《中华人民共和国安全生产法》第一百零九条之规定，由市安监局对其处以 50 万元罚款。

4. 贵阳市城市轨道交通有限公司为建设单位。督促施工、监理和劳务等相关单位落实安全生产风险管控措施和隐患排查治理不到位，对事故发生负有责任。建议责成其向贵阳市人民政府做出深刻书面检查。

5. 贵阳市住房城乡建设局为监管单位。对该工程的安全监管不到位，监管责任范围内的施工工程发生较大生产安全事故。建议责成其向贵阳市人民政府做出深刻书面检查。

（二）对事故责任人的责任认定及处理建议

1. 陈国军，安徽捷汉达建筑劳务有限公司北京西路暗挖车站二衬施工钢筋绑扎班组长。安全意识和对危险因素辨别意识不强，施工过程中不按二衬钢筋施工方案要求的标准和工艺组织施工作业，擅自将工装台车违规移到整个钢筋骨架外边缘，带领工人违规进入钢筋骨架内施工作业。对事故发生负有直接责任。鉴于其已在事故中死亡，建议不再追究其刑事责任。

2. 林华民，安徽捷汉达建筑劳务有限公司法人、总经理。未认真履行《中华人民共和国安全生产法》赋予企业主要负责人的安全生产职责，未建立安全生产责任体系，未设置安全生产管理机构，任命的施工现场负责人无相应资质，未制定安全生产检查与安全教育培训计划；对钢筋绑扎劳务班组安全管理和安全教育培训不到位等问题督促不到位，对事故发生负有领导责任。建议根据《中华人民共和国安全生产法》第九十二条之规定，由市安监局对其处以上一年年收入40％的罚款。

3. 徐来社，安徽捷汉达建筑劳务有限公司北京西路暗挖车站二衬施工，委派现场负责人。对钢筋绑扎劳务班组安全管理和安全教育不到位，对严重违章违规作业没有及时发现和制止，对事故发生负有管理责任。建议根据《安全生产违法行为行政处罚办法》（国家安全生产监督管理总局令第 15 号）第四十五条之规定，由市安监局对其处 0.9 万元罚款。

4. 张建斌，中铁十二局集团第三工程有限公司总经理，主持公司的生产经营工作。安全风险管控措施不到位，安全教育培训不到位；对该项目违法、违规施工行为督促检查、制止不到位，对事故发生负有领导责任。建议根据《中华人民共和国安全生产法》第九十二条之规定，由市安监局对其处以上一年年收入40％的罚款。

5. 吴家顺，中铁十二局集团第三工程有限公司安全总监。对该项目安全管理检查不到位，安全风险管控措施落实不到位，安全教育培训不到位，夜间施工跟班检查不到位等问题督促检查纠正不到位，对事故发生负有管理责任。建议根据《安全生产违法行为行政处罚办法》（国家安全生产监督管理总局令第 15 号）第四十五条之规定，由市安监局对其处以 0.9 万元罚款。

6. 聂凯良，中铁十二局集团第三工程有限公司贵阳市轨道交通 2 号线一期工程土建施工 10 标项目部常务副经理兼总工程师、执行经理，主持该项目生产经营工作。对安全教育和安全技术交底针对性不强，安全生产规章制度、安全风险管控措施和二衬工装台车专人专管措施落实不到位，夜间施工安全监管不到位，对违规违章施工行为纠正制止不到位，对事故发生负有管理责任。建议根据《中华人民共和国安全生产法》第一百零六条之规定，撤销项目执行经理职务，由市安监局对其处以上一年年收入 40％的罚款。

7. 杨北柯，中铁十二局集团第三工程有限公司贵阳市轨道交通 2 号线一期工程土建施工 10 标项目部副经理兼工区长。对钢筋班组安全教育和安全技术交底针对性不强；督促安全风险管控措施和二衬工装台车专人专管措施落实不到位，对夜间施工安全监管和违规违章施工行为纠正制止不到位，对事故发生负有直接管理责任。根据《安全生产违法行为行政处罚办法》（国家安全生产监督管理总局令第 15 号）第四十五条之规定，由市安监局对其处以 0.9 万元罚款。

8. 龚清安，中铁十二局集团第三工程有限公司贵阳市轨道交通 2 号线一期工程土建施工 10 标项目部安质部长。对该项目钢筋班组安全教育和安全技术交底针对性不强，督促安全风险管控措施和二衬工装台车专人专管措施落实不到位，对夜间施工安全监管和违规违章施工行为纠正制止不到位，对事故发生负有直接管理责任。建议根据《安全生产违法行为行政处罚办法》（国家安全生产监督管理总局令第 15 号）第四十五条之规定，由市安监局对其处以 0.8 万元罚款。

9. 卫党鹏，中铁十二局集团第三工程有限公司贵阳市轨道交通 2 号线一期工程土建施工 10 标项目部技术负责人。安全技术交底针对性不强；督促安全风险管控措施和二衬工装台车专人专管措施落实不到位，对夜间施工安全监管和违规违章施工行为纠正制止不到位，对事故发生负有直接管理责任。建议根据《安全生产违法行为行政处罚办法》（国家安全生产监督管理总局令第 15 号）第四十五条之规定，由市安监局对其处以 0.8 万元罚款。

10. 冉鹏，重庆赛迪工程咨询有限公司董事长。未认真履行《中华人民共和国安全生产法》赋予企业主要负责人的安全生产职责，对监理的施工工程安全监管不到位；对监理人员履行职责督促检查不到位，导致未及时制止和纠正该项目违法、违规施工行为，对事故发生负有领导责任。建议根据《中华人民共和国安全生产法》第九十二条之规定，由市安监局对其处以上一年年收入 40% 的罚款。

11. 冉海燕，重庆赛迪工程咨询有限公司贵阳市轨道交通 2 号线一期工程土建施工 10 标项目监理部总监。对监理的施工工程安全监管不到位；对施工、劳务单位安全风险管控措施和二衬工装台车专人专管措施落实不到位，对夜间施工安全监管和违规违章施工行为等行为未及时发现和制止，对事故发生负有领导责任。建议根据《中华人民共和国安全生产法》第九十二条之规定，由市安监局对其处以上一年年收入 40% 的罚款。

12. 朱遵堂，重庆赛迪工程咨询有限公司贵阳市轨道交通 2 号线一期工程土建施工 10 标项目监理部总监代表。对监理的施工工程安全监管不到位；对施工、劳务单位安全风险管控措施和二衬工装台车专人专管措施落实不到位，对夜间施工安全监管和违规违章施工等行为未及时发现和制止，对事故发生负有领导责任。建议根据《安全生产违法行为行政处罚办法》（国家安全生产监督管理总局令第 15 号）第四十五条之规定，由市安监局对其处以 0.8 万元罚款。

13. 李辉，贵阳市城市轨道交通有限公司党委委员、副总经理，分管质量安全工作。对该工程的安全管理不到位，对施工单位、监理单位、劳务单位等相关单位履行安全管理职责监督检查不到位，对事故发生负有责任。建议由市安委会通报批评，责成贵阳市城市轨道交通有限公司按企业相关规定给予经济处罚。

14. 吴海宝，贵阳市城市轨道交通有限公司建设分公司总经理，分管质量安全工作。对该工程的安全管理不到位，对施工单位、监理单位、劳务单位等相关单位履行安全管理职责监督检查不到位，对事故发生负有责任。建议责成其向贵阳市城市轨道交通有限公司做出深刻书面检查，责成贵阳市城市轨道交通有限公司按企业相关规定给予经济处罚。

15. 吴昌裔，贵阳市城市轨道交通有限公司建设分公司土建工程部副经理，负责轨道交通 2 号线一期工程建设管理工作。对该工程的安全管理不到位，对施工单位、监理单位、劳务单位等相关单位履行安全管理职责监督检查不到位，对事故发生负有责任。建议责成贵阳市城市轨道交通有限公司对其给予行政警告处分，并按企业相关规定给予经济处罚。

16. 李建华，贵阳市城市轨道交通有限公司建设分公司土建工程部业务主管，轨道 2 号线 10 标现场代表。对该工程的安全管理不到位，对施工单位、监理单位、劳务单位等相关单位认真履行安全管理职责监督检查不到位，对事故发生负有责任。建议责成贵阳市城市轨道交通有限公司对其给予行政警告处分，并按企业相关规定给予经济处罚。

17. 刘强，贵阳市住房城乡建设局副局长，分管安全生产工作。对该工程的安全监管不到位，在监管范围内发生较大生产安全事故。建议责成其向贵阳市住房城乡建设局做出深刻书面检查。

18. 耿乙峰，贵阳市住房城乡建设局建设管理处处长。对该工程的安全监管不到位，在监管范围内发生较大生产安全事故。建议责成其向贵阳市住房城乡建设局做出深刻书面检查。

19. 吴航，贵阳市住房城乡建设局建设管理处总工程师，分管市政工程。对该工程的安全监管不到位，在监管范围内发生较大生产安全事故。建议责成其向贵阳市住房城乡建设局做出深刻书面检查。

20. 陈波，贵阳市住房城乡建设局建设管理处市政工程质量安全监督站副站长（主持工作）。对该工程的安全监管不到位，在监管范围内发生较大生产安全事故。建议责成其向贵阳市住房城乡建设局做出深刻书面检查。

21. 杜鹏，贵阳市住房城乡建设局建设管理处市政工程质量安全监督站该工程事故标段安全监督员。对该工程的安全监管不到位，在监管范围内发生较大生产安全事故。建议移送市纪委市监委依法给予党纪政务处分。

22. 姚星全，贵阳市住房城乡建设局建设管理处市政工程质量安全监督站该工程事故标段安全监督员。对该工程的安全监管不到位，在监管范围内发生较大生产安全事故。建议移送市纪委市监委依法给予党纪政务处分。

五、事故防范措施

1. 安徽捷汉达建筑劳务有限公司要进一步建立健全并落实安全生产责任制和规章制度。强化对劳务人员的安全教育工作，切实提高施工人员的安全意识和对危险因素的辨别能力；要进一步加强对施工班组长的业务和能力培训工作，不断提高施工班组长业务水平和安全管理能力。

2. 中铁十二局集团第三工程有限公司必须进一步建立健全安全生产责任制和规章制度，完善安全风险防控措施，加强施工项目的安全管理，深入开展隐患排查和安全检查，确保隐患排查治理和安全防护措施到位。要加强对施工作业人员的安全教育培训，安全技术交底，全面提高施工作业人员的安全意识、安全技能和操作水平及安全风险的辨别能力。特别是要加强夜间施工的安全管控措施落实，坚决纠正违法、违章行为，真正做到不安全，不生产。

3. 重庆赛迪工程咨询有限公司要强化对施工工程安全监管；严格监督施工单位按施工组织设计方案和专项方案组织施工，督促施工单位建立健全安全生产管控措施，配备足够的安全生产管理人员，强化夜间施工安全检查和隐患排查治理，对重点施工部位和施工环节要实施旁站监理，对违法、违规施工行为要坚决制止。

4. 各级建设行政主管部门要进一步完善安全生产监管措施，加大对安全生产监管人员教育、培训、管理和监管的力度，不断提高业务素质和监管能力；要规范监管检查行为，杜绝以口头要求代替执法文书，严防检查流于形式或安全隐患不能及时发现和督促整改不到位等问题发生，坚决制止赶工期、赶进度的施工行为。

5. 各施工方、建设方、监理方、劳务分包方和各级交通建设行政主管部门要加强对《中华人民共和国安全生产法》《中华人民共和国建筑法》《建设工程安全生产管理条例》（中华人民共和国国务院令第 393 号）及相关法律法规的学习，深入贯彻落实《市安委办关于印发〈贵阳市建筑施工安全专项整治行动方案〉的通知》（筑安办发〔2018〕42 号）和《市安委办关于深入开展建筑施工安全大检查的紧急通知》（筑安办发〔2018〕53 号）精神，强化"两个责任主体"的落实；要"举一反三"，认真吸取本次事故教训，认真切实开展建筑施工安全专项治理行动；要采取措施，确保各项安全管理制度和措施落实到位；要建立健全并落实安全隐患排查治理和风险管控长效机制，有效预防和控制建设施工伤亡事故的发生，坚决制止赶工期、赶进度施工行为，确保安全生产形势的稳定。

专家分析

一、事故原因

（一）直接原因

在大断面二衬钢筋绑扎施工过程中，作业班组未按施工方案组织施工，擅自将工装台车移到整个钢筋骨架外边缘；工人违规进入下方无支撑，纵向无抗倾覆措施

韩学诠

点评专家　住建部科学技术委员会城市轨道交通工程质量安全专家委员会专家，国家首批注册安全工程师，中国建筑业协会专家委员会委员，原中国中铁股份公司安质部副部长，教授级高级工程师，长期从事质量安全监管工作

的钢筋骨架内继续施工，纵向传送钢筋，人为扰动等因素导致没有水平约束的钢筋骨架纵向倾覆倒塌。

（二）间接原因

1. 劳务单位未建立安全生产责任体系，未设置安全生产管理机构，任命的施工现场负责人无相应资质，未制定安全生产检查与安全教育培训计划，对钢筋绑扎劳务班组安全管理和安全教育不到位，作业人员的安全意识和对危险因素辨别意识不强；钢筋绑扎班组不按二衬钢筋施工方案和工艺标准作业，施工过程中严重违规、违章。

2. 施工总承包单位安全教育和安全技术交底针对性不强，安全生产规章制度和安全风险管控措施落实不到位，二衬工装台车专人专管措施落实不到位，对作业人员擅自将工装台车违规移到钢筋骨架外边缘，违规进入下方无支撑，纵向无抗倾覆措施钢筋骨架内继续施工，纵向传送钢筋的行为未及时发现并制止。

3. 监理单位对施工安全监管不到位，对二衬工装台车专人专管措施落实不到位，对擅自违规作业行为没有及时发现和制止。

二、经验教训

2014 年～2018 年，在地铁施工中发生了 3 起大断面钢筋绑扎失稳倾覆较大生产安全事故。但目前许多施工单位仍然对大断面钢筋绑扎的安全风险认识不到位，没有将大断面钢筋绑扎施工工序列为危大工程进行管理，安全风险管控和隐患排查整改不到位，没有吸取血的教训，导致大断面钢筋绑扎失稳倾覆同类事故重复发生。关键工序质量卡控和旁站监督不到位，过程中不按钢筋绑扎施工方案和工艺要求组织施工作业；安全技术交底针对性不强，隐患排查整治不认真，对严重违章违规作业没有及时发现和制止。对作业班组安全管理和培训教育不到位，作业人员的安全意识和对危险因素辨别意识不强。建议把大断面钢筋绑扎施工列为危大工程进行管理。但现在对危大工程的识别中，仍然没有把暗挖地铁车站等大断面钢筋施工，尤其是首段钢筋绑扎工序列为危大工程进行管理，国内 3 起同类型较大事故血的教训还没有引起大家的重视，实不应该。

施工单位和监理单位要加强对危大工程专项方案的审核管理。37 号部令规定：施工单位应当在危大工程施工前组织工程技术人员编制专项施工方案。专项施工方案应当由施工单位技术负责人审核签字、加盖单位公章，并由总监理工程师审查签字、加盖执业印章后方可实施。但现在施工组织设计和危大工程专项方案上级单位审核不严格，把关不认真。还有的施工总包单位中标后工程转包下属单位施工，专项方案的审核也委托项目技术负责人替代签字，对危大工程专项方案放任管理。必须引起关注。施工单位要进一步建立健全安全生产责任制和规章制度，完善双重预防管控措施，加强施工项目的安全管理，深入开展隐患排查和整治，确保隐患排查治理和安全防护措施到位。要加强对施工作业人员的安全教育培训，安全技术交底，全面提高施工作业人员的安全意识、安全技能和操作水平及安全风险的辨别能力。监理单位要监督施工单位严格按施工组织方案和专项方案组织施工，督促施工单位制定和落实安全生产管控措施，配备足够的安全生产管理人员，强化施工安全检查和隐患排查治理，对重点施工部位和施工环节要实施旁站监理，对违法、违规施工行为要坚决制止。

监管部门对超过一定规模的危大工程要加强专项方案实施过程的监管。北京市建委已经出台《关于印发〈北京市房屋建筑和市政基础设施工程危险性较大的分部分项工程安全管理实施细则〉的通知》（京建法〔2019〕11号）文件，第二十九条规定：对于超过一定规模的危大工程，专家组长或专家组长指定的专家应当自专项施工方案实施之日起，每月对专项施工方案的实施情况进行不少于一次的跟踪，并在动态管理平台填写跟踪报告。当危大工程施工至关键节点时，专家组长或专家组长指定的专家应当对专项施工方案的实施情况进行现场检查指导，并根据检查情况对危大工程的安全状态做出判断，填写跟踪报告。建议其他城市也应参照北京市建委的做法出台细则，加强对危险性较大的分部分项工程安全管理，有效防范生产安全事故。

16 山东德州"8·31"模板支架坍塌较大事故

调查报告

2018 年 8 月 31 日 9 点 37 分，德州经济技术开发区龙溪香岸地下车库工程在顶板混凝土浇筑施工过程中，发生模板支架坍塌事故，造成 6 人死亡，2 人轻伤，直接经济损失 980 万元。

事故发生后，省委、省政府高度重视，主要领导分别做出批示，要求全力救治伤员，做好善后，尽快查清事故原因，采取一切必要措施，防止发生类似事故。省政府安委会办公室下发《较大事故查处挂牌督办通知书》（鲁安事故督办〔2018〕11 号），对该起事故查处实行挂牌督办。

根据《生产安全事故报告和调查处理条例》（国务院令第 493 号）和《山东省生产安全事故报告和调查处理办法》（省政府令第 236 号）等法规、规章规定，德州市政府成立了由分管副市长为组长的德州经济技术开发区龙溪香岸工程"8·31"模板坍塌较大事故调查组（以下简称事故调查组）；市安监局、市公安局、市总工会、市住建局和德州经济技术开发区管委会派员参加，事故调查组邀请了市监察委、市检察院派员参加，同时聘请建筑工程、建筑材料专业的有关专家组成专家组，开展事故调查工作。

事故调查组通过现场勘察、调查取证、综合分析和反复论证，查明了事故发生的经过、原因、认定了事故性质和责任，同时征求了沧州市政府，沧州市安监局的意见，提出了对有关责任人员和责任单位的处理及事故防范措施建议。形成调查报告如下：

一、工程概况及相关单位基本情况

（一）工程概况

工程地点位于德州经济技术开发区三八路以北，经二路以西，发生事故的部位为该项目区域内的龙溪香岸三期项目⑤-⑧轴/R1 轴—N1 轴地下人防工程。

2016 年 11 月 9 日，德州嘉泰置业有限公司与德州瑞安工程监理有限公司签订了《建筑工程监理合同》，委托德州瑞安工程监理有限公司对龙溪香岸三期项目工程进行监理。

2017 年 2 月 17 日，德州嘉泰置业有限公司与大元建业集团股份有限公司签订《施工承包合同》，大元建业集团股份有限公司承揽了龙溪香岸三期 22 号、29 号、30 号、31 号楼、综合楼及地下车库建设施工。

2017 年 2 月 17 日，大元建业集团股份有限公司与沧州市开元建设劳务有限公司签订《建筑工程施工劳务分包合同》，劳务分包范围为龙溪香岸三期 22 号、29 号、30 号、31 号楼、综合楼及地下车库木工、砌筑、钢筋、焊接、护坡、抹灰、混凝土、油漆、水暖电安装、脚手架的劳务作业。

2017 年 5 月 23 日，德州嘉泰置业有限公司与中民防（北京）工程管理有限公司山东分公司签订了《建设工程监理合同》，委托中民防（北京）工程管理有限公司山东分公司对龙溪香岸三期项目人防工程进行监理。

（二）相关单位情况

1. 施工单位：大元建业集团股份有限公司（以下简称大元建业）。成立日期：1999 年 2 月 12 日，类型为股份有限公司（非上市），住所为沧州市运河区永济东路 18 号，法定代表人为郝书明，注册资本为壹拾亿零柒佰捌拾柒万陆仟元整。资质等级为建筑工程施工总承包特级，发证机关为中华人民共和国住房和城乡建设部，发证日期为 2016 年 10 月 28 日，有效期：2021 年 2 月 1 日。持有安全生产许可证，发证机关为河北省住房和城乡建设厅，许可范围为建筑施工，有效期是 2017 年 01 月 11 日至 2020 年 01 月 11 日。

2. 建设单位：德州嘉泰置业有限公司（以下简称嘉泰置业）。成立日期：2009 年 6 月 9 日，类型为有限责任公司（自然人投资或控股），住所为德州经济开发区北园路南晶华路西，法定代表人为郭文涛，注册资本为叁拾亿元整。资质等级为房地产开发企业资质二级，发证机关为山东省住房和城乡建设厅，发证日期为 2017 年 1 月 1 日，有效期至 2019 年 12 月 31 日。

3. 施工劳务分包单位：沧州市开元建设劳务有限公司（以下简称开元劳务）。成立日期：2003 年 6 月 6 日，类型为有限责任公司，住所为沧州市运河区西环北街一建综合楼一楼，法定代表人为王国良，注册资本为贰仟捌佰万元整。资质等级为主项砌筑作业分包壹级，木工作业分包壹级，钢筋作业分包壹级，抹灰作业、油漆作业、混凝土作业、水电暖安装作业、模板脚手架专业不分等级，发证机关为沧州市住房和城乡建设局，发证日期为 2017 年 6 月 30 日，有效期为 2021 年 2 月 26 日。持有安全生产许可证，发证机关为河北省住房和城乡建设厅，许可范围是建筑施工,有效期是 2017 年 07 月 03 日至 2020 年 07 月 03 日。

4. 人防工程监理单位:中民防(北京)工程管理有限公司山东分公司(以下简称中民防)。成立日期:2011 年 9 月 6 日,类型为有限责任公司分公司(自然人投资或控股);证件有效期为 2012 年 3 月 15 日至 2020 年 12 月 31 日,发证机关为国家人民防空办公室,其山东分公司经营场所为山东省济南市历下区解放路 13 号楼 B601,负责人为李峰。

5. 工程监理单位:德州瑞安工程监理有限公司(以下简称瑞安监理)。成立日期:1998 年 7 月 20 日,类型为有限责任公司(非自然人投资或控股的法人独资),住所为德州市德城区湖滨北路 18 号武装部综合楼 3 层 3-01 号,法定代表人为王振强,注册资本为叁佰万元整。资质等级为房屋建筑工程监理甲级,发证机关为中华人民共和国住房和城乡建设部,发证时间为 2016 年 2 月 2 号,有效期至 2021 年 2 月 2 日。

二、事故发生经过和应急处置情况

(一)事故发生经过

8 月 31 日上午 8 时左右,大元建业组织人员开始在龙溪香岸三期地下车库出入口处区域浇筑顶板混凝土。9 时 30 分左右,在该区域混凝土基本浇筑完成时,施工班组发现模板跑浆,班组长带领工人下去堵漏。在堵漏过程中发现架体下沉,随之安排工人进行架体加固。9 点 37 分,一名工人(王东兴)用千斤顶对底部工字钢进行顶撑,造成架体失稳,发生模板支架整体坍塌(坍塌面积 20 多 m^2)。事故发生时,4 名混凝土工在顶板作业,6 名木工在底部加固模板支架,2 名木工在事故区域之外寻找加固材料。坍塌事故发生后,在顶板作业的混凝土工坠落,在底部加固模板支架的 6 名木工被掩埋后致死亡(王东兴、刘建国、李向阳、李友志、李刘艳、尚成志)。

(二)应急处置及善后情况

事故发生后,现场人员立即拨打 120、119、110 电话报警求助,并展开自救。德州市委、市政府接报后,市委主要领导第一时间作出批示,要求组织专业力量迅速救援,组织医疗专家全力救治伤员。市政府主要领导和分管领导带领相关人员第一时间赶赴现场,成立由市长任组长的事故应急救援领导小组,下设综合协调、现场救援、事故调查、秩序维护、善后处理、新闻宣传 6 个工作组。

同时,德州市政府、德州经济技术开发区管委会立即启动事故应急救援预案，组织消防、公安、医疗、应急抢险队伍赶赴现场开展事故抢险救援工作。德州市区两级消防共出动 10 辆车、4 个中队、62 人参与抢险救援；市区两级调集公安干警 180 余人维护秩序、疏导交通；医疗卫生部门出动 10 车次，30 人次参与伤员救治；住建部门组织 4 名专家、40 余名技术工人现场施救。进场救援吊车、挖掘机等大型设备 3 台套、切割机等小型设备 30 台套。经全力抢救，截至当天下午 6 时，救援基本结束，事故共造成 6 人死亡，2 人轻伤。截至 9 月 5 日，死者善后工作已全部处理完毕。目前，受伤人员已出院。

三、事故原因及性质

（一）直接原因

未按国家标准进行模板施工，立杆支承点的工字钢承载力不足导致支撑体系变形过大后，人员违规操作，导致模板支架整体坍塌，是导致事故发生的直接原因。

（二）间接原因

1. 大元建业及龙溪香岸三期项目部管理混乱，安全生产主体责任不落实。

（1）大元建业内部安全生产层级管理混乱，安全生产责任制和安全管理规章制度落实严重不到位，安全检查流于形式，未认真开展"质量安全隐患排查治理"等专项行动。施工项目部管理机构不健全，未按合同约定派驻具备资格的人员担任项目经理，派驻现场的安全员等关键岗位人员人证不符，质量安全保证体系不能有效运转。未对新进场工人开展全员安全教育和培训。未按规定定期组织事故应急演练。

（2）大元建业龙溪香岸三期项目部形同虚设，未能有效履行项目部管理职责，安全管理基本失控。专职安全生产管理人员配备不足，安全员谢淼代行项目经理职责。将工程全部劳务分包给开元劳务后，对承包人承建的施工现场"以包代管"。事故发生部位的模板支撑未按施工方案搭设，搭设前未对工人进行安全技术交底，模板支撑施工无人监管，搭设完毕未组织有关人员进行验收，对存在的大量安全隐患未能及时发现并浇筑混凝土。安全资料管理不善，部分资料人员签字失实。

（3）事故工程施工承包人李连德安全意识极其淡薄，未组织进场施工人员安全教育培训，私自更改施工方案，未进行必要的班组安全技术交底。未按照模板支撑所需提供足够数量合格的钢管、扣件和模板，致使现场产生大量事故隐患。

在未对该部位的模板分项工程进行验收的情况下即浇筑混凝土,且发现事故隐患不上报,违章指挥工人违规操作。

2. 开元劳务未履行安全生产管理职责。该公司安全保障体系不健全,施工现场未派驻管理人员;作为大元建业的全资子公司,自主经营权受母公司限制,对所承接的龙溪香岸三期劳务工程仅是财务走账,未履行任何管理职责。

3. 嘉泰置业安全生产职责落实不到位。作为建设单位,对施工、监理单位统一协调管理不力。未按规定发包工程监理,以明显低于市场价格发包工程监理,且监理范围界定不清。对所委托的人防监理单位项目总监未到岗履责未提出意见。默许施工单位不按合同约定派驻项目管理机构和人员。对施工中的违章指挥和违规操作行为未及时制止。

4. 中民防未依照有关法律、法规、技术标准、设计文件实施监理业务。未按监理合同约定派驻项目监理机构和人员,工程开工至事故发生前,项目总监未到岗履职,任命的两名监理员,仅有一人在现场参与过关键部位的验收,未对工程的重要部位实施旁站监理。监理合同签订不规范,刻意规避法定监理义务。

5. 瑞安监理履行监理职责不到位。对监理的龙溪香岸三期地下车库,公司派驻项目总监只负责签署所需施工资料、配合各类检查,未对施工现场实施安全监理。未对施工单位人员资格和方案编制落实进行实际把关,现场仅派驻1人整理资料,且在实施监理过程中未发现所监理的范围存在人防工程,也未向建设单位提出监理范围变更要求,继续依据房屋建筑工程进行监理。

6. 德州市人民防空办公室(以下简称市人防办)监管职责落实不到位。作为人防工程的行业主管部门,未按照《中华人民共和国安全生产法》等有关法律、法规的规定对行业、领域的安全生产工作实施监督管理。落实安全生产"管行业必须管安全、管业务必须管安全、管生产经营必须管安全"的要求不到位。对人防工程监理承发包行为未实施有效监管。对人防工程各方参建主体和人员资格检查不严,对施工、监理单位项目管理人员不到岗履职监督不力。未按照监督计划对人防工程施工中的重要部位进行重点监管。

7. 德州经济技术开发区城乡住房和建设管理部(以下简称区建管部)安全监督工作不到位。作为房屋建筑工程监管部门,安全生产网格化监管和建筑施工行业"大排查快整治严执法全资格"活动开展不深入、不彻底,对辖区建设施工单位监督检查力度不够。对大元建业龙溪香岸三期项目部主要管理人员资格检查不严,对其不到岗履职情况监督不到位;对嘉泰置业管理监督不到位;对瑞安监理派驻的管理人员不到岗履职情况监督不到位。

8. 德州经济技术开发区党工委、管委会辖区内发生安全生产较大责任事故,造成人民群众生命财产损失严重,社会影响恶劣。存在"重发展、轻安全"的问题，落实各级安全生产责任制不到位。

（三）事故性质

经调查认定，德州经济技术开发区龙溪香岸工程"8·31"模板坍塌事故是一起较大生产安全责任事故。

四、对有关责任人员和单位的处理建议

（一）免予责任追究的人员

王东兴，群众，大元建业龙溪香岸三期项目人防工程木工；违规作业，负有直接责任，鉴于已在事故中死亡，免予责任追究。

（二）建议移交司法机关追究刑事责任的人员

1. 李连德，群众，大元建业龙溪香岸三期项目人防工程工长。代行事故工程的项目经理职责。施工过程中对工人提出模板支撑钢管数量不足置之不理，不按模板施工方案组织施工，盲目指挥工人郭永德擅自施工，致使工程产生安全隐患，且在发现安全隐患后不上报，违章指挥工人违规操作导致事故发生，对事故发生负有直接责任，涉嫌重大责任事故罪，现处于起诉阶段。

2. 韩国祥，群众，大元建业龙溪香岸三期项目人防工程技术工长。作为项目承包的合伙人，施工过程中不按模板施工方案组织施工，而是擅自更改模板支设方案并指挥施工，致使工程产生安全隐患，且在发现安全隐患后不上报，违章指挥工人违规操作导致事故发生，对事故发生负有直接责任，涉嫌重大责任事故罪，现处于起诉阶段。

3. 李天友，群众，大元建业龙溪香岸三期项目人防工程工人。作为项目承包的合伙人，施工过程中不按模板施工方案组织施工，而是擅自更改模板支设方案并组织实施，致使工程产生安全隐患，且在发现安全隐患后不上报，违章指挥工人违规操作导致事故发生，对事故发生负有直接责任，涉嫌重大责任事故罪，现处于起诉阶段。

4. 谢淼，群众，大元建业龙溪香岸三期项目安全员，在没有建造师资格的情况下代行大元建业龙溪香岸三期项目项目经理职责。在该工程项目施工管理过程中，未认真履行安全管理职责，未按规定对工人进行安全教育，未组织人员对模板搭设进行技术交底，未组织人员对模板工程进行验收。安全管理意识淡薄，对危险性较大工程的混凝土浇筑作业不管不问，施工管理严重的"以包代管"，对事故发生负有直接责任,涉嫌重大责任事故罪。建议由沧州市有关部门提请吊销其安全生产考核合格证书,现处于起诉阶段。

5. 刘鹏飞,群众,大元建业龙溪香岸三期项目技术负责人。在该工程项目施工管理过程中,未对模板搭设进行技术交底,未对模板工程进行验收,对施工技术管理存在严重的"以包代管",对事故发生负有直接责任,涉嫌重大责任事故罪,现处于起诉阶段。

6. 郭永德,群众,大元建业龙溪香岸三期项目人防工程工人。未对违章指挥提出异议,违规作业,对事故发生负有一定责任,涉嫌重大责任事故罪,现被监视居住。

7. 白龙胜,中共党员,大元建业建筑安装总公司总经理。未按规定派驻具备执业资格的人员组建项目部,将事故工程的劳务发包给沧州市开元建设劳务有限公司后,未对其进行安全管理,"以包代管",对事故的发生负有主要领导责任,涉嫌重大责任事故罪,现被监视居住。

8. 田子广,群众,瑞安监理驻龙溪香岸三期项目房屋建筑工程项目总监。对该工程的监理范围不清,未认真履行安全监理职责,只负责签署所需施工资料、配合各类检查,未对施工现场进行安全监理,对事故发生负有监理责任,涉嫌重大责任事故罪。建议由德州市住房和城乡建设局提请吊销田子广的国家注册监理工程师执业资格证书,5年内不予注册,现被监视居住。

9. 宋书林,群众,瑞安监理常务副总经理、总工程师。未依法签订监理合同,未按规定派驻项目监理人员开展监理业务。并将本人人防监理工程师证书挂靠在中民防,对事故发生负有管理责任,涉嫌重大责任事故罪。建议由市人防办提请吊销宋书林的国家人防工程监理工程师执业资格证书,5年内不予注册,现被监视居住。

10. 王振强,群众,瑞安监理法定代表人、总经理。未履行公司主要负责人安全管理职责,对事故发生负有全面领导责任,涉嫌重大责任事故罪,现被监视居住。

(三)建议给予党纪政纪处分的人员

1. 张世超,中共党员,德州市人防工程质量监督站副站长。负责新建人防工程的报建、人防工程施工过程中质量监督检查工作。对龙溪香岸三期项目人防工程的施工、监理疏于监管,该人防工程报建后,明知该人防工程未按程序进行技术交底的情况下,仍进行检查验收,之后未按照规定对该人防工程开展监督巡查;在对该人防工程项目进行检查验收时发现存在中民防项目总监李中斌不在施工现场等事故隐患,未采取有效措施监督整改;对事故发生负有监管责任。根据

2015年《中国共产党纪律处分条例》第十条、第一百二十五条，《行政机关公务员处分条例》第二十条之规定，建议给予其党内严重警告（影响期两年）、政务撤职处分，降为科员。

2. 李杰华，民建党员，德州市人防工程质量监督站法定代表人，负责质量监督站全面工作。对龙溪香岸三期项目人防工程的施工疏于监管，该人防工程报建后，在明知该人防工程未按程序进行技术交底的情况下，仍安排人员对该人防工程进行检查验收，之后未按照规定对该人防工程开展监督巡查；对人防工程监理疏于监管；对施工、监理单位项目管理人员不到岗履职监督不到位；对事故发生负有监管责任。根据《事业单位工作人员处分暂行规定》第十七条之规定，建议给予其降低岗位等级处分。

3. 张卫峰，群众，区建管部安全监督站副站长。对施工、监理单位项目管理人员不到岗履职监督不到位，对事故发生负有监管责任。鉴于张卫峰为聘任制工作人员，建议由区建管部依规对其做出处理。

4. 巩向辉，中共党员，区建管部安监站站长。负责安全监督站全面工作。对施工、监理单位项目管理人员不到岗履职监督不到位，对事故发生负有监管责任。根据《公职人员政务处分暂行规定》第六条、《安全生产领域违法违纪行为政纪处分暂行规定》第四条之规定，建议给予其政务记过处分。

5. 刘万起，中共党员，区建管部副部长、建筑工程管理办公室（墙体新材料推广办公室）主任。分管安全监督站，督促指导安全监督站开展工作不力，对事故发生负有重要领导责任。根据《公职人员政务处分暂行规定》第六条、《安全生产领域违法违纪行为政纪处分暂行规定》第四条之规定，建议给予其政务警告处分。

6. 王金刚，中共党员，德州经济技术开发区社会事业管理部部长。事故发生时任区建管部部长，主持全面工作，对事故发生负有主要领导责任。根据《公职人员政务处分暂行规定》第六条、《安全生产领域违法违纪行为政纪处分暂行规定》第四条之规定，建议给予其政务警告处分。

7. 杨兆丰，中共党员，市人防办副主任、党组成员。分管人防工程质量监督站工作，督查指导人防工程质量监督站开展工作不力，对事故发生负有领导责任。根据《中国共产党问责条例》第五条之规定，建议由德州市纪委对其进行诫勉谈话。

8. 史好勤，中共党员，德州经济技术开发区管委会副主任、党工委委员，中国孔子研究院德州分院（中国·德州董子研究院）院长。分管区建管部，对事故发生负有领导责任。根据《中国共产党问责条例》第五条之规定，建议由德州市纪委对其进行诫勉谈话。

（四）建议给予行政处罚的人员和单位

1. 马玲玲，群众，大元建业龙溪香岸三期项目项目经理。本人同意公司利用其国家一级建造师证承接工程，并办理工程开工备案手续，公司未安排其参与工程项目的施工管理，本人既未提出异议，也未履行项目管理职责，对事故发生负有直接管理责任。建议由沧州市有关部门依法提出处理意见。

2. 白晓军，中共党员，大元建业建筑安装总公司总工程师，分管技术、质量、安全管理工作。对龙溪香岸三期项目的安全管理不到位，隐患排查不到位，安全检查流于形式。事故发生后，为开脱责任组织人员进行资料造假，隐瞒事实真相，干扰事故调查，对事故发生负有主要管理责任。建议由德州市安监局依据《生产安全事故报告和调查处理条例》第三十六条规定给予处上一年年收入100％罚款的行政处罚，建议由沧州市政府依法提出处理意见。

3. 孙红阁，中共党员，大元建业副总经理，分管安全生产工作。对龙溪香岸三期工程的安全管理不到位，组织部署隐患排查治理不到位，且是事故发生后大元建业进行资料造假的直接负责安全生产的主管人员，对事故的发生以及资料造假负有分管领导责任。建议由德州市安监局依据《生产安全事故报告和调查处理条例》第三十六条规定给予处上一年年收入80％罚款的行政处罚，建议由沧州市政府依法提出处理意见。

4. 王连兴，中共党员，大元建业总经理、主要负责人，未有效履行主要负责人安全生产工作职责，对事故发生负有全面领导责任。建议由德州市安监局依据《中华人民共和国安全生产法》第九十二条，给予处上一年年收入40％罚款的行政处罚。

5. 郝书明，中共党员，大元建业法定代表人。未有效履行安全生产监督检查职责，对事故发生负有领导责任。建议由德州市安监局依据《中华人民共和国安全生产法》第九十二条，给予处上一年年收入40％罚款的行政处罚。

6. 王国良，中共党员，开元劳务法定代表人。施工现场未派驻劳务管理人员，未履行安全生产监管职责，对事故发生负有管理责任。建议由德州市安监局依据《中华人民共和国安全生产法》第九十二条，给予处上一年年收入40％罚款的行政处罚。

7. 李中斌，群众，中民防驻龙溪香岸三期项目人方工程项目总监。自2017年5月23日签订监理合同至事故发生，未依照有关规定进场履行项目总监的监理职责，对事故发生负有直接监理责任。建议由德州市人防办提请吊销李中斌的国家人防工程监理工程师执业资格证书，5年内不予注册。

8. 张立刚，群众，中民防驻龙溪香岸三期项目人防工程现场监理员。2017

年 5 月 23 日签订监理合同至事故发生，履行安全监理职责不力，对事故发生负有一定监理责任。建议由德州市人防办按相关法律法规依法作出行政处罚。

9. 董明，群众，中民防德州办事处负责人。未依法依规签订监理合同，未依照有关规定组织约定的监理人员进场履行监理职责，对事故发生负有领导责任。建议由德州市人防办按相关法律法规依法作出行政处罚。

10. 李峰，中共党员，中民方总经理。作为公司负责人，对该企业驻德州办事处管理不力，未依照有关规定派驻项目总监理工程师、项目监理员进场履职，对事故发生负有管理责任。建议由德州市人防办依法提出处理意见，建议由中民防依法提出处理意见。

11. 孔治时，群众，嘉泰置业龙溪香岸三期项目现场负责人。默许施工单位关键岗位人员无证上岗。未监督监理单位依法履行安全监理职责。对施工单位、监理单位的协调管理不到位，未发现并制止施工单位违章指挥违规操作等行为，对事故发生负有直接管理责任。建议由德州市安监局依据《山东省安全生产条例》第四十五条，给予 3 万元罚款的行政处罚。

12. 李辉，群众，嘉泰置业项目总经理，负责龙溪香岸三期项目的前期对接、手续办理、协调巡查项目进展情况。未履行安全生产管理职责，未监督施工单位的关键岗位人员持证上岗；未监督其所委托的监理单位进场履职；对施工单位、监理单位的协调管理不到位，未发现并制止施工单位违章指挥违规操作等行为，对事故发生负有管理责任。建议由德州市安监局依据《山东省安全生产条例》第四十五条，给予 4 万元罚款的行政处罚。

13. 李政龙，群众，嘉泰置业副总经理，分管工程以及发包建设。未按规定发包工程监理，未监督其所委托的监理单位进场履责；对施工单位、监理单位的协调管理不到位，未发现并制止施工单位违章指挥违规操作等行为，对事故发生负有主要领导责任。建议由德州市安监局依据《山东省安全生产条例》第四十五条，给予 5 万元罚款的行政处罚。

14. 郭文涛，群众，嘉泰置业法定代表人、总经理。对龙溪香岸三期项目的开发施工管理不到位，对事故发生负有全面领导责任。建议由德州市安监局依据《中华人民共和国安全生产法》第九十二条，给予处上一年年收入 40％罚款的行政处罚。

15. 大元建业，对事故发生负有主要责任。建议由德州市安监局依据《中华人民共和国安全生产法》第一百零九条规定给予其 98 万元罚款的行政处罚。同时，对于大元建业在事故调查过程中隐瞒事故真相的行为，建议由德州市安监局依据《生产安全事故报告和调查处理条例》第三十六条规定给予其 498 万元罚款的行政处罚，建议由德州市安监局将其纳入安全生产不良记录"黑名单"管理。

16. 嘉泰置业，对事故发生负有重要责任。建议由德州市安监局依据《中华人民共和国安全生产法》第一百零九条规定给予其 98 万元罚款的行政处罚。

17. 开元劳务，对事故发生负有重要责任。建议由沧州市主管部门吊销该公司的资质证书。

18. 中民防，对事故发生负有重要责任。建议由德州市人防办按相关法律法规依法作出行政处罚。

19. 瑞安监理，对事故发生负有一定责任，建议由德州市住建局按相关法律法规依法作出行政处罚。

（五）其他建议

建议责成区建管部向德州经济技术开发区党工委、管委会做出深刻书面检查；建议责成市人防办、德州经济技术开发区管委会向德州市政府做出深刻书面检查；建议责成德州经济技术开发区党工委向德州市委做出深刻书面检查。

五、事故防范措施

1. 加强教育培训，提升本质安全。加强企业从业人员的安全教育与培训工作，切实提高建筑业从业人员安全意识，不断提升本质安全。通过开展行之有效的宣传教育活动，切实增强建筑施工企业和工人的安全生产责任意识。积极开展安全技术和操作技能教育培训，认真做好经常性安全教育和施工前的安全技术交底工作，重点加大对危大部位模板支撑搭设、混凝土浇筑、高空作业等技术工人的培训教育力度。进一步强化对现场监理、安全员等重点岗位人员履职方面的教育管理和监督检查，严格实行持证上岗制度。

2. 完善安全管理，落实主体责任。各有关建设、施工、监理单位要认真落实安全生产主体责任，确保安全生产。建设单位要进一步规范各项承发包行为，依法依规履行告知备案义务，严格履行安全职责；施工单位要加强施工现场安全生产管理，严格落实企业负责人、项目负责人现场带班制度，认真遵守有关规定和技术规范，严格落实人员持证上岗规定，全面实施全员安全教育制度，严禁违规操作、违章指挥；监理单位要严格履行安全监理职责，按需配备足够的、具有相应从业资格的监理人员，加强对施工过程中重点部位和薄弱环节的管理和监控，保证监理人员能及时发现和制止施工现场存在的安全隐患。

3. 强化监管职责，严格执法检查。各县（市、区）党委、人民政府（管委会）要坚持党政同责，切实履行属地监管责任，进一步厘清各职能部门的安全职责分工，加强安全监督机构建设，提高安全监督人员配备和设施装备，严格依法监管。按照"管行业必须管安全、管业务必须管安全、管生产经营必须管安全"的原则，人防部门要重新厘清部门监管职责，建立健全各项安全监管措施，认真落实行业监管职责，全面加强人防工程施工过程的安全监督；建管部门要深入开展房屋建筑领域施工安全整治，按照法定监管范围，扎实组织开展"大排查快整治严执法全资格"和"打非治违"等专项行动，督促各责任主体落实安全责任。

4. 全面举一反三，吸取事故教训。各县市区及有关部门要深刻吸取此次事故教训，牢固树立安全发展理念，切实贯彻落实市委市政府关于"党政同责、一岗双责、齐抓共管、失职追责"的要求，坚守"发展决不能以牺牲人的生命为代价"的红线，从维护人民生命财产安全的高度，充分认识加强安全生产工作的极端重要性，定期研究分析安全生产形势，真正把安全生产纳入经济社会发展的总体布局中去谋划、去推进、去落实，及时发现和解决存在的问题。

专家分析

一、事故原因

（一）直接原因

1. 该事故未按国家标准进行模板施工，立杆支承点的工字钢承载力不足，使得支撑体系变形过大，导致模板支架整体坍塌。在坍塌区域混凝土基本浇筑完成时，

陈秀峰

点评专家 住建部科学技术委员会工程质量安全专业委员会委员，马鞍山市建筑工程施工安全文明监察站，总工，高级工程师，国家注册安全工程师，长期从事建筑施工安全事故统计分析

施工班组人员发现模板跑浆，但现场作业没有意识到模板支架是钢结构体系会发生脆性破坏的重大隐患，班组长违规带领工人下去堵漏、加固。坍塌事故发生后，导致在底部堵漏、加固模板支架的 6 名木工被掩埋后致死。

2. 在混凝土浇筑过程中出现异常，没有立即停工撤人，而是盲目直接下到支撑体系中加固处置，通常是造成模板坍塌伤害增多的重要因素。

（二）间接原因

建设单位以明显低于市场价格发包工程，对施工、监理单位统一协调管理不力；项目的专项安全施工方案、安全培育培训、安全技术交底、应急处置措施等多项安全措施得不到有效落实。该期事故暴露出建设、施工、监理单位安全责任

没有落实到位的问题。

二、经验教训

近几年，我国房屋市政工程模板坍塌较大事故仍然多发，通过对事故的分析，结合日常安全监督管理的实际情况，发现模板工程主要存在以下问题：

1. 模板工程专项方案不具有针对性，且没有得到有效落实。在日常监督管理中发现，诸多模板专项方案是从网络上直接下载的、照搬照抄规范的"通用方案"，完全不具有针对性，计算完全依靠软件，没有进行相应的复核。同时，模板工程施工过程中还普遍存在专项方案和施工相脱离的"两张皮"的现象，就连一些经过专家精心论证的"超大模板工程"的专项方案，也常常被"束之高阁"，得不到有效落实。

2. 模板支撑系统构配件质量不合格。扣件式钢管脚手架是目前房屋市政工程（尤其是房屋工程）模板支撑系统的主要材料，《建筑施工扣件式钢管脚手架安全技术规范》JGJ 130—2011 规定：脚手架钢管宜采用 ϕ48.3mm×3.6mm 钢管；扣件在螺栓拧紧扭力矩达到 65N·m 时，不得发生破坏；该规范附表 8.2.4《脚手架搭设的技术要求、允许偏差与检验方法》规定：扣件螺栓拧紧扭力矩 40～65N·m。然而，近年来绝大多数模板坍塌事故调查报告显示模板支撑系统中的钢管壁厚和扣件的螺栓拧紧扭力矩严重达不到规范要求。更令人担忧的是，目前市场上几乎没有符合标准规范规定的钢管和扣件，模板支撑系统构配件质量严重不合格。

3. 设计深度不足或设计不合理。设计单位设计深度不足或设计不合理，增大了施工过程风险，也是导致模板坍塌较大事故发生的一个重要因素。主要体现在：（1）大多数高大模板工程，设计单位在设计中都没有对模板支撑系统进行专项设计；（2）部分大跨度的结构，既没有设计使用预应力混凝土梁，也没有设计使用钢结构体系，而是采用普通的大截面的混凝土梁结构，导致施工荷载明显增大，施工风险明显增大，诱发模板坍塌事故的发生。

4. 盲目应急处置造成事故伤亡增多。目前的房屋建筑工程，其板的配筋都是双层双向钢筋，在发生模板坍塌时，只要是高度不是足够高，通常都会形成"锅底"状，不会对上面进行混凝土浇筑的工人造成严重的伤害。但是，在混凝土浇筑过程中，发现模板支撑系统出现失稳现象时，企业和项目部为了追求最大经济利益，通常是怀着侥幸心理，立即安排人员下到模板支撑系统中进行加固处理，在随后发生的模板坍塌，把这部分人员埋压致死，造成事故伤亡增多。

17 江西赣州"9·7"墩柱模板坍塌较大事故

调查报告

2018年9月7日19时13分许，赣州经开区创业路高架桥Ⅰ标段68号墩柱（CYL68号左墩柱）在浇筑混凝土过程中，发生整体倾覆，造成4人死亡，直接经济损失约660万元。

事故发生后，省委、省政府和市委、市政府领导同志分别做出指示批示，要求全力做好事故处置等工作。

9月8日，按照《安全生产法》《生产安全事故报告和调查处理条例》等法律法规的规定，市政府成立了由市安监局牵头，市公安局、市城乡建设局、市质监局、市国资委、市总工会、赣州经开区管委会等部门和单位派员参加的事故调查组，并邀请市监委派员参加。

为提高事故调查的科学性和权威性，调查组委托同济大学、赣州市建设工程质量检测中心、江西省建材产品质量监督检验站等第三方机构对墩柱倾覆、有关构件质量进行了分析、验算和检测检验，同时从专家库抽取3名专家组成技术专家组。

调查组坚持"四不放过"和"科学严谨、依法依规、实事求是、注重实效"的原则，通过走访了解、调查取证、技术鉴定、综合分析、集体讨论、依法裁量，查明了事故发生原因、经过、人员伤亡和直接经济损失情况；认定了事故性质和责任，提出了对相关责任单位、责任人员的处理建议，以及今后加强和改进工作的措施建议。

经调查认定，赣州经开区创业路高架桥Ⅰ标68号墩柱"9·7"较大坍塌事故是一起生产安全责任事故。

一、基本情况

（一）事故相关单位基本情况

1. 施工单位：沈阳市政集团有限公司（以下简称：沈阳市政集团）。

　　该公司中标以后，根据要求于2018年2月8日设立子公司江西政庆工程建设有限公司，与建设单位签订了施工合同。沈阳市政集团2018年2月9日成立了"沈阳市政集团高铁新区核心区项目（创业路Ⅰ标段）项目经理部"（以下简称：项目经理部），明确关绍艳为项目经理，高春峰为技术负责人，肖威为质检员，幸德方为材料员，张凯、王惠阳、张威为安全员，贝立臣为施工员。2018年8月22日，将项目经理关绍艳变更为刘俊杰，安全员张凯变更为张景祥（赣州高铁新区建投公司、赣州经开区住建局分别于8月10日、20日同意变更）。作业班组负责人为方玉兵，负责管理各个劳务作业队，包括4个木工班、6个钢筋班、4个混凝土班，共计86人，主要承接高架桥承台、墩柱、盖梁等劳务作业。

　　施工任务由施工单位按进度计划将施工指令下发给方玉兵，再由方玉兵安排到各个作业班组，由各班组领班组织实施。承担CYL68号左墩柱施工任务的班组共6人（领班王雷刚，以及孙兴民、袁帅、陈文现、陈有现、吴双太），主要负责模板搭设、混凝土浇筑、模板及脚手架拆除等工作。该班组于8月中旬进驻创业路Ⅰ标，已完成了CYL68号右墩柱、CYL69号右墩柱（均为八边形墩柱）墩柱的施工。事故墩柱CYL68号左墩柱（哑铃型墩柱）是该班组进场后施工的第三个墩柱。

　　2. 监理单位：宁波交通工程咨询监理有限公司（以下简称：宁波交通工程监理公司）。

　　该公司于2017年9月25日与建设单位签订监理合同，监理项目为：创业路Ⅰ标段、Ⅱ标段、Ⅲ标段，签约监理费暂定1036万元，其中创业路Ⅲ标段尚未开工。中标承诺书明确李宗林为总监理工程师，洪喜建为总监理代表、张永阔等11人为专业监理工程师（注册监理工程师），熊德光等12个人为专业监理员，共25人组成工程监理机构。

　　该公司设立了宁波交通工程监理公司赣州高铁新区核心区项目（创业路及落客高架）工程总监理工程师办公室，具体负责创业路及西站落客高架的监理工作。但中标监理合同承诺监理人员和实际进场人员存在不符：公司以Ⅲ标未开工为由，中标承诺书中的5名监理人员未派驻现场（含4名注册监理工程师）；另2名中标承诺书中的注册监理工程师又以派驻钢构监制为由没有派驻现场；其后又于2018年8月20日经赣州高铁新区建投公司、赣州经开区住建局批准同意，对中标监理合同中承诺的5名监理人员做了变更，其中2名注册监理工程师变更为无注册监理工程师资格证书仅持浙江省建设业管理局颁发的省监理工程师岗位证书的人员。

　　综上所述，监理单位实际派驻到施工现场的注册监理工程师只有5人，只占中标承诺书注册监理工程师人员的 38.4%，而且已经派驻现场的部分监理人员未严格执行有关出勤考核制度：总监理工程师李宗林 7 月 20 日至 8 月 20 应出勤 10 天，实际考勤 0 天；专业监理工程师邓桦 8 月 21 日至 9 月 7 日应出勤 13 天，实际出勤 4 天；专业监理工程师李军玲 7 月 20 日至 8 月 20 应出勤 23 天，实际考勤 0 天。

3. 建设单位：江西赣州高铁新区建设投资有限责任公司（以下简称：赣州高铁新区建投公司）。该公司是赣州城投集团公司的全资子公司，负责高铁新区创业路及落客高架投资建设运营。

4. 商品混凝土供应单位：赣州融冠建材有限公司。

该公司于 2018 年 5 月与江西政庆工程建设有限公司签订了混凝土购销合同，负责创业路Ⅰ标段地面及高架工程的商品混凝土供应。

5. 勘察单位：核工业鹰潭工程勘察院。

6. 设计单位：上海市政工程设计研究总院（集团）有限公司、赣州市城乡规划设计研究院。

（二）工程项目相关情况

1. Ⅰ标段情况。赣州经开区创业路Ⅰ标段，起点位于新 105 国道，终点位于昌赣高铁正线节点，桩号范围 K2+604 至 K4+174，项目全长约 1.57km，全部为新建道路。道路设计等级为城市主干路，主线全程为高架段双向四车道，地面道路为双向六车道，合同金额 216941968.81 元，项目于 2018 年 3 月 15 日开工建设，工期为 450 日历天。

2. 事发墩柱情况。事发墩柱为Ⅰ标段 68 号墩柱，其中心桩号为 CYLK3+430.224，分左右两个墩柱，设计为 J2 型桥墩，左墩柱设计为 LZ1a 型（即事发墩柱，图纸标注为 CYL68 号左墩柱），右墩柱设计为 LZ7a 型。其构造图如图 17-1 所示。

CYL68 号左墩柱呈哑铃型如图 17-2 所示，横桥向 3.5m，纵桥向 1.8m，横桥向两端及哑铃中间段宽 1.2m，截面积 5.05m²，设计高度 13.265m，C40 混凝土体积 67.0m³。

CYL68 号墩左墩柱竖向主筋由 106 根 $\phi28$、20 根 $\phi32$ 和 20 根 $\phi25$HRB400 钢筋组成，其钢筋分布如图 17-3 所示。

3. 墩柱施工正常工序。墩柱施工采用大块钢模板，分层一次浇筑成型的施工方案，俗称直浇。墩柱施工的正常工序为：搭设脚手架→绑扎并安装钢筋笼→安装钢模板→浇筑混凝土→养生→拆除钢模板→拆除脚手架。

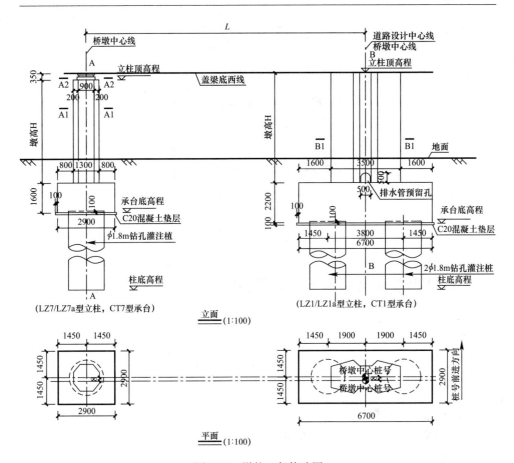

图 17-1 墩柱一般构造图

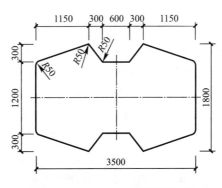

图 17-2 CYL68 号左墩柱截面图

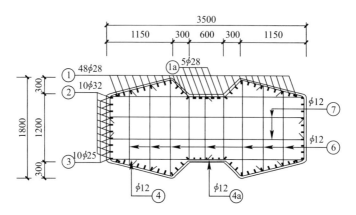

图 17-3　CYL68 号墩左墩柱主筋分布图

二、事故发生经过及应急处置情况

（一）事故发生经过

2018 年 9 月 7 日上午，CYL68 号左墩柱钢模板拼装完成。10 时许，施工员贝立臣陪同监理组长刘诗华和监理员陈政对 CYL68 号左墩柱钢模板进行验收。在验收时仅用"铅锤法"对模板垂直度进行了检查，未检查验收对拉螺杆、斜角螺杆、锚孔螺栓等关键部件，无正式验收资料。随后，贝立臣与商品混凝土供应单位预约 13：30 开始浇筑混凝土（无书面浇筑令），但由于商品混凝土供应单位车辆调配的原因，15：10 许混凝土泵车才到达施工现场，15：30 许混凝土罐车到达，15：50 许开始浇筑。

现场 6 名作业人员分工如下：陈有现、王雷刚两人每隔一段时间从钢模顶部下到模板深处负责振捣混凝土，袁帅、吴双太、陈文现三人在钢模顶部负责扶正软管浇筑及配合其他作业，孙兴民在地面负责向泵车料斗内进料或停料。

施工员李文辉负责现场施工管理，监理员陈政在施工现场旁站；商品混凝土供应单位泵车驾驶员李金平负责查看泵车运行状况，天泵操作员孙鹏云负责遥控操作天泵泵管行进方向及泵送混凝土。

16：50 许，第一车混凝土（15m³）浇筑完毕。期间孙兴民通过局部锚孔漏浆情况判断混凝土的浇筑高度，在混凝土浇筑到大约第一、二、三根围檩时，孙兴民都绕墩柱进行了查看，未发现异常。

17：30 许，第二车混凝土（12m³）浇筑完毕。期间，17：00 许，施工员李文辉因需送人外出，现场管理工作由施工员贝立臣接管（李文辉于18：50许返回施工现场，接替贝立臣）。此时开始下小雨，贝立臣和李金平坐在施工单位用来交接班的皮卡车里躲雨；监理员陈政离开施工现场（自那时起至事故发生，现场再无监理人员旁站），向刘诗华口头请假并按照刘诗华要求向黄奇秋电话请假后回家。

18：10许，第三车混凝土（20m³）浇筑完毕，此时王雷刚因衣服沾满混凝土浆并被雨淋湿，便从钢模顶部下来，回宿舍洗澡换衣服后，约19：00返回到施工现场，此时天色较暗，雨势更大，于是孙兴民叫王雷刚回宿舍拿手电筒和雨衣来。不久，王雷刚再次回到施工现场，将手电筒通过绳子传递到钢模顶部作业人员手上并通知他们下来换雨衣，但被示意不需要，并继续浇筑。

事发前数分钟至十几分钟之间（准确时间已无从查证），王雷刚、李文辉均注意到混凝土天泵末端软管偏离墩柱，混凝土打在钢模外壁上，钢模顶部平台上施工人员发出喊声。经过提醒后，天泵操作员孙鹏云（在汉兰达车内避雨）通过遥控装置调整天泵软管，并重新开始放料。继续放料数分钟后，第四车混凝土（20m³）浇筑完毕，孙兴民关闭罐车卸料口并示意其离开，王雷刚当时正与工友通电话，此时王雷刚、孙兴民同时注意到墩柱倾斜，并在瞬间倒塌。根据王雷刚通话记录显示的时间，墩柱倒塌时间为19：13。

墩柱倒塌时，4名作业人员从桥墩上甩下，袁帅被甩到泵车东边，吴双太被甩至泵车车头前，陈有现被甩到泵车西侧支撑架前面，陈文现被甩至泵车西侧支撑架下面。

（二）事故应急救援及现场处置情况

事故发生后，施工现场及项目部人员立即组织救援，拨打120电话，报告救援地点及人员受伤情况。为争取抢救时间，施工单位派出三辆车护送4名伤员前往赣南医学院第一附属医院黄金分院救治，19：40许伤员全部送进抢救室，因伤势过重，4名伤员经全力抢救无效死亡。

事故发生后，项目技术负责人高春峰拨打了110电话，同时向沈阳市政集团、监理单位、建设单位及赣州经开区质监站报告事故情况。监理、建设单位和赣州经开区质监站有关人员接报后，第一时间赶到现场。赣州经开区管委会接到事故报告后，立即向市政府和有关部门报告事故情况。

接事故报告后，市政府副市长何福洲立即调度赣州经开区管委会、市城乡建设局、市安监局、高铁新区建设指挥部办公室、市城投集团公司等单位主要负责人及相关人员赶赴事故现场，启动预案开展应急救援和事故处置工作。

（三）善后处理情况

事故善后处理平稳有序，工亡赔偿全部到位。9 月 16 日，遇难者遗体火化。

三、人员伤亡和直接经济损失

事故造成袁帅、吴双太、陈有现、陈文现 4 人死亡。

依据《企业职工伤亡事故经济损失统计标准》GB 6721—1986 等标准，核定事故造成直接经济损失约 660 万元。

四、现场勘查及构件检定情况

经现场勘查，CYL68 号左墩柱倾覆方向为自西向东（往高架行进路线方向倾覆），其北侧为空旷工地；南侧为已施工完成 CYL68 号右墩柱，正处于混凝土养护期；东侧为 CYL69 号左墩柱，已完成脚手架搭设、钢筋绑扎；西侧为 CYL67 号左墩柱，已完成桩基承台，准备绑扎钢筋。整体倾覆的墩柱由钢筋笼、C40 混凝土、钢模板、脚手架及相关附属设施组成，具体勘查情况如下：

图 17-4　事故现场照片

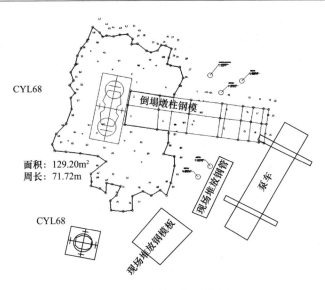

图 17-5　事故现场示意图

（一）钢筋质量及绑扎情况

钢筋笼钢筋规格符合要求、数量齐全，截取事故现场钢筋、接头分别做了"钢筋机械连接接头拉伸性能检验"及"钢筋力学性能工艺性能检验"，结果为钢筋力学性能工艺性能合格、钢筋机械连接接头拉伸性能（哑铃端）南侧竖向接头合格、（哑铃端）北侧竖向接头不合格。

（二）混凝土浇筑量情况

测算出混凝土浇筑量约 $60m^3$。

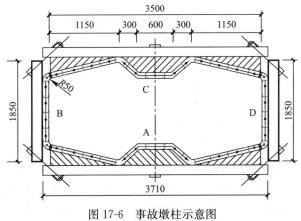

图 17-6　事故墩柱示意图

（三）混凝土浇筑速度情况

经调查，CLY68 号左墩柱从 9 月 7 日 15：50 开始浇筑，19：13 许墩柱倒塌，整个浇筑时间约 3 小时 23 分钟，浇筑高度为 11.73m，推算出混凝土浇筑速度为 3.77m/h，中间时段超过 5m/h。

（四）墩柱模板情况

1. 钢模板来源。此套钢模板系沈阳市政集团向济南城建公司租用，在客家大道西延高架段项目周转使用过，租用后运至创业路 Ⅰ 标项目是第一次使用。

2. 钢模板设计情况。墩柱钢模板由六节组成，总高度为 13.5m。第一、二、三、四节高均为 3m、第五节高为 1m、第六节高为 0.5m，用螺栓拼接，并用 12 道围檩分别用斜角螺杆拉结，12 道中部对拉螺杆加固。

3. 钢模板实际情况。勘查现场发现，钢模板总高度为 13.5m，由四面共六节组成，第一、二、三、四节高均为 3m、第五节高为 1m、第六节高为 0.5m，其中南侧第四节 3m 高模板由一张 2m 和一张 1m 高的模板拼装而成，钢模板之间拼缝用螺栓锚固，横向围檩之间利用 4 根斜角螺杆和 1 根中部对拉螺杆拉结。模板拼缝锚固螺栓未满锚，仅三分之一左右的锚孔设置了螺栓锚固，且均未设置双螺帽，螺栓无断裂情况；第五道横围檩上 4 个角均未用斜角螺杆拉结，第八道横围檩西侧 2 个角未用斜角螺杆拉结，第十、十一、十二道横围檩各有 1 个角未用斜角螺杆拉结，第四道围檩中部对拉螺杆未拉结；模板倾倒后朝上面第一节模板根部与相邻模板拼接处开裂，左右两侧开裂长度分别为 0.5m、1.6m，朝上面第一节钢模板顶部侧面钢板与檐口法兰的焊点从中间往右侧开裂，总长度约 0.8m，且有混凝土从裂缝口溢流出后凝结在模板外侧。拆解后发现，钢模板与承台间未做锚固连接；为调整模板垂直度，工人在钢模板底座下西侧及北侧设置 4 块 1cm 厚钢板作为支垫。

（五）墩柱脚手架情况

现场勘查发现，墩柱脚手架为双排管脚手架，立于承台面及其四周 10cm 厚混凝土垫层上，拆解后发现垫层侧面与承台四周侧面接触紧密，没有新混凝土流入两者缝隙，可知垫层没有下沉情况；脚手架从顶端往下的五排内侧钢管均紧靠钢模板用卡扣固定；缆风绳拉结在钢管脚手架 9m、11m 高的位置，4 个转角各拉设了 4 根缆风绳；缆风绳地面端共找到 5 个锚点均在 CYL68 号左墩柱东侧（倾倒方向），具体分布在倾倒侧钢模板根部往上 2/3 位置，北侧垂直距离 2m 左右有三个，南侧垂直距离 3m 左右有两个。缆风绳地面锚点设置与施工方案预埋槽钢做锚点的要求不一致，其中北侧有一个锚点固定在地面堆放的钢管螺栓孔上，其他四个锚点拉结在长度 1.5m 左右，入土深度约 50cm 左右的钢管或钢筋上；理论上地面还有 3 个锚点，因墩柱倾倒瞬间从地面拉出，雨天泥土松软孔洞回填，已找不到具体位置。

（六）模板与泵车情况

从现场发现，天泵车停靠于墩柱东侧，CYL68 号左墩柱倾倒后，钢模板顶 1.5m 区段砸在泵车左前支腿上。经现场勘查，受撞击区域竖向钢筋弯曲变形，钢模板外侧严重凹陷，内侧除凹陷外，未发现其他明显撞击或刮擦痕迹，泵车前挡风玻璃受震动碎裂，泵车第一节泵送软管（3m）上有多处长 1.5m 长摩擦痕迹，第二节泵送钢管的钢支架前端有一道长约 50cm 的漆面刮痕。

（七）事发时现场气象情况

查询 2018 年 9 月赣州市气象信息了解到，当天天气状况为中雨/雷阵雨，气温为 31℃/21℃；风力方向为北风 1～2 级/北风 1～2 级；调取离事故地点直线距离 3.5km 赣州黄金机场 9 月 7 日场内气象信息：16：17 小雨-19：34 转为中雨-20：03 转为小雨-21：36 小雨结束，此时间段内无雷电，气温为 24℃/21.8℃；风速 1～2 级。

（八）商品混凝土质量情况

9 月 8 日，对混凝土供应情况进行了排查，并提取了包括设计配合比、实际生产投料数据、出货单、供货合同、水泥等原材料出厂合格证、检验报告及二次复检报告、开盘鉴定报告等相关证据材料，抽取了 C40 商品混凝土及水泥、砂、石、粉煤灰、矿粉、外加剂等原材料进行送检，检定结果满足相关要求。

五、事故原因分析

（一）事故直接原因分析

根据 CYL68 号左墩柱的构造和现场环境条件，造成墩柱施工过程中可能倒塌的因素包括：外部作用力（外部作用力可能来自泵车操作违规而对模架体系产生的不利外力、过大的风力）、承台塌陷、模板构造或安装缺陷等方面。

现场调查确认 CYL68 号左墩柱模板存在多处拼缝锚固螺栓未满锚、围檩斜角螺杆未拉结、第四道围檩中间对拉螺杆未拉结等安装缺陷。这些缺陷降低了组合模板框架体系的整体性，从而导致在混凝土浇筑过程中模板体系的局部受力和变形显著增大。现场调查也发现所用模板钢焊缝的锈迹较为明显，而钢面板与檐口法兰的连接区域正是模板构造的薄弱区域。另外，现场调查发现第1、2道模板水平连接法兰和第1道模板底部背向倾覆侧竖向法兰焊缝较大长度范围脱开，并且第1道模板背向倾覆侧外表面有大量混凝土，再考虑到浇筑末期显示有数方混凝土流失。据此，通过定量分析，造成桥墩倾覆的可能因素：

1. 经过分析计算，承台塌陷、风力诱发、双排管脚手架、天泵臂架作用等因素不可能造成桥墩倾覆，可以排除。

2. 根据现场调查和分析计算，墩柱模板安装不符合规范要求，在浇筑过程中浇筑速度过快，造成模板第1、2节拼接处出现裂口，混凝土泄出，桥墩模板整体承受不平衡的新浇混凝土侧压力，导致墩柱发生整体倒塌。

综合所述，在排除外部作用力（风力、泵车臂架作用力）、承台塌陷等因素外，混凝土浇筑速度相对较快，在缺失多个拉杆等构件的情况下，模板连接法兰焊缝出现开裂，混凝土泄出，引起墩柱模板产生不平衡水平力，导致墩柱发生整体倒塌。

（二）事故间接原因分析

1. 施工单位安全责任落实不到位。未按照《公路桥涵施工技术规范》JTG/TF 50—2011 及《创业路Ⅰ标地面及高架墩柱施工方案》的要求进行施工，墩柱施工前，没有编制墩柱施工作业指导书，作业控制要点卡片，未进行墩柱专项施工技术安全交底。墩柱施工重大风险辨识不清，项目编制的《危险源辨识与管控》，20项作业活动，270项危险因素中，没有墩柱施工作业危险源辨识与管控措施；项目部主要管理人员变更频繁；安全管理人员不足，项目经理部只安排3名安全员，实际上只有2人从事安全管理工作，且事发时，1名实际从事安全管理工作人员请假。设备、原料进场把关不严。租借的钢模，没有进场验收。没有按照要求对混凝土做现场坍落度试验。钢筋材料没有严格执行每批报验制度。组织钢模安装不规范。夜间施工没有照明设施。

2. 监理单位履约履职不到位。监理单位未严格执行《工程监理规范》和《工程监理合同》要求，专业监理人员未按要求到岗，监理力量不足；项目中标以后，未保证项目监理人员稳定，项目监理人员变更频繁，短时间内变更了包括总监理工程师的5名监理工程师；4名专业监理工程师执业证书过期，聘用不适合人员担任旁站监理；现场监理对墩柱模板验收把关不严，仅对模板垂直度进行了检查，未对对拉螺杆、斜角螺杆、锚孔螺栓、缆风绳等关键部件进行检查，漏检漏验漏项，且无书面验收资料。对混凝土浇筑作业未实施全过程旁站监理。

3. 建设单位落实安全责任不到位。建设单位对施工单位、监理单位履行合同义务把关监控不严，特别是对监理单位未严格执行《工程监理合同》的要求，对专业监理人员未到岗到位，以不适合人员代替专业监理人员等严重违反合同约定义务的行为，没有采取有效的反制措施。

4. 施工安全监管部门履职不到位。施工安全监管部门对主要监理人员未按要求到岗到位督促整改不力；安全监督人员安全监督的针对性不够，对重要施工节点监督把关不到位。

六、责任划分及处理建议

（一）已经采取刑事强制措施人员

1. 刘俊杰，2018年8月22日担任创业路Ⅰ标项目经理。未认真履行项目经理职责，对施工现场疏于管理，对事故的发生负重要责任，9月8日已被采取刑事强制措施。

2. 张景祥，中共党员，2018年8月22日担任创业路Ⅰ标项目部门安全负责人。未认真履行安全管理职责，对事故的发生负有重要责任，9月8日已被采取刑事强制措施。

3. 李文辉，创业路高架桥Ⅰ号项目施工员助理。未认真履行墩柱混凝土浇筑施工管理人员职责，对事故的发生负有重要责任，9月8日已被采取刑事强制措施。

（二）建议移送司法机关处理的人员

1. 贝立臣，中共党员，创业路高架桥Ⅰ标项目施工员。在组织墩柱模板安装、验收及浇筑过程中，履职不到位，对事故的发生负有重要责任，涉嫌重大责任事故罪，建议移送司法机关依法追究其刑事责任。

2. 刘诗华，创业路高架桥Ⅰ标项目现场监理。未按照监理规范履行职责，对墩柱模板验收把关不严，对事故的发生负有重要责任，涉嫌重大责任事故罪，建议移送司法机关依法追究其刑事责任。

3. 王乐，宁波交通工程监理公司法定代表人。未严格执行《建设工程监理规范》GB/T 50139—2013和《工程监理合同》要求，监理人员未全面派驻到位，监理力量不能满足现场施工作业需要，并且安排不适合人员从事监理工作，对事故的发生负有重要责任，涉嫌重大责任事故罪，建议移送司法机关依法追究其刑事责任。

（三）建议给予政务处分的人员

1. 刁新贵，赣州经开区质监站创业路Ⅰ标质量安全监督组组长。对主要监理人员未按要求到岗到位督促整改不力，对重要施工节点监督把关不到位，对事故的发生负有监管责任，建议由赣州经开区住建局对其进行诫勉。

2. 肖晖，中共党员，2017年3月28日担任赣州高铁新区建投公司总经理，主持全面工作。督促施工单位、监理单位主要人员认真履职履约不力，对事故的发生负有领导责任，建议市国资委对其进行诫勉。

3. 郑东伟，2017年3月28日至2018年6月4日担任赣州高铁新区建投公司工程部经理兼项目二部经理；负责协调管理创业路和客家大道西延（高架段）快速路项目。督促施工单位、监理单位主要人员认真履职履约不力，对事故的发生负有责任，建议由赣州高铁新区建投公司对其进行处理。

4. 胡玄，2018年6月4日担任赣州高铁新区建投公司创业路高架桥Ⅰ标项目负责人。督促施工单位、监理单位主要人员认真履职履约不力，对墩柱施工过程中存在的问题失察，对事故的发生负有责任，建议由赣州高铁新区建投公司对其进行处理。

（四）给予行政处罚的人员

1. 刘春发，中共党员，沈阳市政集团法定代表人。未认真依照《安全生产法》第十八条的规定履职，督促、检查本单位的安全生产工作不到位，未及时消除生产安全事故隐患，对事故的发生负有重要领导责任，建议由市安监局依据《安全生产法》第九十二条第（二）项依法对其进行行政处罚。

2. 孙大庆，中共党员，沈阳市政集团总经理。未认真依照《安全生产法》第十八条的规定履职，督促、检查本单位的安全生产工作不到位，未及时消除生产安全事故隐患，未督促公司相关职能部门认真履行项目监督职责，对事故的发生负有重要领导责任，建议由市安监局依据《安全生产法》第九十二条第（二）项对其进行行政处罚。

3. 刘自龙，2018年8月22日担任创业路高架桥项目总监理工程师。未认真履行总监职责，对Ⅰ标项目监理工作存在的问题失察，对事故的发生负有重要责任，建议由市城乡建设局依法对其进行处理。

4. 关绍艳，2018年2月9日至2018年8月20日担任项目部项目经理。未组织制定墩柱施工作业指导书、作业要点控制卡，未组织规范的墩柱施工专项技术交底，重大危险源辨识不全面，对事故的发生负有重要责任，建议由市城乡建设局依法对其进行处理。

（五）对事故有关单位的处理建议

1. 沈阳市政集团，创业路高架桥Ⅰ标项目施工单位。建议由市安监局依据《安全生产法》第一百零九条第（二）项对其进行行政处罚，并责成其重新组建项目经理部，并按原国家安全监管总局《对安全生产领域失信行为开展联合惩戒的实施办法》（安监总办〔2017〕49号）的规定，对其安全生产失信行为实施联合惩戒。

2. 宁波交通工程监理公司，创业路高架桥Ⅰ标项目监理单位。建议由市安监局依据《安全生产法》第一百零九条第（二）项对其进行行政处罚，并责成其重新组建项目监理部，并按原国家安全监管总局《对安全生产领域失信行为开展联合惩戒的实施办法》（安监总办〔2017〕49号）的规定，对其安全生产失信行为实施联合惩戒。

3. 建议责成赣州高铁新区建投公司向市国资委做出深刻检查，认真总结事故教训，进一步加强和改进项目施工安全生产工作，督促施工、监理单位依法依规、依合同约定履职履约。

4. 建议责成赣州经开区质监站向赣州经开区管委会住建局做出深刻检查，认真吸取事故教训，进一步加强和改进项目施工安全监管。

5. 建议责成赣州城投集团公司向市政府做出深刻检查，认真吸取事故教训，举一反三，进一步加强和改进安全生产工作。

七、事故防范措施建议

此次事故给人民生命财产带来了巨大损失，教训十分深刻。建设项目各方责任主体，要认真吸取事故教训，加强项目安全管理，坚决防范类似事故再次发生，提出以下事故防范措施建议：

1. 强化高度超过8m独立柱的施工管理。要将钢模板一次支高度超过8m以上（含8m）独立柱施工纳入"超过一定规模危险性较大的分部分项工程"安全监督管理范围，施工单位在施工前要组织工程技术人员编制专项施工方案，施工单位和总监理工程师审查后，由施工单位组织召开专家论证会，形成论证报告，对专项施工方案提出通过、修改后通过或者不通过的一致意见，专家对论证报告负责并签字确认。施工单位要根据专家意见对专项施工方案经论证需修改的，技术负责人审核后，总监理工程师审查签字、加盖执业印章后方可实施。

鉴于8m以上柱体的浇筑对模板、脚手架、浇筑速度、浇筑时间等要求较高，安全风险大，建议建设行政主管部门向有关标准规范机构反映，修改相应规范要求，对 8m 以上柱体应采取多次浇筑方式。

2. 强化墩柱钢模底与承台间的锚固连接。为控制墩柱钢模板位置防止跑模，同时提高模板稳定性，钢模板应严格按施工方案要求搭设，并通过承台内预埋钢螺栓或植入膨胀螺栓方式，将底节钢模板与承台进行有效锚固连接。承台施工时通过测量放线预先埋设螺栓连接件或在承台顶面植入定位膨胀螺栓；拼装前要对模板表面平整度、错台距离、倾斜度等指标进行检查。底节模板安装前，在承台上设置钢垫块及砂浆调平层；在安装过程中，通过千斤顶调整垂直度，采用全站仪进行垂直度校核，以保证模板底面水平，达标后用螺栓固定使模板底节与承台牢固连接，准确固定位置钢模板。上部模板按施工方案要求依次吊装拼接，并严格控制拼缝间隙、垂直度、错台距离等指标，直至施工完成整体复验合格。

3. 强化监理单位及监理人员的履约履职。监理单位要严格履行监理合同约定；按要求配备足够且符合资质条件的专业监理工程师，并在规定时间内到岗履职，遵守考勤制度；严格审查施工单位编制的专项施工方案，对方案的可行性、材料质量、构件力学性能进行复核验算；严格督促现场和设备设施安全管理，督促各项安全防护监护措施落实到位；严格履行工程验收、施工旁站制度，并做好旁站记录、平行检验资料、验收数据归档及相关资料整理工作；加强项目安全隐患排查，发现问题及时纠正并督促施工单位整改到位，对拒不整改的必须向建设行政主管部门报告。

4. 强化对相关单位履约履职情况的监督把关。建设行政主管部门、建设单位要切实督促施工、监理单位认真履职履约，加强对项目经理、总监在岗履职情况考核，对施工单位、监理单位主要人员的变更要从严把关，确保施工合同、监理合同约定义务的履行，对发现的安全隐患问题要督促施工、监理单位切实整改，确保施工安全。

专家分析

一、事故原因

（一）直接原因

1. 现场调查确认 CYL68 号左墩柱模板存在多处拼缝锚固螺栓未满锚、围檩斜角螺杆未拉结、第四道围檩中间对拉螺杆

陈秀峰

住建部科学技术委员会工程质量安全专业委员会委员，马鞍山市建筑工程施工安全文明监察站，总工，高级工程师，国家注册安全工程师，长期从事建筑施工安全事故统计分析

未拉结等不符合规范要求的安装缺陷。这些缺陷降低了组合模板框架体系的整体性，在浇筑过程中浇筑速度过快，造成模板第1、2节拼接处出现裂口，混凝土泄出，在缺失多个拉杆等构件的情况下，模板连接法兰焊缝出现开裂，混凝土泄出，引起墩柱模板产生不平衡水平力，导致墩柱发生整体倒塌。

2. 在夜间冒雨进行混凝土浇筑作业，现场能见度差，没有及时发现模板框架体系异常和混凝土泄出等问题，进而导致墩柱发生整体倒塌，是造成人员伤亡的一个重要的因素。

（二）间接原因

项目施工单位未按照《公路桥涵施工技术规范》JTG/TF 50—2011及《创业路Ⅰ标地面及高架墩柱施工方案》的要求进行施工，安全管理人员不足，项目经理部只安排3名安全员，实际上只有2人从事安全监理工作，且事发时，1名实际从事安全管理工作人员请假。项目部对设备、原料进场把关不严。租借的钢模，没有进场验收。没有按照要求对混凝土做现场坍落度试验。钢筋材料没有严格执行每批报验制度。这些都暴露出施工总承包单位安全主体责任没有得到有效落实的问题。

二、经验教训

近几年，我国房屋市政工程模板坍塌较大事故仍然多发，通过对事故的分析，结合日常安全监督管理的实际情况，发现模板工程主要存在以下问题：

1. 模板工程诸多施工工艺不合理。模板工程整个施工过程中存在诸多不合理工艺流程，是造成模板坍塌事故的一个最直接的重要原因。主要体现在：（1）工人在搭设模板支撑系统时，竖好立杆，随意接几根水平杆，就在上面铺上模板，开始绑扎钢筋，造成下面的作业空间非常狭小（尤其是房屋建筑工程），难以搭设剪刀撑，于是，工人就少搭甚至不搭设剪刀撑了；（2）混凝土构件（尤其是截面高的大梁）没有按规范规定分层浇筑（如《混凝土结构工程施工规范》GB 50666—2011第8.3.3等），从而引起模板支撑系统出现偏心受压的现象，进而发生失稳、坍塌；（3）柱和梁、板的混凝土同时浇筑，这样柱子没有成形，对模板支撑系统存在侧向（水平）作用力，导致模板支撑系统失稳坍塌；（4）施工荷载考虑不充分，随着工程高度和跨度的增加，混凝土泵送荷载越来越大，将混凝土输送管直接固定在模板支撑系统上，由于位置限制，当泵送不到位时，就将混凝土集中卸到楼面上，然后再人工摊铺，造成模板支撑系统局部集中荷载超过允许荷载，发生失稳坍塌。

2. 模板支撑系统搭设人员不专业。目前，在房屋市政工程（尤其是房屋工程）中，模板支撑系统搭设人员基本上是木工。在日常流于形式和走过场式的安全教育和安全技术交底中，也没有对木工就模板支撑系统的搭设进行培训和交底，使得这些木工不懂模板支撑系统搭设原理和技术，给模板支撑系统从本质上留下了隐患。

3. 模板工程各环节的检查和验收走过场。目前建筑市场普遍存在"肢解发包""违法分包""以包代管"等乱象，使得包括模板工程在内的多个分部分项工程的各环节的检查和验收普遍存在走过场的现象。进场的模板、支架杆件和连接件没有按规范相应的条款（如《混凝土结构工程施工规范》GB 50666—2011 第 4.6.1 等）进行进场检查和验收，导致大量不合格材料和构配件被应用到工程上；搭设好的模板支撑系统没有进行认真检查和验收（在一些事故调查中发现，有的高大模板整个支撑系统都没有设置垂直和水平剪刀撑，也通过了多方的检查和验收），就直接进入了混凝土浇筑施工工序。模板坍塌较大及以上事故基本上都发生在混凝土浇筑过程中，也从另一个方面反映出这一问题。

18 上海浦东"9·10"中毒窒息较大事故

调查报告

2018年9月10日13时20分左右，位于康南路179号在建的上海科技大学配套附属学校新建工程项目工地，发生一起中毒和窒息较大事故，事故造成3人死亡，1人受伤。

事故发生后，市委、市政府主要领导高度重视。市委书记李强，市委副书记、市长应勇，分别做出重要批示，要求查明原因、排查风险、举一反三，切实防止此类事故再次发生。副市长吴清就应急救援及事故调查工作提出要求。

根据《中华人民共和国安全生产法》《生产安全事故报告和调查处理条例》（国务院令第493号）、《上海市实施〈生产安全事故报告和调查处理条例〉的若干规定》（沪府规〔2018〕7号）等相关法律法规规定，市安全监管局会同市住房城乡建设管理委、市公安局、市总工会，并邀请市监察委组成事故调查组。事故调查组聘请建筑、设计、卫生等专家参与对事故直接技术原因的认定。事故调查组坚持"科学严谨、依法依规、实事求是、注重实效"的原则，深入开展调查工作。通过现场勘查、调查取证、检验检测、综合分析等工作，查明了事故原因，认定了事故性质和责任，提出了对有关责任人员、责任单位的处理建议和改进工作的措施建议。

经调查认定，上海继宝劳务建筑有限公司"9·10"中毒和窒息较大事故是一起生产安全责任事故。

一、基本情况

（一）事故涉及单位基本情况

1. 总包单位

上海建工一建集团有限公司（以下简称一建集团），法定代表人：徐飚，住所：中国（上海）自由贸易试验区福山路33号25-27楼，经营范围包括房屋建设工程施工，市政公用建设工程施工等。持有中华人民共和国住房和城乡建设部颁发的《建筑业企业资质证书》，资质类别及等级包括建筑工程施工总承包特级，市政公用工程施工总承包一级等。

2. 劳务分包单位

上海继宝劳务建筑有限公司（以下简称继宝劳务公司），法定代表人：朱伟荣，住所：上海市中山北一路 668 号 1 幢 403 室，经营范围包括建筑业劳务分包，劳务输出。持有上海市住房和城乡建设管理委员会颁发的《建筑业企业资质证书》，资质类别及等级为模板脚手架专业承包不分级、施工劳务企业资质劳务分包不分级。

3. 监理单位

上海市工程建设咨询监理有限公司（以下简称工程监理公司），法定代表人：王一鸣，住所：中国（上海）自由贸易试验区东园四村 439 号 603 室，经营范围包括工程建设专业领域的科技咨询业务等。持有上海市住房和城乡建设管理委员会颁发的《工程监理资质证书》，可以承担所有专业工程类别建设工程项目的工程监理业务，可以开展相应类别建设工程的项目管理、技术咨询等业务。

4. 建设单位

上海市浦东新区教育局为该项目建设单位，其委托上海张江（集团）有限公司代理建设管理。上海张江（集团）有限公司，法定代表人：袁涛，住所：中国（上海）自由贸易试验区张东路 1387 号 16 幢，经营范围包括高科技项目经营转让，市政基础设施开发设计，房地产经营，咨询，综合性商场，建筑材料，金属材料。

（二）合同签订情况

1. 施工总包合同

2017 年 11 月 25 日，上海市浦东新区教育局与一建集团签订《上海科技大学配套附属学校新建工程施工承包合同》，工程地点为张江南二编制单元 C2-4 地块，东至盛荣路、南至康南路、西至金科路、北至殷军路，施工工期为 2017 年 11 月 30 日至 2019 年 3 月 30 日。

该工程由上海建工一建集团有限公司第二工程公司（以下简称第二工程公司）成立上海科技大学配套附属学校新建工程项目部（以下简称上科大项目部）具体负责实施。

2. 劳务分包合同

2017 年 11 月 23 日，一建集团与继宝劳务公司签订《建筑安装工程劳务分包合同》，约定由继宝劳务公司承包上海科技大学配套附属学校新建工程施工图范围内临时工程、地下室、上部主体结构、二结构、脚手架、保洁等劳务工程。合同有效期自 2018 年 1 月 15 日至 2019 年 3 月 20 日。

2018 年 1 月 1 日，一建集团与继宝劳务公司签订《建筑安装施工安全生产协议》。

3. 监理合同

2017 年，上海市浦东新区教育局与工程监理公司签订《建设工程委托监理合同》，由工程监理公司提供上海科技大学配套附属学校新建工程的监理服务，监理工期为 2017 年 8 月 1 日至 2019 年 6 月 30 日。

4. 代理建设管理合同

2016 年 5 月 24 日，上海市浦东新区教育局与上海张江（集团）有限公司签订《上海科技大学附属学校新建项目代理建设管理合同》，代理管理内容为项目建议书批复后到项目竣工交付使用建设管理代理工作。

（三）项目基本情况

上海科技大学配套附属学校新建工程位于浦东新区张江南二编制单元 C2-4 地块，总建筑面积 73770.9m²（其中，地上面积 51185.3m²，地下面积 22585.6m²），包含综合楼、幼儿园、中学、小学、操场等建筑工程。该工程于 2017 年 11 月 30 日动工。

（四）综合楼地下室（含雨水集水池）区域基本情况

1. 2018 年 5 月 31 日，完成地下室一层柱、梁、墙、板（含雨水集水池）的混凝土浇筑。浇筑结束后，在雨水集水池预留人孔四周设置钢管围护栏，人孔加盖木制盖板至事故发生当日打开。

6 月 7 日，开具地下室（含雨水集水池）模板拆除（安全）令。继宝劳务公司木工班组陆续拆除地下室区块周边模板。

2. 雨水集水池位于在建综合楼地下室北侧，为钢筋混凝土结构，内侧尺寸长 15.1m、宽 6.6m、深 5.02m，面积约 99.66m²。预留人孔内侧尺寸长 0.9m、宽 0.9m。雨水集水池内积水深 15cm。

二、事故经过及救援情况

（一）事故经过

2018 年 9 月初，继宝劳务公司木工班组长鲍云华安排继宝劳务公司木工吴雪明带领人员拆除地下室的剩余模板。

9月10日上午，吴雪明完成当天工作安排，准备拆除雨水集水池内模板，便到现场查看，发现雨水集水池内有积水。9时30分左右，吴雪明遇到继宝劳务公司综合楼施工员高松祥，告知要拆除雨水集水池内模板，要求高松祥安排人员清除积水。

10时左右，高松祥完成当日巡视，在项目部大门处遇到继宝劳务公司安全员周涛（同时负责普工工作安排并记工），高松祥要求周涛安排人员抽水。周涛带领继宝劳务公司辅工洪光明和许帮政到工地仓库领取抽水泵。

12时40分左右，继宝劳务公司综合楼施工员王荣耀在现场巡查过程中，发现洪光明、许帮政未在后浇带位置抽水。王荣耀向高松祥询问，获悉2人可能被周涛安排至雨水集水池抽水。

12时50分左右，王荣耀在雨水集水池人孔附近发现螺丝刀、手电筒、电箱、消防水带等物品，但未见洪光明、许帮政。于是到地下室再次找到高松祥，并一起继续寻找2人。

13时10分左右，王荣耀在雨水集水池外的通道遇到继宝劳务公司辅工召集人孙平。孙平在通过微信联系洪光明、许帮政未果后，使用手机照明向雨水集水池内查看，发现洪光明、许帮政倒在池内。

13时23分，王荣耀在继宝劳务公司现场人员微信群发出求救信息。周涛、继宝劳务公司质量员曹建军、继宝劳务公司普工宋后彪等人收到信息后，先后赶到雨水集水池。

周涛、曹建军、宋后彪先后顺着脚手架下到池内救人。周涛在攀爬过程中昏倒；曹建军在攀爬中途考虑到救人需要梯子，返回地面；随后，宋后彪也在攀爬过程中昏倒。其他人员见状，不再下池施救。

13时30分，上科大项目部人员接到电话，被告知有4人在雨水集水池内昏倒。

13时35分，上科大项目部人员到达现场，立即安排调运鼓风机向雨水集水池内送风，同时准备施救用工具用以救援。

13时50分，上科大项目部人员先后拨打119、120、110，同时向上级进行汇报。上科大项目部人员在等待消防过程中，组织人员采用佩戴安全绳及面敷湿毛巾等方式开展施救，但因雨水集水池内呼吸困难，施救未果。

（二）事故救援情况

14时14分，消防人员到达现场，首先向雨水集水池内放入4个打开的压缩空气瓶，随后开始救援。至14时34分，4人被先后救出。

洪光明、许帮政、周涛3人在送上海中医药大学附属曙光医院东院途中死亡。宋后彪被送至上海市浦东新区人民医院，经高压氧舱救治后苏醒。

三、事故造成的人员伤亡和直接经济损失

（一）事故造成的人员死亡情况

1. 洪光明，男，65岁，安徽省旌德县人。
2. 许帮政，男，68岁，安徽省旌德县人。
3. 周涛，男，51岁，江苏省启东市人。

（二）事故造成的受伤人员情况

宋后彪，男，38岁，江苏省盐城市人，于9月25日出院。

洪光明、许帮政与继宝劳务公司存在事实用工关系，周涛、宋后彪与继宝劳务公司签订劳动合同。

（三）事故造成的直接经济损失

事故造成直接经济损失约539.5万元。

四、检测情况及专家技术分析意见

（一）检测情况

9月10日16时30分，浦东新区疾控中心在现场检测，雨水集水池内硫化氢浓度为0.1ppm，氧含量浓度为16.6%。

9月11日12时30分，上海化工研究院对池内积水取样检测。检测结果：水中挥发和不挥发有机物、含硫离子成分均未检出。

9月12日，上海市安全生产科学研究所对现场水泵的电气绝缘性能进行检测，出具现场检测分析报告（报告编号：SD18-012），结论为"事发现场水泵电气绝缘性能符合标准要求"。

（二）专家技术分析意见

2018年10月12日，专家组出具《上海继宝劳务建筑有限公司"9·10"中毒和窒息较大事故专家组技术分析报告》，分析意见为：

1. 雨水集水池土建施工于6月初完工，未设置透气管孔，人孔盖板密闭程度较高，预留的进出水管孔均被模板封死，雨水集水池处于密闭程度较严实状

态。经过近 3 个月高温密闭，池内氧气消耗严重，有毒有害气体富集程度较高，导致雨水集水池内处于严重缺氧状态。

2. 雨水集水池内密布钢管支撑和模板，模板材质是胶合板。通过模拟检测，现场胶合板在高温密闭条件下，会释放出甲醛等有毒有害物质。

综上所述，缺氧窒息是造成此次事故的直接技术原因。

五、事故原因

（一）直接原因

从业人员进入存在缺氧状况的有限空间进行作业，导致事故发生。其他人员在现场状况不明，未采取有效防护措施的情况下施救，导致事故扩大。

（二）间接原因

1. 继宝劳务公司

安全生产责任制不落实，教育和督促从业人员遵守本单位的安全生产规章制度不力。对现场存在的作业风险辨识不足；未有效开展隐患排查工作，未有效开展针对性的安全技术交底；用工不规范，现场使用超过合同约定年龄的从业人员；现场存在专职安全员直接布置作业任务的情况。

未按照有关规程规范以及有限空间和缺氧作业的管理要求，有效开展安全管理。未对从业人员开展有针对性的安全教育和应急演练，致使从业人员安全意识缺乏，应急处置能力薄弱，发生事故后盲目施救；未组织制定有限空间和缺氧作业的规章制度、操作规程及应急救援预案，督促消除事故隐患；未向从业人员告知有限空间和缺氧作业的危险因素、防范措施和事故应急措施，并配备相应的劳动防护用品。

2. 第二工程公司及上科大项目部

对隐患认识不足，安全管理不到位。未按照有关规程规范以及有限空间和缺氧作业的管理要求，开展有限空间和缺氧作业隐患排查，设置相应的安全警示标志，配备通风、检测、救援等设备；该工程《地下室模板施工方案》未按照现场实际情况进行编制、缺乏针对性；未对现场从业人员进行有效安全教育，安全技术交底不规范；对作业现场动态管理不够，对分包单位人员管控不力；未按规定编制有限空间和缺氧作业应急救援预案，并开展演练。

3. 一建集团

对有限空间和缺氧风险辨识不足，未采取针对性的技术、管理措施，及时发现并消除事故隐患。未按照有关规程规范的要求，组织制定限空间和缺氧作业安全管理规章制度、操作规程及应急救援预案；未有效督促下属单位落实相应的安全教育，设置有关安全警示标志，配备通风、检测、救援等设备，向项目部及分包单位告知有限空间和缺氧作业的危险因素、防范措施以及事故应急措施，开展针对性的应急演练。

4. 工程监理公司

项目监理人员对施工单位的安全管理工作监理不到位，未能及时发现并督促施工单位消除事故隐患；在审核该工程《地下室模板施工方案》时，未根据现场实际情况，提出有针对性的审核意见。

六、事故责任认定以及处理建议

（一）对事故责任者的责任认定及处理建议

1. 继宝劳务公司

（1）周涛，继宝劳务公司上科大项目部安全员。在安排作业时，对现场存在的作业风险辨识不足。对事故发生负有直接责任，鉴于已在事故中死亡，建议不予追究责任。

（2）王耀飞，继宝劳务公司上科大项目部施工负责人。安全生产责任制不落实，对现场存在的作业风险辨识不足；未有效开展事故隐患排查工作，未有效开展针对性的安全技术交底；未严格执行本单位的安全生产规章制度，安排专职安全员直接布置任务。对事故发生负有直接管理责任。建议给予记过处分。

（3）吴键，继宝劳务公司上科大项目部负责人。继宝劳务公司项目安全、文明施工第一责任人。安全生产责任制不落实，对现场存在的作业风险辨识不足；未有效开展隐患排查工作，未有效开展针对性的安全技术交底；用工不规范，现场使用超过合同约定年龄的从业人员；未严格执行本单位的安全生产规章制度，对现场存在安排专职安全员直接布置作业任务的情况失管。对事故发生负有直接管理责任。建议给予记过处分。

（4）付亦峰，继宝劳务公司工程部负责人，负责项目生产、安全等工作。未按照有关规程规范以及有限空间和缺氧作业的管理要求，有效开展安全管理；未对从业人员开展有针对性的安全教育和应急演练，致使从业人员安全意识缺乏，应急处置能力薄弱，发生事故后盲目施救；未向从业人员告知有限空间和缺氧作业的危险因素、防范措施和事故应急措施，并配备相应的劳动防护用品。对事故发生负有管理责任。建议给予警告处分。

（5）王炜，继宝劳务公司副总经理，分管生产、安全等工作。未按照有关要求，有效开展有限空间和缺氧作业安全管理；未有效督促开展有针对性的安全教育和应急演练；未按照有关规程规范以及有限空间和缺氧作业的管理要求，制定有限空间和缺氧作业规章制度、操作规程及应急救援预案，督促消除事故隐患；未督促管理人员向从业人员告知有限空间和缺氧的危险因素、防范措施和事故应急措施，配备相应的劳动防护用品。对事故发生负有领导责任。建议给予警告处分。

（6）朱伟荣，继宝劳务公司法定代表人、党支部书记、总经理，公司安全生产第一责任人。未按照有关规程规范以及有限空间和缺氧作业的管理要求，有效开展有限空间和缺氧作业安全管理。未督促从业人员开展有针对性的安全教育和应急演练；未按照有关规程规范的要求，组织制定有限空间和缺氧作业规章制度、操作规程及应急救援预案，督促消除事故隐患；对公司管理人员未向从业人员告知有限空间和缺氧作业的危险因素、防范措施和事故应急措施，并配备相应的劳动防护用品的情况失察。对事故发生负有主要领导责任。建议给予撤职处分。

建议继宝劳务公司及其上级主管单位对上述人员及其他相关人员按照有关规定予以处理。处理结果报市安全监管部门。

建议市安全监管部门依法对朱伟荣给予行政处罚。

2. 一建集团

（1）陈继先，上科大项目部施工员。未对现场从业人员进行有效安全教育，安全技术交底不规范；对作业现场动态管理不够，对事故发生负有现场管理责任。建议给予警告处分。

（2）蒲洋，上科大项目部技术负责人。未按照有关规程规范和现场实际情况，有针对性地编制《地下室模板施工方案》。对事故发生负有管理责任。建议给予记过处分。

（3）王伟明，上科大项目部安全工程师。未对现场从业人员进行有效安全教育；未在有限空间和缺氧作业场所设置相应的安全警示标志，配备通风、检测、救援等设备，对作业现场安全管理不力。对事故发生负有管理责任。建议给予记过处分。

（4）胡俊，上科大项目部副经理。对作业现场动态管理不够，对分包单位人员管控不力；未按规定编制相应的应急救援预案并开展演练；对安全技术交底不规范的情况失管。对事故发生负有直接管理责任。建议给予记过处分。

（5）黄路遥，上科大项目部经理。作为项目安全生产第一责任人，未按照有关规程规范以及有限空间和缺氧作业的管理要求，开展隐患排查工作；未按规定组织编制相应的应急救援预案并开展演练；对项目部管理人员未有效履行安全生产管理职责、开展项目安全管理工作等情况失管。对事故发生负有直接管理责任。建议给予撤职处分。

建议市安全监管部门、市建设行业主管部门依法对黄路遥等上述责任人员给予相应的行政处罚或行政措施。

（6）吴庆杰，第二工程公司安全部经理。安全管理不到位。未按照有关规程规范以及有限空间和缺氧作业的管理要求，开展隐患排查；未有效落实有关有限空间和缺氧作业的管理要求，督促项目部设置安全警示标志，配备通风、检测、救援等设备。对事故发生负有管理责任。建议给予警告处分。

（7）徐一博，第二工程公司施工生产部经理，负责公司的日常生产及项目管理工作。未按照有关规程规范以及有限空间和缺氧作业的管理要求，开展隐患排查；对现场管理人员未开展有效安全教育，安全技术交底不规范的情况失察。对事故发生负有管理责任。建议给予警告处分。

（8）龚伟东，第二工程公司总工程师。未按照有关规程规范以及有限空间和缺氧作业的管理要求，对项目部编制的《地下室模板施工方案》缺乏针对性的情况审核不力、把关不严。对事故发生负有管理责任。建议给予警告处分。

（9）史玉建，第二工程公司副总经理，分管生产、安全等工作。安全管理不到位。未按照有关规程规范以及有限空间和缺氧作业的管理要求，督促开展隐患排查，设置相应的安全警示标志，配备通风、检测、救援等设备。对事故发生负有管理责任。建议给予通报批评。

（10）陈伟，一建集团施工生产部副经理，部门实际负责人。对有限空间和缺氧作业风险辨识不足，未有效落实一建集团下发的有关有限空间和缺氧作业的管理要求。对事故发生负有管理责任。建议给予通报批评。

（11）王皓，一建集团安全部经理。对下属单位贯彻落实一建集团及本部门下发的有关有限空间和缺氧作业的管理要求，督促检查不力。对事故发生负有管理责任。建议给予通报批评。

（12）赵兴波，一建集团副总裁、第二工程公司总经理。安全生产第一责任人。安全生产履职不力，安全管理不到位。对上级单位关于有限空间和缺氧作业的管理要求落实不力，未有效督促开展隐患排查，消除事故隐患。对事故发生负有领导责任。建议给予记过处分。

（13）杨凤鹤，一建集团副总裁、首席安全工程师，分管生产、安全等工作。未按照有关规程规范以及有限空间和缺氧作业的管理要求，督促相关部门制定相应的安全管理规章制度、操作规程及应急救援预案；对下属单位安全生产责任制不落实的情况失察。对事故发生负有领导责任。建议给予警告处分。

（14）俞建强，一建集团党委副书记、总裁，一建集团安全生产第一责任人。主要负责人安全生产职责履职不力，未按照有关规程规范以及有限空间和缺氧作业的管理要求，组织制定相应的安全管理规章制度、操作规程及应急救援预案。对事故发生负有领导责任。建议给予警告处分。

建议市安全监管部门依法对俞建强给予行政处罚。

（15）徐飚，一建集团党委书记、董事长、法定代表人。履行安全生产职责不力，对事故发生负有领导责任。建议给予通报批评。

3. 工程监理公司

唐林海，工程监理公司项目总监。对施工单位的安全管理工作监理不到位，未能发现并督促施工单位消除事故隐患；在审核该工程《地下室模板施工方案》时，未根据现场实际情况，提出有针对性的审核意见。对事故发生负有直接管理责任。建议给予记过处分。

按照职工管理权限，建议一建集团、工程监理公司及上级主管单位对上述人员和其他相关责任人员按照有关规定给予处理。处理结果报市安全监管部门。

建议市建设行业主管部门依法对唐林海给予行政处罚或采取行政措施。

（二）对事故责任单位的责任认定及处理建议

1. 继宝劳务公司

安全生产责任制不落实，教育和督促从业人员遵守本单位的安全生产规章制度不力；对现场存在的作业风险辨识不足，督促消除事故隐患不力；未对从业人员开展有针对性的安全教育和应急演练，致使从业人员安全意识缺乏，应急处置能力薄弱，发生事故后盲目施救；未向从业人员告知有限空间和缺氧作业的危险因素、防范措施和事故应急措施，并配备相应的劳动防护用品。对事故发生负有责任。

2. 一建集团

对有限空间和缺氧作业风险辨识不足，未采取针对性的技术、管理措施，及时发现并消除事故隐患；未有效督促下属单位落实相应的安全教育，设置有关安全警示标志，配备通风、检测、救援等设备，向从业人员告知有限空间和缺氧作业的危险因素、防范措施以及事故应急措施，开展针对性的应急演练。对事故发生负有责任。

建议一建集团、继宝劳务公司分别向其上级公司做出深刻检查。

建议市安全监管部门会同相关部门对一建集团给予约见警示谈话。

建议市安全监管部门、市建设行业主管部门依法对一建集团、继宝劳务公司分别给予行政处罚。

七、事故防范和整改措施

（一）强化行业管理，优化过程管控

建设行业主管部门要切实加强有限空间施工作业安全管理，提高施工单位对有限空间施工作业安全重要性的认识，督促建设、施工、设计、监理等相关单位建立完善安全管理制度，严格按照规范标准，优化设计、审图流程，提升应急处置能力，确保工程施工安全。

（二）吸取事故教训，加强隐患排查

企业要深刻吸取事故教训，针对有限空间和缺氧危险作业，按照有关规程规范的要求，从风险辨识、方案制定、危险性分析、安全技术交底、防范措施落实、劳防用品配备等各个环节开展全面排查，切实做到隐患排查整改"五落实"（责任、措施、资金、时限、预案），采取针对性措施，强化管理、堵塞漏洞，全面优化安全生产状态。要进一步加强对劳务分包单位的安全管理，严格督促其开展对从业人员的安全技术交底和日常安全教育。

（三）落实主体责任，强化自主管理

企业要切实落实安全生产主体责任，牢固树立红线意识，强化底线思维，严格执行各项风险防控和隐患排查治理制度措施，及时有效化解安全风险。

劳务分包单位要强化自主管理，加强对从业人员的安全教育，提升其安全意识和应急处置能力，确保其具备本岗位所需要的安全知识和操作技能，杜绝盲目施救。

专家分析

一、事故原因

（一）直接原因

1. 两名作业人员没有按照"先通风、再检测、后作业"的程序进入受限空间作业，且在无任何防护措施的情况下，冒险

陈秀峰

点评专家

住建部科学技术委员会工程质量安全专业委员会委员，马鞍山市建筑工程施工安全文明监察站，总工，高级工程师，国家注册安全工程师，长期从事建筑施工安全事故统计分析

进入缺氧状况的雨水集水池（也属于典型的受限空间）进行作业，导致自身出现中毒和窒息的现象。

2. 救援人员（现场其他作业人员）在情况不明、且未采取任何防护措施的情况下，再次冒险进入缺氧状况的雨水集水池施救，同样导致自身出现中毒和窒

息的现象，使得事故由一般事故演变成为较大事故。

（二）间接原因

该起事故同样暴露出建设、施工（包含分包单位）、监理单位安全责任没有落实到位的诸多问题：项目总包单位对有限空间和缺氧风险辨识不足，未有效督促下属单位落实相应的安全措施，没有设置有关安全警示标志，没有配备通风、检测、救援等设备；项目的劳务分包单位现场使用超过合同约定年龄的从业人员，未按照有关规程规范以及有限空间和缺氧作业的管理要求，有效开展安全管理，致使从业人员安全意识缺乏，应急处置能力薄弱，发生事故后盲目施救；监理单位在审核该工程《地下室模板施工方案》时，未根据现场实际情况，提出有针对性的审核意见，在现场安全监理过程中未能及时发现并督促施工单位消除事故隐患，其安全监理责任同样没有得到有效落实。

二、经验教训

必须有效落实"先通风、再检测、后作业"作业规程。目前没有针对房屋市政工程受限空间安全作业标准规范，通过借鉴其他行业（如化工行业）有关受限空间安全作业的标准规范，在房屋市政工程受限空间施工过程中，逐步建立起了"先通风、再检测、后作业"作业规程，但是，这一规程没有得到有效落实。企业和项目针对受限空间施工工程，没有配备必要的检测、通风、预警、防护等装备，没有制定有针对性的有关受限空间安全作业专项方案，在安全教育培训和安全技术交底中，很少涉及有关受限空间作业的相关内容和要求等。

切忌盲目施救。因盲目施救造成伤亡增多的事故反复发生。通过分析多起中毒和窒息事故后发现，事故发生过程出现了惊人的相似之处：一开始是1～2个人进入受限空间作业，发生中毒和窒息现象；随后在邻近作业的工友，由于救人心切，在不明情况、没有采取任何防护措施的状态下，就盲目进入受限空间施救，造成更多的人员中毒和窒息状况；然后报警（延误了宝贵的救援时间），消防人员到场施救，救出人员送医抢救，大多抢救无效死亡。中毒和窒息事故，往往都发生了二次、三次伤害，常常由一般事故演变成较大事故。

19 湖北天门"10·4"施工升降机坠落较大事故

调查报告

2018年10月4日9时50分许,天门市天门北湖置业有限公司北湖轩(以下简称"北湖轩")一号楼建筑工地,发生一起施工升降机高处坠落事故,造成3人死亡。

事故发生后,市委、市政府主要领导第一时间赶赴现场,指导应急救援和善后处理工作。省委副书记省长王晓东、省委常委副省长黄楚平、副省长曹广晶做出批示,要求查明事故原因,严肃整改问责。10月4日下午省安监局、省质监局、省住建厅领导赶赴现场进行指导和督办。

10月5日,市政府成立了天门市天门北湖置业有限公司北湖"10·4"较大高处坠落事故调查组(以下简称"事故调查组"),由市安监局副局长何新兵任组长,市安监局、市公安局、市总工会、市住建委和市质监局等单位人员参加,并邀请市纪委监委机关和市检察院派员参加。

事故调查组按照"科学严谨、依法依规、实事求是、注重实效"和"四不放过"的原则,认真开展了事故调查工作。事故调查组聘请有关行业专家参与现场勘察取证、技术分析等工作,并委托湖北省特种设备检验检测研究院对事故施工升降机进行技术分析和鉴定。事故调查组通过现场勘察、调查取证、综合分析,查明了事故发生的经过、直接原因、间接原因,认定了事故性质和责任,提出了对事故责任单位和责任人的处理意见及事故防范措施与整改建议。现将有关情况报告如下:

一、基本情况

(一)北湖轩项目及事故发生地一号楼概况

北湖轩项目位于天门市竟陵办事处北湖大道,规划建设一号楼、二号楼2个楼盘(事故地点为一号楼),2014年7月18日取得《国有土地使用证》;2014年

10月28日取得《建设工程规划许可证》（鄂规工程429006201400999）；2017年9月4日，通过招投标，确定湖北诚晟建筑工程有限公司为一号楼、二号楼施工总承包单位，建筑面积约46850万 m^2。2017年9月开工建设，2018年8月14日主体结构封顶，事故发生时正处于砌墙施工阶段。

（二）事故施工升降机基本情况

事故设备为SC200/200型施工升降机，有左右对称2个吊笼，额定载重量为 $2 \times 2000kg$，其生产单位为山东东岳起重消防设备制造有限公司（以下简称"东岳公司"）。2018年3月16日，湖北诚晟建筑工程有限公司与东岳公司签订2台施工升降机购买合同，其中一台为事故施工升降机，产品正式出厂日期为2018年5月31日，编号：180402，出厂时各项证照齐全。2018年6月11日天门市建设工程质量安全监督管理局为该事故升降机核发《天门市施工升降机备案证》，备案编号为鄂R-S00683。

（三）事故相关单位及人员概况

1. 建设单位概况。建设单位为天门北湖置业有限公司（以下简称"北湖公司"），法定代表人胡云成，注册资本1000万元，2018年6月13日由天门市房地产管理局核发《暂定资质证书》，有效期为2019年6月12日。

2. 施工单位概况。施工总承包单位为湖北诚晟建筑工程有限公司（以下简称"诚晟公司"），单位性质为民营，法定代表人胡科（胡云成之子），注册资本11000万元，具有建筑业企业房屋建筑工程施工总承包二级、市政公用工程施工总承包三级、建筑装修装饰工程专业承包二级资质，持有安全生产许可证，有效期为2017年5月10日至2020年5月10日。

3. 监理单位概况。监理单位为湖北天成建筑工程项目管理有限公司（以下简称"天成公司"），单位性质为民营，法定代表人王平，注册资本300万元，具有房屋建筑工程监理甲级资质证书，有效期至2020年7月7日。

4. 事故升降机安装、维护单位以及相关单位、人员概况

（1）武汉市和欣润机械有限公司（以下简称"和欣润公司"）：事故施工升降机设备安装、维护、拆卸责任单位，单位性质为民营，法定代表人周涛，注册资本120万元，具有起重设备安装工程专业承包三级资质证书；持有安全生产许可证，有效期为2017年7月14日至2020年7月14日。

（2）湖北思泰旭设备租赁有限公司（以下简称"思泰旭公司"）：单位性质为民营，法定代表人叶立荣，注册资本50万元，具有起重设备安装工程专业承包三级资质证书，持有安全生产许可证，有效期为2015年7月29日至2018年7

月 29 日。2015 年 10 月委托平先琪在天门市设立了天门分公司，施工队伍由平先琪招募原天门市从事过起重设备安装工程的李庆文、吴华堂、杨贵林、方运祥等 4 人组成。2017 年底在湖北省一体化企业专项检查过程中，由于该公司存在问题被停业整改，2018 年 3 月被湖北省住建厅从《湖北省建筑起重机械一体化企业名单》上清理出列。

（3）湖北思泰旭设备租赁有限公司天门分公司：单位性质为民营，负责人平先琪，经营范围为：接受公司委托在天门市辖区内从事建筑机械租赁、维修，建筑施工，该公司资质为起重设备安装工程专业承包三级。营业期限自 2015 年 10 月 30 日。2018 年 3 月思泰旭公司取消天门分公司委托手续，收回备案证书资料。

（4）平先琪：男，现年 49 岁，1969 年 2 月 9 日出生，住湖北省洪湖市沙口镇沿河街 92 号，事故施工升降机设备安装、维护、拆卸责任人。平先琪为了继续在天门市从事起重设备安拆业务，经与和欣润公司法人代表周涛协商后，于 2018 年 5 月 10 日，获得和欣润公司《授权委托书》，授权其个人"以和欣润公司名义在天门市域内从事建筑起重机械设备的安装、拆卸及维护保养、签订合同和处理有关事宜。"

2018 年 5 月 28 日、6 月 4 日，平先琪先后以和欣润公司名义与诚晟公司签订了《建筑起重机械一体化专业分包合同》和《施工升降机安拆合同》（但和欣润公司公章系平先琪为了方便私自刻制）。

2018 年 6 月平先琪和周涛一起携带和欣润公司资质、人员证件等资料在天门市建筑工程质量安全监督管理局办理了备案手续，其中人员证件包括总工程师、安全员、安装拆卸工，而在实际施工过程中仍为湖北思泰旭设备租赁有限公司天门分公司人员，即平先琪负责的原分公司人员吴华堂、杨贵林等 4 人（其中杨贵林、吴华堂所持《建筑施工特种作业操作证》经四川省建筑工程质量安全监督总站核查为假证）。

截至 10 月 4 日，平先琪以和欣润公司名义承接了 35 台起重机械安装（拆卸）工程，并向和欣润公司交纳了 16000 元挂靠费用。

5. 建筑安全监管单位概况。建筑安全监管单位为天门市建筑工程质量安全监督管理局（以下简称"天门市质安局"）。该局于 2018 年 4 月 19 日成立，主要职责为：负责贯彻执行国家建设工程质量、安全管理政策、法律法规、技术标准和规程；受理全市建设工程质量、安全监督；组织全市建设工程质量、安全检查；监督建设项目的相关验收；协调有关单位对质量安全事故调查处理；查处全市建设工程质量、安全违法、违规行为；受理全市建设工程质量、安全隐患投诉。局长王列军主持全面工作，副局长李武高分管建筑施工起重机械设备监管工作，设备科科长褚卫军负责建筑施工起重机械设备监管工作。

（四）事故施工升降机安装维保检验情况

2018 年 5 月 28 日，武汉市和欣润机械有限公司（和欣润公司）与诚晟公司签订建筑起重机械一体化专业分包合同。事故施工升降机的安装与加节分 3 次进行（包括 1 次安装、2 次加节）。6 月 5 日至 7 日进行安装，其中导轨架安装 32 节至 15 层、43.5m。6 月 10 日至 12 日进行第一次加节，其中导轨架 46 节至 23 层、66m。2018 年 6 月 13 日，和欣润公司向天门市质安局递交了《安装（拆卸）建筑起重机械安装告知书》。同日，事故施工升降机建设各方进行了共同验收，6 月 14 日，经中安检测中心湖北有限公司对该升降机检验合格，并出具了《施工升降机检验报告》。7 月 27 日，天门市质安局核发《天门市建筑起重机械使用登记证明》（登记编号鄂 R-S18046），有效期 2018 年 6 月 14 日至 2019 年 6 月 14 日。2018 年 9 月 4 日该升降机进行第二次加节，其中导轨架 66 节至 29 层、88m。第二次加节和附着安装均未按照专项施工方案实施，未组织安全施工技术交底，未按有关规定进行验收。其中在第二次加节过程中第 59 节与第 60 节的 4 个连接螺丝（事故折断部位）只用了 4 个螺帽，没有按照设备出厂说明书要求用双螺帽紧固，且螺帽在下方。该升降机先后进行过 3 次维保，其中最后一次是 2018 年 9 月 29 日下午 6 点左右，维保人员为吴华堂、杨贵林（此二人非和欣润公司在天门市质安局备案的具有资质的安装维保人员）。由于天色已晚，二人只调试了限位、加注了黄油，没有进行检查、紧固螺帽。

事故施工升降机坠落的左侧吊笼，升降机操作工为付梅。付梅所持《建筑施工特种作业操作资格证》，工种为：建筑起重机械操作工，类别为：施工升降机，有效期至 2020 年 5 月 4 日。

二、事故发生经过及应急救援和善后处理情况

（一）事故发生经过

2018 年 10 月 4 日 9 时 30 分许，北湖置业公司董事长胡云成与诚晟公司总经理胡科二人到北湖轩项目工地巡查。9 点 50 分左右，2 人乘坐一号楼施工升降机，由升降机司机付梅开车。当升降机行至 29 层时，3 人乘坐的施工升降机吊笼连同顶端的 6 个标准节及 1 个安全节发生倾翻坠落，撞击 20 层附近标准节后坠落至地面，造成 3 人死亡。

（二）事故应急救援和善后处理

事故发生后，天门市立即启动了较大建筑施工安全生产事故应急预案，市委、市政府主要领导第一时间赶赴现场进行处置，要求全力做好事故善后和维稳工作，迅速成立事故调查组、开展事故调查、严肃追究相关责任单位和责任人的责任，深刻吸取事故教训、举一反三、立即在全市范围内连夜组织开展施工现场安全隐患排查、确保不发生安全生产事故。

天门市按照应急预案迅速组织警力和医疗救护人员赶赴现场救援、处置和维护秩序。10月4日10时10分左右，遇难人员被确认死亡后送市殡仪馆安放。事故现场救援秩序稳定。

事故当晚，市委市政府召开紧急会议，决定以市政府名义下发《关于深刻吸取天门市"10·4"较大建筑施工高处坠落事故教训进一步加强当前安全生产工作的紧急通知》，要求建设主管部门对全市各地所有在建高层建筑施工工地下令停工检查。市政府于10月4日下午3时召开全市安全生产会议，部署安排全市安全生产隐患排查活动等工作。会议结束后，迅速召开了事故调查组成立大会暨事故调查组第一次全体会议。

天门市组织成立了由竟陵街道办事处牵头，公安机关、住建部门参与的善后处置专班，一对一地开展善后工作。截至2018年10月10日，3名遇难者遗体全部火化，整个善后处置工作结束，社会秩序平稳。

1. 事故造成的人员死亡情况

（1）胡云成，男，天门市竟陵办事处新村巷小区7排1号人。为北湖公司董事长。

（2）胡科，男，天门市竟陵办事处新村巷小区7排1号人。为诚晟公司总经理。

（3）付梅，女，系松滋市杨林市镇盘古山村二组27号人。为诚晟公司施工升降机操作员。

2. 事故造成的直接经济损失

事故造成直接经济损失约为680万元。

三、事故原因分析、事故性质及责任认定

（一）直接原因

经调查认定，天门市北湖公司"10·4"较大高处坠落事故发生的直接原因是：事故发生时，事故施工升降机导轨架第59和60节标准节连接处的4个连接

螺栓只有左侧两个螺栓有效连接，而右侧（受力边）两个螺栓连接失效无法受力。在此状态下，当事故升降机左侧吊笼上升到第 60 节标准节上部（29 楼顶部）接近平台位置时，产生的倾力矩大于对重体、导轨架等固有的平衡力矩，造成事故施工升降机左侧吊笼，连同 60～65 节标准节以及顶端 1 节安全节顷刻倾翻，并与 20 层附近的标准节撞击后坠落地面。事故升降机的维护不到位是事故发生的直接原因。

（二）间接原因

1. 和欣润公司。安全生产主体责任不落实，安全生产管理制度不健全、不落实，安全培训教育不到位，企业主要负责人、项目主要负责人和特种作业人员等安全意识薄弱；公司内部管理混乱，对委托施工项目没有进行质量安全指导、检查，以致施工人员违反《建筑施工升降机安装、使用、拆卸安全技术规程》JGJ 215—2010 规定，在升降机加节安装、维护保养时存在严重违规问题，留下重大安全隐患；对委托施工队伍、项目"托而不管"，在天门市质安局备案的施工维护人员没有实际参与事发工程的施工，放任平先琪原班人员从事施工、保养。上述问题是导致事故发生的主要原因，和欣润公司应承担主要责任。

2. 平先琪。安全生产责任不落实，安全生产管理制度不健全，安全培训教育不到位，施工人员安全意识薄弱；安装、维护人员不具备安全资质（未使用在天门市质安局备案的持证人员）；未按照《施工升降机安拆合同》的约定对事故升降机第一次安装和第二次加节进行申报和验收，直接交付使用；施工队管理混乱，对施工项目没有认真进行质量安全指导、检查，以致施工人员严重违反《建筑施工升降机安装、使用、拆卸安全技术规程》JGJ 215—2010 规定，事故折断处标准节安装时未采用双螺帽连接紧固、维保过程中未检查标准节螺栓连接状况，以致导轨架第 59 和 60 节标准节螺栓连接不牢固，造成重大安全隐患。上述问题是导致事故发生的主要原因，平先琪应承担主要责任。

3. 诚晟公司。未依照《安全生产法》第四十六条规定落实企业安全生产主体责任，安全生产责任制不落实；安全生产管理制度不健全、不落实，未建立安全隐患排查整治制度；未依照《湖北省建筑起重机械租赁安装拆卸维修保养"一体化"管理暂行规定》第七条第十一项规定，对施工升降机第一次安装和第二次加节组织安装验收，并擅自使用；未认真贯彻落实湖北省住房和城乡建设厅《关于在全省房屋市政工程领域开展质量安全风险隐患大排查专项行动的通知》（鄂建办〔2018〕288 号）等文件精神，对北湖轩施工和施工升降机安装使用的安全生产检查和隐患排查流于形式，未能及时发现和整改事故施工升降机存在的重大安全隐患。上述问题是导致事故发生的主要原因，诚晟公司应承担主要责任。

4. 天门市建筑工程质量安全主管部门。天门市质安局作为全市建设行业质量安全主管部门，虽然对全市建设工程安全隐患排查、安全生产检查工作进行了部署，但组织领导不力，监督检查不到位；对委托施工过程中的"托而不管"问题失察；对建设工程安全隐患排查、起重机械安全专项大检查的工作贯彻执行不力，未能及时有效督促参建各方认真开展自查自纠和整改，致使事故施工升降机存在的重大安全隐患未及时得到排查整改。上述问题是导致事故发生的重要原因。

（三）事故性质

经调查认定，天门市天门北湖置业有限公司"10·4"较大高处坠落事故是一起生产安全责任事故。

四、对事故有关责任人员和单位的处理建议

（一）建议给予党纪、政纪处分人员

1. 褚卫军，男，中共党员，天门市质安局设备科科长，负责建筑起重机械设备监督管理工作。未认真贯彻落实安全生产法律法规，对北湖轩各参建单位安全监管不到位，对施工升降机安全检查和隐患排查工作组织执行不到位，对事故发生负直接监管责任，建议给予行政撤职、留党察看一年处分。

2. 李武高，男，中共党员，天门市质安局副局长，分管起重机械设备监管工作。未认真贯彻落实有关安全生产法律法规，对北湖轩各参建单位安全监管不到位，对设备安全监管工作指导、督促不力，对施工升降机安全检查和隐患排查工作组织、执行不到位，对事故发生负主要领导责任，建议给予党内严重警告处分。

3. 王烈军，男，中共党员，天门市质安局局长，全面负责全市建筑工程安全监管工作。未认真贯彻落实有关安全生产法律法规，对北湖轩参建单位安全监管不到位，对建筑工程安全监管工作领导、督促不力，对施工升降机安全检查和隐患排查工作组织、执行不到位，对事故发生负重要领导责任，建议给予党内警告处分。

4. 黄崇高，男，中共党员，天门市住建委副主任，负责全市建筑业监管工作，未认真贯彻落实有关安全生产法律法规，对天门市质安局安全监管工作指导、检查督促不力，对施工升降机安全检查和隐患排查工作领导、组织、督促不到位，对事故发生负领导责任，建议给予行政警告处分。

5. 吴铁柱，男，中共党员，天门市住建委党组书记、主任。贯彻落实国家安全生产法律法规不力，对天门市质安局未认真履行职责的问题负有领导责任，建议对其诫勉谈话。

（二）建议责成相关单位和主要负责人做出深刻检查

1. 责成天门市住建委向天门市人民政府做出深刻检查。
2. 责成质安局及主要负责人向天门市住建委做出深刻检查。

（三）建议对相关单位和人员做出行政处罚

1. 建议省住房和城乡建设厅依法依规对和欣润公司资质做出处理。
2. 建议省住房和城乡建设厅依法依规对平先琪、吴华堂、杨贵林的执业资格做出处理。
3. 责成天门市安监局依法依规对诚晟公司、和欣润公司给予行政处罚。
4. 责成天门市安监局对和欣润公司法定代表人周涛给予行政处罚。

（四）事故赔偿责任建议

根据《中华人民共和国安全生产法》第一百一十一条："生产经营单位发生生产安全事故造成人员伤亡、他人财产损失的，应当依法承担赔偿责任；拒不承担或者其负责人逃匿的，由人民法院依法强制执行。生产安全事故的责任人未依法承担赔偿责任，经人民法院依法执行措施后，仍不能对受害人给予足额赔偿的，应当继续履行赔偿义务；受害人发现责任人有其他财产的，可以随时请求人民法院执行。"的规定，建议由和欣润公司、平先琪及诚晟公司共同承担事故民事赔偿责任。

五、事故防范和整改措施建议

（一）牢固树立以人为本、安全发展的理念

全市上下都要牢固树立和落实科学发展、安全发展理念，坚持"安全第一、预防为主、综合治理"方针，从维护人民生命财产安全的高度，充分认识加强建筑安全生产工作的极端重要性，正确处理安全与发展、安全与速度、安全与效率、安全与效益的关系，始终坚持把安全放在第一的位置、始终把握安全发展前提，以人为本，绝不能重速度而轻安全。

（二）切实落实建筑业企业安全生产主体责任

全市上下都要进一步强化建筑业企业安全生产主体责任。要强化企业安全生产责任制的落实，企业要建立健全安全生产管理制度，将安全生产责任落实到岗位，落实到个人，用制度管人、管事；建设单位和建设工程项目管理单位要切实强化安全责任，督促施工单位、监理单位和各分包单位加强施工现场安全管理；施工单位要依法依规配备足够的安全管理人员，严格现场安全作业，尤其要强化对起重机械设备安装、使用和拆除全过程安全管理；施工总承包单位和分包单位要强化协作，明确安全责任和义务，确保生产安全有人管、有人负责；监理单位要严格履行现场安全监理职责，按需配备足够的、具有相应从业资格的监理人员，强化对起重机械设备安装、使用和拆除等危险性较大项目的监理。各参建单位、特别是建筑机械安装单位要严格落实有关建筑施工起重机械设备安装、使用和拆除规定，做到规范操作、严格验收，加强使用过程中的经常性和定期检查、紧固并记录。严格落实特种作业持证上岗规定，严禁无证操作。

（三）切实落实工程建设安全生产监管责任

市建设工程行业管理部门要严格落实安全生产监管责任。要深入开展建筑行业"打非治违"和隐患排查工作，对违规进行施工建设的行为要严厉打击和处理。要加强对企业和施工现场的安全监管，配足监管人员数量，提升监管人员水平。进一步明确监管职责，建立健全安全管理规章、制度体系，制定更加有针对性的防范事故的制度和措施，提出更加严格的要求，要加强监理公司的监督管理，确保安全隐患整改到位，坚决遏制较大事故发生。

（四）切实加强安全教育培训工作

全市上下都要认真贯彻执行党和国家安全生产方针、政策和法律、法规，落实《国务院关于进一步加强企业安全生产工作的通知》（国发〔2010〕23号）、《国务院关于坚持科学发展安全发展促进安全生产形势持续稳定好转的意见》（国发〔2011〕40号）和《湖北省人民政府关于加强全省安全生产基层基础工作的意见》（鄂政发〔2011〕81号）等要求，加强对建筑从业人员和安全监管人员的安全教育与培训，扎实提高建筑从业人员和安全监管人员安全意识；要针对建筑施工人员流动性大的特点，强化从业人员安全技术和操作技能教育培训，落实"三级安全教育"注重岗前安全培训，做好施工过程安全交底，开展经常性安全教育培训；要强化对关键岗位人员履职方面的教育管理和监督检查，重点加强对起重机械、脚手架、高空作业以及现场监理、安全员等关键设备、岗位和人员的监督检查，严格实行特种作业人员必须经培训考核合格，持证上岗制度。

专家分析

一、事故原因

周伟

点评专家 住建部科学技术委员会工程质量安全专业委员会委员，现任湖北省建设工程质量安全监督总站副站长，正高职高级工程师，长期从事建设工程施工安全监督管理工作

（一）直接原因

1. 作业人员违反技术规程。事故升降机标准节折断部位（第59节与第60节）间的螺栓连接，没有按照设备说明书使用要求使用双螺帽紧固，螺栓紧固不牢，致使螺栓受振动出现松动进而失效。违反了《建筑施工升降机安装、使用、拆卸安全技术规程》JGJ 215—2010 中的相关规定。

2. 管理制度未得到有效执行。事故升降机第二次加节和附着安装均未按照专项施工方案实施，未组织安全施工技术交底，未按有关规定进行验收，违反《危险性较大分部分项工程安全管理规定》和《建筑起重机械安全监督管理规定》的相关规定。

3. 检查维保工作偷工减料。维保人员在月检过程中，没有按照《建筑施工升降机安装、使用、拆卸安全技术规程》JGJ 215—2010 中规定的月度检查内容，检查导轨架连接件紧固情况，致使部分螺栓连接失效的现象没有及时发现和处理。

（二）间接原因

1. 企业安全生产责任制度不健全。企业未依照《安全生产法》第四十六条规定落实企业安全生产主体责任。诚晟公司的总承包安全生产管理责任落实不到位；和欣润公司安全生产责任制和安全生产管理制度不健全、不落实，作业人员全面失控。

2. 和欣润公司内部管理混乱。企业负责人缺乏安全生产意识，为抢占市场采取"托而不管"经营方式，委托与实际备案不符、不具备安装拆卸资格的人员从事安装、维保工作，对安装、维保人员的工作质量缺少验收和管理。

3. 安全管理不到位。企业、项目的安全生产检查和隐患排查治理制度没有

落实；监理单位对诚晟公司、和欣润公司的违规行为未能及时发现、制止和报告；行业监管对和欣润公司委托施工过程中存在的"托而不管"、实际操作人员与备案人员不符等问题严重失察。

二、经验教训

1. 对作业人员要加强有效管控。在现行的企业资质管理和劳务用工制度下，企业对从业人员缺乏有效的管理纽带，致使建筑起重机械安装专业企业中存在"以包代管""托而不管"的现象，作业人员的管理落不到实处，作业人员在工作中普遍存在对管理制度、技术要求打折扣的现象普遍。类似的建筑起重设备事故已出现多起，反映出人员管控失据的现象比较严重。

2. 要严格落实相关管理制度。现行的建筑起重机械管理制度和技术规范比较健全，但在实际工作中执行不严。在专项方案验收、维保巡检两个环节走过场的现象比较突出，对作业人员的工作质量缺乏必要的检查验收措施。资料与管理实际不符，无法反映工程管理和设备运行的实际状况。

3. 要提高风险意识。在建筑起重设备管理中，比较注重防坠、限位等装置的性能完好，轻视对主要受力构件的连接紧固和机械性能的检查，对连接件紧固不牢的风险防范存在怕麻烦、图侥幸的心理。这一现象在施工、监理和行业监管部门中普遍存在。

4. 要运用技术手段提升安全防控水平。当前建筑起重设备制造行业和使用者大多注重于坠落、断绳、碰撞、冒顶等安全风险的管控，发展出一批成熟的机械和电子管控技术，但对于螺栓连接失效等问题缺少有效管用的技防措施。

20 山东菏泽"10·5"塔机顶升较大事故

调查报告

2018年10月5日9时左右，菏泽市定陶区博文·欧洲城项目1号楼工程施工工地发生一起建筑塔式起重机倒塌事故，造成3人死亡，直接经济损失375万元。

事故发生后，省、市领导高度重视，相继做出重要批示，要求妥善处置善后工作，认真分析事故原因，研究落实管控措施，严格责任追究。

依据《中华人民共和国安全生产法》《生产安全事故报告和调查处理条例》和《山东省生产安全事故报告和调查处理办法》等有关法律法规，菏泽市人民政府成立了由市安监局、市住建局、市公安局、市总工会和定陶区人民政府有关负责同志参加的定陶区博文·欧洲城"10·5"较大起重伤害事故调查组（以下简称事故调查组），邀请了市纪委监委、市检察院派员参加，聘请了建筑施工起重机械专家，开展事故调查工作。

事故调查组按照"四不放过"和"科学严谨、依法依规、实事求是、注重实效"的原则，通过现场勘查、查阅资料、调查取证和专家分析论证，查明了事故发生的原因、经过、人员伤亡和直接经济损失等情况，认定了事故性质和责任，提出了对有关责任人员和责任单位的处理建议，并针对事故暴露出的问题，提出了事故防范措施。

一、基本情况

（一）项目基本情况

菏泽市定陶区博文·欧洲城项目为房地产开发项目，位于定陶区府北路南侧、陶驿路东侧，包括13栋住宅和相关配套建筑工程，总开发面积26.8万 m^2。发生事故的1号楼工程建筑面积 $16036m^2$，剪力墙结构，地上28层、地下1层。该工程于2018年4月开工建设，事发前已施工至主体23层，计划2020年6月竣工。

（二）事故涉及单位情况

1. 建设单位：定陶县博文置业有限公司。该公司于 2007 年 12 月 19 日成立，企业类型为有限责任公司，企业地址位于菏泽市定陶区建华小区对过（建设路南侧、青年路西），法定代表人沈乾坤。2018 年 7 月 13 日由菏泽市定陶区住房和城乡建设局颁发建筑工程施工许可证，编号 371727201807130201。

2. 施工单位（塔式起重机使用单位）：定陶县建设开发总公司。该公司于 1993 年 10 月 10 日成立，企业类型为集体所有制，注册资本 5018 万元，企业注册地址为定陶县城白土山路中段，法定代表人武宪彬。建筑业企业资质类别及等级为建筑工程施工总承包贰级，2017 年 2 月 24 日由山东省住房和城乡建设厅颁发，有效期至 2021 年 1 月 15 日。

3. 监理单位：菏泽市定陶县工程建设监理公司。该公司于 1989 年 10 月 10 日成立，企业类型为集体所有制，企业地址山东省菏泽市定陶区兴华路东段（建委院内），法定代表人乔新国。持有工程监理资质证书，有效期至 2020 年 6 月 23 日，业务范围为房屋建筑工程监理甲级、市政公用工程监理甲级。

4. 塔式起重机安装单位：菏泽市开发区利建机械设备租赁有限公司。该公司于 2009 年 9 月 21 日成立，私营企业，企业地址位于菏泽市中华路与桂陵路交叉口万象广场 6 号楼 13001、13012 室，法定代表人李洪进。经营范围为建筑工程机械与设备租赁、塔吊基础租赁、建筑设备安装。

5. 塔式起重机安装资质挂靠单位：山东桦盛起重设备安装有限公司。该公司于 2011 年 7 月 8 日成立，企业类型为有限责任公司，企业地址位于济宁市金宇路 30 号百丰商贸中心 1617 号房，法定代表人王海燕。持有安全生产许可证，有效期至 2018 年 11 月 5 日，许可范围为建筑施工。建筑业企业资质证书有限期至 2022 年 6 月 28 日，资质类别及等级为起重设备安装工程专业承包贰级。

2018 年 1 月 6 日，山东桦盛起重设备安装有限公司授权菏泽开发区利建机械设备租赁有限公司使用该单位塔式起重机安装资质。

6. 塔式起重机检测单位：山东德安检测技术有限公司。该公司于 2013 年 03 月 20 日成立，企业类型有限责任公司（自然人独资），企业地址位于山东省济南市高新区开拓路 1117 号三楼 999 室，法定代表人：彭涛，经营范围：质量检测；安全附件检测；常压设备检验检测；承压设备检验检测；压力管道检测；压力容器检验检测；防坠安全器检验；移动式压力容器检验检测；起重机械检验；电梯检验；场（厂）内机动车检验（以上凭资质证经营）。

7. 出租方：孔海俊，男，山东菏建建筑集团有限公司材料员，塔式起重机出租方、原产权人，2018 年 3 月孔海俊将该塔式起重机安装在博文·欧洲城项目 1 号楼施工工地。

薛建军，男，事故塔式起重机出租方、产权人。2018 年 7 月中旬，孔海俊将塔式起重机产权转让给薛建军。事故发生时，事故塔式起重机产权归薛建军所有。

（三）事故设备情况

孔海俊将事故塔式起重机出租给使用单位（定陶建设开发总公司）时，提供的该塔式起重机产权备案证明、出厂合格证等塔式起重机技术档案资料显示该塔式起重机产权单位为菏泽旺业机械租赁有限公司，制造厂家为山东明龙建筑机械有限公司。后经定陶区公安局调查，孔海俊提供的塔式起重机技术档案资料和菏泽旺业机械租赁有限公司印章均系伪造。专家通过现场查看塔式起重机基础和外形，判定该塔式起重机为 QTZ50 型号；通过现场查看和实地测量，判定事故现场存在 5 种不同型号的塔式起重机标准节，存在安装非原厂制造配件的情况。综合以上情况分析，该塔式起重机为拼装。

事故塔式起重机于 2018 年 3 月 28 日在定陶区博文·欧洲城进行初装，2018年 4 月份完成初装，初装高度为 11 个标准节，高度约 27m。2018 年 4 月 20 日经山东德安检测技术有限公司检后投入使用（检测报告编号：CNDT-QZW/T2018-0446-0530）。2018 年 10 月 5 日，塔式起重机已安装 32 个标准节，在进行第 33个标准节顶升作业时，发生事故。

二、事故发生经过及救援情况

（一）事故发生经过

2018 年 10 月 5 日早晨，菏泽开发区利建机械设备租赁有限公司法人李洪进通知葛俊灿、杨银保、高江鹏到博文·欧洲城项目 1 号楼工地，对塔式起重机进行顶升加节作业。8 时左右，3 人到达施工现场，开始作业。9 时许，在第 33 节顶升 1 个行程（1.25m）后，由于顶升套架西南角销轴（比标准件细 20％以上）抽出，而北面销轴未抽出，顶升套架北侧顶升踏步被顶升横梁蹬断，造成塔式起重机整体向西北方向倒塌，套架解体，3 名作业人员从高处坠落，2 人当场死亡，1 人经抢救无效死亡。

（二）应急救援及善后处置情况

事故发生后，定陶博文欧洲城 1 号楼项目部工作人员陈宝福立即拨打了 120

急救中心电话，定陶区人民医院 120 救护车 9 时 11 分到达现场，对 3 名坠落人员进行抢救。接到事故报告后，定陶区政府立即召开紧急会议，成立了由区长任组长的事故善后处置工作领导小组，下设事故调查组、善后处置组、舆情处置组、后勤保障组和责任追究组，积极做好死者家属安抚，妥善处理事故善后工作。10 月 17 日，3 名死者赔偿已全部到位。

三、事故原因和性质认定

（一）直接原因

操作人员在塔式起重机顶升中，违章上岗作业，顶升套架两侧换步销轴直径相差 0.3cm，塔式起重机重心向北侧偏移，造成顶升横梁换步时北侧标准节耳板受力过大断裂（事发标准节耳板比下部标准节耳板薄 20％以上），塔式起重机上部下蹲，顶升套架解体，塔式起重机上部失去支撑力，整体向西北方向翻滚倒塌。

（二）间接原因

1. 事故塔式起重机安装单位菏泽开发区利建机械设备租赁有限公司无起重机械安装资质，违规挂靠山东桦盛起重设备安装有限公司资质。安排未取得建筑起重机械安装拆卸特种作业资格证的人员进行塔式起重机安装作业；编制的塔式起重机安装专项施工方案存在严重缺陷；未派驻技术负责人和安场安装指导等。

2. 山东桦盛起重设备安装有限公司违规授权菏泽开发区利建机械设备租赁有限公司使用本单位起重机械安装资质，并主动向菏泽开发区利建机械设备租赁有限公司提供承揽塔式起重机安装业务所需资质材料。

3. 出租方孔海俊违规出租和转让塔式起重机。孔海俊不具备塔式起重机租赁资格；向博文·欧洲城一期项目部提供虚假塔式起重机技术档案资料和产权备案证书用以签订塔式起重机租赁合同；明知塔式起重机存在严重质量缺陷，在完成 11 个标准节安装后，将塔式起重机转让给薛建军。

4. 出租方薛建军违规出租塔式起重机。薛建军不具备塔式起重机租赁资格，接受转让后继续违规出租事故塔式起重机；擅自在塔式起重机上安装非原厂制造的标准节；未履行塔式起重机检查、维修和保养职责。

5. 工程监理单位菏泽市定陶县工程建设监理公司未严格履行监理责任。工程监理员事发时未在顶升作业现场旁站；未认真审核塔式起重机安装专项施工方案；未监督安全施工技术交底；向该项目部派驻的 4 名监理人员有 2 名（甘少杰、刘森）无监理人员从业资格。

6. 施工单位定陶县建设开发总公司未认真落实安全生产主体责任。定陶县建设开发总公司对博文·欧洲城项目部管理不到位，项目部安全管理中违法违规问题突出。项目副经理马启彪违法挂靠、塔式起重机安装项目违法发包；项目部未认真审核塔式起重机的特种设备制造许可证、产品合格证、制造监督检验证明、备案证明等塔式起重机技术档案材料，未认真审核塔式起重机安装工程专项施工方案，未指定专职安全生产管理人员监督检查建筑起重机械安装作业情况，未对塔式起重机安装作业人员进行教育培训和安全施工技术交底，塔式起重机初装完毕和加装附着后未组织监理、安装、出租等单位进行验收。

7. 建设单位定陶县博文置业有限公司未严格履行建设单位监管职责。对施工单位安全生产工作监督不力，未对项目发包情况进行有效监督；未监督工程监理单位认真履行监理职责。

8. 山东德安检测技术有限公司未按照规定方法和程序要求，对事故塔式起重机进行检测检验，违规出具虚假塔式起重机检验报告，致使事故塔式起重机在不具备安全条件的情况下投入使用。

9. 定陶区滨河街道办事处履行安全生产属地管理责任不到位。未对辖区内建筑施工单位进行安全生产监督检查。

10. 定陶区住房和城乡建设局对施工、监理等单位安全生产监督管理不到位。贯彻落实菏泽市住房和城乡建设局《关于进一步加强建筑起重机械安全管理工作的通知》（菏建办〔2018〕113号）不认真；对塔式起重机安装告知手续审查不够细致；对菏泽市定陶县工程建设监理公司未认真履行工程监理职责情况监管不力；对定陶县建设开发总公司安全生产主体责任落实检查不到位。

（三）事故性质

经调查认定，菏泽市定陶区博文·欧洲城"10·5"较大起重伤害事故，是一起生产安全责任事故。

四、对事故有关责任人员及责任单位的处理建议

（一）建议免于责任追究的人员（3人）

葛俊灿、杨银保、高江鹏3名塔式起重机安装作业人员无证上岗，违章作业，对事故发生负有直接责任，鉴于已在事故中死亡，免于追究责任。

（二）建议移交司法机关追究刑事责任的人员（3 人）

1. 李洪进，男，菏泽开发区利建机械设备租赁有限公司总经理、法人代表。违规组织无建筑起重机械安装拆卸特种作业资格证人员从事安装作业，事故发生后逃匿，对事故发生负有直接责任。涉嫌重大责任事故罪，依据《中华人民共和国刑法》第一百三十四条之规定，建议司法机关追究其刑事责任。2018 年 10 月23 日被刑事拘留，10 月 29 日取保候审。依据《中华人民共和国安全生产法》第九十一条、《建筑工程安全生产管理条例》第六十六条之规定，自刑罚执行完毕之日起，五年内不得担任任何生产经营单位的主要负责人和项目负责人。依据《中华人民共和国安全生产法》第九十二条第（二）项、第一百零六条第一款和《生产安全事故罚款暂行规定（试行）》第十三条第（二）项、第二十条之规定，建议由菏泽市安全生产监督管理局对其处 2017 年年收入 140％的罚款。

2. 孔海俊，男，山东菏建建筑集团有限公司材料员，塔式起重机出租方、原产权人。未取得营业执照，无塔式起重机出租资格；故意提供虚假技术档案资料和产权备案证书；明知塔式起重机不符合国家标准和安全条件违规转让产权，对事故发生负有直接责任。涉嫌生产、销售不符合安全标准产品罪，依据《中华人民共和国刑法》第一百四十六条之规定，建议司法机关追究其刑事责任。2018年 10 月 12 日被刑事拘留，10 月 26 日取保候审。建议山东菏建建筑集团有限公司与其解除劳动关系。

3. 薛建军，男，事故塔式起重机出租方、产权人。未依法取得工商行政管理部门核发的企业法人营业执照，无塔式起重机出租资格；违规提供非原厂制造的塔式起重机标准节，安装非配套设施，对事故发生负有直接责任。涉嫌重大劳动安全事故罪，依据《中华人民共和国刑法》第一百三十五条之规定，建议司法机关追究其刑事责任。依据《无照经营查处取缔办法》第十三条之规定，建议由定陶区工商局对其给予没收违法所得，并处 9000 元罚款的行政处罚。

（三）建议给予党政纪处分（行政处罚）人员（12 人）

1. 陈吉春，男，群众，定陶县建设开发总公司博文·欧洲城项目负责人。未安排人员对危险性较大的分部分项工程专项施工方案实施情况进行现场监督；未组织塔式起重机安装作业人员进行入场安全教育培训和安全施工技术交底；未在塔式起重机初装完毕和加装附着后组织有关单位进行验收；对塔式起重机出租方提供的虚假出厂合格证、产权登记备案证等技术档案资料真实性未做审查；履行项目主要负责人职责不到位，对塔式起重机安装发包等重点环节未进行审核把关，致使塔式起重机安装项目发包给不具备安全生产条件和有关资质的单位；在专职安全员请假期间安排不具备安全管理从业资格的人员从事项目安全管理；未督促安全管理人员对塔式起重机安装人员持证情况进行审查。对事故发生负有直接管理责任。依据《建设工程安全生产管理条例》第六十六条第三款之规定，建议给予撤职处分，自接受处分之日起，5 年内不得担任任何施工单位的主要负责人、项目负责人。依据《建设工程安全生产管理条例》第五十八条之规定，建议由定陶区住房和城乡建设局对其做出停止执业半年的行政处罚。

2. 秦广斌，男，中共党员，定陶县建设开发总公司分管安全副经理，分管安全生产工作，事业编制。未督促项目部对危险性较大的分部分项工程专项施工方案实施情况进行现场监督，未督促落实塔式起重机安装安全施工技术交底和安全教育培训工作，对事故发生负有主要领导责任，依据《事业单位工作人员处分暂行规定》第十七条之规定，建议给予政务记过处分。

3. 武宪彬，男，中共党员，定陶县城镇综合开发办公室主任，兼任定陶县建设开发总公司经理、法人代表，事业编制。对项目施工现场管理混乱、项目副经理违法挂靠、新进场作业人员未落实安全教育培训、塔式起重机作业人员未落实安全施工技术交底、项目管理人员未对危险性较大分部分项工程进行现场安全监督管理等问题管理不力。对事故发生负有重要领导责任。依据《事业单位工作人员处分暂行规定》第十七条之规定，建议给予政务警告处分。依据《中华人民共和国安全生产法》第九十二条第（二）项之规定，建议由菏泽市安全生产监督管理局对其处 2017 年年收入 40％的罚款。

4. 丁友雷，男，中共党员，菏泽市定陶县工程监理公司项目总监，事业编制。未依法履行工程监理职责，聘用不符合任职资格条件的监理人员；未安排监理人员对塔式起重机安装作业进行旁站监理；未认真审查塔式起重机安装专项施工方案。对事故发生负有主要领导责任。依据《事业单位工作人员处分暂行规定》第十七条之规定，建议给予撤职处分。依据《建设工程安全生产管理条例》第五十八条之规定，建议由定陶区住房和城乡建设局对其做出停止执业半年的行政处罚。

5. 乔新国，男，中共党员，菏泽市定陶县工程监理公司经理、法人代表，事业编制。未督促该项目监理部落实安全生产责任制，未按规定为该项目监理部配备符合任职资格条件的监理人员；未按规定督促检查本单位安全生产工作。对事故发生负有重要领导责任。依据《安全生产领域违法违纪行为政纪处分暂行规定》第十二条第（三）项和《事业单位工作人员处分暂行规定》第十七条之规定，建议给予降级处分；依据《中华人民共和国安全生产法》第九十二条第（二）项之规定，建议由菏泽市安全生产监督管理局对其处 2017 年年收入 40％的罚款。

6. 朱月军，男，中共党员，定陶县博文置业有限公司总经理。对定陶县建设开发总公司安全生产工作监管不力，对塔式起重机安装项目违法发包问题失察，未监督工程监理单位认真履行监理职责。对事故发生负有重要领导责任。依据《中国共产党纪律处分条例》第一百一十三条第（一）项之规定，建议给予党内警告处分。

7. 闫文涛，男，定陶区滨河街道办事处城乡建设办公室主任，事业编制。不清楚自身岗位安全生产管理职责，不了解国家安全生产方针政策；未履行属地安全生产监督检查职责。对事故发生负有重要领导责任。依据《事业单位工作人员处分暂行规定》第十七条之规定，建议给予政务记过处分。

8. 马义明，男，中共党员，定陶区滨河街道办事处副主任，分管城乡建设办公室。落实安全生产"一岗双责"制度不到位，不熟悉分管业务内安全生产管理职责，对下属单位履行属地安全监督检查责任不到位情况失察。对事故发生负有重要领导责任。依据《安全生产领域违法违纪行为政纪处分暂行规定》第四条第（一）项之规定，建议给予政务警告处分。

9. 徐福国，男，中共党员，定陶区住房和城乡建设局安监站站长，事业编制。贯彻落实《菏泽市建筑施工安全专项治理行动工作方案》（菏安发〔2018〕11号）不力，对事故塔式起重机安装告知手续材料审查不严，未能发现塔式起重机产权单位与实际不符；受理安全报监手续时未认真审查塔式起重机安装专项施工方案。对事故发生负有重要领导责任。依据《事业单位工作人员处分暂行规定》第十七条之规定，建议给予政务警告处分。

10. 潘国华，男，中共党员，定陶区住房和城乡建设局行业发展股长，事业编制。贯彻落实《菏泽市建筑施工安全专项治理行动工作方案》（菏安发〔2018〕11号）不力，对塔式起重机安装监理工作存在严重问题监督检查不到位；对工程监理人员和项目负责人依法履行职责监督检查不细致，对项目监理部2名监理人员无从业资格、项目副经理违法挂靠等问题视而不见。对事故发生负有重要领导责任。依据《事业单位工作人员处分暂行规定》第十七条之规定，建议给予政务记过处分。

11. 薛知常，男，中共党员，定陶区住房和城乡建设局副主任科员，分管安监站。贯彻落实菏泽市住房和城乡建设局《关于进一步加强建筑起重机械安全管理工作的通知》（菏建办〔2018〕113号）不认真；对分管业务不熟悉，对分管单位未认真履行安全管理责任情况失察。对事故发生负有重要领导责任。依据《地方党政领导干部安全生产责任制规定》第十八条第（四）项和《中共山东省委实施〈中国共产党问责工作条例〉办法》第八条之规定，建议给予诫勉。

12. 王学技，男，中共党员，定陶区住房和城乡建设局副局长，分管行业发展股和定陶县工程建设监理公司。对分管股室未认真履行监督监理工程师、项目负责人从业行为职责情况失察；对定陶县工程建设监理公司监理工作存在严重问题督促检查指导不到位。对事故发生负有重要领导责任。依据《安全生产领域违法违纪行为政纪处分暂行规定》第四条第（一）项之规定，建议给予政务警告处分。

（四）建议给予行政处罚的人员和单位

1. 建议给予行政处罚的人员。

（1）马启彪，男，群众，定陶县建设开发总公司项目部副经理。与定陶县建设开发总公司未签订劳动合同，不具备项目负责人职业资格，违规挂靠；违规以个人名义与塔式起重机出租方签订塔式起重机租赁合同。依据《中华人民共和国建筑法》第六十五条、《建设工程质量管理条例》第六十条和《建设工程施工转包违法分包等违法行为认定查处管理办法（试行）》第十一条第（五）项之规定，建议由定陶区住房和城乡建设局对该挂靠行为进行取缔，并依法给予马启彪处工程合同价款2%-4%的罚款（合同价款17087.997487万元，建议处罚342万元）。

（2）陈鹏程，山东德安检测技术有限公司检验员。对需要查验证的塔式起重机结构件等检测项目，仅通过查阅资料即出具了合格结论，对不涉及的检查项出具了合格结论。依据《特种设备安全监察条例》第九十三条第一款之规定，建议由济南市政府有关部门依法对其作出行政处罚。

（3）张小文，山东德安检测技术有限公司检验员。对需要现场检查验证的塔式起重机结构件等检测项目，仅通过查阅资料即出具了合格结论，对不涉及的检查项出具了合格结论。依据《特种设备安全监察条例》第九十三条第一款之规定，建议由济南市政府有关部门依法对其作出行政处罚。

2. 建议给予行政处罚的单位（5家）。

（1）菏泽市开发区利建机械设备租赁有限公司。依据《中华人民共和国安全生产法》第一百零九条第（二）项之规定，建议由菏泽市安全生产监督管理局对其处罚款60万元。

（2）山东桦盛起重设备安装有限公司。依据《中华人民共和国建筑法》第六十六条之规定，建议由菏泽市住房和城乡建设局提请山东省住房和城乡建设厅依法对其作出行政处罚。

（3）定陶县建设开发总公司。依据《中华人民共和国安全生产法》第一百零九条第（二）项之规定，建议由菏泽市安全生产监督管理局对其处60万元罚款。

（4）菏泽市定陶县工程监理公司。依据《中华人民共和国安全生产法》第一百零九条第（二）项之规定，建议由菏泽市安全生产监督管理局对其处60万元罚款。

(5) 山东德安检测技术有限公司。依据《特种设备安全监察条例》第九十三条第一款之规定，建议由济南市政府有关部门依法对其作出行政处罚。

（五）其他建议

1. 建议企业内部处理人员（3人）。

(1) 陈宝福，男，群众，定陶县建设开发总公司项目部后勤管理人员，事发时在专职安全员请假的情况下，代行安全员岗位职责，无安全管理人员从业资格，未对塔式起重机作业人员特种作业人员进行审核查验。建议定陶县建设开发总公司解除与其劳动关系，并按照公司内部奖惩制度进行处理。

(2) 甘少杰，男，群众，菏泽市定陶县工程监理公司项目监理员。未取得工程监理员从业资格，违规在博文·欧洲城一期项目从事工程监理工作。建议菏泽市定陶县工程监理公司解除与其劳动关系，并按照公司内部奖惩制度进行处理。

(3) 刘森，男，群众，菏泽市定陶县工程监理公司项目监理员。未取得工程监理员从业资格，违规在博文·欧洲城一期项目从事工程监理工作。建议菏泽市定陶县工程监理公司解除与其劳动关系，并按照公司内部奖惩制度进行处理。

2. 责成定陶区滨河办事处向区委区政府做出深刻书面检查。

3. 责成定陶区住房和城乡建设局向区委区政府做出深刻书面检查。

4. 责成定陶区人民政府向菏泽市人民政府做出深刻书面检查。

五、事故防范和整改措施

1. 立即开展建筑起重机械安全生产专项整治行动。要认真吸取此次事故的教训，举一反三，严格按照《建设工程安全生产管理条例》《建筑起重机械安全监督管理规定》中有关规定，在全市组织开展建筑起重机械安全生产专项整治行动，重点排查起重机械是否存在质量缺陷，是否满足安全使用条件；起重机械租赁单位、安拆单位是否依法取得有关资质；安拆人员是否持有特种作业操作证；起重机械安装尤其是顶升作业是否制定专项施工方案；安装前是否办理告知手续等问题。要通过专项整治，曝光一批重大安全隐患、查处一批典型违法违规行为、淘汰一批不符合安全生产条件的起重机械，有效治理建筑施工领域起重机械安装使用乱象。

2. 持续开展建筑施工领域打非治违工作。鉴于定陶区博文·欧洲城"10·5"较大起重伤害事故暴露出的建筑施工领域违规挂靠、非法转包、违规租赁、无证上岗等诸多问题，要持续开展建筑施工领域打非治违工作，重点打击无资质施工、超资质范围承揽工程和违法违规发包、承包、转包、分包建设工程等行为。整治不按专项设计方案施工、无相应资质证书从事建筑施工活动等问题；打击无证、证照不全或证照过期从事生产经营建设的；停工整顿未经验收擅自开工和违反建设项目安全设施"三同时"规定的；重点打击未依法进行安全培训、未取得相应资格证或无证上岗的；重点打击群众举报和上级督办存在重大事故隐患的，重大隐患不按规定期限予以整治的；重点打击违章指挥、违章作业和违反劳动纪律的；以及其他违反安全生产法律法规的生产经营建设行为。

3. 严格落实企业安全生产主体责任。建设、施工和监理单位要进一步贯彻落实《安全生产法》《建筑法》等相关的法律法规，落实企业安全生产责任制，建立健全安全生产规章制度，把安全生产各项工作真正落实到位，打牢安全管理基础。依法认真履行有关安全职责，承担相应的法定责任。建设单位要严格履行安全生产工作统一协调管理的义务，依法加强对安全生产的监督管理，落实全程安全监管。监理单位要严格按照有关法律法规、工程强制性标准和《监理合同》《监理实施细则》等规定实施监理，认真督促施工单位落实各项安全防范措施，及时发现和消除安全隐患，切实履行好施工监理旁站作用。

4. 强化教育培训和施工现场管理。进一步加强从业人员的安全教育培训，外来施工人员进入施工现场前，必须进行安全教育培训，确保从业人员熟悉施工现场存在的各类安全风险，掌握必备的安全生产知识，着力解决安全生产"不懂不会"问题。要强化作业现场安全管理，按照安全技术标准及安装使用说明书认真检查起重机械及现场施工条件，严格执行作业前技术交底制度。严格审核特种作业人员持证情况，坚决制止"三违现象"，确保安全施工，杜绝类似事故再次发生。

5. 强力推进建筑施工领域安全风险分级管控和隐患排查与双重预防体系建设。各有关单位要严格按照"党政同责、一共双责、齐抓共管、失职追责"和"管行业必须管安全、管业务必管安全、管生产经营必须管安全"的要求，严格落实安全生产管理职责，扎实推进安全生产工作有效落实。各级建设行政主管部门要将正在开展的风险隐患大排查快整治严执法集中行动与"双重预防体系"建设工作有机结合起来，统筹安排、相互促进、共同推进。要按照《建筑施工企业风险分级管控细则》DB 37/T3015—2017 和《建筑施工企业隐患排查治理细则》DB37/T 3014—2017 的要求，全面辨识建筑施工企业安全生产风险，深入排查安全事故隐患。充分发挥市、区标杆企业的典型带动作用，推进辖区内建筑施工企业"双重预防体系"建设进程，有力提升建筑施工企业本质安全水平。

专家分析

一、事故原因

王凯晖

点评专家

　　住建部科学技术委员会工程质量安全专业委员会委员，北京建筑大学教师，长期从事建筑起重机械检验检测工作

（一）直接原因

1. 操作人员在塔式起重机顶升中，违章上岗作业。

2. 顶升套架两侧换步销轴直径相差 0.3cm；塔式起重机顶升时重心向北侧偏移。

3. 事发标准节耳板比下部标准节耳板薄 20％以上，承载能力严重下降。

（二）间接原因

1. 安装单位无起重机械安装资质违规挂靠，并且安排未取得建筑起重机械安装拆卸特种作业资格证的人员进行塔式起重机安装作业；编制的塔式起重机安装专项施工方案存在严重缺陷；未派驻技术负责人到现场安装指导。

2. 出租方孔海俊违规出租和转让塔式起重机，明知塔式起重机存在严重质量缺陷，在完成 11 个标准节安装后，将塔式起重机转让给薛建军。

3. 出租方薛建军违规出租塔式起重机，擅自在塔式起重机上安装非原厂制造的标准节；未履行塔式起重机检查、维修和保养职责。

4. 施工单位未认真落实安全生产主体责任，对该项目部管理不到位，项目部安全管理中违法违规问题突出。项目副经理马启彪违法挂靠、塔式起重机安装项目违法发包；项目部未认真审核塔式起重机的特种设备制造许可证、产品合格证、制造监督检验证明、备案证明等塔式起重机技术档案材料，未认真审核塔式起重机安装工程专项施工方案，未指定专职安全生产管理人员监督检查建筑起重机械安装作业情况，未对塔式起重机安装作业人员进行教育培训和安全施工技术交底，塔式起重机初装完毕和加装附着后未组织监理、安装、出租等单位进行验收。

5. 工程监理单位未严格履行监理责任。工程监理员事发时未在顶升作业现场旁站；未认真审核塔式起重机安装专项施工方案；未监督安全施工技术交底；向该项目部派驻的 4 名监理人员有 2 名（甘少杰、刘淼）无监理人员从业资格。

6. 山东德安检测技术有限公司未按照规定方法和程序要求，对事故塔式起

重机进行检测检验，违规出具虚假塔式起重机检验报告，致使事故塔式起重机在不具备安全条件的情况下投入使用。

二、经验教训

本起塔式起重机事故发生于塔式起重机顶升阶段，从事故的过程描述中貌似一起由于作业人员无资格引起，但实际是由于该设备自身（标准节、换步销等零部件）的缺陷造成。从现场的描述可以看出，该设备为个人所有，只是"挂靠"于租赁企业，在施工期间又转手他人，造成多个厂家的标准节混用，原始资料与真实不符，是一个完全"失控"后"拼凑"的设备；检验机构的不作为和弄虚作假导致原本可以发现的安全隐患最终演变成恶性事故。

《建筑起重机械安全监督管理规定》（建设部令第 166 号）第二十条规定："禁止擅自在建筑起重机械上安装非原制造厂制造的标准节和附着装置。"在未经核实材质、外形尺寸和连接方式的情况下将不同制造单位的标准节"混装"，极易造成使用和安装中的错误。本事故报告直接原因中描述的"事发标准节耳板比下部标准节耳板薄 20％以上"就是最好的证明。

对于标准节和附着装置的"非原厂"问题，其根源在于租赁公司的利益与安全生产之间矛盾，是目前租赁行业"以次充好""以假乱真""低价竞争"的结果。由于辨别产品需要一定的专业能力也是目前最难解决的建筑机械安全问题之一。要通过健全管理体系，配备、培养必要的机械管理专业人员，依据市场规律、发挥市场的调节和规范作用，来加强对租赁、安装、维保、检验（检测）等相关环节和单位的管理，全面落实建设行政管理部门制定实施的相关法规和标准。

21 陕西汉中"12·10"塔机倒塌较大事故

2018年12月10日8时许，位于南郑区梁山镇龙岗新区，由四川标升建设工程有限公司（以下简称四川标升公司）承建的汉中圣桦国际城C区一期项目工地4号塔式起重机（以下简称塔吊）突然发生坍塌，造成包括塔吊司机在内共3人死亡的较大事故，直接经济损失450余万元。

事故发生后，市委、市政府高度重视，有关领导分别批示全力做好事故救援、善后和调查处理工作。汉中市人民政府于2018年12月11日成立了由市安监局牵头，市监察委、市公安局、市建规局、市总工会和南郑区人民政府参加的"四川标升建设工程有限公司汉中圣桦国际城项目部'12·10'塔式起重机坍塌较大事故调查组"（以下简称事故调查组），对事故展开调查工作。事故调查组聘请相关专家组成技术专家组，邀请塔吊生产商和第三方专业检测检验机构提供技术支持，通过反复勘验现场、收集资料、询问证人和讨论分析，还原了事故发生、报告和救援的经过，查明了事故发生的原因和直接经济损失，认定了事故性质和责任，提出了对有关责任单位和责任人的处理意见，拟定了事故整改措施和改进工作的建议。现将有关情况报告如下。

一、基本情况

（一）项目概况

汉中圣桦国际城位于南郑区梁山镇龙岗新区，由汉中圣美嘉实业有限公司（以下简称圣美嘉公司）开发，成都思纳誉联建筑设计有限公司负责勘察设计，四川标升公司承担施工，陕西中兴国防工业工程咨询有限公司（以下简称中兴公司）对工程实施监理，南郑区建设工程质量安全监督站（以下简称南郑区质安站）对工程进行质量安全监督。

汉中圣桦国际城C区商住小区建设项目于2018年3月13日获得南郑区发改

局备案确认，2018年3月22取得南郑区梁山镇梁山社区龙岗路以北18185.2m² 土地使用权，2018年4月25日获得汉中市城乡建设规划局（现改称汉中市住建局）建设用地规划许可证，2018年6月21日，南郑区住房和城乡建设管理局（以下简称南郑区住建局）向汉中圣桦国际城C区一期1—7号楼核发建筑工程施工许可证，建设规模41057m²；2018年10月17日，汉中圣桦国际城C区8—11号楼、16—21号楼、23号楼及地下室获得南郑区住建局核发的建筑工程施工许可证，建设规模75647m²。

汉中圣桦国际城C区一期项目于2018年6月开工，共7栋11层高层住宅楼，建筑总面积41057m²。根据《施工组织设计》，该区域共布置3台塔吊，分别位于2号、4号、7号楼，4号楼塔吊用于4号、5号及3号楼85%范围内施工。事故发生时，1号至4号楼、7号楼主体结构已完成，高度33.15m。5号、6号楼位于4号楼北侧，正在基础施工阶段。

（二）事故塔吊基本情况

按事故塔吊产权单位汉中胜建机械租赁有限公司（以下简称胜建公司）提供的资料显示：该塔吊型号为QTZ型63t·m（c5510），四川建设机械（集团）股份有限公司生产，出厂日期为2014年6月10日，《特种设备制造许可证》编号：TS2410632—2016，产品出厂编号：201406C5G，塔机最大工作幅度55m，最大起重量为6t。

事故塔吊没有随带《安装使用说明书》、铭牌、起重量特性曲线图（表）和其他安全技术档案。调查过程中，胜建公司法定代表人李胜军向调查组提交了塔吊铭牌和向他人借用的同型号塔吊《安装使用说明书》。

事故塔吊初次安装高度为30m，使用过程中经过二次顶升，事故发生前塔吊使用高度为46.7m（底座0.2m＋基础节7.5m＋13个标准节39m），附着高度为21.2m，塔身自由端高度为25.5m（8.5个标准节）。

（三）事故发生单位基本情况

四川标升公司，成立于2014年1月，注册地：成都市武侯区武阳大道5号1栋1单元9楼904号，注册资本：4000万元，《营业执照》有效期为永久，为自然人投资或控股的有限责任公司；法定代表人：陈栖磊；拥有四川省住建厅批准的建筑工程施工总承包二级、建筑装修装饰工程专业承包二级等有效资质，有效期至2021年4月14日；具有四川省住建厅颁发的建筑施工企业《安全生产许可证》，有效期至2020年11月20日；主要从事工业与民用建筑施工、安装、装饰装修、地基与基础、大型土石方等经营活动。四川标升公司于2018年4月6日中标，承担由圣美嘉公司开发的汉中圣桦国际城 C 区一期项目工程施工任务，项目经理：李富强。

（四）事故相关单位基本情况

1. 建设单位：圣美嘉公司，成立于 2018 年 2 月，注册地：汉中市南郑区梁山镇石拱村龙岗新区龙岗家园安置区 3 号楼，注册资本：1.85 亿元；企业类型：其他有限责任公司；法定代表人：严明；持有房地产开发企业暂定资质证书；业务范围：房地产开发。

2. 监理单位：中兴公司，成立于 2001 年 11 月，为专业从事房屋建筑工程和市政公用工程监理的技术咨询机构。注册地：西安市未央区明光路 55 号天朗经开中心 11201 室，注册资本：1000 万元，企业类型：自然人独资或控股的有限责任公司；法定代表人：杨继忠；持有住建部门颁发的甲级房屋建筑工程和市政公用工程监理资质，有效期至 2021 年 3 月 18 日。2018 年 5 月，圣美嘉公司与中兴公司签订《建设工程监理合同》，委托中兴公司对汉中圣桦国际城项目 4 号地块（含 C 区一期 1~7 号楼）建设工程进行监理；中兴公司随即组建了由付波、李晓东和肖祖琴组成的汉中圣桦国际城项目 4 号地块建设工程项目监理部，委任付波为汉中圣桦国际城项目 4 号地块建设工程总监理工程师，李晓东和肖祖琴为专业监理工程师，实施项目监理工作。

3. 工程质量安全监督机构：南郑区质安站，南郑区住建局下属事业单位，主要负责辖区域内房屋和市政建设工程质量、安全监督及建筑施工起重机械产权备案、使用登记和日常监管工作。站长张宇（2011 年 5 月至今任职），副站长王敏（2001 年 12 月至今任职，分管质量安全监督一科），总工白阳宝（2015 年 3 月至今任职，分管备案科）。站内设综合办公室、备案科（科长张亚欣，经办人邓小军）、法规科、质量安全监督一科、二科和档案管理科等科室。2018 年 6 月 22 日，圣美嘉公司在南郑区质安站办理了汉中圣桦国际城 C 区一期项目工程质量安全监督手续，南郑区质安站向圣美嘉公司发出《建设工程质量安全实施监督通知书》，委派质量安全监督一科第一监督小组（组长兰小乔、质量监督员叶娟、安全监督员罗鹏）具体负责该项目的监督工作。2018 年 7 月 17 日，南郑区质安站受理了成豪公司《建筑起重机械安装告知书》，告知编号：AT201807027053；2018 年 8 月 27 日，四川标升公司在南郑区质安站办理了陕备 FC-T-1711-02612SCMc5510 塔吊使用登记手续，南郑区质安站向四川标升公司核发了《建筑起重机械使用登记证》，登记编号：陕登 FB-01-1808-00062，该塔吊随即投入使用。

4. 塔吊产权单位：胜建公司，成立于 2015 年 1 月，注册地：汉中市城固县博望镇北环路，注册资本：200 万元，《营业执照》有效期为长期，为自然人投资或控股的有限责任公司；法定代表人：李胜军；主要从事工程机械租赁、销售、安装和维修活动。2017 年 11 月 20 日，李胜军将一台标称 SCMc5510 的二手塔吊在城固县建设工程质量安全监督站备案，取得产权备案证书，备案号：陕备 FC-T-1711-02612。

5. 塔吊租赁单位：汉中润达建筑机械租赁有限公司（以下简称润达公司），成立于 2012 年 3 月，注册地：汉中市汉台区汉中路街道办事处上水渡村六组，注册资本：369 万元，企业类型：自然人独资有限责任公司；法定代表人：张海平；业务范围：建筑工程机械租赁。2018 年 6、7 月间，润达公司副总经理张贵军与四川标升公司签订塔吊租赁合同，向汉中圣桦国际城 C 区一期项目工程施工提供起重机械。因润达公司本身并不具备足够的塔吊，张贵军即将李胜军所拥有的备案号为陕备 FC-T-1711-02612 的 SCMc5510 塔吊转租（口头协议）给四川标升公司，于 2018 年 7 月安装于汉中圣桦国际城 C 区一期 4 号楼。

6. 塔吊安装单位：陕西成豪建筑机械有限公司（以下简称成豪公司），成立于 2010 年 12 月，注册地：西安市雁塔区公园南路朝阳花园小区 1 号楼 1 单元 2104 室，注册资本：200 万元，企业类型：自然人独资或控股的有限责任公司；原法定代表人：任朋，2018 年 11 月 29 日变更为叶高翔；具有西安市城乡建设委员会批准的起重设备安装工程专业承包三级资质，有效期至 2021 年 5 月 26 日；持有陕西省住建厅颁发的建筑施工企业《安全生产许可证》，有效期至 2021 年 4 月 20 日，业务范围：建筑工程机械租赁、安装等。2018 年 7 月 17 日，成豪公司与四川标升公司签订塔吊安装合同，承担 4 号楼陕备 FC-T-1711-02612 号 SCMc5510 塔吊安装任务。2018 年 7 月 30 日至 8 月 1 日，成豪公司指派张贵军（润达公司副总经理、成豪公司安装队负责人）任该塔吊安装现场总负责人，带领工人完成 4 号楼塔吊 30m 高度安装工作，并自检合格。

7. 塔吊检测单位：陕西正和设备检测有限公司（以下简称正和公司），成立于 2014 年 11 月，业务范围：房屋建设和市政工程建设工地起重机械检验检测。注册地：汉中市汉台区东一环路 164 号，注册资本：300 万元，企业类型：自然人独资的有限责任公司；法定代表人：胡建峰；持有陕西省质监局颁发的甲类综合检验机构核准证，有效期至 2019 年 9 月 22 日，持有检验检测机构资质认定证书，有效期至 2020 年 4 月 7 日。2018 年 8 月 13 日，正和公司受成豪公司委托，对 4 号楼塔吊进行了检验，结论为合格。

8. 塔吊产权登记备案单位：城固县建设工程质量安全监督站（以下简称城固县质安站），成立于 1985 年，系城固县住房和城乡建设管理局（以下简称城固县住建局）下属的差额补贴事业单位，主要负责辖区内房屋和市政建设工程质量、安全监督及建筑施工起重机械产权备案、使用登记和日常监管工作。

二、事故经过、报告及应急救援情况

2018 年 12 月 10 日上午 8 时，4 号楼塔吊司机李富强、信号工许继刚、蒋彩云（均持有合法有效的特种作业操作证）正常上班。当时天气晴，最高气温 2.9摄氏度，最低气温 0.4 摄氏度，日平均风速 0.8m/s；极大风速 1.8m/s，没有发生里氏 1 级以上地震。

8 时 06 分，李富强操作 4 号楼塔吊从工地搅拌站（塔机中心点北东方位33°，直距 12.7m）吊运一斗 M5 水泥砂浆（约 1.7t）至 5 号楼基坑（塔机中心点北西方位 24°，距离 53.24m，高差 5m）时，塔吊上部从附着处开始向北西方位倾斜。8 时 07 分，倾斜的塔身南东方位主弦杆（受拉力最大点）角钢从25.8m 处（第七标准节下部）突然断裂，塔身上部自断裂处瞬间向北西方位倾翻，起重臂自远而近首先坠地。由于起重臂坠地对塔身向北西方位倾翻造成阻力，故塔身向西扭曲后倾翻倒地。在塔吊上部倾翻的过程中，塔吊平衡臂尾部的6 块钢筋混凝土配重（总重 12440kg）从空中散落砸在木工棚上，致使木工棚瞬间垮塌，正在木工棚内作业的木工万奉平、谭海志两人被压埋，塔吊司机李富强被抛出驾驶室坠落地面。8 时 25 分左右，119 消防救援队伍和 120 急救人员到达事故现场，经诊断李富强、万奉平已当场死亡，谭海志经紧急送汉中市中心医院抢救无效于 11 时 20 分死亡。

事故发生后，工地管理人员立即电话报告 120 和 119，并向梁山派出所、梁山镇人民政府报告。梁山派出所、梁山镇人民政府接报后一边组织人员赶赴现场，一边向南郑区人民政府、区公安局、区安监局报告。南郑区人民政府常务副区长李剑歌率领相关部门领导和人员立即赶赴现场组织救援，对事故情况进行初步核实。10 时左右，汉中市安监局接南郑区安监局事故报告，樊强局长带领相关人员随即赶赴现场指导救援，了解情况后分别向市委、市政府值班室、省应急厅报告。

12 月 12 日，四川标升公司与死者家属签订了善后赔付协议，3 名死者遗体先后火化安葬。

三、事故原因分析

（一）直接原因

1. 事故塔吊是在"SCMc5012"型号基础上用多型号、多批次、多厂家零部件拼凑、改装而成"SCMc5510"，平衡臂短了1m，配重少了920kg，不符合《SCMc5510塔式起重机安装使用说明书》（四川建设机械（集团）股份有限公司）整机配置安全技术条件。

2. 塔身第七标准节下部南东方位主弦杆角钢有近二分之一的横向断裂陈旧伤，结构完整性被破坏。

3. 事故塔吊起重力矩限制器失效，在事故工况点起吊物严重超载，塔吊处于严重超负荷运行状态。

4. 事故塔吊附着以上自由端高度达25.5m，超过《安装使用说明书》规定达13.33%，塔身自由端稳定性下降。

（二）间接原因

1. 胜建公司：购买来历不明的、不符合安全技术条件的塔吊，使用伪造的《特种设备制造许可证》《整机出厂合格证》和铭牌等塔吊技术资料以及渭南市建设工程质量安全监督中心站《建筑起重机械产权备案销号证明》，借用他人《SCMc5510塔式起重机安装使用说明书》，骗取《陕西省建筑起重机械产权备案证》并违规出租；违规从事塔吊顶升和附着安装，使用非原塔吊生产厂家附着装置，附着安装位置不当；未按合同约定履行对塔吊进行定期检查和维护保养的义务，维保无记录，未及时消除塔吊起重力矩限制器失效的安全隐患。

2. 润达公司：出租没有完整、真实安全技术档案、不符合安全技术条件的塔吊给四川标升公司，且塔吊进场安装前未依规提交自检合格证明。

3. 成豪公司：未在安装前对塔吊结构组件安全技术状况进行全面检查并做详细记录；在没有《安装使用说明书》的情况下编制《塔吊安装专项施工方案》，内容要素不全，不符合规范要求；塔吊安全装置未安装到位；塔吊安装时公司专业技术人员、专职安全管理人员未进行现场监督，技术负责人未定期巡查；将塔吊二次顶升及附着安装施工交给不具备塔吊安装资质的胜建公司施工；塔吊安装完成后，未严格按照《塔式起重机安装自检表》的项目、内容进行自检，结论失实。

4. 正和公司：未严格审查报检塔吊资料，在资料不全的情况下进行检验；未严格按照《建筑施工升降设备设施检验检测标准》JGJ 305—2013附录E《塔式起重机检验报告》的项目、内容进行检验，漏项、缺项严重，验证试验记录不全，检测报告结论失实。

5. 四川标升公司：租用不符合安全技术条件的塔吊；组织塔吊联合验收时未严格按照《塔式起重机安装验收记录表》规定的内容进行；对起吊料斗超重失察，对塔吊作业人员违反"十不吊"的违规行为未及时发现和制止；安全技术交底针对性不强,未指派专职设备管理人员和专职安全管理人员对塔吊使用、维保情况进行现场监督检查。

6. 中兴公司:未认真审核塔吊《特种设备制造许可证》《产品合格证》等资料;未认真审核塔吊《安装工程专项施工方案》,对塔吊安装单位执行《安装工程专项施工方案》情况监督不力;对塔吊使用、维护保养情况监督检查不到位;参加塔吊安装联合验收未认真履行监督职责。

7. 圣美嘉公司:未认真履行建设单位安全生产主体责任,对项目参建单位安全生产工作失察失管。

8. 南郑区质安站:在塔吊安装告知环节审核把关不严,未及时发现和制止违规塔吊进入工地;在塔吊使用登记环节对安装、检测、验收和登记资料未认真审查,现场核查工作存在严重疏漏,违规向涉事塔吊核发《建筑起重机械使用登记证》;在塔吊使用环节现场监督不到位。

9. 城固县质安站:未针对实际情况制定建筑起重机械产权备案登记工作制度和工作流程,盲目依赖建筑起重机械产权单位对申报资料真实性的承诺,未认真审查塔吊有关备案材料的真实性和完整性,违规向胜建公司不符合安全技术条件的塔吊核发《陕西省建筑起重机械产权备案证》。

10. 南郑区住建局:未全面落实对建筑行业安全生产监督职责,对《建筑起重机械安全监督管理规定》(建设部令第166号)落实不力,对下属单位南郑区质安站的安全监督工作疏于指导,监管不力。

11. 城固县住建局:未全面落实对建筑行业安全生产监督职责,未认真贯彻落实《建筑起重机械安全监督管理规定》(建设部令第166号)对建筑起重机械安全监管的相关规定,对下属单位城固县质安站建筑起重机械监管工作疏于指导,监管不力。

12. 南郑区人民政府:对建筑施工安全生产工作领导不力,对区住建局建筑施工起重机械安全监管工作监督指导不到位。

13. 城固县人民政府:对建筑施工起重机械安全管理工作领导不力,对县住建局建筑施工起重机械安全监管工作监督指导不到位。

14. 汉中市住建局:贯彻落实《建筑起重机械安全监督管理规定》(建设部令第166号)不到位,未认真履行建筑起重机械安全行业监管职责,对全市建筑起重机械安全监管工作监督不力。

四、事故性质

经综合分析,调查组认定:四川标升建设工程有限公司汉中圣桦国际城项目部"12·10"塔式起重机坍塌较大事故是一起因不法建筑施工机械租赁企业违规出租不符合安全技术条件的塔吊，安装单位违规安装，检测单位违规检测，使用单位违规组织验收、违规使用，监理单位失察失管，监管机构失职失责，行业主管部门对建筑施工机械安全管理工作疏于指导、监督不力，相关县（区）人民政府安全生产工作履职不到位而导致的一起生产安全责任事故。

五、对责任单位和责任人的处理意见

根据对事故原因的分析，依据有关法律法规和党纪政纪规定，对事故责任单位、责任人的事故责任认定及处理提出如下意见：

（一）责任单位

1. 胜建公司：购买来历不明的、不符合安全技术条件的塔吊，使用伪造的《特种设备制造许可证》《整机出厂合格证》和铭牌等塔吊技术资料以及渭南市建设工程质量安全监督中心站《建筑起重机械产权备案销号证明》，借用他人《SCMc5510 塔式起重机安装使用说明书》，骗取《陕西省建筑起重机械产权备案证》并违规出租，违反《建筑起重机械安全监督管理规定》（建设部令第 166 号）第七条、第九条之规定；违规从事塔吊顶升和附着安装，违反《建筑起重机械安全监督管理规定》（建设部令第 166 号）第十条之规定；使用非原塔吊生产厂家附着装置，附着安装位置不当，塔身自由端高度超标，不符合《SCMc5510 塔式起重机安装使用说明书》规定；未按合同约定履行对塔吊进行定期检查和维护保养的义务，维保无记录，未及时发现和消除塔吊起重力矩限制器失效的隐患，违反《建筑起重机械安全监督管理规定》（建设部令第 166 号）第十九条和《建筑施工塔式起重机安装、使用、拆卸安全技术规程》（JGJ 196—2010）4.0.21 之规定。应对事故发生负主要责任，责成城固县市场监督管理局依法注销胜建公司《营业执照》；责成城固县质安站注销涉事塔吊《陕西省建筑起重机械产权备案证》并对该公司其他已备案的建筑起重机械产权资料进行清理；责成南郑区质安站依法没收涉事塔吊。

2. 润达公司：出租没有完整、真实安全技术档案、不符合安全技术条件的塔吊给四川标升公司，塔吊进场安装前未依规提交自检合格证明，违反《建筑起重机械安全监督管理规定》（建设部令第 166 号）第六条、第七条、第九条之规定，应对事故发生负主要责任，建议由汉中市应急管理局依照《中华人民共和国安全生产法》第一百零九条第二款、国家安监总局《关于修改〈生产安全事故报告和调查处理条例〉罚款处罚暂行规定等四部规章的决定》（第 77 号令）规定对润达公司给予罚款 70 万元的行政处罚。

3. 成豪公司：在安装前未对塔吊结构组件安全技术状况进行全面检查并做好详细记录，违反《建筑起重机械安全监督管理规定》（建设部令第 166 号）第十二条和《建筑施工塔式起重机安装、使用、拆卸安全技术规程》JGJ 196—2010 第 3.1.1 之规定；在没有《安装使用说明书》的情况下编制的《塔吊安装专项施工方案》，内容要素不全、不符合规范要求，违反《建筑施工塔式起重机安装、使用、拆卸安全技术规程》JGJ 196—2010 第 2.0.10、2.0.11 之规定；塔吊安全装置未安装到位，违反《建筑施工塔式起重机安装、使用、拆卸安全技术规程》JGJ 196—2010 第 3.4.12 之规定；塔吊安装时公司专业技术人员、专职安全管理人员未进行现场监督，技术负责人未定期巡查，违反《建筑起重机械安全监督管理规定》（建设部令第 166 号）第十三条之规定；将塔吊二次顶升及附着安装施工交由不具备塔吊安装资质的胜建公司实施，违反《建筑起重机械安全监督管理规定》（建设部令第 166 号）第十条之规定；安装后未严格按照《塔式起重机安装自检表》的项目、内容进行自检，结论失实，违反《建筑施工塔式起重机安装、使用、拆卸安全技术规程》JGJ 196—2010 第 3.4.15 之规定。应对事故发生负主要责任，建议由西安市城乡建设委员会吊销成豪公司《建筑业企业资质证书》，由陕西省住建厅吊销成豪公司《安全生产许可证》。

4. 正和公司：未严格审查报检塔吊资料，在资料不全的情况下进行检验；未按《建筑施工升降设备设施检验检测标准》JGJ 305—2013 附录 E 填写《塔式起重机检验报告》，漏项、缺项严重，验证试验记录不全，检测报告结论失实，违反《建筑起重机械安全监督管理规定》（建设部令第 166 号）第十六条和《建筑施工升降设备设施检验检测标准》JGJ 305—2013 第 8.1.1、8.1.2 之规定。应对事故发生负重要责任，建议由陕西省市场监督管理局吊销正和公司特种设备检测检验资质。

5. 四川标升公司：租用不符合安全技术条件的塔吊，违反《建筑起重机械安全监督管理规定》（建设部令第 166 号）第七条之规定；未按照规范的《塔式起重机安装验收记录表》内容组织塔吊联合验收，不符合《建筑施工塔式起重机安装、使用、拆卸安全技术规程》JGJ 196—2010 第 3.4.18 款之规定；对塔吊作业人员违反"十不吊"的违规行为未及时发现和制止，不符合《建筑施工塔式起重机安装、使用、拆卸安全技术规程》JGJ 196—2010 第 4.0.10 款之规定；安全技术交底针对性不强，未指派专职设备管理人员和专职安全管理人员对塔吊使用、维保情况进行现场监督检查，违反《建筑起重机械安全监督管理规定》（建设部令第 166 号）第十八条之规定。应对事故发生负重要责任，建议由汉中市应急管理局依照《中华人民共和国安全生产法》第一百零九条第二款、国家安监总局《关于修改〈生产安全事故报告和调查处理条例〉罚款处罚暂行规定等四部规章的决定》（第77号令）规定对四川标升公司给予罚款50万元的行政处罚。

6. 中兴公司：未认真审核塔吊《特种设备制造许可证》《产品合格证》及《安装工程专项施工方案》等资料，对塔吊安装单位执行《安装工程专项施工方案》情况监督不力，对塔吊使用、维护保养情况监督检查不到位，违反《建筑起重机械安全监督管理规定》（建设部令第166号）第二十二条之规定；参加塔吊安装联合验收未认真履行监督职责，违反《建筑施工塔式起重机安装、使用、拆卸安全技术规程》JGJ 196—2010 第3.4.18 之规定。应对事故发生负重要责任，建议由汉中市应急管理局依照《中华人民共和国安全生产法》第一百零九条第二款、国家安监总局《关于修改〈生产安全事故报告和调查处理条例〉罚款处罚暂行规定等四部规章的决定》（第77号令）规定对中兴公司给予罚款60万元的行政处罚。

7. 圣美嘉公司：未认真履行建设单位安全生产主体责任，对项目参建单位安全生产工作失察失管，违反《中华人民共和国安全生产法》第三十八条、第四十三条之规定。应对事故发生负一定责任，建议由汉中市应急管理局依照《中华人民共和国安全生产法》第一百零九条第二款、国家安监总局《关于修改〈生产安全事故报告和调查处理条例〉罚款处罚暂行规定等四部规章的决定》（第77号令）规定对圣美嘉公司给予罚款50万元的行政处罚。

8. 南郑区质安站：在塔吊安装告知环节审核把关不严，未及时发现和制止违规塔吊进入工地，违反《建筑起重机械安全监督管理规定》（建设部令第166号）第七条之规定；在塔吊使用登记环节对安装、检测、验收和登记资料未认真审查，现场核查工作存在重大疏漏，违规向不具备安全技术条件的塔吊核发《建筑起重机械使用登记证》，违反《建筑施工塔式起重机安装、使用、拆卸安全技术规程》JGJ 196—2010 第3.4.18 规定；在塔吊使用环节现场监督不到位，违反《建筑起重机械安全监督管理规定》（建设部令第166号）第二十六条之规定。应对事故发生负重要监管责任，建议由南郑区监察委员会对南郑区质安站进行追责，取消其2018年度评先评优资格，责成汉中市住建局在全市对南郑区质安站进行通报批评。

9. 城固县质安站：未针对实际情况制定建筑起重机械产权备案登记工作制度和工作流程，盲目依赖起重机械产权单位对申报资料真实性的承诺，未认真审查塔吊有关备案材料的真实性和完整性，违规向胜建公司不符合安全技术条件的塔吊核发《陕西省建筑起重机械产权备案证》，违反《建筑起重机械安全监督管理规定》（建设部令第166号）第七条之规定。应对事故发生负主要监管责任，建议由城固县监察委员会对城固县质安站进行追责，取消其2018年度评先评优资格，责成汉中市住建局在全市对城固县质安站进行通报批评。

10. 南郑区住建局：未认真贯彻落实《建筑起重机械安全监督管理规定》（建设部令第 166 号）对建筑起重机械安全监管的相关规定，对南郑区质安站的安全监督工作疏于指导，监管不力，应对事故发生负监管责任，责成其向南郑区人民政府写出书面检讨，并由南郑区监察委员会对其领导班子集体诫勉谈话，通报批评；在全区 2018 年度综合考核中实行一票否决。

11. 城固县住建局：未认真贯彻落实《建筑起重机械安全监督管理规定》（建设部令第 166 号）对建筑起重机械安全监管的相关规定，对城固县质安站的日常工作疏于指导，监管不力，应对事故发生负监管责任，责成其向城固县人民政府写出书面检讨，并由城固县监察委员会对其领导班子集体诫勉谈话，通报批评；在全县 2018 年度综合考核中实行一票否决。

12. 南郑区人民政府：对区域内建设工程安全生产工作领导不力，对南郑区住建局建筑起重机械安全监管工作督导不到位，发生较大安全生产责任事故，应对事故发生负领导责任，建议由汉中市人民政府对其主要领导进行约谈，责成其向汉中市人民政府写出深刻书面检讨。

13. 汉中市住建局：贯彻落实《建筑起重机械安全监督管理规定》（建设部令第 166 号）不到位，对全市建筑起重机械安全监管工作监督不力，应对事故负一定领导责任。建议由汉中市人民政府对其主要领导进行约谈，责成其向汉中市人民政府写出深刻书面检讨。

（二）责任人

1. 免于追究的责任人（1 人）

李富强：4 号楼塔吊司机，违反起重作业"十不吊"规定，违章作业，导致塔吊倾覆坍塌，对事故负有直接责任，鉴于其已在事故中死亡，免于追究。

2. 建议追究刑事责任人员（8 人）

（1）李胜军，男，36 岁，胜建公司法定代表人，购买来历不明的、不符合安全技术条件的塔吊，使用伪造的《特种设备制造许可证》《整机出厂合格证》和铭牌等塔吊技术资料以及渭南市建设工程质量安全监督中心站《建筑起重机械产权备案销号证明》，借用他人《SCMc5510 塔式起重机安装使用说明书》，骗取《陕西省建筑起重机械产权备案证》并违规出租；违规从事塔吊顶升和附着安装；使用非原塔吊生产厂家附着装置，附着安装位置不当，塔身自由端高度超标；未按合同约定履行对塔吊进行定期检查和维护保养的义务，维保无记录，未及时发现和消除塔吊起重力矩限制器失效的隐患，应对事故负直接责任和主要责任。涉嫌重大劳动安全事故罪，建议移送司法机关立案查处（其涉嫌伪造公章、国家机关公文罪已先行由城固县公安局立案查处）。

（2）张贵军，男，42 岁，润达公司副总经理、成豪公司安装工作负责人，出租没有完整、真实安全技术档案、不符合安全技术条件的塔吊给四川标升公司；未在安装前对塔吊结构组件安全技术状况进行全面检查并做好记录；塔吊安全装置未安装到位；交由不具备塔吊安装资质的胜建公司实施塔吊二次顶升及附着安装施工；安装后的塔吊自检，未规范填写《塔式起重机安装自检表》，结论失实，应对事故负直接责任。涉嫌重大劳动安全事故罪，建议移送司法机关立案查处。

（3）张奇，男，34 岁，正和公司 4 号塔吊检验员，未严格审查报检塔吊资料，在资料不全的情况下进行检验，未严格按照《建筑施工升降设备设施检验检测标准》JGJ 305—2013 附录 E《塔式起重机检验报告》内容开展检验工作，漏项、缺项严重，验证试验记录不全，检测报告结论失实，涉嫌重大责任事故罪，建议由陕西省市场监督管理局吊销其检验员资质，移送司法机关立案查处。

（4）徐辉，男，33 岁，正和公司 4 号塔吊检验员，未严格审查报检塔吊资料，在资料不全的情况下进行检验，未严格按照《建筑施工升降设备设施检验检测标准》JGJ 305—2013 附录 E《塔式起重机检验报告》内容开展检验工作，漏项、缺项严重，验证试验记录不全，检测报告结论失实，涉嫌重大责任事故罪，建议由陕西省市场监督管理局吊销其检验员资质，移送司法机关立案查处。

（5）尚文强，男，正和公司 4 号塔吊检验员，未严格审查报检塔吊资料，在资料不全的情况下进行检验，未严格按照《建筑施工升降设备设施检验检测标准》JGJ 305—2013 附录 E《塔式起重机检验报告》内容开展检验工作，漏项、缺项严重，验证试验记录不全，检测报告结论失实，涉嫌重大责任事故罪，建议由陕西省市场监督管理局销其检验员资质，移送司法机关立案查处。

（6）邓小军，男，40 岁，南郑区质安站备案科科员，在涉事塔吊安装告知环节审核把关不严，未及时发现和制止违规塔吊进入工地；在塔吊使用登记环节对安装、检测、验收和登记资料未认真审查，现场核查工作存在重大疏漏，有失职行为，移交汉中市监察委员会查处。

（7）张亚欣，男，51 岁，南郑区质安站备案科科长，对下属科员工作监督不力、把关不严，未及时发现和制止违规塔吊进入工地，对安装、检测、验收和登记资料未认真审查，批准向涉事塔吊核发《建筑起重机械使用登记证》，有失职行为，移交汉中市监察委员会查处。

（8）胡俊科，男，38 岁，城固县质安站监督四室负责人，承办建筑起重机械产权备案和使用登记工作。在办理建筑起重机械产权备案时，盲目依赖起重机械产权单位对申报资料真实性的承诺，未认真审查有关备案材料的真实性和完整性，违规向不符合安全技术条件的建筑起重机械核发《陕西省建筑起重机械产权备案证》，源头监管不到位，造成严重后果，有失职行为，应对事故负重要管理责任，移交汉中市监察委员会查处。

3. 给予党政纪处分和其他处理的责任人（31人）

四川标升公司（6人）

（1）胡林平，男，42岁，四川标升公司汉中圣桦国际城项目部机械设备管理员，对塔吊作业人员的违规行为未及时发现和制止，应对事故负管理责任，责成四川标升公司按照公司安全生产奖惩制度给予处理。

（2）李涛，男，34岁，四川标升公司汉中圣桦国际城项目部安全员，组织塔吊联合验收时未使用规范的《塔式起重机安装验收记录表》；对塔吊作业人员的违规行为未及时发现和制止，应对事故负管理责任，责成四川标升公司按照公司安全生产奖惩制度给予处理。

（3）黄亚东，男，42岁，四川标升公司招标采购中心总监，在选择塔吊租赁单位时考察、审核把关不严，应对事故负重要责任，责成四川标升公司撤销其总监职务并按照公司安全生产奖惩制度给予处理。

（4）王强，男，44岁，四川标升公司汉中圣桦国际城项目部原项目经理，决定租用不符合安全技术条件的塔吊，对塔吊联合验收和资料审核把关不严，应对事故负重要责任，建议由汉中市应急管理局根据国务院《生产安全事故报告和调查处理条例》（第493号令）第三十八条之规定，给予处上一年收入40％罚款的行政处罚。

（5）李富强，男，48岁，四川标升公司汉中圣桦国际城项目部项目经理，未指派专职设备管理人员和专职安全管理人员对塔吊使用、维保情况进行现场监督检查，应对事故负重要责任，建议由汉中市应急管理局根据国务院《生产安全事故报告和调查处理条例》（第493号令）第三十八条之规定，给予处上一年收入40％罚款的行政处罚。

（6）王凯强，男，33岁，四川标升公司副总经理，分管安全生产工作，对汉中圣桦国际城项目部安全监管不到位，应对事故负领导责任，建议由汉中市应急管理局根据国务院《生产安全事故报告和调查处理条例》（第493号令）第三十八条之规定，给予处上一年收入40％罚款的行政处罚。

陕西成豪公司（4人）

（7）张杰，男，56岁，成豪公司原技术总监，未认真审核《塔吊安装专项施工方案》，未到现场对塔吊安装工作进行指导和监督，应对事故负重要管理责任，建议陕西省住建厅将其纳入行业黑名单，不得从事建筑施工起重机械安装相关工作。

（8）陶亚撑，男，38 岁，成豪公司原安全总监，违规审批《塔吊安装专项施工方案》，未到现场对塔吊安装工作进行安全监督，应对事故负重要管理责任，建议陕西省住建厅吊销其安全资格 B 证，将其纳入行业黑名单，不得从事建筑施工安全管理工作。

（9）李向，男，31 岁，成豪公司汉中片区经理，在没有《安装使用说明书》的情况下组织编制《塔吊安装专项施工方案》，且《塔吊安装专项施工方案》内容要素不全、不符合规范规定，审核流于形式；塔吊安装时未安排专业技术人员、专职安全管理人员进行现场监督，应对事故负重要管理责任，建议陕西省住建厅将其纳入行业黑名单，不得从事建筑施工起重机械安装有关的活动。

（10）任朋，男，39 岁，成豪公司原法定代表人，对汉中片区业务开展情况失管失察，应对事故负重要领导责任，建议陕西省住建厅将其纳入黑名单，不得从事与建筑起重机械安装有关的活动。

正和检测公司（2 人）

（11）王磊，男，53 岁，正和公司技术负责人，4 号塔吊检测报告审核人，未严格按《建筑施工升降设备设施检验检测标准》JGJ 305—2013 审查《塔式起重机检验报告》，导致结论失实的检测报告通过审核，应对事故负一定责任，建议由汉中市应急管理局根据《中华人民共和国安全生产法》第八十九条之规定，给予罚款 2 万元的行政处罚。

（12）胡建峰，男，47 岁，正和公司法定代表人，未建立健全公司检测检验质量保证体系，擅自删减检测项目，对现场检测检验工作监督不力，把关不严，导致检测报告结论失实，应对事故负重要责任，建议陕西省市场监督管理局将其纳入行业黑名单，不得从事建筑施工起重机械检测检验相关活动。

中兴监理公司（2 人）

（13）李晓东，男，48 岁，中兴公司汉中圣桦国际城建设工程项目监理部现场专业监理工程师，未认真审核塔吊《特种设备制造许可证》《产品合格证》等资料；未认真审核塔吊《安装工程专项施工方案》；对塔吊安装单位执行《安装工程专项施工方案》情况监督不力；参加塔吊安装联合验收未认真履行监督职责；对塔吊使用、维护保养情况监督检查不到位，应对事故负重要监管责任，根据《建设工程安全生产管理条例》（国务院第 393 号）第五十八条之规定，建议陕西省住建厅暂停其执业资格 1 年。

（14）付波，男，41 岁，中兴公司汉中圣桦国际城项目 4 号地块建设工程项目监理部总监理工程师，对现场专业监理工程师的工作监督不力，把关不严，未认真审核塔吊《安装工程专项施工方案》，参加塔吊安装联合验收未认真履行监督职责，应对事故负监管责任，根据《建设工程安全生产管理条例》（国务院第

393号)第五十八条之规定,建议陕西省住建厅暂停其执业资格6个月。

圣美嘉公司(1人)

(15)周贤军,男,41岁,圣美嘉公司常务副总经理,主持公司日常工作,对项目参建单位监督不力,履职不到位,应对事故负一定领导责任,建议由汉中市应急管理局根据国务院《生产安全事故报告和调查处理条例》(第493号令)第三十八条之规定,给予处上一年收入40%罚款的行政处罚。

南郑区质安站(5人)

(16)白阳宝,男51岁,南郑区质安站总工程师,分管南郑区质安站备案科,未认真组织学习、贯彻落实《建筑起重机械安全监督管理规定》(建设部令第166号)及相关规范标准,对建筑起重机械安全监督管理工作认识不到位,监督不力,把关不严,对事故负有监管责任,责成南郑区住建局依照《事业单位工作人员处分暂行规定》第十七条第九款规定给予警告处分。

(17)罗鹏,男,46岁,中共党员,南郑区质安站驻汉中圣桦国际城C区一期项目工程质量安全监督组安全监督员,对塔吊使用及维保情况监督不到位,对事故负有监管责任,责成南郑区质安站依照《事业单位工作人员处分暂行规定》第十七条第九款规定给予警告处分。

(18)兰小乔,男,47岁,南郑区质安站驻汉中圣桦国际城C区一期项目工程质量安全监督组组长,对施工现场情况监督不到位,对事故负有监管责任,责成南郑区质安站给予诫勉谈话。

(19)王敏,女,49岁,南郑区质安站副站长,分管南郑区质安站驻汉中圣桦国际城C区一期项目工程质量安全监督组,对该组的现场监督工作监管不力,指导不到位,对事故负有监管责任,责成南郑区住建局给予诫勉谈话。

(20)张宇,男,50岁,中共党员,南郑区质安站站长,未认真贯彻落实《建筑起重机械安全监督管理规定》(建设部令第166号)及相关规范标准,对建筑起重机械安全监督管理工作领导不力,指导不到位,应对事故负有监管领导责任,责成其向南郑区住建局做出深刻书面检讨。

城固县质安站(3人)

(21)吴昭,男,51岁,中共党员,城固县质安站原站长(2018年5月离任),现任城固县住建局技审科负责人,在任城固县质安站站长期间,未认真贯彻执行《建筑起重机械安全监督管理规定》(建设部令第166号),未针对本县实际情况组织制定建筑起重机械产权备案登记工作制度和工作流程,对建筑起重机械产权备案和使用登记工作领导不力,监督不到位,导致该站向不符合安全技术条件的建筑起重机械核发了《陕西省建筑起重机械产权备案证》,造成严重后果,应对事故负重要监管责任,责成城固县住建局依照《事业单位工作人员处分暂行规定》第十七条第九款规定给予降低岗位等级处分。

（22）王奇，男，39 岁，中共党员，城固县质安站站长、党支部书记，2018年 5 月接任站长职务后，未认真组织学习、贯彻落实《建筑起重机械安全监督管理规定》（建设部令第 166 号）及相关规范标准，导致本站继续向不符合安全技术条件的建筑起重机械核发《陕西省建筑起重机械产权备案证》，造成一定后果，且在调整装修办公室期间，考虑不周、安排不当，造成包括涉事塔吊备案资料在内的一批重要档案毁损，影响事故调查工作进展，有失职行为，责成城固县住建局依照《事业单位工作人员处分暂行规定》第十七条第九款规定给予记过处分。

（23）王刚，男，46 岁，城固县质安站副站长，中共党员，2018 年 8 月分管建筑起重机械备案工作以来，未认真贯彻落实《建筑起重机械安全监督管理规定》（建设部令第 166 号）及相关规范标准，在建筑起重机械核产权备案和使用登记工作中把关不严、监督不力，继续向不符合安全技术条件的建筑施工起重机械核发《陕西省建筑起重机械产权备案证》并使其流入建筑施工工地，有一定的失职行为，责成城固县住建局依照《事业单位工作人员处分暂行规定》第十七条第九款规定给予警告处分。

南郑区住建局（3 人）

（24）邬青山，男，51 岁，南郑区住建局建工股股长，未认真贯彻落实《建筑起重机械安全监督管理规定》（建设部令第 166 号），对南郑区质安站建筑起重机械安全监管工作检查监督不力，有一定的失职行为，建议南郑区监察委员会依照《行政机关公务员处分条例》第二十条第一款规定给予政务记过处分。

（25）袁兴春，男，50 岁，中共党员，南郑区住建局副局长，未认真组织学习、贯彻落实《建筑起重机械安全监督管理规定》（建设部令第 166 号）及相关规范标准，对建筑起重机械安全监督管理工作领导不力，对下属单位质安站的安全监督工作指导不到位，应对事故负一定领导责任，建议南郑区监察委员会依照《行政机关公务员处分条例》第二十条第一款规定给予政务警告处分。

（26）王建华，男，55 岁，中共党员，南郑区住建局局长，对全区建筑施工安全生产监管工作领导不力，未认真组织学习、贯彻落实《建筑起重机械安全监督管理规定》（建设部令第 166 号）及相关规范标准，应对事故负一定领导责任，建议南郑区监察委员会给予诫勉谈话。

城固县住建局（3 人）

（27）刘建，男，40 岁，中共党员，城固县住建局建工科负责人，未认真贯彻落实《建筑起重机械安全监督管理规定》（建设部令第 166 号），对城固县质安站建筑起重机械安全监管工作检查监督不力，有一定的失职行为，责成城固县住建局依照《事业单位工作人员处分暂行规定》第十七条第九款规定给予记过处分。

（28）胡振彦，男，57岁，中共党员，城固县住建局原副局长，分管建筑施工安全工作，联系城固县质安站。任职期间未认真贯彻落实《建筑起重机械安全监督管理规定》（建设部令第166号），对城固县质安站建筑起重机械安全监管工作监督检查不力，有一定的失职行为，建议城固县监察委员会依照《行政机关公务员处分条例》第二十条第一款规定给予政务警告处分。

（29）徐建锋，男，50岁，中共党员，城固县住建局局长，未认真贯彻落实《建筑起重机械安全监督管理规定》（建设部令第166号），对城固县建筑起重机械安全监管工作领导不力，建议城固县监察委员会给予诫勉谈话。

南郑区人民政府（1人）

（30）张长弓，男，中共党员，南郑区人民政府分管城建工作副区长，对全区建筑施工安全生产工作领导不力，对南郑区住建局建筑起重机械安全监督管理工作监督不到位，对事故负有一定领导责任，责成其向南郑区人民政府写出深刻书面检讨。

城固县人民政府（1人）

（31）李国鸿，男，中共党员，城固县人民政府分管城建工作副县长，对城固县住建局建筑起重机械安全监督管理工作领导不力，对事故负有一定领导责任，责成其向城固县人民政府写出深刻书面检讨。

六、应汲取的事故教训

1. "二手"建筑施工起重机械市场造假猖獗，给建设工程领域安全生产带来极大的安全隐患。调查发现，社会上存在着一个活跃的"二手"建筑起重机械地下交易市场，一些建筑起重机械租赁从业者以网络为平台互相串联，互通有无，将存在各种隐患、濒临报废的建筑起重机械改头换面，伪造相关证书、资料，重新登记备案，投放施工现场，给建筑施工安全造成极大威胁。

2. 建筑起重机械登记备案制度存在漏洞，造成监管过程中出现真空。基层建筑起重机械登记备案机构没有根据《建筑起重机械安全监督管理规定》（建设部令第166号）对建筑起重机械备案登记、使用登记的规定制定相关工作制度和具体工作流程，以建筑起重机械产权单位真实性承诺为借口，不认真审查备案资料的真实性，不核对备案资料与实物的符合性，不核查设备与国家相关标准规范的符合性，备案登记工作流于形式，给不法分子造假以可乘之机。

3. 建筑起重机械登记备案工作人员管理责任未有效落实。基层建筑起重机械登记备案机构领导和具体经办人员没有认真学习领会《建筑起重机械安全监督管理规定》（建设部令第 166 号）及其配套规范要求，不认真分析研究建筑起重机械登记备案工作中存在的漏洞，按部就班，得过且过，使建筑起重机械安全监督管理工作跟不上建筑施工安全发展的实际需要。

4. 建筑起重机械登记备案工作人员专业知识欠缺，业务能力与岗位要求不相适应。调查中发现，相当一部分基层建筑起重机械登记备案机构领导和具体经办人员都不具备建筑起重机械方面的专业知识，单位也很少给予进修、培训的机会，再加之个人不注重业务学习，很多在建筑起重机械登记备案工作岗位上的人员并不具备相应的监管能力。

七、事故防范和整改措施

（一）四川标升公司

1. 以本次事故为教训，进一步健全安全生产责任制和各项安全管理制度，夯实安全生产主体责任，在项目部开展全面彻底的事故隐患大排查。对存在事故隐患的建筑施工起重机械要停止使用，该拆除的坚决拆除，该维修保养的及时维修保养，不留死角。

2. 对项目部所有员工进行一次全面的安全教育，认真学习《建筑起重机械安全监督管理规定》（建设部令第 166 号）、《起重机械安全规程》GB 6067.1—2010 和《建筑施工塔式起重机安装、使用、拆卸安全技术规程》JGJ 196—2010，做到全覆盖。

3. 按照《建筑起重机械安全监督管理规定》（建设部令第 166 号）第十八条的规定，在项目部设置专职人员监督管理起重机械安装、维保及其作业活动，杜绝起重机械违章违法行为。

4. 责成项目部根据每台塔吊技术特性和施工工艺技术条件，逐台制定具体的起重作业方案，并对塔吊司机、信号工进行有针对性和可操作性的安全技术交底，严禁违章指挥、违章操作。

5. 严格按照《建筑起重机械安全监督管理规定》（建设部令第 166 号）第十九条和《起重机械安全规程》GB 6067.1—2010 第 18 章规定的内容，督促项目部认真做好起重机械的日常检查、试验、维护与管理，确保起重机械各种安全装置齐全有效、灵敏可靠。

（二）润达公司

1. 认真汲取此次事故的教训，严格按照《建筑起重机械安全监督管理规定》

《起重机械安全规程》等有关规定、标准要求，落实安全生产企业主体责任，对所有已备案登记的建筑施工起重机械进行清理，逐台进行安全检查，完善安全技术档案。对已不具备基本安全技术条件的建筑施工起重机械坚决自行报废；安全技术档案不全的一律不得出租。

2. 建立健全建筑施工起重机械出租安全管理制度。每台设备每次使用完毕拆除后，应按照技术规范对设备进行全面检查和维护保养，对每一个主要受力结构件和焊接部位，应重点检查，发现有严重锈蚀、裂纹、脱焊等缺陷，应及时修复处理，并经检验合格后方可使用，否则应予以报废。

3. 转租其他公司建筑施工起重机械应按照本公司建筑施工起重机械出租安全管理制度进行严格管理。

(三) 中兴公司

1. 调整汉中圣桦国际城监理项目部组成人员，配备专业技术水平达标、工作责任心强的监理工程师依法认真履行监理职责。

2. 组织监理项目部全体人员认真学习《建筑起重机械安全监督管理规定》（建设部令第 166 号）、《起重机械安全规程》GB 6067.1—2010 和《建筑施工塔式起重机安装、使用、拆卸安全技术规程》JGJ 196—2010，严格依法实施监理。

3. 修订完善监理项目部《监理规划实施细则》和相关工作制度，夯实工作责任，认真履行监理职责，特别是对建筑施工起重机械安装、验收和使用等关键环节要认真监督检查，把好方案核审关、现场旁站关、联合验收关、安全使用关。

4. 加强对监理项目部日常工作的监督和考核。

(四) 圣美嘉公司

认真履行建设单位安全生产主体责任，加强对项目参建单位的日常监管，督促参建单位在项目建设全过程、各环节认真贯彻执行安全生产法律法规和规范标准，确保项目建设安全有序进行。

(五) 汉中市住建局（含相关区县住建局和质安站）

1. 以本次事故为反面教材，在全市建筑施工领域开展安全生产警示教育活动，提高建筑施工起重机械安全管理水平。

2. 立即在全市开展建筑施工起重机械安全生产专项整治。市、县（区）建设行业主管部门和监督机构应再次认真组织学习《建筑起重机械安全监督管理规定》（建设部令第 166 号）和相关规范、标准，对建筑施工起重机械备案、租赁、安装、检验、使用等各个环节进行清理整顿，坚决打击各类违法违规行为，杜绝类似事故再次发生。

3. 针对本次事故暴露出的建筑施工起重机械安全监管方面的漏洞，组织制定加强建筑施工起重机械安全监管的指导性文件和工作规范，进一步完善建筑施工起重机械产权备案和使用登记工作。

4. 加强对全行业、全系统安全生产工作的监督指导和考核管理，认真履行行业安全监管职责。继续深入开展工程建设领域安全生产隐患排查治理和"打非治违"专项行动，加强对建筑施工起重机械租赁单位、安装单位、检测单位的监督管理工作，严格规范建筑起重机械管理。

5. 组织建筑施工起重机械安全监管业务培训，提高经办人员业务水平和监管能力。

（六）南郑区人民政府

加强对全区建筑施工领域安全生产工作的领导，认真落实"党政同责、一岗双责"，督促建设行业主管部门汲取事故教训，认真开展建筑施工起重机械安全专项整治，堵塞监管漏洞，消除各类事故隐患，确保建筑施工领域安全生产形势稳定好转。

（七）城固县人民政府

认真组织学习《建筑起重机械安全监督管理规定》（建设部令第 166 号）和相关规范、标准，调整充实建筑施工起重机械监管机构领导班子，建立和完善建筑施工起重机械备案工作制度，堵塞监管漏洞，对违规登记备案的建筑施工起重机械进行清理，彻底消除隐患。

专家分析

一、事故原因

（一）直接原因

事故塔式起重机采用多型号、多批次、多厂家零部件拼凑、改装，部分主要结构件（如平衡臂）未按照生产厂家《安装

点评专家 周长安 住建部科学技术委员会工程质量安全专业委员会委员，重庆市建设工程施工安全管理总站副站长，长期从事建筑施工安全管理工作

使用说明书》要求进行配置，部分重要结构件（包括标准主弦杆）有严重的陈旧裂纹，附着装置设置不当导致自由端高度超过《安装使用说明书》规定，力矩限制器失效且严重超载荷作业。以上原因共同作用下，最终导致塔式起重机倒塌事故发生。

（二）间接原因

事故塔式起重机通过伪造资料等手段建立虚假的安全技术档案；设备进场、安装和检测环节没有进行主要结构件"一致性"验收和验证，极其可能存在"以旧代新"现象，没有严格按照《安装使用说明书》进行安装以控制重要的技术指标；加之，设备使用阶段没有认真开展维护保养和安全隐患排查消除工作等也是此次事故发生的重要因素。

1. 塔机产权公司购买来历不明且不符合安全技术条件的塔吊，伪造相应资料欺骗相关部门办理塔吊产权备案证并违规出租；违规从事塔吊顶升和附着安装，违规使用非原塔吊生产厂家附着装置，附着安装位置不当；未履行对塔吊进行定期检查、定期维护、定期保养义务，未及时消除塔吊起重力矩限制器失效的安全隐患。

2. 塔吊租赁公司违规将没有完整、真实的安全技术档案、不符合安全技术条件的塔吊出租给施工单位，未提供塔吊进场安装前自检合格证明。

3. 塔吊安装公司未在安装前对塔吊结构组件安全技术状况进行全面检查并做详细记录；编制的《塔吊安装专项施工方案》不符合规范要求；塔吊安全装置未安装到位；塔吊安装时公司专业技术人员、专职安全管理人员未进行现场监督，技术负责人未定期巡查；违法委托不具安装资质单位进行顶升及附着安装作业；塔吊安装完成后，未严格按照《塔式起重机安装自检表》的项目、内容进行自检，自检结论严重失实。

4. 检测公司未严格审查报检塔吊的相关资料，在资料不全的情况下进行检验；未严格按照《建筑施工升降设备设施检验检测标准》JGJ 305—2013 附录 E《塔式起重机检验报告》的项目、内容进行检验，漏项、缺项严重，验证试验记录不全，检测报告结论失实。

5. 施工单位租用不符合安全技术条件的塔吊；组织塔吊联合验收时未严格按照《塔式起重机安装验收记录表》规定的内容进行；对起吊料斗超重失察，对塔吊作业人员违反"十不吊"的违规行为未及时发现和制止；安全技术交底针对性不强，未指派专职设备管理人员和专职安全管理人员对塔吊使用、维保情况进行现场监督检查。

6. 监理公司未认真审核塔吊《特种设备制造许可证》《产品合格证》等资

料；未认真审核塔吊《安装工程专项施工方案》，对塔吊安装单位执行《安装工程专项施工方案》情况监督不力；对塔吊使用、维护保养情况监督检查不到位；参加塔吊安装联合验收未认真履行监督职责。

二、经验教训

该起塔式起重机事故是一起典型的弄虚作假骗取产权登记，以次充好违法拼装塔机造成的事故。起重机械的本质安全是机械设备本身，租赁公司所提供的设备本身存在安全隐患是近年来比较突出的问题。在本次事故报告中有如下描述："平衡臂短了1m，配重少了920kg""附着以上自由端高度达25.5m，超过《安装使用说明书》规定达13.33％"。这两条看似简单的问题描述证明了租赁公司拼装塔机出租的事实，是本次事故的根本原因。

起重机械的资料造假问题由来已久，近年来由于建设工程项目的增多，起重机械租赁市场出现了许久未见的"一机难求"，价格随之上涨，利益的驱使导致各种造假现象滋生，最为典型的就是通过产权变更的手段将超期服役的设备更新为新出厂的产品。此种现象的出现对于产权登记制度是严重的威胁。由于目前不具备相关信息的全国联网，也导致相关工作人员无法查实起重设备的"履历"，很难核实真实性，产权登记已经成为这些违法者的"合格证明"。

22 上海闵行"12·29"基坑坍塌较大事故

调查报告

2018年12月29日8时51分左右，在新建的七宝生态商务区18-03地块商办项目工地，发生一起基坑内局部土方坍塌事故，造成3人死亡。

事故发生后，市委、市政府主要领导高度重视。市委书记李强做出重要批示：要抓紧查明事故原因，举一反三，消除各类安全隐患，切实防止此类事故再次发生。时任常务副市长周波要求全力抢救伤员，查清事故原因。

根据《中华人民共和国安全生产法》《生产安全事故报告和调查处理条例》（国务院令第493号）、《上海市实施〈生产安全事故报告和调查处理条例〉的若干规定》（沪府规〔2018〕7号）等相关法律法规规定，市应急局会同市住房城乡建设管理委、市公安局、市总工会、闵行区人民政府，邀请市监察委组成事故调查组，并聘请专家参与对事故直接技术原因的认定。事故调查组坚持"科学严谨、依法依规、实事求是、注重实效"的原则，深入开展调查工作。通过现场勘查、调查取证、综合分析等工作，查明了事故原因，认定了事故性质和责任，提出了对有关责任人员、责任单位的处理建议和改进工作的措施建议。

经调查认定，七宝生态商务区18-03地块商办项目"12·29"坍塌较大事故是一起生产安全责任事故。

一、基本情况

（一）事故涉及单位基本情况

1. 总包单位

上海建工七建集团有限公司（以下简称七建公司），法定代表人：顾亚团，住所：中国（上海）自由贸易试验区福山路33号17楼C座，经营范围包括建筑设计，建设工程总承包等。持有中华人民共和国住房和城乡建设部颁发的《建筑业企业资质证书》，资质类别及等级包括建筑工程施工总承包特级，市政公用工程施工总承包一级。

2. 专业分包单位

上海聚联建设发展有限公司（以下简称聚联公司），法定代表人：姚文华，住所：上海市闵行区虹梅南路 3509 弄 8 号 5 幢 A1012 室，经营范围包括建筑业劳务分包，土石方建设工程专业施工。持有上海市住房和城乡建设管理委员会颁发的《建筑业企业资质证书》，资质类别及等级为建筑工程施工总承包三级等。

3. 劳务分包单位

上海兴法建设劳务有限公司（以下简称兴法公司），法定代表人：黄冠，住所：上海市长宁区剑河路 425-429 号（单）201 室，经营范围包括建设劳务，抹灰建设工程作业，砌筑建设工程作业等。持有上海市住房和城乡建设管理委员会颁发的《建筑业企业资质证书》，资质类别及等级为模板脚手架专业承包不分级、施工劳务企业资质劳务分包不分级。

4. 监理单位

上海金外滩辅正工程咨询有限公司（以下简称金外滩公司），法定代表人：张海峰，住所：上海市嘉定工业区叶城路 925 号 B 区 4 幢 J407 室，经营范围包括建筑工程咨询，项目管理，工程监理等。持有中华人民共和国住房和城乡建设部颁发的《工程监理资质证书》，资质等级为房屋建筑工程监理甲级，可以开展相应类别建设工程的项目管理、技术咨询等业务。

5. 建设单位

上海万筠房地产有限公司（以下简称万筠公司），法定代表人：王一川，住所：上海市闵行区新龙路 1333 弄 75 号 101 室，经营范围为房地产开发，房地产经纪等。

（二）合同签订情况

1. 施工总包合同

2018 年 8 月 5 日，万筠公司与七建公司签订《建设工程施工合同》，工程内容为桩基、基坑维护、土建、安装、精装修、室外总体等，合同工期至 2020 年 6 月 30 日。

该工程由七建公司第二工程公司（以下简称第二公司）成立七宝生态商务区 18-03 地块商办项目部（以下简称 18-03 地块项目部）具体负责实施。

2. 专业分包合同

2018 年 10 月 18 日，七建公司与聚联公司签订《七宝生态商务区 18-03 地块商办项目（土方工程）专业分包合同》，约定工程范围为土方工程（挖土）。2018 年 12 月 20 日，双方签订《专业分包施工补充合同》，将施工工期延至 2019 年 3

月 31 日。双方签订《建筑安装施工安全协议》。

在实际施工中，垫层底标高 30cm 以上土方由聚联公司负责，以下部分由七建公司负责。

3. 劳务分包合同

2018 年 9 月 10 日，七建公司与兴法公司签订《建筑工程劳务分包施工合同》，约定由兴法公司承包七宝生态商务区 18-03 地块商办项目钢筋作业、模板作业、混凝土作业等相关劳务内容。合同工期约定：开工日期 2018 年 9 月 15 日，完工日期 2020 年 9 月 30 日。

4. 监理合同

2018 年 6 月 15 日，万筠公司与金外滩公司签订《建设工程委托监理合同》，由金外滩公司提供七宝生态商务区 18-03 地块商办项目工程的监理服务，监理工期为 2018 年 8 月 1 日至 2020 年 10 月 30 日。

（三）项目基本情况

1. 项目总体情况

七宝生态商务区 18-03 地块商办项目，位于上海市闵行区新龙路北侧，号文路西侧，号景路东侧。包括 4 栋 9 层商办建筑，1 栋 4 层商业建筑，8 栋 4 层办公建筑，整体设地下一层车库（局部为地下二层）。

2. 方案编制审核情况

2018 年 9 月，七建公司 18-03 地块项目部编制完成《七宝生态商务区地块商办项目基坑施工方案》（内容包含挖土、降水、支撑）。

2018 年 9 月 30 日，上海建瓴工程咨询有限公司组织专家对方案进行论证，出具专项方案论证报告（报告编号：沪建瓴咨 [2018] -0563）。

2018 年 11 月 7 日，七建公司审核同意《七宝生态商务区 18-03 地块商办项目挖土降水支撑专项施工方案》（以下简称专项施工方案）。11 月 9 日建设单位、监理单位审查同意该方案。

3. 项目基坑情况

项目基坑总面积约 27200m², 周长约 700m。地下一层一般开挖深度 5.40m，地下二层区域一般开挖深度 8.40m。挖土分 2 个阶段，第一阶段挖土整体从南至北挖至角撑及围檩底标高（地下一层区域土方卸至 -1.90m，地下二层区域土方卸至 -3.20m）；第二阶段分为 13 个区域，分块开挖。

4. 工程进展情况

事故发生前，该项目正处于土方开挖阶段。至 2018 年 12 月 29 日上午，底板混凝土浇筑完成约 16%，挖土完成约 40%。

（四）事故区域土方施工情况

事故发生在挖土分块Ⅲb区域内B′轴南侧，事发时已挖至坑底标高，局部垫层已浇筑。挖土分块Ⅲb区域（轴线p-c′/1-10）面积为1213m²。挖土分块Ⅲb区域内含5号楼和6号楼一部分。5号楼、6号楼均为地上4层、地下1层结构。

2018年9月底，项目开始首次卸土，除钢筋棚区域外整体卸土深度1.60m。

聚联公司于2018年12月16日开始对挖土分块Ⅲb区域整体自西向东挖土，深度5.40m。5号楼北侧待挖区域（坍塌区域）因堆有钢筋等物，故聚联公司按1：1放坡挖土，一坡到底。

（五）事发前相关情况

12月25日15时24分，金外滩公司18-03地块项目部安全监理冯正洋在名称为"18-03地块安全、质量"的微信群中发布5号楼北边边坡的照片和"上下边坡落差那么大，有人安排怎么处理吗"的信息。

12月27日9时4分，七建公司18-03地块项目部安全员陈爱骏在名称为"七宝万科项目组群"的微信群中发布照片和"钢筋棚南侧需放坡降低高度，材料堆放有坍塌风险"的信息。9时10分，又发布照片和"基坑底部还有施工人员，需立即撤离人员采取措施"的信息。

12月27日9时5分，冯正洋在"18-03地块安全、质量"微信群内发布照片和文字信息"这个边坡上下7、8米高，下面的人在施工，有什么保证措施吗，一直在说，没人回答吗"。12时41分，又发出"5号楼暂时不挖土，先把临边做一下"的信息。

12月27日上午，七建公司18-03地块项目部工程师童继龙向项目经理顾逢祥指出存在坍塌风险，并同聚联公司现场负责人张浩堂3人到现场查看情况。顾逢祥安排人员移走部分堆放的钢筋、木方等材料。但没有设置警示标志，没有封闭作业现场。

12月28日13时18分，万筠公司人员顾飞在名称为"18-03万科施工群"的微信群中，对金外滩公司18-03地块项目部土建监理汤雪锋讲"结合早上几张照片，现场几处底板工作面临坡处，控制好边土高度、放坡、警戒线等，保障好基坑施工的工友安全"。13时27分，汤雪锋回复"收到"。

二、事故经过及救援情况

（一）事故经过

2018年12月29日8时30分左右，项目经理顾逢祥在Ⅲb区域发现现场有4

名工人在作业后，便要求作业人员到隔壁区域作业后离开现场。

8时51分，Ⅲb区域北侧边坡发生坍塌，将兴法公司2名进行坑底砖胎模砌筑作业人员和1名进行坑底截桩作业的施工人员掩埋，另1名坑底截桩作业人员周守治逃出。

（二）事故救援情况

8时52分，项目部人员拨打119和120求助，同时组织自救。9时2分，消防救援队伍赶到现场开始救援，同时要求项目部救援人员撤出现场。至11时40分，3名人员被先后救出。

李文希、张兴兆2人在送上海市闵行区中心医院途中死亡，陈国发经上海市闵行区中心医院抢救无效死亡。

三、事故造成的人员死伤亡和直接经济损失

（一）事故造成的人员死亡情况

1. 李文希，男，68岁，河南省方城县人。
2. 张兴兆，男，58岁，河南省方城县人。
3. 陈国发，男，57岁，江苏省宿迁市人。

（二）事故造成的直接经济损失

事故造成直接经济损失约525万元。

四、现场勘查情况及专家技术分析意见

（一）现场勘查情况

经现场勘察，坍塌区域为Ⅲb区域内场地西侧，待建5号楼北侧部位，滑坡体长度为18.1m；宽度为7.5～9.3m；土方量约150m³。

经对现场邻近部位未坍塌的土坡实测，未坍塌土坡高度约5m；放坡宽度5m；实际施工按1:1放坡，且一坡到底，未分级放坡。

（二）技术方案调查情况

经查阅专项施工方案和相关图纸，专项施工方案由七建公司编制，并经金外

滩公司、万筠公司审查通过。专项施工方案明确基坑分层开挖厚度不应大于4m；临时边坡坡度不大于1：1.5，当挖土高度大于4m时应分级放坡，专家组认为该专项施工方案符合《基坑工程技术标准》（DG/TJ 08-61—2018，以下简称技术标准）要求。

（三）技术分析

该专项施工方案明确基坑分层开挖厚度不大于4m，临时边坡坡度不大于1：1.5；当挖土高度大于4m时应分级放坡。但现场实际勘察结果为土坡高度5m，坡底进深5m，坡比1：1，且一坡到底，未分级放坡。施工现场土方开挖未按专项施工方案要求组织施工。

（四）事故技术原因

综上所述，造成这起事故的直接技术原因是坑内临时边坡挖土作业未按照专项施工方案要求进行分级放坡，实际放坡坡度未达到技术标准要求，造成土体滑坡的事故发生，并导致3名作业人员死亡。

五、事故原因

（一）直接原因

坑内临时边坡挖土作业未按照专项施工方案要求进行分级放坡，实际放坡坡度未达到技术标准要求，当发现存在坍塌风险时采取措施不力，导致事故发生，造成3名作业人员死亡。

（二）间接原因

相关单位安全生产主体责任、安全责任制不落实。未教育和督促从业人员严格执行本单位的安全生产规章制度和安全操作规程；相关人员未履行安全生产管理职责，未督促检查本单位安全生产工作，及时消除事故隐患。

1. 总包单位

18-03地块项目部对项目施工和现场管理不力。项目部组织管理机构不健全，未按要求配足人员；技术交底流于形式，对现场挖土作业未按专项施工方案要求的情况放任不管，且继续组织进行下阶段作业；在接到管理人员对事故隐患的报告后，采取应急处置措施不力；当发现危及人身安全的紧急情况，没有立即组织作业人员撤离危险区域。上级公司对18-03地块项目部危险性较大的分部分项工程安全管理混乱情况失察。

2. 专业分包单位

对挖土作业管理不力。作业前未对作业人员进行有效安全技术交底。在现场不具备两级放坡条件时，仍然实施土方开挖，且临时边坡坡度不符合专项施工方案要求，一坡到底，造成事故隐患。

3. 劳务分包单位

对劳务人员安全管理不到位。对已知的安全风险认识不足，未对事故区域暂时不能施工情况采取防范措施；用工不规范，未按要求清退超过合同约定年龄的从业人员。

4. 监理单位

监理人员对施工单位的安全管理工作监督不到位。当发现施工单位未按照专项施工方案施工时，未按相关规定落实监理职责，仅在口头和微信群要求进行整改，对整改情况监督落实不力。项目总监理工程师不在工作岗位时未做好工作安排。

六、事故责任认定以及处理建议

（一）对事故责任者的责任认定及处理建议

1. 七建公司

（1）顾逢祥，18-03地块项目部经理。作为项目部安全生产第一责任人，对项目施工和现场管理不力；对现场挖土作业未按专项施工方案要求的情况放任不管，且继续组织进行下阶段作业；在接到管理人员对事故隐患的报告后，采取应急处置措施不力；当发现危及人身安全的紧急情况，没有立即组织作业人员撤离危险区域。对事故发生负有直接责任。涉嫌刑事犯罪，建议移交司法机关依法追究其刑事责任。

（2）童继龙，18-03地块项目部工程师。技术交底流于形式，对专项施工方案实施情况失管，对事故发生负有管理责任，建议给予记大过处分。

（3）陈爱骏，18-03地块项目部安全员。作为项目专职安全生产管理人员对专项施工方案实施情况现场监督不力，对未按照专项施工方案施工的情况没有要求立即进行整改，未能有效消除现场事故隐患。对事故发生负有管理责任，建议给予记大过处分。

（4）周吉，第二公司技术科科长。对18-03地块项目部技术交底流于形式，挖土作业未按照专项施工方案实施的情况失管。对事故发生负有管理责任，建议给予记过处分。

（5）邢承良，第二公司安全科科长。对18-03地块项目部危险性较大的分部分项工程安全管理混乱情况失管。对事故发生负有管理责任，建议给予记过处分。

（6）方思倩，第二公司总工程师。对18-03地块项目部技术交底流于形式，挖土作业未按照专项施工方案实施的情况失管。对事故发生负有管理责任，建议给予警告处分。

（7）瞿林，第二公司副总经理，分管公司安全工作。对18-03地块项目部危险性较大的分部分项工程安全管理混乱情况失管。对事故发生负有管理责任，建议给予记过处分。

（8）姚光武，第二公司副总经理，分管公司生产工作。对18-03地块项目部挖土作业未按照专项施工方案实施，危险性较大的分部分项工程安全管理混乱情况失管。对事故发生负有管理责任，建议给予记过处分。

（9）陆秋平，第二公司总经理。对18-03地块项目部技术交底流于形式，现场挖土作业未按专项施工方案要求的情况失管，对危险性较大的分部分项工程安全管理混乱情况失察。对事故发生负有领导责任，建议给予记大过处分。

（10）邢建华，第二公司党支部书记，副经理，分管人事工作。对18-03地块项目部组织管理机构不健全，未按要求配足人员的情况失管，建议给予记过处分。

（11）尤雪春，七建公司科研技术部经理。对18-03地块项目部技术交底流于形式，挖土作业未按照专项施工方案实施的情况失察。对事故发生负有管理责任，建议给予警告处分。

（12）陈晓峰，七建公司安全质量部副经理，负责安全生产工作。对18-03地块项目部危险性较大的分部分项工程安全管理混乱情况失察。对事故发生负有管理责任，建议给予警告处分。

（13）瞿华明，七建公司施工生产部经理。对18-03地块项目部挖土作业未按照专项施工方案实施，危险性较大的分部分项工程安全管理混乱情况失察。对事故发生负有管理责任，建议给予警告处分。

（14）梅英宝，七建公司总工程师。对18-03地块项目部技术交底流于形式，挖土作业未按照专项施工方案实施的情况失察。对事故发生负有领导责任，建议给予警告处分。

（15）闵四平，七建公司分管监管副总裁、安委会常务副主任。安全生产责任制度落实不力，对18-03地块项目部危险性较大的分部分项工程安全管理混乱情况失察。对事故发生负有领导责任。建议给予警告处分。

（16）梅新文，七建公司分管生产副总裁、安委会副主任。对 18-03 地块项目部挖土作业未按照专项施工方案实施，危险性较大的分部分项工程安全管理混乱情况失察。对事故发生负有领导责任。建议给予记过处分。

（17）费跃忠，七建公司总裁、安委会第一副主任。作为生产经营单位的主要负责人，安全生产责任制度落实不力，督促、检查本单位的安全生产工作不力，未能及时消除事故隐患，对 18-03 地块项目部未按照施工方案组织施工的情况失察。对事故发生负有主要领导责任。建议给予记过处分。

（18）顾亚团，七建公司党委书记、董事长、安委会主任。履行安全生产职责不力，对事故发生负有领导责任。建议给予警告处分。

建议七建公司及上级主管单位，按照职工管理权限，对上述人员和其他相关责任人员按照有关规定予以处理。处理结果报市应急局。

2. 聚联公司

（1）张浩堂，聚联公司 18-03 地块项目部现场负责人。对挖土作业管理不力。作业前未对作业人员进行有效安全技术交底。在现场不具备两级放坡条件时，仍然实施土方开挖，且临时边坡坡度不符合专项施工方案要求，一坡到底，造成事故隐患，对事故发生负有直接责任。涉嫌刑事犯罪，建议移交司法机关依法追究其刑事责任。

（2）董辉，聚联公司技术员、安全员。作业前未对作业人员进行有效安全技术交底。对专项施工方案实施情况现场监督不力，对事故发生负有责任。

（3）张棉锋，聚联公司 18-03 地块项目部副经理。对现场不具备两级放坡条件时，仍然实施土方开挖，且临时边坡坡度不符合专项施工方案要求，一坡到底，造成事故隐患的情况失管，对事故发生负有现场管理责任。

（4）王雅丽，聚联公司 18-03 地块项目部经理。作为项目安全生产第一责任人，安全生产责任制不落实，对现场不具备两级放坡条件时，仍然实施土方开挖，且临时边坡坡度不符合专项施工方案要求，一坡到底，造成事故隐患的情况失管，对事故发生负有现场管理责任。

（5）姚文华，聚联公司法定代表人、总经理。作为公司安全生产第一责任人，安全责任制不落实。督促、检查本单位的安全生产工作不力，未能及时消除事故隐患，对 18-03 地块项目部未按照施工方案组织施工的情况失察。对事故发生负有领导责任。

建议聚联公司对上述人员及其他相关人员按照有关规定给予处理，处理结果报市应急局。

3. 兴法公司

（1）梁兵国，兴法公司 18-03 地块项目部砖瓦工班组长。对已知的安全风险认识不足，未对事故区域暂时不能施工情况采取防范措施；用工不规范，未按要求清退超过合同约定年龄的从业人员，对事故发生负有责任。

（2）叶波纹，兴法公司18-03地块项目部施工员。对已知的安全风险认识不足，未对事故区域暂时不能施工情况采取防范措施，对事故发生负有责任。

（3）陈健，兴法公司18-03地块项目部安全员。对已知的安全风险认识不足，未对事故区域暂时不能施工情况采取防范措施，对事故发生负有责任。

（4）黄兴法，兴法公司总经理。作为公司主要负责人，安全责任制不落实，未督促检查本单位安全生产工作，及时消除事故隐患，对事故发生负有领导责任。

建议兴法公司对上述人员及其他相关人员按照有关规定给予处理，处理结果报市应急局。

4. 金外滩公司

（1）冯正洋，金外滩公司18-03地块项目部安全监理。对施工单位的安全管理工作监督不到位。当发现施工单位未按照专项施工方案施工时，未按相关规定落实监理职责，仅在口头和微信群要求进行整改，对整改情况监督落实不力，对事故发生负有直接责任。其行为涉嫌刑事犯罪，建议移交司法机关依法追究其刑事责任。

（2）汤雪锋，金外滩公司18-03地块项目部土建监理。当发现施工单位未按照专项施工方案施工时监督不力，对事故发生负有责任。

（3）戴晓东，金外滩公司18-03地块项目部总监理工程师。作为项目总监理工程师，不在工作岗位时未做好工作安排。对施工单位的安全管理工作监理不到位，未能发现并督促施工单位消除事故隐患，对事故发生负有责任。

建议金外滩公司按照职工管理权限，对上述人员和其他相关责任人员按照有关规定给予处理，处理结果报市应急局。

建议市应急局依法对费跃忠、姚文华、黄兴法予以行政处罚。

建议市住房城乡建设管理委依法对顾逢祥、陈爱骏、董辉、王雅丽、陈健、冯正洋、汤雪锋、戴晓东给予行政处罚或行政措施。

（二）对事故责任单位的责任认定及处理建议

七建公司、聚联公司、兴法公司未教育和督促从业人员严格执行本单位的安全生产规章制度和安全操作规程；相关人员未履行安全生产管理职责；未督促检查本单位安全生产工作，及时消除事故隐患。对事故发生负有责任。

建议七建公司向其上级公司作出深刻检查。

建议市应急局会同相关部门对七建集团进行约见警示谈话。

建议市应急局、市住房城乡建设管理委依法对七建公司、聚联公司、兴法公司分别给予行政处罚。

金外滩公司监理人员对施工单位的安全管理工作监督不到位。当发现施工单位未按照专项施工方案施工时，未按相关规定落实监理职责，仅在口头和微信群要求进行整改，对整改情况监督落实不力。对事故发生负有责任。建议市住房城乡建设管理委对其做出相应的行政处理。

七、事故防范和整改措施

（一）深刻吸取事故教训

相关企业要深刻吸取本次事故的教训，充分认识事故暴露出来的问题，清醒地认识到当前安全生产形势的严峻性、复杂性、艰巨性。企业技术管理部门要从本质安全的角度进一步完善对施工方案的编制及审查工作，确保作业现场施工方案的唯一性与可操作性。现场管理人员要督促作业人员严格按照施工方案开展施工作业，对于现场实际施工条件与方案不符合的情况，要及时上报管理部门，坚决杜绝擅自修改施工方案的情况发生。企业管理人员要按照职责规定，认真开展对劳务分包单位的安全生产教育培训工作，并督促劳务分包单位落实对作业人员的安全生产教育培训工作，努力提高作业人员的自我保护意识。

（二）强化施工作业现场安全管理职责的落实

企业各部门、各级负责人要增强安全生产工作的紧迫感和责任感，切实履行安全生产主体责任。要加强对施工现场的安全管控，深入落实建设、勘查、设计、施工、监理的五方主体责任；要严格落实《危险性较大的分部分项工程安全管理规定》（住房和城乡建设部令第 37 号）的要求，建立健全危险性较大的分部分项工程安全管控体系，督促检查工程参建各方认真贯彻执行；对作业现场各类违章违规行为要采取"零容忍"的态度，加大安全管理的执行力度，确保安全生产的各项工作落到实处。

（三）切实履行安全监管职责

企业在现场安全监管人员要严格落实安全监管主体责任，对监管过程中发现的各参建方存在的各类违章违规行为，要及时采取各种有效措施予以制止；对发现的事故隐患，必须要求相关责任方落实整改措施，督促整改到位；对未能及时消除的事故隐患要严格按照管理规定，及时通知有关责任单位和安全监管部门。建设行业主管部门要按照"党政同责、一岗双责、齐抓共管"的原则，坚决落实管行业必须管安全的要求，切实履行安全生产监管职责，以更加坚决的态度、更加务实的作风、更加有力的措施，完善各项安全管理制度，强化问责考核力度，加强对参建单位的管理，尤其对监理单位尽责履职情况的监督检查。督促相关单位依法落实安全生产主体责任，努力确保安全生产形势稳定可控。

专家分析

一、事故原因

陈伟

点评专家

住建部科学技术委员会工程质量安全专业委员会委员，现任广州工程总承包集团有限公司总工程师，教授级高级工程师、长期从事建筑技术及工程管理工作

（一）直接原因

该工程基坑临时边坡挖土作业未严格按照专项施工方案要求进行分级放坡施工，实际放坡坡度未达到技术标准要求，且坑边有钢筋堆载，当发现存在坍塌风险时采取措施不力，导致事故发生，造成3名作业人员死亡。

（二）间接原因

1. 总包单位项目部对项目施工和现场管理不力。技术交底流于形式，对现场挖土作业未按专项施工方案要求的情况放任不管，且继续组织进行下阶段作业；在接到管理人员对事故隐患的报告后，采取应急处置措施不力；当发现危及人身安全的紧急情况，没有立即组织作业人员撤离危险区域。

2. 专业分包单位对挖土作业管理不力。作业前未对作业人员进行有效安全技术交底。在现场不具备两级放坡条件时，仍然实施土方开挖，且临时边坡坡度不符合专项施工方案要求，一坡到底，造成事故隐患。

3. 劳务分包单位对劳务人员安全管理不到位。对已知的安全风险认识不足，未对事故区域暂时不能施工情况采取防范措施。

4. 监理单位监理人员对施工单位的安全管理工作监督不到位。当发现施工单位未按照专项施工方案施工时，未按相关规定落实监理职责，仅在口头和微信群要求进行整改，对整改情况监督落实不力。

二、经验教训

从本次事故可以看出，坍塌区域（5号楼北侧待挖区域）事发时堆有钢筋等

物，通常情况下，基坑边设计要求严格限荷，表明施工工况与设计工况存在较大差异。对于基坑支护工程，当施工工况与设计要求不符时，施工单位应及时向设计、监理、建设等单位进行情况反馈，监测单位应及时将基坑及其周边环境的监测成果进行反馈，设计单位根据反馈回来的信息对基坑支护进行安全复核，确认安全后才可进行下道工序施工，切实做到安全施工，确保基坑及周边环境安全。当基坑出现险情时，首先应撤人，第二是回填，待基坑险情排除后再进行加固等后期作业。

企业技术管理部门除了审批施工方案，还必须对方案的落实情况进行复核。项目现场管理人员要对施工人员、班组进行有针对性的技术交底，督促作业人员严格按照施工方案开展施工作业，对于现场实际施工条件与方案不符合的情况，要及时上报管理部门，坚决杜绝擅自修改施工方案的情况发生。项目现场管理人员要按照职责规定，认真开展对劳务分包单位的安全生产教育培训工作，并督促劳务分包单位落实对作业人员的安全生产教育培训工作，努力提高作业人员的自我保护意识。监理工程师应严格履行监督职责，当发现重大安全隐患时，应立即要求施工单位停止施工作业。只有各层级管理人员及作业人员均按规定进行工程施工和管理，才能减少安全事故的发生。

综述 房屋市政工程施工安全较大及
以上事故防范措施

  2018 年，全国房屋市政工程施工安全形势总体稳定，但依然严峻复杂。全国共发生事故 734 起、死亡 840 人，与上年相比，事故起数增加 42 起、上升6.1%，死亡人数增加 33 人、上升 4.1%。其中，宁夏、四川、黑龙江、河北、海南、陕西、北京、青海、上海、山东、辽宁、福建、甘肃、河南、重庆等 15个地区事故起数同比上升，宁夏、四川、黑龙江、河北、北京、上海、青海、海南、辽宁、山东、安徽、陕西、福建、甘肃等 14 个地区死亡人数同比上升。

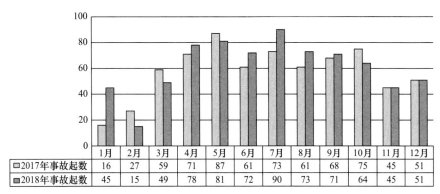

	1月	2月	3月	4月	5月	6月	7月	8月	9月	10月	11月	12月
□2017年事故起数	16	27	59	71	87	61	73	61	68	75	45	51
■2018年事故起数	45	15	49	78	81	72	90	73	71	64	45	51

图 23-1 2018 年各月事故起数情况

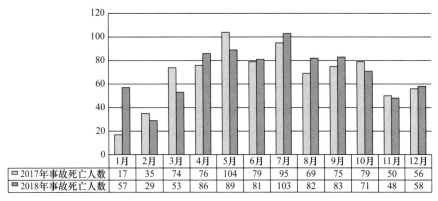

	1月	2月	3月	4月	5月	6月	7月	8月	9月	10月	11月	12月
□2017年事故死亡人数	17	35	74	76	104	79	95	69	75	79	50	56
■2018年事故死亡人数	57	29	53	86	89	81	103	82	83	71	48	58

图 23-2 2018 年各月事故死亡人数情况

2018 年全国房屋市政工程施工安全事故按照类型划分，高处坠落事故 383 起，占总数的 52.2%；物体打击事故 112 起，占总数的 15.2%；起重伤害事故 55 起，占总数的 7.5%；坍塌事故 54 起，占总数的 7.3%；机械伤害事故 43 起，占总数的 5.9%；车辆伤害、触电、中毒和窒息、火灾和爆炸及其他类型事故 87 起，占总数的 11.9%。

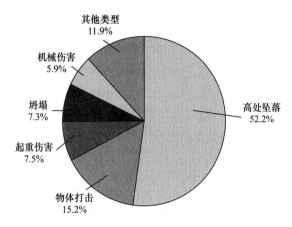

图 23-3　2018 年事故类型情况

2018 年，全国共发生房屋市政工程施工安全较大及以上事故 22 起、死亡 87 人，与上年相比，事故起数减少 1 起、下降 4.3%，死亡人数减少 3 人、下降 3.3%。全国 15 个地区发生较大及以上事故。其中，广东发生重大事故 1 起、死亡 12 人，较大事故 2 起、死亡 7 人；安徽发生较大事故 2 起、死亡 10 人；山东发生较大事故 2 起、死亡 9 人；上海、广西、贵州各发生较大事故 2 起、死亡 6

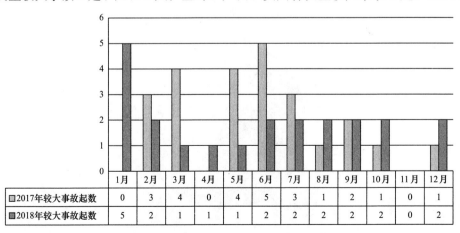

	1月	2月	3月	4月	5月	6月	7月	8月	9月	10月	11月	12月
2017年较大事故起数	0	3	4	0	4	5	3	1	2	1	0	1
2018年较大事故起数	5	2	1	1	1	2	2	2	2	2	0	2

图 23-4　2018 年各月较大及以上事故起数情况

人；江西、河南、海南、宁夏各发生较大事故1起、死亡4人；天津、河北、湖北、四川、陕西各发生较大事故1起、死亡3人。广东省佛山市轨道交通2号线一期工程"2·7"透水坍塌重大事故，造成严重人员伤亡和财产损失，教训极其惨痛。

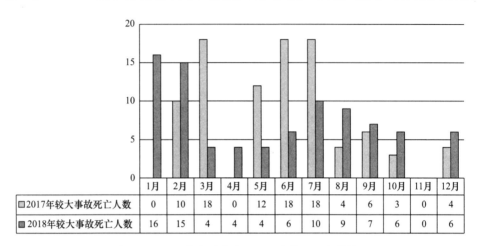

	1月	2月	3月	4月	5月	6月	7月	8月	9月	10月	11月	12月
☐2017年较大事故死亡人数	0	10	18	0	12	18	18	4	6	3	0	4
■2018年较大事故死亡人数	16	15	4	4	4	6	10	9	7	6	0	6

图 23-5 2018年各月较大及以上事故死亡人数情况

2018年全国房屋市政工程施工安全较大及以上事故按照类型划分，起重机械事故9起，占事故总数的40.9%（计算结果保留小数点后1位，后同）；土方坍塌事故5起，占总数的22.7%；中毒窒息事故3起，占总数的13.6%；模架坍塌事故2起，占总数的9.1%；板房倒塌事故、钢筋倒塌事故、触电事故各1起，各占总数的4.5%。

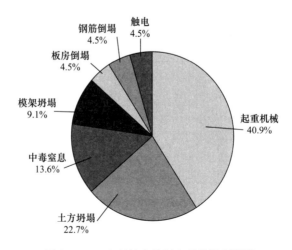

图 23-6 2018年较大及以上事故类型情况

一、起重机械事故防范措施

专家建议

1. 必须明确安装单位在安装工作结束后应按《建筑起重机械安全监督管理规定》（建设部令第166号）中第十四条规定："建筑起重机械安装完毕后，安装单位应当按照安全技术标准及安装使用说明书的有关要求对建筑起重机械进行自检、调试和试运转。自检合格的，应当出具自检合格

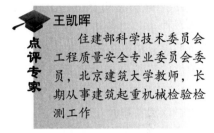

王凯晖

住建部科学技术委员会工程质量安全专业委员会委员，北京建筑大学教师，长期从事建筑起重机械检验检测工作

证明，并向使用单位进行安全使用说明"，出具自检合格证明，落实安装单位的责任。

2. 施工升降机的操作看似简单，但施工人员不具备在紧急情况处理问题的能力，因此必须杜绝无资格人员操作。

3. 施工升降机防坠安全器的失效状态说明了防坠器本身存在严重问题，要预防和解决该问题可以从日常的使用状态观察和施工现场的坠落试验两个方面入手；同时结合现场巡查和相关资料的审查来发现检验报告时效超期的问题，对于施工企业的安全管理人员和机械管理人员应明确管理的重点和关键节点。可以通过对危险源的分析与识别，建立自动化的报警、提示系统等方式加以杜绝。

4. 市场产生的问题还应该使用市场的手段解决，租赁公司的存在是以自身的服务来获得市场的青睐，服务能力和市场信誉就是租赁公司的生财之道，也是生存之本。租赁的特征是融物，是当事各方以租赁物为利益载体的商业合作，当租赁物发生与所签订合同不一致时相关的责任应该由出租方承担。因此解决的根本问题是依据租赁合同，出租方与承租方应对合同负责；管理部门应该以培育、规范和完善市场，建立良好的市场竞争秩序，创造良好的市场环境为工作方向。

5. 培养专业人才，为行业提供发展的基础。推动总承包单位建立建筑起重机械的管理体系和人才储备。发挥各方优势，从企业自律入手推动租赁、安装、检验各方责任的落实。加强行业监督培育优秀企业、惩治违规行为引领行业发展。政府管理机构应该改变"检查机械实体""替企业把关"的思

路，从负责核实和判断机械设备的状态转移到监督企业运行、管理正常运转的方向。

专家建议

1. 严格起重机械安全技术档案管理。完整、真实的起重机械设备安全技术档案是防控起重机械事故的基本要求。（1）租赁单位应当提供特种设备制造许可证（复印件）、产品合格证、购销合同、安装使用说明书以及备案登记证等资料。（2）安装单位应当建立建筑起重机械安装、拆卸工程档案。（3）使用单位应当逐台建档建筑起重机械安装验收资料、定期检验报告、定期自行检查记录、定期维护保养记录、维修和技术改造记录、运行故障和生产安全事故记录、累计运转记录等档案，并在合同到期时转交给租赁单位。（4）使用期间，需依法依规取得使用登记证。

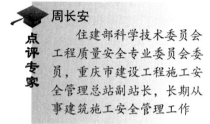

周长安

点评专家

住建部科学技术委员会工程质量安全专业委员会委员，重庆市建设工程施工安全管理总站副站长，长期从事建筑施工安全管理工作

2. 确保起重机械实体状况良好。完好、良好的起重机械设备实体状况是防控重机械事故的决定因素。（1）租赁单位应当提供同产品合格证一致的、安全装置齐全的和结构状况良好的建筑起重机械。（2）是安装单位、使用单位、监理单位应当在建筑起重机械进场时进行查看验收，确保资料和实体的一致性、安全装置的完好性和结构状况的良好性。（3）检测机构应当根据安全技术档案严格开展检测工作，必须确保建筑起重机械资料和实体一致性、标准节和附着装置的原厂性。（4）是使用单位、监理单位应当在建筑起重机械使用过程中开展定期维护保养和日常隐患排查等工作，保障运行的稳定和安全。

3. 强化起重机械安拆单位和从业人员资质资格管理。起重机械设备安拆单位具备安拆资质和从业人员持证上岗是防控起重机械设备的重要措施。（1）安拆作业应由具有安拆资质的企业、安拆资格的人员进行。（2）维护保养工作应由具有维护保养资质的企业和维护保养资格的人员进行。（3）检测工作应由具有建筑起重机械特种设备检测资质的机构和人员进行。（4）使用阶段建筑起重机械司机、建筑起重机械信号司索工须持有建设行业行政主管部门颁发的特种作业证书。

4. 注重安全监管信息技术推广。采用先进的起重机械安全监管信息技术是防控起重机械设备的必要手段。推广应用塔式起重机安全监控"智能化应用"技术（如"黑匣子"技术、指纹打卡和人脸识别）、施工升降机安全监控"智能化应用"技术（如指纹打卡、人脸识别）等信息技术手段，提升建筑起重机械安全生产工作科技化、信息化水平。

专家建议

1. 保证塔吊安全保护装置设置齐全有效。常用的有起重高度限位器、幅度限位器、起重量限制器和起重力限制器等，确保塔吊安全保护装置齐全、有效。

2. 严格执行塔吊操纵规程，塔吊须由专人持证操纵。（1）操作各控制器时，应依次逐步操作，严禁越挡操作。在变换运转方向时，应将操作手柄归零，待电机停

姜华

住建部科学技术委员会工程质量安全专业委员会委员，中国建筑股份公司安监局资深高级经理，教授级高级工程师，长期从事建筑施工安全管理工作

点评专家

止转动后再换向操作，力求平稳，严禁急开急停。（2）装运重物时，应先离开地面一定距离，检查制动可靠后方可继续进行。（3）应有计划地对司机、装拆、维修人员进行技术和安全培训，使其了解起重设备的结构和工作原理，熟知安全操纵规程并严格执行持证上岗。（4）严格持证上岗，严禁酒后作业，严禁以行程开关代替停车操作，严禁违章作业和擅离工作岗位或把机器交给他人驾驶。

3. 坚持"十不吊"。"十不吊"包括：斜吊不吊；超载不吊；散装物装得太满或捆扎不牢不吊；吊物边缘无防护措施不吊；吊物上站人不吊；指挥信号不明不吊；埋在地下的构件不吊；安全装置失灵不吊；光线阴暗看不清吊物不吊；六级以上强风不吊等。

4. 重视塔吊基础设计，正确处理相邻设备的安全距离。地基土质不均会导致塔吊倾斜，进而造成倒塌事故，对塔机基础要严格要求，宜进行塔吊基础专项设计或采用塔吊基础标准图集。此外，也要考虑相邻设备的安全作业。

5. 准确评估塔吊寿命。塔吊使用年限应按照产品报废年限进行报废处置，原则上不超龄使用塔吊。

6. 做好塔机的风险分析与技术交底。对塔机的风险分析与技术交底等是确保塔机安全顺利工作的重要环节和内容。

7. 加强塔吊的运行、检测、维修和日常保养。（1）使用前，应检查各金属

结构部件和外观情况完好，空载运转时声音正常，重载试验制动可靠；各安全限位和保护装置齐全完好；动作灵敏可靠，方可作业。（2）设备运行时，如发现机械有异常情况，应立即停机检查，待故障排除后方可进行运行。（3）经常使用和拆装的塔吊可能会有某些损伤，如裂纹和不良焊缝等，假如维修不及时，将会危及塔吊的整体安全。钢丝绳应常常检查保养，达到报废尺寸应立刻更换。（4）坚持由专业人员对塔吊进行按期检测和维修，有效防止安全事故发生。

8. 加强防风措施。风力干扰塔吊正常工作。随着塔吊高度增加，风的影响会更大，多风季节尤其要留意。

专家建议

1. 贯彻落实安全生产责任制和管理制度。强化总承包单位、专业分包单位和监理单位的安全生产责任意识，明确责任范围，杜绝"责任转包、管理悬空"的现象。总承包企业必须承担起对起重机械的管理责任和义务，建立起有效的监督和管理体系；在项目部配备专职管理人员。通过合格分包商的制度引入合法的租赁和安装企业。总承包企业和监理单位必须履行对安

点评专家 周伟

住建部科学技术委员会工程质量安全专业委员会委员，现任湖北省建设工程质量安全监督总站副站长，正高职高级工程师，长期从事建设工程施工安全监督管理工作

装公司的管理职责，不能把起重机械设备的管理放任给租赁公司。严格履行专项方案实施后的验收制度、安全生产班前检查和月度检查制度，防止检查验收工作流于形式。企业和行业管理部门应对项目的专项方案交底及验收情况、维保检查工作情况进行抽查、核查，监督管理制度的有效执行。

2. 强化对作业人员的管控。坚决杜绝"以包代管""托而不管"的行为，防止作业人员失控失管。项目应建立健全作业人员工作质量检查验收制度，在工程施工的重点领域、重点环节、重要工作上采取专人现场跟班检查、监理旁站监督等办法，督促作业人员保质保量完成工作任务。加强对起重机械作业人员培训的范围和力度，给建筑施工现场提供足够数量的能够满足要求的作业人员。

3. 严格执行相关操作规程和管理流程。依据管理制度、技术标准和工作实际，建立和完善企业内部的建筑起重设备管理标准化操作手册，制订详细的操作

步骤、工作内容、管理流程和验收标准，对作业人员定期开展标准化操作流程培训，严禁擅自删减工作内容和降低工作标准。现场的施工和监理单位必须对重大危险源进行分级管理，明确起重机械的安装、拆除和顶升作业的监管程序和方法。

4. 完善技术手段。研发和运用简便实用的监测手段，对连接件松脱实时报警。建议设备厂家对施工升降机轿厢进行改进，实现在轿厢内即可直接观察螺栓连接状况，大幅增加导轨架紧固件异常情况的发现概率。

二、土方坍塌事故防范措施

专家建议

1. 强化施工作业现场安全管理职责的落实。企业各级负责人及项目管理人员要切实履行安全生产主体责任。要加强对施工现场的安全管控，深入落实五方主体责任；要严格落实《危险性较大的分部分项工程安全管理规定》（住房和城乡建设部令第 37 号）的要求，建立健全危险性较大的分部分项工程安全管控体系，督促检查工

陈伟

住建部科学技术委员会工程质量安全专业委员会委员，现任广州工程总承包集团有限公司总工程师，教授级高级工程师、长期从事建筑技术及工程管理工作

点评专家

程参建各方认真贯彻执行；对作业现场各类违章违规行为要采取"零容忍"的态度，加大安全管理的执行力度，确保安全生产的各项工作落到实处。

2. 切实履行安全监管职责。五方主体单位在现场安全监管人员要严格落实安全监管主体责任，对监管过程中发现的各方存在的各类违章违规行为，要及时采取有效措施予以制止；对发现的事故隐患，必须要求相关责任方落实整改措施，督促整改到位；对未能及时消除的事故隐患要严格按照管理规定，及时通知有关责任单位和安全监管部门。

3. 以技术手段保障施工安全。加强基坑位移监测，设定合适的预警值，由建设单位委托第三方监测机构进行监测，施工单位同时做好施工方的监测，对基坑变形、沉降、地下水位等进行观测，掌握基坑的整体情况，当减少安全事故的发生或降低事故造成的伤害和损失。

三、中毒窒息事故防范措施

专家建议

1. 尽快出台《房屋建筑市政工程受限空间施工安全技术规范》。建议住房和城乡建设部尽快组织编制《房屋建筑市政工程受限空间施工安全技术规范》，争取早日发布，进一步规范房屋市政工程受限空间施工安全作业。各地也可以根据本地房屋建筑市政工程受限空间施工安全特点，编制发布有关房屋建筑市政工程受限空间施工

陈秀峰

点评专家 住建部科学技术委员会工程质量安全专业委员会委员，马鞍山市建筑工程施工安全文明监察站，总工，高级工程师，国家注册安全工程师，长期从事建筑施工安全事故统计分析

安全地方标准。在目前这些安全技术标准没有发布前，可以借鉴其他行业的标准规范来强化对房屋市政工程受限空间施工安全的管理（如《缺氧危险作业安全规程》GB 8958—2006、《城镇排水管道维护安全技术规程》CJJ 6—2009等），减少中毒和窒息事故的发生。

2. 严格执行"先通风、再检测、后作业"受限空间作业规程。（1）要编制有针对性的项目受限空间安全作业专项方案，严格相关安全技术要求。（2）配备必要的检测、通风、防护等装备，以备施工和应急时使用。（3）认真开展有关受限空间安全教育培训和安全技术交底，不断提高从业人员的受限空间安全防范技能。（4）加强受限空间作业的安全管理，严格执行"先通风、再检测、后作业"受限空间作业规程，减少中毒和窒息事故的发生。

3. 进一步提高房屋建筑市政工程受限空间风险意识。通过相应的标准规范或规范性文件，对房屋市政工程存在的受限空间做出明确的界定（如人工挖孔桩、顶管、各种管井、地铁隧道、地下室等），提高房屋建筑市政工程参与者的受限空间风险意识。针对不同受限空间的特点和实际情况，制定切实可行的防范措施（如检测和通风的要求、应急救援的要求等），并认真加以落实。

4. 正确区别中毒与窒息的不同特点。中毒是指有毒物质（通常是一些气体）对人造成的伤害，窒息是指空间中氧气含量不足（通常氧气含量低于15％会对人造成伤害）对人造成的伤害，二者有着本质的区别。在受限空间中，往往既可能存在有毒物质的风险，又存在氧气含量不足的风险，中毒与窒息通常共同发生。因此，在进入受限空间施救（不允许在没有排除受限空间中的有毒物质、氧

气含量不足的情形下，进入受限空间作业）时需要佩戴正压式呼吸器（大多数人只知道防毒防护装备），减少在施救过程中的二次、三次伤害。

5. 坚决杜绝盲目进入受限空间施救现象。中毒和窒息对人造成伤害的时间通常都非常短，例如，当空间中硫化氢（H_2S）浓度超过 $1000mg/m^3$ 时，可以让人在几分钟内甚至瞬间死亡（电击样死亡）。施救人员在没有采取防范措施的情况下盲目进入受限空间施救，通常在这么短的时间内，难以让前面中毒和窒息的人员脱离受限空间，这样一来，施救人员就会出现中毒和窒息现象，引起二次、三次伤害。因此，为了减少伤害的扩大，施救人员应在第一时间报警的同时，可以在受限空间外面，通过采取扩大受限空间开口、加大对受限空间通风等措施加以施救，坚决杜绝盲目进入受限空间施救的现象再次发生，杜绝二次、三次伤害的发生。

四、模架坍塌事故防范措施

专家建议

1. 提高模板支撑系统构配件产品质量。建设项目的行政主管部门，要主动出击，联合市场监督管理、公安等部门共同执法，全面提高模板支撑系统构配件的产品质量。一是及时向市场监督管理部门移交在项目日常管理中发现的模板支撑系统构配件产品质量不合格的线索，请求给予查处，从源头上把好模板支撑系统构配件

点评专家　陈秀峰　住建部科学技术委员会工程质量安全专业委员会委员，马鞍山市建筑工程施工安全文明监察站，总工，高级工程师，国家注册安全工程师，长期从事建筑施工安全事故统计分析

产品质量关；二是联合市场监督管理、公安等部门共同执法，清理市场上和项目上不合格的模板支撑系统构配件；三是在发生事故后，要建议事故调查组，建议追究不合格模板支撑系统构配件提供商的法律责任（必要时建议追究其刑事责任）。

2. 多方联手督促设计达到应有的设计深度。（1）建设单位要转变观念，不要干预设计单位的设计。（2）图纸审查部门，要把好图纸审查关，对设计深度不足或不合理的设计，一定要建议修改。（3）施工、监理等单位在把好图纸会审关，对会审中认为深度不足或不合理的设计，要通过建设单位提请设计单位进行修改或设计变更。（4）管理部门要执行好相关法律法规（如《建设工程安全生产管理条例》第十三条规定：设计单位应当按照法律、法规和工程建设强制性标准进行设计，防止因设计不合理导致生产安全事故的发生。设计单位应当考虑施工

安全操作和防护的需要，对涉及施工安全的重点部位和环节在设计文件中注明，并对防范生产安全事故提出指导意见。采用新结构、新材料、新工艺的建设工程和特殊结构的建设工程，设计单位应当在设计中提出保障施工作业人员安全和预防生产安全事故的措施建议。《危险性较大的分部分项工程安全管理规定》第六条第二款规定：设计单位应当在设计文件中注明涉及危大工程的重点部位和环节，提出保障工程周边环境安全和工程施工安全的意见，必要时进行专项设计），对因设计深度不足或设计不合理导致发生模板坍塌较大事故的，一定要建议追究设计单位和相关设计人员的责任（必要时要追究相关设计人员的刑事责任）。

3. 确保模板工程专项方案可靠。住房和城乡建设部2018年发布了《危险性较大的分部分项工程安全管理规定》（37号令）和《住房城乡建设部办公厅关于实施〈危险性较大的分部分项工程安全管理规定〉有关问题的通知》（建办质〔2018〕31号），工程建设参与各方要认真贯彻落实好这些法律法规，并结合相应的标准规范，分包和总包单位把好专项方案的编制关，总包单位把好专项方案的审核关，监理单位把好专项方案的审查关，专家们把好专项方案的论证关，制定出针对性强、可操作性的模板工程专项方案。

4. 保证模板支撑系统按专项和规范方案搭设。项目总承包单位，一定要把模板支撑系统的搭设，分包给具有架业资质的专业施工队伍，建设单位确保模板工程专项方案所需要资金投入到位，勘察、设计、分包、总包、监理等单位把好模板工程专项方案实施关，监管部门把好专项方案的监督管理关，确保模板支撑系统按专项方案搭设，并符合规范要求，使模板工程专项方案落到实处，保证施工安全。

5. 把安全教育培训和技术交底落到实处。主管部门、协会团体、企业等，针对模板支撑系统编制有针对性安全教育培训和技术交底标准（作业指导书）等，并监督落实到位，让从事模板支撑系统搭设及整个混凝土施工的从业人员（尤其是一线作业人员）懂得技术、知晓原理。同时要教育从业人员，真正明确和理解安全是自己的道理，珍惜生命，不违章作业，严格按规范规程操作，保证自己和他人的生命安全。

6. 加大对工程建设参与各方的责任追究。进一步加大对事故责任人和责任单位的责任追究力度，倒逼工程建设参与者履职尽责；进一步贯彻落实好《最高人民法院、最高人民检察院关于办理危害生产安全刑事案件适用法律若干问题的解释》（法释〔2015〕22号），在事故（尤其是较大及以上事故）调查中，在建议追究相关责任人的刑事责任，进一步倒逼他们履职尽责；进一步加大对模板工程中存在的安全隐患查处力度，把对安全隐患的查处挺在事故调查的前面，减少和消除模板工程中存在的安全隐患，减少乃至杜绝模板坍塌事故（特别是较大及以上事故）的发生。

7. 严格按方案和规范科学组织施工。在《建筑施工模板安全技术规范》JGJ

162—2008 发布前，住房和城乡建设部曾委托北京交通大学开展《超高模板支架的安全性研究》课题研究，在研究报告的结论中有这样一条：每 4～6 跨或 5～7m 设一道竖向剪刀撑（在所在平面内连续布置），可以减小立杆失稳鼓曲的波长，大幅度提高模板支架的极限承载力。据此，严格模板支撑系统的搭设，确保剪刀撑（尤其是对大跨度、截面高的梁部位等）设置到位，是保证模板支撑系统的关键所在。多个模板坍事故现场影像资料显示，模板支撑系统失稳倒塌通常是从上部杆件先发生破坏开始的，这也是《建筑施工模板安全技术规范》JGJ 162—2008 规定"当层高在 8～20m 时，在最顶步距两水平拉杆中间应加设一道水平拉杆；当层高大于 20m 时，在最顶两步距水平拉杆中间应分别增加一道水平拉杆"的原因所在。据此，高度重视施工荷载（尤其是泵送荷载），防止产生水平（侧向）应力，对于防止模板坍塌尤为重要。先浇柱子的混凝土，待其达到一定强度后，再浇梁和板的混凝土，利用柱子的支撑作用，来增加模板支撑系统的稳定性，是防止模板坍塌事故发生的一项重要措施，必须严格执行。

8. 施工中模板支撑系统出现异常一定要停工撤人。由于模板支撑系统是简易的钢结构，其破坏属于脆性破坏，倒塌是瞬间发生的（多起模板坍塌事故现场影像资料显示坍塌通常几十秒就结束了）。因此，在混凝土浇筑施工过程中，如果发现模板支撑系统出现异常，必须立即停止施工，将所有施工人员撤离到安全区域，再根据后续情况的发展，采取科学、有效的方法进行处置。同时，在混凝土浇筑施工过程中，利用相关的仪器，监测模板支撑系统的杆件应力、位移、变形等，提前捕捉到异常情况，为人员撤离赢得时间，确保施工人员的生命安全。

🐾 专家建议

1. 严格落实建筑施工安全专项方案编制、审查、超危大工程方案的论证等程序施工、监理等各方责任主体执行住房和城乡建设部 37 号令、建办质〔2018〕31 号文的有关要求进行编制、审查，超危大工程方案的专家论证，如修改方案必须重新办理相关审核、审查、论证等规定程序，监理单位应做好监督。

2. 加强模板搭设过程的安全管理，施工现场往往重视实体工程而忽略模板支架

> **一点评专家**　**厉天数**
>
> 住建部科学技术委员会工程质量安全专业委员会委员，浙江城建建设集团有限公司总工兼浙江省建筑业协会施工安全和设备管理分会副秘书长，教授级高级工程师，一级注册建造师、注册造价工程师，长期从事施工技术研发及工程安全管理工作

等非实体工程的过程管理，模板支架搭设前施工单位应做好方案交底、安全技术交底，应特别重视一些构造加强做法：如对竖向构件超过 4m 应与水平构件分开浇筑，待竖向构件达到设计强度 75％以上再进行浇筑水平构件，同时应与已浇竖向构件做好抱箍，纵横向水平钢管应顶紧竖向构件，对已浇水平构件可采用连墙件方式与支架进行可靠连接提高架体整体稳定性，施工单位对模板支架应专人过程监控，管生产必须管安全，施工员、工长等对各自负责范围进行支架管控，剪刀撑、与已有构件连墙件、抱箍安装质量等关键节点进行把控，搭设完成后班组自检、交接检后应经项目技术负责人、项目总监验收签字，危大工程模板支架施工单位企业技术负责人或其委托人应参加验收，确保安全可靠后，方可浇筑混凝土。

3. 落实企业安全生产主体责任。

（1）施工单位应严格落实安全生产管理职责，按有关规定配备项目管理机构人员，对确实无法履职人员及时更换，应定期进行带班对施工现场安全检查，有针对性的组织工人安全教育，因现阶段施工现场工人大多数还不是产业工人、同时建设规模大建筑工人短缺等情况下，工人对安全教育意愿极弱，可采用一些措施（如积分制安全教育制度，积分达到一定额度给予工人奖励等）来达到安全培训教育的目的，切实提高作业工人的安全意识和安全技能，杜绝违章作业，防范事故发生。另外还应加强项目管理人员和作业工人应急处置措施培训和交底，定期和不定期的组织安全生产应急演练，当模板支撑架处于危险状态时，首先应人员撤离而不是进行加固。

（2）建设单位要进一步规范各项承发包行为，严禁违法压缩建设资金，建立健全安全生产责任制。

（3）监理单位应按照有关规定配备项目监理人员，确保人员到位履职。加强对现场的安全管理工作，把好方案审查关、现场落实关，关键环节、关键工序做好旁站监理，特别是支模体系的关键节点构造做法、搭设参数、剪刀撑设置、连墙件设置、混凝土浇筑部署等重点监督，严格按经审查的专项方案实施，发现现场安全问题及时督促施工单位（督促施工单位项目部的同时通知其企业技术质量安全部门）进行整改，施工单位对拒不整改的，及时报告政府主管部门。

4. 创新行业监管方法、多种监管形式并举。

（1）将施工承包人纳入到监管体系。目前不少项目往往都有施工经济承包人（或叫项目施工实际投资人，《建筑法》制定时工程建设投资主体基本为国有投资或直接政府投资，现在社会投资的项目越来越多，垫资建设情况也是存在，从合同法上也是允许，现行有关规定也只能规定政府或国有项目不能垫资，但社会投资项目没限制）和项目经理两者，而项目经理往往没有经济决策权，项目经理是通过注册建造师资质管理纳入到现有监管体系，而施工经济承包人是游离于监管体系之外而且是事实存在的，往往只有等出了事故施工承包人才会受到法律的处罚，建议施工承包人给予一定的设置条件纳入到监管体系之内。

（2）将模板支撑架材料纳入到监管体系。不合格的模板支架材料是支架失稳坍塌原因之一，模板支撑架材料由于历史原因，支撑体系材料在制造环节归技术监督部门（现为市场监督局）管理、流通环节即各租赁单位归工商部门（现为市场监督局）管理，最后到施工现场的支撑体系材料归建设部门管理，而我们支撑体系材料往往在前两个环节就已经不满足要求，建议模板支撑架材料租赁单位纳入到行业协会管理，对提供合格材料租赁单位给予各种平台公示，并且现有些专业公司对定型化支撑体系如盘扣架都在制造上在材料上标明其制造单位标识，以免租用过程中混用，这样对材料可以起到一定的规范作用。

（3）鼓励监管部门购买社会服务。由于近几年国内基建建设规模量很大，我们的监管队伍配备数量往往与基建建设规模不匹配，应该是远低于其基建规模，同时施工现场支撑体系情况也是多种形式，我们监管队伍不可能都是专家型，针对此种情况，有些地方已经先行一步，采用向行业协会购买服务，由当地行业协会组织专家对模板支撑等危大工程进行定期或不一定或包干巡查，查出问题报监管部门，由监管部门进行违法处理，目前在浙江个别地方已经在试行，并且效果较好，对遏制事故起到一定的作用。

（4）建立大数据平台。现在是大数据时代，云服务等信息化数据很发达，我们模板支撑等危大工程的管理也可以借助建立大数据平台模式，即建立大数据平台，由施工单位对模板支撑等危大工程在混凝土浇筑前拍摄相关支撑架影像资料、视频，其影像资料由监理公司审核上传大数据监管平台，监管部门进行抽查、把关，如抽查发现有数据作假，则与其企业招投标进行联动，项目创优、创文明标化联动，真正让现场决定市场。